W0263610

VORLESUNGEN

ÜBER

THEORETISCHE OPTIK

GEHALTEN AN DER UNIVERSITÄT ZU KÖNIGSBERG

VON

Dr. F. NEUMANN,

PROFESSOR DER PHYSIK UND MINERALOGIE.

HERAUSGEGEBEN VON

Dr. E. DORN,

PROFESSOR DER PHYSIK AN DER TECHNISCHEN HOCHSCHULE ZU DARMSTADT.

MIT FIGUREN IM TEXT.

Springer Fachmedien Wiesbaden GmbH

1885

ISBN 978-3-663-15204-0   ISBN 978-3-663-15767-0 (eBook)
DOI 10.1007/978-3-663-15767-0

Vorwort.

Die Neumann'schen Vorlesungen, deren Vorzüge Herr Prof. Pape
in der Vorrede zur „Einleitung in die theoretische Physik" mit warmen
Worten hervorgehoben hat, verdankten einen grossen Theil ihrer
Anziehungskraft und anregenden Wirkung auf die Zuhörer dem Umstande, dass Neumann an der Entwickelung der vorgetragenen Dis-
ciplinen vielfach selbst einen bedeutenden Antheil hatte. Auf keinem
Gebiete — etwa die Gesetze der inducirten Ströme ausgenommen —
haben die Neumann'schen Arbeiten einen so tief greifenden Einfluss
ausgeübt, wie auf dem der theoretischen Optik, und so nahmen denn
auch unter Neumanns Vorlesungen diejenigen über Optik eine hervor-
ragende Stelle ein, was sich schon äusserlich durch den relativ bedeutenden Umfang zu erkennen gab, in dem Neumann dieselben zu
halten pflegte.

Der gegenwärtigen Herausgabe liegen hauptsächlich zwei Vorlesungen aus dem Sommersemester 1866 und dem Wintersemester
1866/67 zu Grunde, die ich gehört und ausgearbeitet habe; eine will-
kommene Ergänzung boten die im Winter 1866/67 und im Sommer
1867 behandelten Themata des physikalischen Seminars, zu dessen
Mitgliedern ich damals zählte.

Die Sommervorlesung schloss ab mit der Doppelbrechung in einaxigen Medien, die (kleinere) Wintervorlesung beschäftigte sich mit
den optisch zweiaxigen Krystallen. Den Inhalt des ersten Seminars
bildete die Untersuchung der reflectirten und eindringenden Lichtmenge für einaxige Media und die Brechung durch ein Prisma aus
einem zweiaxigen Krystall, die Aufgaben des zweiten Seminars bezogen sich auf die Erscheinungen des Bergkrystalls.

Wie hieraus hervorgeht, ergab sich die Einordnung der in den
Seminarien behandelten Gegenstände in die Vorlesungen von selbst.

Neumann legt in den Vorlesungen nicht die Gleichungen der
Elasticitätstheorie zu Grunde, sondern setzt gewisse Resultate der-

a*

selben voraus, von denen aus dann weiter operirt wird. Insbesondere wird bei den einaxigen Krystallen die von Huyghens gegebene Form der Wellenfläche, bei den zweiaxigen die Fresnel'sche Construction für die Fortpflanzungsgeschwindigkeit der Wellenebene als bekannt angenommen.

Auf den Inhalt der Vorlesungen näher einzugehen, dürfte im Hinblick auf das Inhaltsverzeichniss wohl überflüssig sein.

Einschneidende Aenderungen im Texte der Vorlesungen habe ich nicht vorgenommen. Ich will nur erwähnen, dass ich der Theorie der Fresnel'schen Diffractionserscheinungen die Sätze über die dort vorkommenden Integrale in kurzer Zusammenfassung vorausgeschickt habe und bei der Behandlung eines schmalen undurchsichtigen Schirmes zu einigen Abweichungen genöthigt war.

Ferner habe ich die Theorie der Combination eines rechts drehenden Quarzes mit einem gleich dicken links drehenden nach der Originalabhandlung von Airy hinzugefügt.

Die Grundlage der Theorie der Diffractionserscheinungen habe ich im Texte so gelassen, wie Neumann sie — wesentlich im Anschluss an Fresnel — vorgetragen hat. Nach den Ausführungen von W. Voigt steht aber die Unrichtigkeit der Fresnel'schen Auffassung ausser Zweifel; ich habe daher in einem Nachtrage (2) die Theorie der Beugungserscheinungen nach Voigt reproducirt.

Ich war anfänglich geneigt, die Newton'sche Farbentafel und die darauf gegründete Berechnung der Mischfarben zu unterdrücken, da nach neueren Untersuchungen eine wesentliche Modification erforderlich ist. Indessen ist eine angenähert gültige Regel für die Berechnung der Mischfarben immer besser als gar keine, und so habe ich mich darauf beschränkt, in einem Nachtrage (1) anzugeben, wo der Fehler der Newton'schen Farbentafel liegt.

Die hauptsächliche Veranlassung für den dritten Nachtrag war der Nachweis des wichtigen Satzes der optischen Aequivalenz der verschiedenen Wege zwischen conjugirten Brennpunkten.

Die Nachträge 4, 5, 7 (Anwendung der prismatischen Zerlegung des Lichtes auf Interferenzerscheinungen, Interferentialrefractoren, Jamins Compensator, Babinets Compensator) geben die Theorie einiger Instrumente und Beobachtungsmethoden, deren Wichtigkeit für die theoretische Optik wohl gross genug ist, um ihre Aufnahme zu rechtfertigen.

Neumann hat in der von mir gehörten Vorlesung die Metallreflexion nur sehr kurz behandelt. Der Nachtrag (8) versucht diese

Lücke, wesentlich unter Benutzung von Neumann's eigener Arbeit über diesen Gegenstand, auszufüllen.

Die „Farben dicker Platten" (Newton'sche Staubringe) haben in neuester Zeit wieder erhöhte Beachtung gefunden, sodass ich glaube, dass manchem Leser die Grundlage einer Theorie derselben nach Stokes (Nachtrag 6) willkommen sein wird.

Die Literaturnachweise, welche den Anspruch auf Vollständigkeit nicht erheben, haben theils die Bedeutung von Quellenangaben, theils sollen sie den Leser in Stand setzen, sich erforderlichen Falls weitere Information über die behandelten Gegenstände zu verschaffen.

Der Herausgeber.

Inhaltsangabe.

Theoretische Optik.

Vorlesung I.

Historische Einleitung. Hypothesen und Principien der Undulationstheorie.

Bevor wir auf den Gegenstand der Vorlesungen selbst eingehen, geben wir eine kurze Uebersicht der Entwickelung der Undulationstheorie des Lichtes.

Der Begründer derselben ist Huyghens. Er legte im Jahre 1678 der Pariser Akademie eine Abhandlung vor, welche später (1690) zu Leyden unter dem Titel „Traité de la lumière" erschienen ist. In diesem Werke sind die Principien der Undulationstheorie fast vollständig enthalten, und vermöge derselben alle damals bekannten Phänomene erklärt. Die neue Theorie erwies sich auch sofort als fruchtbar, indem sie zur Entdeckung der Gesetze der doppelten Strahlenbrechung wenigstens bei den einaxigen Krystallen führte.

Da erschien 1698 die Optik von Newton, worin die Emanationstheorie aufgestellt wurde. Nach derselben sollen von einem leuchtenden Körper kleine Partikelchen mit sehr grosser Geschwindigkeit fortgeschleudert werden, welche die Empfindung des Lichtes verursachen, wenn sie unser Auge treffen. Diese Partikelchen bewegen sich nach Newton geradlinig mit constanter Geschwindigkeit, bis sie an die Grenzen ponderabler Massen gelangen, wo dann durch die Einwirkung der Letzteren die Bahn wie die Geschwindigkeit geändert wird, wodurch die Erscheinungen der Reflexion, Brechung u. s. w. zu Stande kommen. Reflexion und Brechung sind aber die einzigen Erscheinungen, welche sich durch die Emanationshypothese erklären lassen, und auch hier bleibt die Erklärung unvollständig, da die Theorie über die Menge des reflectirten und eindringenden Lichtes keinen Aufschluss zu geben vermag. Auch führte Newtons Theorie zu keinen neuen Entdeckungen. Nichtsdestoweniger verdrängte sie die Undulationstheorie auf ein Jahrhundert vollständig, was auf

Newtons ungeheure Autorität zurückzuführen ist. Einer der wenigen
Vertheidiger der Undulationstheorie im vorigen Jahrhundert war Euler.

Erst am Anfange unseres Jahrhunderts wurde Newtons Theorie
erschüttert und zwar zunächst durch Wollaston und Thomas Young.
Ersterer fand die Erscheinungen beim doppelbrechenden Kalkspath
mit derselben nicht im Einklange, während sie mit der Huyghens'-
schen Auffassung aufs Beste harmonirten. Seine Abhandlung steht
in den Philosophical Transactions vom Jahre 1802. In demselben
Bande befindet sich Th. Youngs „Theory of light and colours", worin
derselbe die Newton'schen Farbenringe und andere Erscheinungen
durch das auf der Undulationstheorie basirende Princip der „Interferenz" erklärte.

Malus bestätigte in seiner Théorie de la double réfraction 1810
die Huyghens'schen Gesetze für die Doppelbrechung im Kalkspath.
An Malus knüpft sich noch die wichtige Entdeckung der Polarisation
des Lichtes durch Reflexion. Während Huyghens eine Polarisation
des Lichtes nur durch Doppelbrechung zu erzielen vermochte, lehrte
Malus dieselbe durch Reflexion und Brechung an fast allen Körpern
hervorbringen, und zeigte dadurch die grosse Allgemeinheit und Bedeutung dieser Modification des Lichtes. Eine kleine Arbeit über
diesen Gegenstand: Théorie de la lumière réfléchie erschien in den
Mémoires de l'institut 1810.

Jetzt folgte eine schnelle und glänzende Entwickelung der Undulationstheorie, vor Allem durch Augustin Fresnel (1788—1830),
dem die Wissenschaft, obwohl er jung starb, eine Reihe der werth-
vollsten Arbeiten verdankt. Fast in jeder seiner zahlreichen Abhandlungen ist ein neuer Gesichtspunkt eröffnet. Wir nennen von denselben vorläufig nur die wichtigsten.

Mémoire sur la diffraction de la lumière (couronné par l'académie
des sciences) 1818. Abgedruckt 1826 im Recueil de l'académie des
sciences Tome V, übersetzt in Poggendorffs Annalen Bd. 30.

Mémoire sur l'action, que les rayons de lumière polarisée exercent
les uns sur les autres, par Arago et Fresnel 1818. Annales de
chimie et de physique Tome X, 1819.

Mémoire sur la double réfraction (Zusammenfassung dreier Abhandlungen aus den Jahren 1821 und 1822) Recueil de l'académie
des sciences T. VII. Die Gesetze der Doppelbrechung sind hier vom
mechanischen Standpunkte aus betrachtet und für alle Krystalle —
nicht nur die einaxigen — entwickelt.

Fresnel schrieb selbst eine elementare Uebersicht seiner Arbeiten unter dem Titel „De la lumière" als Supplement zu der französischen Uebersetzung von Thomson's Chemie von Riffault 1822. (Uebersetzt in Poggendorff's Annalen 3, 5, 12.)

Neben Fresnel sind zu nennen Arago, Biot, Brewster, Fraunhofer.

Arago zeichnete sich besonders durch Auffindung neuer Erscheinungen aus; seine wichtigste Entdeckung ist die der Farbenerscheinungen krystallisirter Media im polarisirten Lichte.

Biot suchte die Gesetze der Erscheinungen, förderte aber die Undulationstheorie nur mittelbar, da er sich von der Emanationstheorie nicht lossagen konnte. Er machte sogar einen Versuch, dieselbe wieder zur Geltung zu bringen in seinem Traité de physique. Er entdeckte die Circularpolarisation in Bergkrystall und in Flüssigkeiten.

In ähnlichem Sinne wie Biot mit noch grösserem Erfolge wirkte Brewster, der ebenfalls an der Newton'schen Theorie festhielt. Er machte zahlreiche Beobachtungen über die Reflexion an durchsichtigen Körpern, Metallen und Krystallen, entdeckte die Existenz der optisch zweiaxigen Media, die Erzeugung der Doppelbrechung durch Compression und ungleichmässige Erwärmung. Seine Arbeiten sind veröffentlicht in den Philosophical Transactions.

Fraunhofer entdeckte eine eigene Klasse von Diffractionserscheinungen, welche auch nach ihm benannt sind, und brachte bei der Beobachtung derselben eine Methode zur Anwendung, welche „astronomische" Genauigkeit gewährt.[1])

---

1) Seinen eigenen Antheil an der Entwickelung der Undulationstheorie hat Neumann selbst in der Vorlesung nicht angegeben. Eine umfangreiche Abhandlung (Abh. d. Berliner Akademie 1835) enthält eine von der Fresnel'schen verschiedene Theorie der Reflexion und Brechung für unkrystallinische wie für krystallinische Media. Die Neumann'sche Theorie führte zu einer von der Fresnel'schen abweichenden Definition der Polarisationsebene. Die Richtigkeit der Formeln für Krystalle hat Neumann durch zahlreiche Beobachtungen bestätigt (Poggendorffs Annalen 40 und insbesondere 42, 1837). Im 40. Bande giebt Neumann eine Ableitung der Gesetze der Reflexion und Brechung aus der Elasticitätstheorie, speciell auch für den Fall der totalen Reflexion, wo Fresnel zwar auch zum Ziele gelangt war, doch auf einem Wege, der seine Rechtfertigung nur in dem Erfolg findet. Die Reflexion an Metallen ist behandelt in Poggendorffs Annalen Bd. 26, 1832. Die Gesetze der Doppelbrechung leitet Neumann aus den Gleichungen der Elasticitätstheorie ab. Poggendorffs Annalen 25, 1832.

Mehrere Arbeiten beschäftigen sich mit den Farbenerscheinungen krystallinischer Media im polarisirten Lichte. Eine Theorie derselben für optisch zweiaxige Krystalle ist entwickelt Pogg. Ann. 33, 1834; die Entdeckung der

Als bedeutende Werke über Optik, die indessen nicht Werke der Entdeckung sind, nennen wir noch folgende:

Schwerd, Die Beugungserscheinungen des Lichtes, 1835, enthaltend eine vollständig durchgeführte Theorie der Fraunhofer'schen Diffractionserscheinungen. Das Buch besitzt einen bleibenden Werth wegen der grossen Anzahl numerischer Berechnungen.

Herschel, Vom Licht, deutsch von Schmidt, 1831, erschien vor Fresnels Abhandlung über Doppelbrechung.

Beer, Höhere Optik, 1853. Die Capitel über Diffraction fehlen gänzlich.

Billet, Traité d'optique physique, 1858, eignet sich wegen des massenhaften Details besser zum Nachschlagen als zum Studium.[1])

Fresnels Arbeiten erstreckten ihren Einfluss über das Gebiet der reinen Optik hinaus, indem sie die Anregung gaben zu der Entwickelung eines neuen Zweiges der Mechanik, der Elasticitätstheorie, welche sich zunächst die Aufgabe stellte, diejenigen Grundlagen, auf denen Fresnel die Optik errichtet, aus allgemeinen mechanischen Principien herzuleiten. Von Fresnels Zeitgenossen waren in dieser Richtung vorzüglich thätig Navier, Poisson und Cauchy. In den zahlreichen Arbeiten des Letzteren finden sich leider viele Wiederholungen; eine Uebersicht seiner Resultate giebt Broch in Dove's Repertorium der Physik, Bd. V.

Die Elasticitätstheorie ist noch heute weit davon entfernt, eine befriedigende Erklärung der optischen Erscheinungen geben zu können; die besten Erfolge hat sie noch auf dem Gebiete der Doppelbrechung aufzuweisen.

In der vorliegenden Vorlesung schlagen wir einen andern Weg ein, indem wir gewisse Hypothesen und Principien zu Grunde legen und von ihnen ausgehend mit den Hülfsmitteln der Analysis weiter operiren. Die Principien der Mechanik selbst unterliegen keinem Zweifel, doch ist es mitunter fraglich, ob auch jedesmal die Bedingungen ihrer Anwendbarkeit erfüllt sind. Hierüber muss dann

---

Dispersion der optischen Axen beim Gyps und der Abhängigkeit ihrer Lage von der Temperatur ist mitgetheilt Pogg. Ann. Bd. 35, 1835. Die Erscheinungen der Doppelbrechung in comprimirten und ungleichmässig erwärmten Gläsern behandelt Neumann in den Abhandlungen der Berliner Akademie 1841 (Auszug Pogg. Ann. 54, 1841).

1) Aus neuerer Zeit sei noch hinzugefügt: Leçons d'optique physique par E. Verdet publiées par M. A. Levistal, 1869 u. 1870. Von der deutschen Bearbeitung durch K. Exner liegt bisher der erste Band vor.

zuletzt die Erfahrung entscheiden, indem sie die gezogenen Folgerungen bestätigt oder widerlegt.

Wir gehen zunächst ein auf die

Hypothesen der Optik.

1) Wir setzen die Existenz eines Lichtäthers voraus, welcher alle Räume durchdringt, sowohl die Himmelsräume wie die Zwischenräume der Moleküle der ponderablen Körper. Wir haben uns denselben vorzustellen als ein elastisches Medium von ausserordentlich geringer Dichtigkeit, denn — abgesehen von dem später wieder bestrittenen Falle des Encke'schen Kometen — hat dasselbe bisher keine wahrnehmbare Verzögerung auf den Lauf der Himmelskörper ausgeübt.

Ferner müssen wir dem Lichtäther eine sehr grosse Elasticität beilegen. Die Quadrate der Fortpflanzungsgeschwindigkeit eines Impulses in zwei elastischen Medien verhalten sich wie die Quotienten der Elasticitätsconstante durch die Dichtigkeit.[1]) Nun beträgt in der atmosphärischen Luft, deren Dichtigkeit bereits gering ist, die Geschwindigkeit des Schalles etwa $\frac{1}{3}$ Kilometer, während das Licht etwa 300000[2]) Kilometer in der Secunde zurücklegt. Das Verhältniss der Quotienten ist also etwa $(900000)^2$, was nur unter der doppelten Voraussetzung einer grossen Elasticität und einer geringen Dichtigkeit denkbar ist.

Der Lichtäther erfüllt die Zwischenräume der ponderabeln Moleküle anders als den Himmelsraum, worauf wir aus der Verschiedenheit des optischen Verhaltens schliessen. Zur Erklärung desselben bieten sich drei Möglichkeiten dar: eine Aenderung der Dichtigkeit oder der Elasticität des Lichtäthers oder endlich beider Grössen zugleich. Fresnel machte die erstgenannte Annahme, indessen giebt es Erscheinungen, welche dieselbe als unzureichend darthun. In den meisten Krystallen besitzt nämlich das Licht in verschiedenen Richtungen eine verschiedene Fortpflanzungsgeschwindigkeit, während doch die Dichtigkeit von der Richtung nicht abhängig sein kann, was hingegen für die Elasticität sehr wohl möglich ist. Dass diese Letztere durch die Anwesenheit der ponderablen Moleküle beeinflusst wird, ist dem Umstande zuzuschreiben, dass diese in die Schwingungen

---

1) Nach W. Thomson ist die Dichtigkeit des Lichtäthers wahrscheinlich $> 10^{-22}$. Edinburgh Transact. 21, p. 57—61. Phil. Mag. (4) 9, p. 36—40.

2) Michelson findet nach einer der Foucault'schen analogen Methode 299944 $\pm$ 50 km/Sec. Sillimans J. (3) 18, p. 390—393, 1879.

der Aethertheilchen mit hineingezogen werden und dieselben dadurch modificiren. Gegen die Auffassung Fresnels spricht auch die Thatsache, dass magnetische und electrische Kräfte die Fortpflanzungsgeschwindigkeit des Lichtes verändern, denen man eine Einwirkung auf die Dichtigkeit des Aethers kaum zuzuschreiben geneigt sein wird.

In den nachstehenden Vorlesungen werden wir mit der Annahme ausreichen, dass durch die ponderablen Moleküle die Elasticität des Aethers geändert wird, während seine Dichtigkeit dieselbe bleibt.

2) Der Aether an sich ist vollkommen dunkel; er wird in Schwingungen versetzt durch die von den Theilchen der leuchtenden Körper ausgehenden Stösse, und unser Auge empfindet die Aetherschwingungen als Licht.

3) Die Farbe des Lichtes ist bestimmt durch die Anzahl der Stösse in der Zeiteinheit, ganz ähnlich wie beim Schalle davon die Tonhöhe abhängt. Während aber beim tiefsten wahrnehmbaren Tone etwa 30, beim höchsten etwa 20000 Schwingungen auf die Secunde kommen, führt das äusserste sichtbare Roth 458 Billionen, das äusserste Violett 727 Billionen Schwingungen in der Secunde aus, sodass die relativen Unterschiede beim Lichte viel geringer sind.

Dass übrigens noch andere Aetherbewegungen vorhanden sind, die wir nicht als Licht empfinden, erkennen wir aus den thermischen Wirkungen jenseits des Roth, sowie aus den chemischen und Fluorescenz erregenden jenseits des Violett.

4) Bei gleicher Farbe hängt die Intensität des Lichtes ab von der Stärke der auf unser Auge ausgeübten Stösse. Dieselben rühren her von der pendelnden Bewegung der Aethertheilchen, und diese kann bei gleicher Schwingungsdauer in sehr verschiedener Weite (Amplitude) erfolgen.

Die zu Grunde gelegten

Principien der Mechanik

sind folgende:

1) Das Princip der gleichförmigen Fortpflanzung eines Impulses. Sobald ein Impuls in einem homogenen elastischen Medium erregt ist, pflanzt sich derselbe mit einer Geschwindigkeit fort, welche für jede bestimmte Richtung constant bleibt. Auch in einem homogenen Medium kann aber die Fortpflanzungsgeschwindigkeit nach verschiedenen Richtungen verschiedene Werthe besitzen; in diesem Falle nennt man das Medium krystallinisch (anisotrop), während man es bei einer nach allen Richtungen gleichen Fortpflanzungsgeschwindigkeit als unkrystallinisch (isotrop) bezeichnet.

In einer Substanz der letzteren Art befindet sich die in einem Punkt erregte Bewegung nach einer Zeit t auf einer Kugelfläche vom Radius $R = Vt$, wo V die Fortpflanzungsgeschwindigkeit der Bewegung bezeichnet, während für krystallinische Medien die entsprechende Fläche — die Wellenoberfläche — eine andere Gestalt besitzt, die man nicht *a priori* feststellen kann. Um ein leicht mögliches Missverständniss von vornherein auszuschliessen, sei ausdrücklich hervorgehoben, dass nicht in allen Punkten der Wellenoberfläche die fortgepflanzte Verrückung denselben Werth zu haben braucht. Vielmehr wird, wenn wir uns z. B. in einem isotropen[1]) Medium die Bewegung dadurch erzeugt denken, dass ein Theilchen von a nach α verrückt wird, auf der kugelförmigen Wellenoberfläche in der Verlängerung der Linie $a\alpha$ die Verrückung ihren grössten Werth erreichen.

Eine ähnliche falsche Auffassung findet sich bei Newton[2]) und veranlasste ihn zur Aufstellung seiner Emissionshypothese.

Tritt durch eine enge Oeffnung O Licht in einen dunkeln Raum, so sollte es sich nach der Undulationstheorie ebenso verhalten, als befände sich in O ein Licht aussendendes Theilchen, also sollte der ganze Raum erleuchtet sein. Hingegen beobachtet man thatsächlich nur einen hellen Fleck auf der O gegenüberliegenden Wand, und Newton wollte hieraus auf die Unrichtigkeit der Undulationstheorie schliessen. Diese Folgerung ist nach den obigen Ausführungen falsch, denn die von O ausgehend gedachte Lichtbewegung braucht nicht in allen Richtungen gleich stark zu sein; übrigens finden sich, wie schon Newtons Zeitgenosse Grimaldi[3]) beobachtet hatte, auch solche Theile erleuchtet, welche innerhalb des geometrischen Schattens liegen, ihr Licht also nicht auf geradlinigem Wege von der Lichtquelle durch die Oeffnung O empfangen haben können.

2) Indem eine Lichtwelle sich ausbreitet, werden die Verrückungen und die Geschwindigkeiten, mit denen sich die Aethertheilchen bewegen, abnehmen.

Das Gesetz dieser Abnahme liefert uns das **Princip der Erhaltung der lebendigen Kraft**, nach welchem die halbe Summe sämmtlicher Massentheilchen, welche durch den Impuls in Bewegung

---

1) und compressibeln.
2) Optice Lib. III, Quaestio 28.
3) noch früher Leonardo da Vinci.

gesetzt sind, jedes mit dem Quadrate seiner Geschwindigkeit multiplicirt, constant bleibt, was wir durch die Formel

$$\tfrac{1}{2} \Sigma m u^2 = c$$

ausdrücken können.

Das Princip werde zunächst auf einen Fall angewendet, wo die Verrückungen auf der ganzen Wellenfläche dieselben sind. Wir denken uns in einem unkrystallinischen Medium eine kleine Kugel gleichmässig comprimirt und den auf sie wirkenden Druck plötzlich entfernt, so wird eine kugelförmige Welle entstehen.

Die in Bewegung gesetzten Massenelemente werden proportional sein den Flächenelementen auf den successiven Kugeln; ist also auf einer Kugel vom Radius 1 das Flächenelement $d\omega$, die entsprechende Masse $\mu d\omega$, so wird auf dem correspondirenden Element einer Kugel mit dem Radius r die bewegte Masse sein $r^2 \mu d\omega$, und, wenn u die Geschwindigkeit der Bewegung eines Theilchens bedeutet (nicht zu verwechseln mit der Fortpflanzungsgeschwindigkeit des Impulses), so ergiebt das Princip der Erhaltung der lebendigen Kraft:

$$\tfrac{1}{2} \int u^2 r^2 \mu d\omega = \text{const.}$$

Da auf der ganzen Kugel u und r denselben Werth haben, folgt hieraus

$$\tfrac{1}{2} u^2 r^2 \int \mu d\omega = \text{const.}$$

d. h. ur constant. Es verhalten sich also die Geschwindigkeiten umgekehrt wie die Radien vom Ausgangspunkte der Bewegung.

Unter gewissen Voraussetzungen gilt dies Resultat auch dann, wenn die Geschwindigkeiten nicht mehr auf der ganzen Kugel die nämlichen sind.

Die Geschwindigkeiten seien gegeben durch

$$u = u_0 f(\vartheta, \varphi),$$

wo ϑ die Poldistanz, φ die Länge auf der Kugel bedeutet. Jetzt wird:

$$\tfrac{1}{2} \int u^2 r^2 \mu d\omega = \tfrac{1}{2} u_0^2 r^2 \int \mu f^2(\vartheta, \varphi) d\omega = \text{const.}$$

Ist nun f von r unabhängig, also die Vertheilung der Geschwindigkeiten auf den successiven Kugelflächen dieselbe, so folgt wieder $u_0 r$ constant, somit in jeder einzelnen Richtung auch ur constant.

Ein von einem Punkte ausgehendes Licht haben wir anzusehen als eine Reihe von Impulsen. Nach bekannten Sätzen der Photometrie ist aber die Lichtintensität dem Quadrate der Entfernung umgekehrt proportional, demnach wird die Stärke des Lichtes nicht gemessen durch die Geschwindigkeit, mit der sich die Aethertheilchen bewegen, sondern durch das Quadrat derselben, oder noch besser durch ihre lebendige Kraft.

3) Das dritte Princip besagt, dass die **Fortpflanzungsgeschwindigkeit** V **eines Impulses** $\sqrt{\dfrac{e}{\varrho}}$ ist, wo ϱ die Dichtigkeit des Mediums, e eine von seinen Elasticitätsverhältnissen abhängige Constante ist.

Für compressible Flüssigkeiten (in denen sich lediglich longitudinale Wellen fortpflanzen) ist e folgendermassen definirt: die Flüssigkeit stehe unter einem Druck π und besitze dann die Dichtigkeit ϱ, einem Druckzuwachs $\varDelta\pi$ entspreche eine Dichtigkeitsvermehrung $\varDelta\varrho$, so ist:

$$e = \frac{\varDelta\pi}{\left(\dfrac{\varDelta\varrho}{\varrho}\right)}.$$

Wir wollen diese Formel anwenden zur Berechnung der Geschwindigkeit des Schalles im Wasser. Hier ist $\varrho = 1$ zu setzen; ferner nach Colladon und Sturm für $\varDelta\pi = 1$ Atmosphäre $\dfrac{\varDelta\varrho}{\varrho} = 49{,}5 . 10^{-6}$. Da nun 1 Atmosphäre die bewegende Kraft der Schwere auf eine Quecksilbersäule von 1 qcm Querschnitt und 76 cm Höhe ist, so ist sie $= 76 . 13{,}596 . 980{,}6$, wenn wir cm, g, sec zu Grunde legen, und es wird

$$V = \sqrt{\frac{76 . 13{,}596 . 980{,}6 . 10^6}{49{,}5}} \text{ cm} = 1431 \text{ m in der Secunde,}$$

während Beobachtungen im Genfer See 1435 m geliefert hatten.

Für Schwingungen, welche wie die des Lichtäthers transversal sind, hat e eine andere Bedeutung, welche sich so veranschaulichen lässt: Wir denken uns einen Würfel des Mediums von der Seitenlänge 1 mit seiner Basis fixirt, während auf die gegenüberliegende Fläche, einer ihrer Kanten parallel, eine schiebende Kraft K wirkt. Bringt diese eine Verrückung δ der angegriffenen Fläche hervor, so ist

$$e = K/\delta.$$

4) **Princip der Coëxistenz kleiner Bewegungen**[1]): Sind mehrere Centra der Erschütterung in einem elastischen Medium vorhanden, so erzeugt jedes derselben an einer jeden Stelle eine solche Verrückung und Geschwindigkeit, als wenn es allein vorhanden wäre. In jedem Theilchen setzen sich die einzelnen Verrückungen zu einer resultirenden Verrückung und ebenso die Geschwindigkeiten zu einer

---

1) cf. W. Voigt, Crelle's Journal, Bd. 89, pag. 322 ff. 1880.

resultirenden Geschwindigkeit zusammen, und zwar geschieht die Vereinigung analog dem bekannten Parallelogramm der Kräfte.

Ein Specialfall ist das sogen. Huyghens'sche Princip, das bei Gelegenheit der Beugungserscheinungen auseinandergesetzt werden soll.

Vorlesung II.

Analytische Behandlung der Lichtstrahlen.

Auf Grund der vorstehenden Hypothesen und Principien untersuchen wir nun, in welchen Zustand ein leuchtender Punkt den Lichtäther versetzt.

Zunächst betrachten wir die Bewegung des leuchtenden Theilchens selbst.

Dasselbe sei durch irgend welche Kräfte aus seiner Gleichgewichtslage herausgezogen, so führen es die Molekularkräfte wieder in dieselbe zurück. Da es mit einer gewissen Geschwindigkeit an seinem ursprünglichen Orte anlangt, so geht es nach der andern Seite über denselben hinaus u. s. w., sodass es in eine pendelnde Bewegung um seine Gleichgewichtslage geräth.

Wenn wir die Entfernung des Theilchens von seiner Gleichgewichtslage ξ nennen, so wird die Kraft, welche es zurückzieht, eine Function von ξ sein.

Diese denken wir uns nach Potenzen von ξ entwickelt, vernachlässigen höhere Potenzen der kleinen Grösse ξ und erhalten als Ausdruck der Kraft $-C\xi$ $(C>0)$, indem nämlich die Kraft mit ξ verschwinden muss und stets die augenblickliche Elongation zu verkleinern strebt.

Die Bewegungsgleichung des Theilchens wird somit

$$\mu \frac{d^2\xi}{dt^2} = -C\xi$$

oder, wenn $C/\mu = c^2$ gesetzt wird:

$$\frac{d^2\xi}{dt^2} = -c^2\xi.$$

Hieraus folgt:

$$\xi = A\cos(ct + m)$$

und die Geschwindigkeit des Theilchens:

$$u = \frac{d\xi}{dt} = -Ac\sin(ct + m).$$

Die Integrationsconstanten A und m sind aus dem Anfangszustande zu bestimmen. Wir rechnen die Zeit von dem Augenblicke an, wo das Theilchen, nachdem es nach der positiven Seite aus der Gleichgewichtslage entfernt war, seine rückkehrende Bewegung beginnt. Dann muss für $t = 0$ $u = 0$ sein, also $m = 0$ und

$$\xi = A \cos ct$$
$$u = - Ac \sin ct.$$

Diese Gleichungen zeigen, dass die Bewegung eine periodische ist, indem dieselben Verrückungen und Geschwindigkeiten nach einer Zeit $T = 2\pi/c$ immer wiederkehren.

Mit Einführung dieser Grösse T, welche deshalb die **Schwingungsdauer** genannt wird, folgt:

$$(1) \qquad \xi = A \cos \frac{t}{T} 2\pi$$

$$(2) \qquad u = - A \frac{2\pi}{T} \sin \frac{t}{T} 2\pi.$$

A heisst die Amplitude, denn es ist dies der grösste Betrag, um den das Theilchen sich aus seiner Ruhelage entfernt.

Wir untersuchen jetzt den **Zustand des Aethers unter der Einwirkung des leuchtenden Theilchens**, und zwar fassen wir eine bestimmte Richtung ins Auge.

Nach dem ersten Principe der gleichmässigen Fortpflanzung eines Impulses wird die Verrückung A, welche zur Zeit $t = 0$ in P vorhanden war, nach Verlauf von t bis α fortgeschritten sein und dort eine (kleinere) Verrückung $\alpha\beta = a$ erzeugt haben. Die in P etwas später im Momente t_1 stattfindende Verrückung wird während t erst bis zu dem näher an P liegenden Punkte α_1 gelangt sein, woher dort $\alpha_1\beta_1 = a \cos \frac{t_1}{T} 2\pi$ aufzutragen sein wird. Die noch später von P ausgegangenen Impulse haben noch kürzere Strecken zurückgelegt, und wir übersehen sofort, dass wir, um den Zustand des Aethers darzustellen, von α aus rückwärts eine Cosinuslinie zu zeichnen haben.

Aehnlich giebt uns eine Sinuslinie (punktirt) die Geschwindigkeiten.

Einer ganzen Schwingung des leuchtenden Theilchens entspricht die Strecke $\alpha\alpha'$. Es ist dieses die

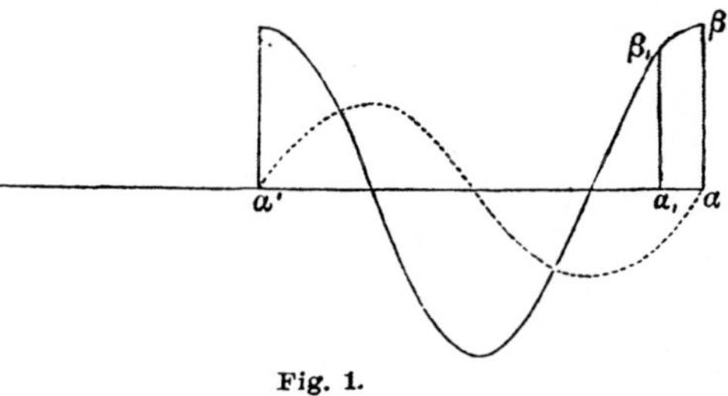

Fig. 1.

Wellenlänge, denn wenn wir um $\alpha\alpha'$ rückwärts gehen, finden wir

dieselben Werthe[1]) der Verrückung und Geschwindigkeit wieder.
Da, wenn V die Fortpflanzungsgeschwindigkeit bedeutet,

$$\overline{P\alpha} = Vt$$
$$\overline{P\alpha'} = V(t - T),$$

so wird die Wellenlänge

$$(3) \qquad \lambda = \overline{\alpha\alpha'} = VT.$$

Vorhin hatten wir die für einen bestimmten Moment t vorhandenen Verrückungen und Geschwindigkeiten dargestellt; lassen wir t wachsen, so rückt einfach das ganze gezeichnete System mit gleicher Geschwindigkeit fort, indem nur mit wachsender Entfernung die absoluten Werthe etwas abnehmen.

Die so eben geometrisch abgeleiteten Resultate können wir auch auf analytischem Wege erhalten.

Die Bewegung des leuchtenden Punktes war nach (1):

$$\xi = A \cos \frac{t}{T}\, 2\pi.$$

Wenn τ diejenige Zeit ist, welche ein Impuls zur Zurücklegung der Strecke $x = P\alpha$ braucht, so wird zur Zeit t in α eine Verrückung stattfinden proportional derjenigen, welche das leuchtende Theilchen im Moment $t - \tau$ besass, also

$$\xi' = a \cos \frac{t - \tau}{T}\, 2\pi.$$

Da $V\tau = x$, so wird

$$(4) \qquad \begin{aligned} \xi' &= a \cos\left(\frac{t}{T} - \frac{x}{VT}\right) 2\pi \\ &= a \cos\left(\frac{t}{T} - \frac{x}{\lambda}\right) 2\pi, \end{aligned}$$

woraus noch die Geschwindigkeit folgt:

$$(5) \qquad u' = -\, a\, \frac{2\pi}{T} \sin\left(\frac{t}{T} - \frac{x}{\lambda}\right) 2\pi.$$

Das Argument der trigonometrischen Functionen heisst die Phase. Die Gleichungen (4) und (5) können wir die Gleichungen des Strahls nennen. Setzen wir in denselben x constant, so geben sie uns den Zustand eines bestimmten Theilchens, und wir erkennen, dass seine Schwingungsdauer mit der des leuchtenden übereinstimmt.

Wird umgekehrt t constant gesetzt, erhalten wir den Zustand des Aethers in der betrachteten Richtung für einen bestimmten Moment.

---

1) Abgesehen von der kleinen Abnahme bei wachsender Entfernung.

An die einzelnen in obigen Gleichungen vorkommenden Grössen knüpfen wir noch einige Bemerkungen:

Die Wellenlänge λ ist sehr genau messbar (z. B. beträgt sie für die gelbe Natriumdoppellinie 0,0005889 und 0,0005895 mm). Da ferner V, die Fortpflanzungsgeschwindigkeit, auf physikalischem wie auf astronomischem Wege ermittelt ist, so können wir nach der Gleichung (3) die Schwingungsdauer T berechnen, von der die Farbe abhängt.

Es wird gezeigt werden, dass V umgekehrt proportional dem Brechungscoefficienten ist; es folgt hieraus, da T für eine bestimmte Farbe unverändert bleibt, dass auch λ dem Brechungscoefficienten umgekehrt proportional ist.

Die Amplitude a des Aethertheilchens hängt in Folge des Princips der Erhaltung der lebendigen Kraft von x, der Entfernung vom leuchtenden Theilchen, ab. Da aber λ eine kleine Grösse ist, können wir bei nicht zu kleinen x die Amplitude für eine grosse Anzahl von Wellenlängen als constant betrachten.

An einer früheren Stelle wurde ausgeführt, dass die Intensität des Lichtes proportional ist dem Quadrate der Geschwindigkeit, welche nach (5) in einem periodischen Wechsel begriffen ist. Unser Auge vermag diesen schnellen Oscillationen nicht zu folgen, und es wird daher der Mittelwerth des Quadrates der Geschwindigkeit für die Intensität massgebend sein.

Dieser ist aber

$$\frac{1}{T}\int_0^T u^2\,dt = \frac{1}{T}\left(\frac{2\pi a}{T}\right)^2\int_0^T \sin^2\left(\frac{t}{T}-\frac{x}{\lambda}\right)2\pi\,.\,dt = \frac{1}{2}\left(\frac{a\,2\pi}{T}\right)^2,$$

also dem Quadrate der Amplitude proportional.

Bisher ist nur der Zustand des Aethers in einer bestimmten Richtung betrachtet. In jeder andern herrschen aber analoge Verhältnisse, nur wird der Werth der Amplitude a ein anderer sein können.

In einem homogenen isotropen Medium befindet sich die von einer ganzen Schwingung des leuchtenden Theilchens erregte Bewegung zwischen 2 Kugelflächen, welche um die Wellenlänge von einander entfernt sind. Das zwischen ihnen eingeschlossene System von Verrückungen ist die Lichtwelle.

Der Radiusvector der Wellenfläche heisst Lichtstrahl.

Die Gleichungen des Strahles (4) und (5) bedürfen einer Modification, wenn derselbe vom leuchtenden Punkte P aus bis α 2 verschiedene Medien durchläuft. Seine Wegstrecke im ersten Medium sei x_1 und werde mit der Geschwindigkeit V_1 in der Zeit τ_1 zurückgelegt, für das zweite Medium sollen x_2, V_2, τ_2 die analoge Bedeutung haben.

Die zur Zeit t in α stattfindende Verrückung entspricht der des leuchtenden Punktes im Moment $t - \tau_1 - \tau_2$ und ist also

$$\xi' = a \cos\left(\frac{t - \tau_1 - \tau_2}{T}\right) 2\pi,$$

wofür wir wegen

$$V_1\tau_1 = x, \qquad V_2\tau_2 = x_2$$

schreiben können:

$$\begin{aligned}
(6) \qquad \xi' &= a \cos\left(\frac{t}{T} - \frac{x_1}{V_1 T} - \frac{x_2}{V_2 T}\right) 2\pi \\
&= a \cos\left(\frac{t}{T} - \frac{x_1}{\lambda_1} - \frac{x_2}{\lambda_2}\right) 2\pi.
\end{aligned}$$

Zusammensetzung und Zerlegung von Strahlen.

Diese Betrachtungen bilden die Grundlage für die Erklärung der Interferenz und Beugungserscheinungen und finden auch sonst vielfach Anwendung.

Fig. 2.

Es seien zwei leuchtende Theilchen P_1 und P_2 vorhanden; ihre Entfernung sei δ. Sie sollen dieselbe Farbe, also dasselbe T und λ besitzen und ihre Schwingungen in derselben Richtung ausführen. Wir untersuchen, in welchen Zustand sie durch ihr Zusammenwirken einen auf ihrer Verbindungslinie gelegenen Punkt p versetzen.

Beide Theilchen mögen ferner gleichzeitig in derselben Richtung zu schwingen begonnen haben, also dieselbe Phase besitzen. Ihre Bewegungen sind dann dargestellt durch

$$A_1 \cos \frac{t}{T} 2\pi, \qquad A_2 \cos \frac{t}{T} 2\pi.$$

Nach dem Princip der Coëxistenz kleiner Bewegungen verursacht nun P_1 in p eine solche Verrückung, als wäre es allein vorhanden, also

$$\xi_1 = a_1 \cos\left(\frac{t}{T} - \frac{x}{\lambda}\right) 2\pi,$$

und ebenso P_2:

$$\xi_2 = a_2 \cos\left(\frac{t}{T} - \frac{x + \delta}{\lambda}\right) 2\pi.$$

Mit Rücksicht auf die übereinstimmende Richtung der Verrückungen sind dieselben einfach zu summiren und geben als resultirende Verrückung:

$$(7) \quad \xi = \xi_1 + \xi_2 = a_1 \cos\left(\frac{t}{T} - \frac{x}{\lambda}\right) 2\pi + a_2 \cos\left(\frac{t}{T} - \frac{x+\delta}{\lambda}\right) 2\pi.$$

Diese können wir aber hervorbringen durch einen einzigen leuchtenden Punkt Q, der von P_1 um D rückwärts gelegen ist. Derselbe würde nämlich in p eine Bewegung erzeugen:

$$(8) \quad \xi = A \cos\left(\frac{t}{T} - \frac{x+D}{\lambda}\right) 2\pi,$$

und der Nachweis ist geführt, wenn wir A und D so bestimmen können, dass die in (7) und (8) gegebenen Werthe von ξ für alle t gleich sind. Durch Auflösung der Cosinus folgt:

$$\xi = A \cos \frac{D}{\lambda} 2\pi \cos\left(\frac{t}{T} - \frac{x}{\lambda}\right) 2\pi + A \sin \frac{D}{\lambda} 2\pi \sin\left(\frac{t}{T} - \frac{x}{\lambda}\right) 2\pi$$

$$= \left\{a_1 + a_2 \cos \frac{\delta}{\lambda} 2\pi\right\} \cos\left(\frac{t}{T} - \frac{x}{\lambda}\right) 2\pi + a_2 \sin \frac{\delta}{\lambda} 2\pi \sin\left(\frac{t}{T} - \frac{x}{\lambda}\right) 2\pi,$$

also:

$$(9) \quad A \cos \frac{D}{\lambda} 2\pi = a_1 + a_2 \cos \frac{\delta}{\lambda} 2\pi,$$

$$(10) \quad A \sin \frac{D}{\lambda} 2\pi = a_2 \sin \frac{\delta}{\lambda} 2\pi,$$

woraus zunächst zur Bestimmung der Amplitude sich ergiebt:

$$(11) \quad A^2 = a_1{}^2 + a_2{}^2 + 2a_1 a_2 \cos \frac{\delta}{\lambda} 2\pi.$$

D erhalten wir dann unzweideutig durch Einsetzen von A in (9) und (10).

Die Grösse $\frac{\delta}{\lambda} 2\pi$ wird **Verzögerungsphase** genannt.

Fresnel hat für A und $\frac{D}{\lambda} 2\pi$ eine elegante Construction gegeben (Fresnels Parallelogramm): man zeichne ein Parallelogramm, dessen Seiten a_1 und a_2 den Winkel der Verzögerungsphase $\frac{\delta}{\lambda} 2\pi$ einschliessen, und ziehe die von diesem Winkel ausgehende Diagonale. Dieselbe stellt dann A dar und schliesst mit a_1 den Winkel $\frac{D}{\lambda} 2\pi$ ein.

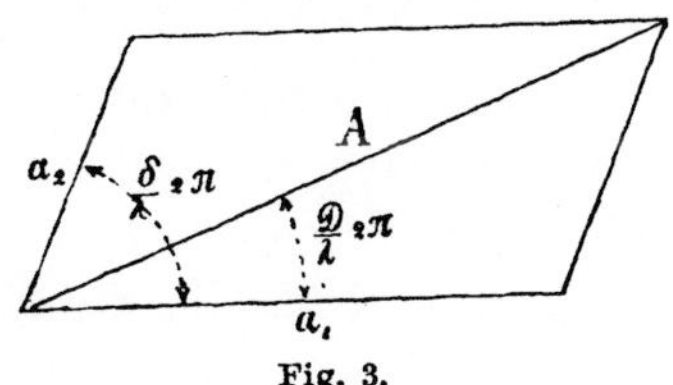

Fig. 3.

Nach der Emanationshypothese sollte die resultirende Intensität einfach der Summe der Einzelintensitäten entsprechen, also mit

$a_1{}^2 + a_2{}^2$ proportional sein, während wir hier als Maass derselben A^2 gefunden haben, welches von der Verzögerungsphase abhängt.

Ueber δ wollen wir noch einige besondere Annahmen machen.

Wenn δ ein ungerades Vielfaches einer halben Wellenlänge $\left(\delta = (2m + 1)\dfrac{\lambda}{2}\right)$, so wird $\cos\dfrac{\delta}{\lambda} 2\pi = -1$ und

$$A^2 = (a_1 - a_2)^2,$$

also tritt die grösstmögliche Schwächung ein und, falls $a_1 = a_2$, zerstören sich die Strahlen ganz.

Für $\delta = 2m\dfrac{\lambda}{2}$ erhalten wir die grösste Verstärkung, nämlich

$$A^2 = (a_1 + a_2)^2$$

und unter der speciellen Annahme $a_1 = a_2 : A^2 = 4a_1{}^2$, also die vierfache Intensität.

Der einzige Fall, in dem $A^2 = a_1{}^2 + a_2{}^2$ wird, ist $\delta = (2m + 1)\dfrac{\lambda}{4}$. Strahlen dieser Art kommen häufig vor; für die Werthe $\delta = \dfrac{\lambda}{4}, \dfrac{5\lambda}{4}, \dfrac{9\lambda}{4}\cdots$ sind ihre Gleichungen

$$\xi_1 = a_1 \cos\left(\frac{t}{T} - \frac{x}{\lambda}\right) 2\pi, \qquad \xi_2 = a_2 \sin\left(\frac{t}{T} - \frac{x}{\lambda}\right) 2\pi,$$

hingegen für $\delta = \dfrac{3\lambda}{4}, \dfrac{7\lambda}{4}, \dfrac{11\lambda}{4}\cdots$

$$\xi_1 = a_1 \cos\left(\frac{t}{T} - \frac{x}{\lambda}\right) 2\pi, \qquad \xi_2 = -a_2 \sin\left(\frac{t}{T} - \frac{x}{\lambda}\right) 2\pi.$$

Unwesentlich war die Voraussetzung gleicher Phase für die beiden leuchtenden Theilchen. Hätte nämlich P_2 um τ später seine Schwingung begonnen, so wäre seine eigene Bewegung dargestellt durch $A_2 \cos\left(\dfrac{t-\tau}{T}\right) 2\pi$ und seine Einwirkung auf P durch:

$$a_2 \cos\left(\frac{t-\tau}{T} - \frac{x+\delta}{\lambda}\right) 2\pi = a_2 \cos\left(\frac{t}{T} - \frac{x+\delta+V\tau}{\lambda}\right) 2\pi.$$

Wir brauchen nur $\delta + V\tau = \delta'$ zu setzen, um die frühere Form der Gleichung zu erhalten, was die Bedeutung hat, dass wir P_2 um $V\tau$ rückwärts verlegen. Immer kommt es nur auf die Phasendifferenz an, mit welcher die Strahlen in P anlangen.

Liegt irgendwo zwischen P_1 und P_2 eine Schicht der Dicke d von einem Medium mit anderer Fortpflanzungsgeschwindigkeit, so verlegen wir dieselbe so, dass eine ihrer Flächen durch P_2 geht.

P_1 sendet wie früher nach p die Verrückung:

$$\xi_1 = a_1 \cos \left(\frac{t}{T} - \frac{x}{\lambda} \right) 2\pi,$$

P_2 hingegen:

$$\xi_2 = a_2 \cos \left(\frac{t}{T} - \frac{x + \delta - d}{\lambda} - \frac{d}{\lambda_1} \right) 2\pi,$$

sodass wir nur als Verzögerungsphase $\frac{\delta_1}{\lambda} 2\pi$ einzuführen haben, wo:

$$\delta_1 = \delta + d \left(\frac{\lambda - \lambda_1}{\lambda_1} \right).$$

Wir beschäftigen uns nun mit der umgekehrten Aufgabe, **einen gegebenen Strahl in zwei andere zu zerlegen.**

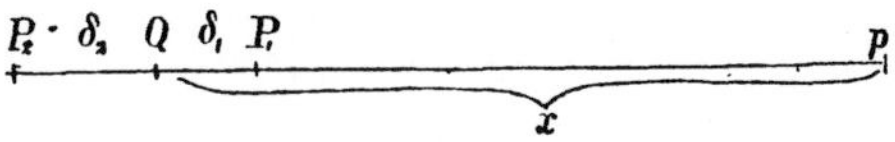

Ein leuchtender Punkt Q erzeuge in p die Verrückung

Fig. 4.

$$\xi = a \cos \left(\frac{t}{T} - \frac{x}{\lambda} \right) 2\pi,$$

und hiefür wollen wir substituiren die Wirkung von P_1, welches um δ_1 näher an P_1, und von P_2, welches um δ_2 weiter entfernt ist, also

$$\xi_1 = a_1 \cos \left(\frac{t}{T} - \frac{x - \delta_1}{\lambda} \right) 2\pi,$$

$$\xi_2 = a_2 \cos \left(\frac{t}{T} - \frac{x + \delta_2}{\lambda} \right) 2\pi.$$

Damit $\xi = \xi_1 + \xi_2$, ist erforderlich:

$$a = a_1 \cos \frac{\delta_1}{\lambda} 2\pi + a_2 \cos \frac{\delta_2}{\lambda} 2\pi,$$

$$0 = - a_1 \sin \frac{\delta_1}{\lambda} 2\pi + a_2 \sin \frac{\delta_2}{\lambda} 2\pi,$$

welchen Gleichungen durch die vier disponiblen Grössen a_1, a_2, δ_1, δ_2 in unendlich verschiedener Weise genügt werden kann.

Werden die Orte der Punkte, also δ_1 und δ_2, als gegeben angenommen, so folgen die Amplituden:

$$a_1 = \frac{a \sin \frac{\delta_2}{\lambda} 2\pi}{\sin \frac{\delta_1 + \delta_2}{\lambda} 2\pi}, \qquad a_2 = \frac{a \sin \frac{\delta_1}{\lambda} 2\pi}{\sin \frac{\delta_1 + \delta_2}{\lambda} 2\pi}.$$

Für $\delta_1 + \delta_2 = \frac{\lambda}{4}$ wird der Nenner $= 1$ und

$$a_1 = a \cos \frac{\delta_1}{\lambda} 2\pi, \qquad a_2 = a \sin \frac{\delta_1}{\lambda} 2\pi,$$

$$\text{(12)} \qquad \begin{aligned} \xi_1 &= a \cos \frac{\delta_1}{\lambda} 2\pi \cos \left(\frac{t}{T} - \frac{x - \delta_1}{\lambda} \right) 2\pi, \\[2mm] \xi_2 &= a \sin \frac{\delta_1}{\lambda} 2\pi \sin \left(\frac{t}{T} - \frac{x - \delta_1}{\lambda} \right) 2\pi. \end{aligned}$$

Die Lage der beiden substituirten leuchtenden Punkte ist so, dass P_1 dem Punkte p um δ_1 näher liegt, P_2 von P_1 aus gerechnet um $\lambda/4$ rückwärts.

Nun können wir beliebig viele Strahlen von gleichgerichteter Bewegung zu einem resultirenden zusammensetzen.

Auf einer Geraden mögen die leuchtenden Punkte P, P_1, $P_2 \ldots$ liegen, welche alle dieselbe Farbe besitzen und ihre Schwingungen in gleicher Richtung ausführen sollen. Wir können die Phase bei allen gleich voraussetzen, indem andernfalls die Punkte nur geeignet zu verlegen wären.

Jeder Strahl wird zerlegt in einen von P und einen von dem um $\frac{\lambda}{4}$ rückwärts gelegenen Q ausgehenden, wodurch wir folgende beiden Systeme erhalten:

$$a \cos \left(\frac{t}{T} - \frac{x}{\lambda} \right) 2\pi,$$

$$a_1 \cos \frac{\delta_1}{\lambda} 2\pi \cos \left(\frac{t}{T} - \frac{x}{\lambda} \right) 2\pi, \qquad a_1 \sin \frac{\delta_1}{\lambda} 2\pi \sin \left(\frac{t}{T} - \frac{x}{\lambda} \right) 2\pi,$$

$$a_2 \cos \frac{\delta_2}{\lambda} 2\pi \cos \left(\frac{t}{\lambda} - \frac{x}{\lambda} \right) 2\pi, \qquad a_2 \sin \frac{\delta_2}{\lambda} 2\pi \sin \left(\frac{t}{T} - \frac{x}{\lambda} \right) 2\pi.$$

$$\vdots \qquad\qquad\qquad \vdots$$

Die erste Reihe summirt sich einfach zu einem Strahl

$$\left(a + a_1 \cos \frac{\delta_1}{\lambda} 2\pi + a_2 \cos \frac{\delta_2}{\lambda} 2\pi + \cdots \right) \cos \left(\frac{t}{T} - \frac{x}{\lambda} \right) 2\pi,$$

und ebenso die zweite zu

$$\left(a_1 \sin \frac{\delta_1}{\lambda} 2\pi + a_2 \sin \frac{\delta_2}{\lambda} 2\pi + \cdots \right) \sin \left(\frac{t}{T} - \frac{x}{\lambda} \right) 2\pi.$$

Da nun die Ausgangspunkte P und Q dieser beiden Strahlen um $\lambda/4$ auseinanderliegen, erhalten wir die Amplitude des resultirenden Strahles

$$A \cos \left(\frac{t}{T} - \frac{x + D}{\lambda} \right) 2\pi$$

aus

$$\text{(13)} \qquad \begin{aligned} A^2 &= \left(a + a_1 \cos \frac{\delta_1}{\lambda} 2\pi + a_2 \cos \frac{\delta_2}{\lambda} 2\pi + \cdots \right)^2 \\[2mm] &\quad + \left(a_1 \sin \frac{\delta_1}{\lambda} 2\pi + a_2 \sin \frac{\delta_2}{\lambda} 2\pi + \cdots \right)^2, \end{aligned}$$

ferner

$$(14) \qquad \tan \frac{D}{\lambda} 2\pi = \frac{a_1 \sin \frac{\delta_1}{\lambda} 2\pi + a_2 \sin \frac{\delta_2}{\lambda} 2\pi + \cdots}{a + a_1 \cos \frac{\delta_1}{\lambda} 2\pi + a_2 \cos \frac{\delta_2}{\lambda} 2\pi + \cdots},$$

Resultate, die wir auch auf rein analytischem Wege hätten ableiten können.

Folgende Definitionen sind vorläufig rein analytisch aufzufassen: Strahlen, welche das Aethertheilchen immer in derselben Richtung bewegen, nennt man geradlinig polarisirte Strahlen. Zwei oder mehrere nicht gleichgerichtete Bewegungen der eben angegebenen Art versetzen das Aethertheilchen im Allgemeinen in eine Curvenbewegung, die, von Specialfällen abgesehen, eine elliptische ist. Solche Strahlen heissen elliptisch polarisirt, und wenn die Bahnellipse des Aethertheilchens in einen Kreis übergeht, circular polarisirt.

Die entsprechenden optischen Erscheinungen waren von Biot und Brewster entdeckt, ehe man ihren Grund kannte, und von Letzterem rühren auch die soeben angegebenen Bezeichnungen her.

Von den Punkten P_1 und P_2 mögen nun zwei Strahlen gleicher Farbe ausgehen, deren Schwingungsrichtungen aufeinander senkrecht stehen mögen und ausserdem beide senkrecht seien zur gemeinsamen Richtung des Strahles $P_1 P_2$.

Die Bewegung von P wird dargestellt sein durch

$$(15) \qquad \xi = a \cos\left(\frac{t}{T} - \frac{x}{\lambda}\right) 2\pi,$$

$$(16) \qquad \eta = b \cos\left(\frac{t}{T} - \frac{x+\delta}{\lambda}\right) 2\pi.$$

Die von dem Aethertheilchen beschriebene Curve ergiebt sich durch Elimination von t. Wir schreiben (16) so:

$$\eta = b \cos\left(\frac{t}{T} - \frac{x}{\lambda}\right) 2\pi \cos \frac{\delta}{\lambda} 2\pi + b \sin\left(\frac{t}{T} - \frac{x}{\lambda}\right) 2\pi \sin \frac{\delta}{\lambda} 2\pi,$$

woraus mit Hinzuziehung von (15):

$$\frac{\eta}{b} - \frac{\xi}{a} \cos \frac{\delta}{\lambda} 2\pi = \sin\left(\frac{t}{T} - \frac{x}{\lambda}\right) 2\pi \sin \frac{\delta}{\lambda} 2\pi.$$

Indem wir diese Gleichung und

$$\frac{\xi}{a} \sin \frac{\delta}{\lambda} 2\pi = \cos\left(\frac{t}{T} - \frac{x}{\lambda}\right) 2\pi \sin \frac{\delta}{\lambda} 2\pi$$

quadriren und addiren, erhalten wir:

$$(17) \qquad \frac{\xi^2}{a^2} + \frac{\eta^2}{b^2} - \frac{2\xi\eta}{ab} \cos \frac{\delta}{\lambda} 2\pi = \sin^2 \frac{\delta}{\lambda} 2\pi,$$

also die Gleichung einer Ellipse. Diese bleibt für die verschiedenen Punkte des Strahles unverändert, so lange a und b als constant angesehen werden können; ist dies nicht gestattet, so wird für nicht zu grosse δ wenigstens das Verhältniss a/b den gleichen Werth behalten, die Ellipsen also ähnlich sein.

Damit die Ellipse in eine Gerade übergeht, die beiden geradlinig polarisirten Strahlen sich also wieder zu einem geradlinig polarisirten zusammensetzen, muss die linke Seite von (17) ein vollständiges Quadrat werden und die rechte verschwinden. Hiezu genügt $\sin \dfrac{\delta}{\lambda} 2\pi = 0$, also

$$\delta = m\,\frac{\lambda}{2}.$$

Je nachdem m gerade oder ungerade, wird

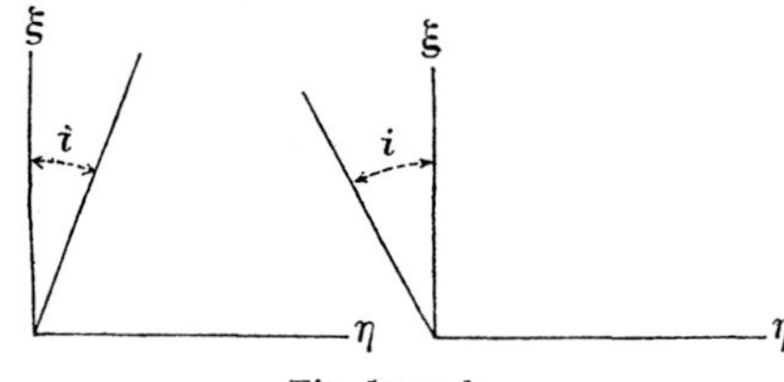

Fig. 5a u. b.

$$\frac{\xi}{a} - \frac{\eta}{b} = 0 \quad \text{oder} \quad \frac{\xi}{a} + \frac{\eta}{b} = 0$$

und es hat die Bewegungsrichtung des resultirenden Strahles die beifolgend dargestellte Lage.

Umgekehrt wird ein geradlinig polarisirter Strahl sich in zwei senkrecht zu einander polarisirte zerlegen lassen. Ist der erstere

$$(18) \qquad \zeta = A \cos \left(\frac{t}{T} - \frac{x}{\lambda} \right) 2\pi,$$

so können wir ihn als Resultante ansehen aus den beiden zu einander senkrechten Bewegungen

$$(19) \qquad \xi = A \cos i \cos \left(\frac{t}{T} - \frac{x}{\lambda} \right) 2\pi,$$

$$(20) \qquad \eta = A \sin i \cos \left(\frac{t}{T} - \frac{x}{\lambda} \right) 2\pi,$$

wo i den Winkel zwischen ζ und ξ bezeichnet.

Soll die Gleichung der vom Aethertheilchen beschriebenen Curve (17) einen Kreis darstellen, so muss der Coefficient von ξ^2 und η^2 gleich sein und das Doppelproduct fortfallen, also

$$a = b, \quad \cos\frac{\delta}{\lambda} 2\pi = 0 \quad \text{d. h.} \quad \delta = (4m \pm 1)\,\frac{\lambda}{4}$$

sein.

Die componirenden Strahlen müssen somit gleiche Amplitude besitzen, und ihre Ursprünge müssen um ungerade Vielfache einer viertel Wellenlänge von einander entfernt sein.

Die Gleichung des Kreises wird stets

$$\xi^2 + \eta^2 = a^2,$$

und die Geschwindigkeit der Bewegung

$$\frac{ds}{dt} = \sqrt{\left(\frac{d\xi}{dt}\right)^2 + \left(\frac{d\eta}{dt}\right)^2} = \frac{a\,2\pi}{T},$$

doch geben die beiden Reihen

$$\delta = \tfrac{1}{4}\lambda, \quad \tfrac{5}{4}\lambda, \quad \tfrac{9}{4}\lambda \ldots$$

und

$$\delta = \tfrac{3}{4}\lambda, \quad \tfrac{7}{4}\lambda, \quad \tfrac{11}{4}\lambda \ldots$$

wesentlich verschiedene circular polarisirte Strahlen, indem die Componenten:

$$(21) \qquad \xi = a \cos\left(\frac{t}{T} - \frac{x}{\lambda}\right) 2\pi,$$

$$\eta = a \sin\left(\frac{t}{T} - \frac{x}{\lambda}\right) 2\pi,$$

resp.

$$(22) \qquad \xi = \quad\; a \cos\left(\frac{t}{T} - \frac{x}{\lambda}\right) 2\pi,$$

$$\eta = - a \sin\left(\frac{t}{T} - \frac{x}{\lambda}\right) 2\pi$$

werden.

Um den Unterschied zu zeigen, gehen wir von einem Moment aus, wo der Sinus verschwindet, während der Cosinus $+\,1$ ist, das Theilchen sich also in $\xi = + a$ befindet. Wächst nun t, so nimmt ξ ab und im ersten Falle erhält η einen positiven Werth, für ein dem Strahle entgegengesetztes Auge rotirt also das Theilchen mit dem Uhrzeiger. Strahlen dieser Art nennt man rechts circular polarisirte.

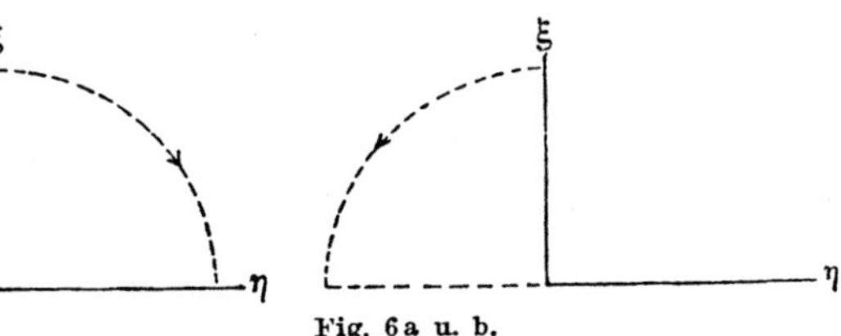

Fig. 6a u. b.

Im zweiten Falle wird η negativ, die Bewegung des Theilchens erfolgt gegen den Uhrzeiger und man nennt einen solchen Strahl links circular polarisirt.

Diejenigen Aethertheilchen, welche in der Ruhelage sich auf der Geraden des Strahles befanden, bewegen sich (bei nicht zu grossen Entfernungen) sämmtlich auf Kreisen mit dem Radius a, und liegen also auf einem Cylinder in einer Spirallinie, welche aber für rechte und linke Strahlen eine verschiedene Gestalt hat.

In beifolgender Figur deute der Pfeil die Richtung des Strahles an, ξ gehe senkrecht nach oben und η nach rechts. In irgend einem Momente betrachten wir ein Theilchen p, das sich gerade in der ξ-Axe befindet, für welches also der Sinus $= 0$, der Cosinus $= + 1$ ist. Wenn der Strahl ein rechter ist, werden nach (21) die nächstvorhergehenden Theilchen, deren x kleiner ist, ein positives η besitzen, die nachfolgenden aber ein negatives η. Erstere werden also etwa die Lage p', letztere aber die Lage p'' haben, sodass die

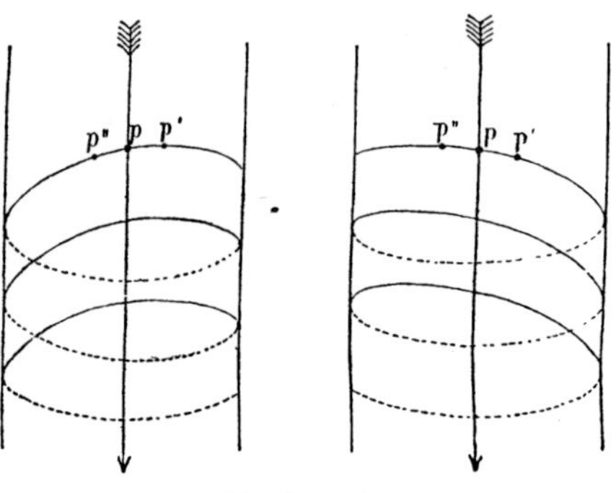

Fig. 7 a u. b.

Spirale ebenso gewunden ist, wie ein Korkzieher.

Für einen linken Strahl werden umgekehrt die vorhergehenden Theilchen negative, die folgenden positive η haben, und der Sinn der Windung wird gerade der entgegengesetzte sein.

Durch Zusammensetzung zweier in gleichem Sinne rotirender circular polarisirter Strahlen kann sich immer wieder nur ein circular polarisirter ergeben.

Bei entgegengesetzter Richtung der Rotation kann aber ein geradlinig polarisirter Lichtstrahl entstehen, und hiefür wollen wir die Bedingungen aufsuchen.

Die beiden circular polarisirten Strahlen seien

$$\xi_1 = a_1 \cos\left(\frac{t}{T} - \frac{x}{\lambda}\right) 2\pi,$$

$$\eta_1 = a_1 \sin\left(\frac{t}{T} - \frac{x}{\lambda}\right) 2\pi,$$

und

$$\xi_2 = \quad a_2 \cos\left(\frac{t}{T} - \frac{x+\delta}{\lambda}\right) 2\pi,$$

$$\eta_2 = -\, a_2 \sin\left(\frac{t}{T} - \frac{x+\delta}{\lambda}\right) 2\pi,$$

so werden die Verrückungen im resultirenden Strahle sein:

$$\xi = \xi_1 + \xi_2 = \left(a_1 + a_2 \cos\frac{\delta}{\lambda} 2\pi\right) \cos\vartheta + a_2 \sin\frac{\delta}{\lambda} 2\pi \sin\vartheta,$$

$$\eta = \eta_1 + \eta_2 = a_2 \sin\frac{\delta}{\lambda} 2\pi \cos\vartheta + \left(a_1 - a_2 \cos\frac{\delta}{\lambda} 2\pi\right) \sin\vartheta,$$

wenn wir zur Abkürzung setzen:

$$\left(\frac{t}{T} - \frac{x}{\lambda}\right) 2\pi = \vartheta.$$

Durch Auflösung der vorstehenden Gleichungen folgt:

$$(a_1{}^2 - a_2{}^2) \cos \vartheta = \xi \left(a_1 - a_2 \cos \frac{\delta}{\lambda} 2\pi\right) - \eta\, a_2 \sin \frac{\delta}{\lambda} 2\pi,$$

$$(a_1{}^2 - a_2{}^2) \sin \vartheta = - \xi a_2 \sin \frac{\delta}{\lambda} 2\pi + \eta \left(a_1 + a_2 \cos \frac{\delta}{\lambda} 2\pi\right),$$

und wenn wir quadriren und addiren, die Bahngleichung:

$$\xi^2 \left[a_1{}^2 + a_2{}^2 - 2a_1 a_2 \cos \frac{\delta}{\lambda} 2\pi\right] + \eta^2 \left[a_1{}^2 + a_2{}^2 + 2a_1 a_2 \cos \frac{\delta}{\lambda} 2\pi\right]$$

$$- 4\xi\eta\, a_1 a_2 \sin \frac{\delta}{\lambda} 2\pi = (a_1{}^2 - a_2{}^2).$$

Die nothwendige und hinreichende Bedingung dafür, dass diese eine Gerade darstelle, ist $a_1{}^2 = a_2{}^2$, denn dann wird:

$$\xi^2 \left(1 - \cos \frac{\delta}{\lambda} 2\pi\right) + \eta^2 \left(1 + \cos \frac{\delta}{\lambda} 2\pi\right) - 2\xi\eta \sin \frac{\delta}{\lambda} 2\pi = 0$$

oder:

$$\xi^2 \sin^2 \frac{\delta}{\lambda} \pi + \eta^2 \cos^2 \frac{\delta}{\lambda} \pi - 2\xi\eta \sin \frac{\delta}{\lambda} \pi \cos \frac{\delta}{\lambda} \pi = 0$$

und nach Ausziehen der Wurzel:

$$\xi \sin \frac{\delta}{\lambda} \pi - \eta \cos \frac{\delta}{\lambda} \pi = 0.$$

Zwei entgegengesetzt rotirende circular polarisirte Strahlen setzen sich also zu einem geradlinig polarisirten zusammen, wenn ihre Amplituden gleich sind; übrigens geht aus der letzten Gleichung hervor, dass seine Schwingungsrichtung mit der ξ-Axe den Winkel $\frac{\delta}{\lambda} \pi$ einschliesst.

Wir suchen nun umgekehrt einen geradlinig polarisirten Strahl in zwei circular polarisirte zu zerlegen, eine Aufgabe, die wichtig ist für solche Medien, die entweder nur rechts oder nur links rotirende Strahlen durchlassen oder zwar Strahlen beider Arten den Durchgang gewähren, aber mit verschiedener Geschwindigkeit.

Der ursprünglich gegebene Strahl sei:

$$AB) = a \cos \left(\frac{t}{T} - \frac{x}{\lambda}\right) 2\pi.$$

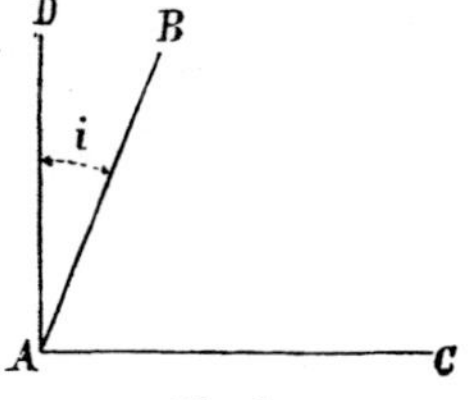

Fig. 8.

Wir zerlegen denselben nach den beiden aufeinander senkrechten Richtungen AD und AC:

$$AD) = a \cos i \cos \left(\frac{t}{T} - \frac{x}{\lambda} \right) 2\pi,$$

$$AC) = a \sin i \cos \left(\frac{t}{T} - \frac{x}{\lambda} \right) 2\pi.$$

Für AD substituiren wir einen Strahl mit einem dem Auge um δ näheren Ursprung und einen andern, der seinen Ausgang um $\frac{\lambda}{4}$ weiter rückwärts hat:

$$1) \quad a \cos i \cos \frac{\delta}{\lambda} 2\pi \cos \left(\frac{t}{T} - \frac{x - \delta}{\lambda} \right) 2\pi,$$

$$2) \quad a \cos i \sin \frac{\delta}{\lambda} 2\pi \sin \left(\frac{t}{T} - \frac{x - \delta}{\lambda} \right) 2\pi,$$

und für AC die beiden Strahlen mit demselben Ursprung

$$3) \quad a \sin i \cos \frac{\delta}{\lambda} 2\pi \cos \left(\frac{t}{T} - \frac{x - \delta}{\lambda} \right) 2\pi,$$

$$4) \quad a \sin i \sin \frac{\delta}{\lambda} 2\pi \sin \left(\frac{t}{T} - \frac{x - \delta}{\lambda} \right) 2\pi.$$

Wir combiniren nun 1) und 4) zu I.:

$$\text{I.} \quad \begin{cases} \xi_1 = a \cos i \cos \frac{\delta}{\lambda} 2\pi \cos \left(\frac{t}{T} - \frac{x - \delta}{\lambda} \right) 2\pi, \\[2mm] \eta_1 = a \sin i \sin \frac{\delta}{\lambda} 2\pi \sin \left(\frac{t}{T} - \frac{x - \delta}{\lambda} \right) 2\pi, \end{cases}$$

und ebenso 2) und 3) zu II.:

$$\text{II.} \quad \begin{cases} \xi_2 = a \cos i \sin \frac{\delta}{\lambda} 2\pi \sin \left(\frac{t}{T} - \frac{x - \delta}{\lambda} \right) 2\pi, \\[2mm] \eta_2 = a \sin i \cos \frac{\delta}{\lambda} 2\pi \cos \left(\frac{t}{T} - \frac{x - \delta}{\lambda} \right) 2\pi. \end{cases}$$

Sollen I. und II. circular polarisirte Strahlen sein, so müssen die Componenten gleiche Amplituden besitzen, also

$$\cos i \cos \frac{\delta}{\lambda} 2\pi = \sin i \sin \frac{\delta}{\lambda} 2\pi,$$

$$\cos i \sin \frac{\delta}{\lambda} 2\pi = \sin i \cos \frac{\delta}{\lambda} 2\pi.$$

Durch Division folgt hieraus:

$$\tan \frac{\delta}{\lambda} 2\pi = \cotan \frac{\delta}{\lambda} 2\pi,$$

also

$$\frac{\delta}{\lambda} 2\pi = \frac{\pi}{4} \quad \text{oder} \quad \delta = \frac{\lambda}{8}.$$

und ebenso

$$i = \frac{\pi}{4}.$$

Die beiden Strahlen werden hienach:

$$(23) \qquad \text{I.} \quad \begin{cases} \xi_1 = \dfrac{a}{2} \cos\left(\dfrac{t}{T} - \dfrac{x - \delta}{\lambda}\right) 2\pi, \\[2ex] \eta_1 = \dfrac{a}{2} \sin\left(\dfrac{t}{T} - \dfrac{x - \delta}{\lambda}\right) 2\pi, \end{cases}$$

$$(24) \qquad \text{II.} \quad \begin{cases} \xi_2 = \dfrac{a}{2} \sin\left(\dfrac{t}{T} - \dfrac{x - \delta}{\lambda}\right) 2\pi, \\[2ex] \eta_2 = \dfrac{a}{2} \cos\left(\dfrac{t}{T} - \dfrac{x - \delta}{\lambda}\right) 2\pi. \end{cases}$$

worin noch $\delta = \dfrac{\lambda}{8}$ zu setzen ist. I. rotirt rechts, wie durch Vergleichung mit (21) hervorgeht; dass II. thatsächlich links rotirt, erhellt am einfachsten, wenn wir $\delta = \delta' + \dfrac{\lambda}{4}$ setzen, wodurch II. übergeht in

$$\text{II.} \quad \begin{cases} \xi_2 = \dfrac{a}{2} \cos\left(\dfrac{t}{T} - \dfrac{x - \delta'}{\lambda}\right) 2\pi, \\[2ex] \eta_2 = -\dfrac{a}{2} \sin\left(\dfrac{t}{T} - \dfrac{x - \delta'}{\lambda}\right) 2\pi. \end{cases}$$

Endlich wollen wir noch den Nachweis führen, dass die **Ellipse die allgemeinste Form der Bahn eines Aethertheilchens ist.**

Beliebig viele leuchtende Punkte, welche in einer Geraden liegen, aber beliebige Schwingungsrichtungen besitzen, senden ihre Erschütterungen nach einem Punkte p.

Jede einzelne der Verrückungen zerlegen wir nach drei aufeinander senkrechten Richtungen ξ, η, ζ und können nun das System parallel ξ zu einem Strahle zusammensetzen und ebenso die beiden andern. Die so erhaltenen Componenten der Gesammtbewegung seien:

$$\xi = A \cos\left(\frac{t}{T} - \frac{x + D}{\lambda}\right) 2\pi = A \cos(\vartheta - p),$$

$$\eta = B \cos\left(\frac{t}{T} - \frac{x + D'}{\lambda}\right) 2\pi = B \cos(\vartheta - q),$$

$$\zeta = C \cos\left(\frac{t}{T} - \frac{x + D''}{\lambda}\right) 2\pi = C \cos(\vartheta - r).$$

Um die Bahngleichung zu finden, haben wir die Zeit zu eliminiren. Denken wir uns die cos. aufgelöst, so können wir aus den ersten beiden Gleichungen $\sin \vartheta$ und $\cos \vartheta$ bestimmen, welche lineär in ξ und η erscheinen. Diese Werthe in die dritte Gleichung eingesetzt, ergeben zunächst eine lineäre Relation zwischen ξ, η, ζ, woraus hervorgeht, dass die Bahncurve eine ebene ist. Ihre Projection auf die $\xi\eta$-Ebene finden wir durch Quadriren und Addiren der in ξ und η lineären Ausdrücke für $\sin\vartheta$ und $\cos\vartheta$ als Curve zweiten Grades, also im Allgemeinen eine Ellipse.

Das Resultat der angedeuteten Rechnungsoperationen ist:

$$\frac{\xi}{A}\sin(q-r) + \frac{\eta}{B}\sin(r-p) + \frac{\zeta}{C}\sin(p-q) = 0,$$

$$\frac{\xi^2}{A^2} + \frac{\eta^2}{B^2} - \frac{2\xi\eta}{AB}\cos(p-q) = \sin^2(p-q).$$

Vorlesung III.

Interferenzerscheinungen.

Farben dünner Blättchen.

Alle durchsichtigen Körper zeigen bei hinreichend geringer Dicke besonders im reflectirten Lichte glänzende Farben.

Von festen Körpern genügend dünne Blättchen zu erhalten, ist schwierig und gelingt am ersten noch bei Glimmer und Gyps, ferner durch Aufblasen einer Glaskugel vor der Gebläselampe bis zum Zerplatzen. Hierher gehört auch die farbige Oxydschicht auf anlaufendem Stahl und die Farben erblindeter Fensterscheiben.

Beispiele dünner Flüssigkeitslamellen bieten Seifenblasen und auf einer Wasserfläche sich ausbreitende Oeltropfen; dünne Luftschichten mit sehr schönen Farben beobachtet man oft bei Sprüngen in Glas und in durchsichtigen Krystallen.

Newton hat die Erscheinung in einer mustergültigen Weise untersucht[1]).

Dem Vorgange Hooke's folgend, legte er auf eine Convexlinse mit grossem Krümmungshalbmesser eine ebene Glasfläche und erhielt so die sämmtlichen Farben mit einem Male auf concentrischen Kreisen. Die Anordnung erlaubte ferner die Dicke, für welche eine gewisse Farbe auftritt, sehr genau zu bestimmen und statt der Luft Flüssigkeiten zwischen die Glasflächen zu bringen.

Die Reihenfolge der Farben, welche man im weissen Sonnenlichte beobachtet, ist wichtig, da sie bei vielen Erscheinungen wiederkehrt.

---

[1]) Newton, Optice Lib. II.

Sie ist bei inniger Berührung folgende:

1) Mittelpunkt schwarz, schwach blau, ein breiter weisser Ring, schwach gelb, orangeroth;

2) violett, blau, schwach grün, gelb, roth;

3) blau, intensiv grün, gelb, roth;

4) grün, gelbroth, roth;

5) bläulich grün, roth;

6) bläulich grün, blassroth;

7) bläulich grün, weissroth[1]).

Für den ersten Ring ist characteristisch das Weiss, für den zweiten ein intensives Blau und ein schwaches Grün, für den dritten ein intensives Grün. Die Ringe 5) 6) 7) sind wenig unterschieden.

Man erhält dieselben Farben ausgedehnter und deutlicher im Centrum, wenn man die obere Platte langsam von der Linse entfernt.

Nach Newton verhalten sich die Durchmesser der dunkelsten Stellen $2\varrho_0 : 2\varrho_2 : 2\varrho_4 \ldots$ wie $\sqrt{0} : \sqrt{2} : \sqrt{4} \ldots$; gemessen wurde bei denjenigen Farben, mit denen jeder Ring in der obigen Aufzählung begonnen ist. Die Durchmesser der hellsten Ringe $2\varrho_1 : 2\varrho_3 : 2\varrho_5 \ldots$ stehen im Verhältniss $\sqrt{1} : \sqrt{3} : \sqrt{5} \ldots$ Die betreffenden Stellen sind hier 1) zwischen Weiss und Gelb, 2) zwischen Gelb und Roth, 3) im Gelb, 4) zwischen Gelbgrün und Roth, 5) 6) 7) zwischen Blaugrün und Roth.

Hieraus leitete Newton zunächst das Verhältniss der Dicken der Luftschicht ab. Die Gleichung des Kreises, bezogen auf das in der Figur angedeutete Coordinatensystem, ist

$$x^2 + y^2 - 2Ry = 0.$$

Die zu einem Ringhalbmesser ϱ gehörige Dicke $\varDelta$ ergiebt sich hieraus mit Vernachlässigung des sehr kleinen Quadrates derselben

$$\varDelta = \frac{\varrho^2}{2R}.$$

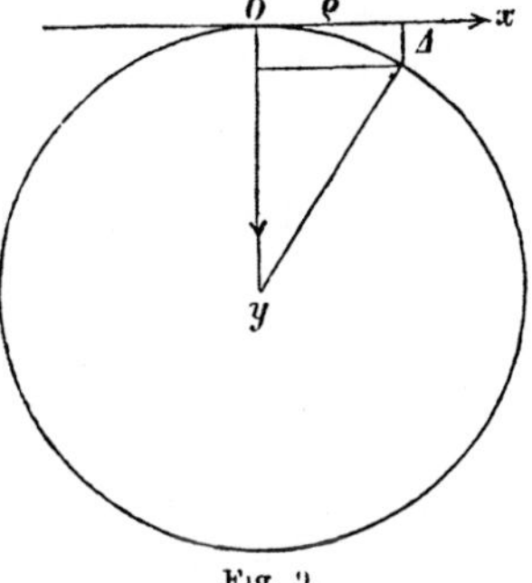

Fig. 9.

Folglich verhalten sich die Dicken an den dunkelsten Stellen wie die geraden, die der hellsten wie die ungeraden Zahlen.

Newton benutzte die Formel nun weiter, um die Dicke der Luftschicht für einen Ring wirklich zu bestimmen, woraus dieselbe dann

---

[1]) Eine genauere Zusammenstellung der Farben s. bei Quincke, Pogg. Ann. 129, p. 180. 1866.

für alle übrigen leicht gefunden werden kann. Es war $2R = 182$ englische Zoll, ferner mass er für den fünften dunklen Ring $\varrho = \frac{1}{10}$ Zoll, demnach

$$\varDelta_{10} = \frac{1}{10^2} \cdot \frac{1}{182} = \frac{1}{18200} \text{ engl. Zoll,}$$

und also für den ersten dunklen Ring nach den oben angegebenen Gesetzen:

$$\varDelta_2 = \frac{1}{5} \varDelta_{10} = \frac{1}{91000} \text{ engl. Zoll.}$$

Die Anbringung einer Correction wegen der Schiefe des einfallenden Lichtes und wegen der Brechung an der oberen Fläche (die bei Newtons Versuch schwach convex war) reducirt diese Zahl auf etwa $\frac{1}{89000}$ engl. Zoll $= 0{,}000285$ mm. Wir werden später sehen, dass dieses die halbe Wellenlänge für Strahlen im hellsten Theile des Spectrums („für weisses Licht") ist[1].

Bei schief einfallendem Lichte wachsen die Durchmesser der Ringe, und an einer bestimmten Stelle tritt also eine Farbe „niederer Ordnung" auf, d. h. eine bei senkrecht einfallendem Lichte zu einer geringeren Dicke gehörige. Ist die aufgelegte Platte nicht mit der Linse in inniger Berührung, so erscheint das Centrum farbig und ändert bei Neigung des Auges seine Farbe im Sinne abnehmender Ordnung.

Newton mass den Durchmesser desselben Ringes für verschiedene Einfallswinkel, und fand empirisch folgendes Gesetz. Ist $\varDelta'$ die Dicke an der beobachteten Stelle, $\varDelta$ diejenige, welche in senkrecht einfallendem Licht die gleiche Farbe zeigt, so ist

$$(1) \qquad\qquad \varDelta' = \frac{\varDelta}{\cos \psi},$$

wo ψ den Brechungswinkel in der Lamelle bedeutet.

Indessen bemerkte Newton ausdrücklich, dass für grössere Einfallswinkel dies Gesetz nicht mehr gelte, und stellte eine Interpolationsformel auf[2]. Die Theorie giebt die Dicke immer umgekehrt proportional mit $\cos \psi$, und spätere genaue Messungen von Provostaye und Desains[3] sind bis zu Winkeln von $85^0 21'$ hiemit in Einklang.

Auch im durchgehenden Lichte zeigen sich Farben, doch sind sie undeutlich und verschwimmen in einer überwiegenden Menge

---

[1] Quincke giebt a. a. O. für weisses Licht $\lambda = 0{,}0005506$.
[2] Optice Lib. II Observ. VII.
[3] Pogg. Ann. Bd. 76. 1849.

von weissem Licht. Die Farben sind complementär zu denen, welche die reflectirten Ringe an derselben Stelle zeigen.

Bringt man andere Substanzen z. B. Wasser zwischen die Platten, so bleibt die Erscheinung in ihren Grundzügen dieselbe, nur werden die Farben blasser und die Durchmesser der Ringe ändern sich. Newton fand, dass sich diese in. Wasser auf $^7/_8$ reducirten. Die gleichen Farben entsprechenden Dicken in Luft und Wasser verhielten sich demnach wie $1 : {}^{49}/_{64}$ oder nahe wie $1 : {}^3/_4$, d. h. umgekehrt wie die Brechungscoefficienten.

Bisher haben wir die Erscheinungen beschrieben, wie sie sich im weissen Sonnenlichte zeigen. Die Grunderscheinung tritt auf, wenn wir homogenes Licht anwenden, das wir uns entweder durch prismatische Zerlegung des Sonnenlichtes oder durch Benutzung einer Kochsalzflamme verschaffen können. Es genügt auch, ein intensiv gefärbtes Glas vor das Auge zu halten.

Die Ringe sind im homogenen Lichte nicht bunt, sondern hell und dunkel; ausserdem unterscheidet man eine bedeutend grössere Anzahl derselben, im Natriumlicht mehrere Hundert hintereinander. Die Durchmesser der Ringe befolgen die obigen Gesetze, sind aber unter sonst gleichen Verhältnissen von der Farbe abhängig, und

zwar nehmen sie vom rothen zum violetten Ende des Spectrums ab; wie wir sehen werden, sind die Dicken der Wellenlänge proportional. Hiemit sind zugleich die für weisses einfallendes Licht auftretenden bunten Farben als Mischung der homogenen erklärt, welche an den einzelnen Stellen sehr verschiedene relative Intensitäten besitzen und also sehr verschiedene Mischfarben geben.

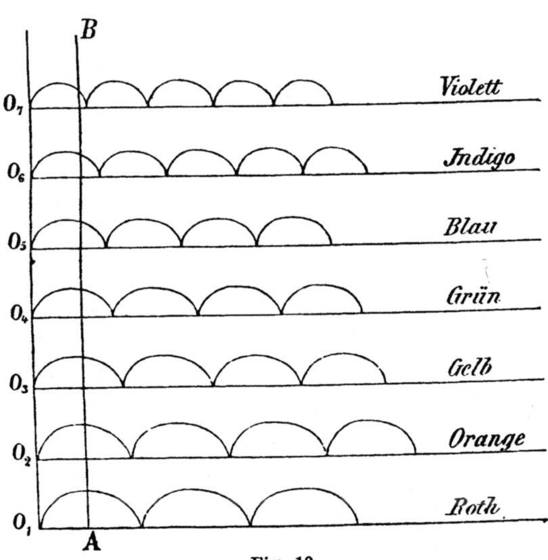

Fig. 10.

Folgende Construction mag dies noch verdeutlichen[1]). Wir tragen die Dicken der Lamelle als Abscissen von O_1, O_2, ... O_7 aus, die

---

[1]) Newtons Construction Lib. II, Pars. 2.

zugehörigen Intensitäten der einzelnen Farben als Ordinaten auf. Ziehen wir nun durch das ganze System die einer bestimmten Dicke entsprechende Linie AB, so stellen die Abschnitte derselben die Intensitäten der einzelnen Farben dar, und wir haben die Mischfarbe nach einer von Newton gegebenen empirischen Regel aufzusuchen.

Die Gleichung der Intensitätscurven wird übrigens später entwickelt werden.

Die Theorie der Farben dünner Blättchen wurde zuerst gegeben von Thomas Young[1]) als Anwendung des von ihm zuerst aufgestellten Princips der Interferenz.

Von dem einfallenden Lichte wird ein Theil an der ersten Fläche der Lamelle reflectirt, ein anderer Theil geht in dieselbe hinein und erleidet wieder eine theilweise Reflexion an der zweiten Fläche u. s. f., sodass Strahlen in das Auge gelangen, welche verschiedene Wege zurückgelegt haben, also interferiren können. Zur Orientirung behandeln wir zunächst homogenes senkrecht einfallendes Licht unter der Annahme, dass die Lamelle der Dicke D beiderseits an dasselbe Medium grenze.

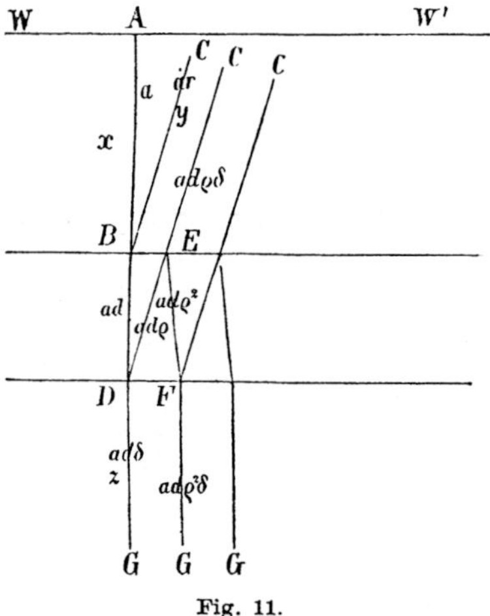

Fig. 11.

Es falle eine ebene Lichtwelle WW' ein, der einfallende Strahl AB besitze die Amplitude a, der reflectirte $BC : ar$, der hineingehende $BD : ad$, der an der Unterseite reflectirte $DE : ad\varrho$, endlich der an der Oberseite austretende $EC : ad\varrho\delta$. (In der Figur sind die Strahlen nebeneinander gezeichnet.) Wir untersuchen die Interferenz von BC und EC.

Die Werthe von r, d, ϱ, δ werden in der Theorie der Reflexion entwickelt werden; hier machen wir von den später nachzuweisenden Relationen Gebrauch[2])

$$(2) \qquad\qquad r = -\varrho$$

$$(3) \qquad\qquad r^2 + d\delta = 1.$$

Rechnen wir den Weg des Strahles von A aus, setzen $AB = x$, $BC = y$, so sind die beiden in C anlangenden Strahlen (cf. Vorl. II, 6):

---

1) Phil. Transact. 1802, pag. 37.

2) Vergl. Vorlesung IX.

$$\xi_1 = ar \cos\left(\frac{t}{T} - \frac{x+y}{\lambda}\right) 2\pi,$$

$$\xi_2 = ad\varrho\,\delta \cos\left(\frac{t}{T} - \frac{x+y}{\lambda} - \frac{2\varDelta}{\lambda_1}\right) 2\pi$$

wo $\varDelta$ die Dicke der Lamelle, λ und λ_1 die Wellenlängen im Medium der Umgebung und dem der Lamelle bedeutet.

Die Intensität des resultirenden Strahles wird

$$A^2 = a^2\left[r^2 + (d\varrho\,\delta)^2 + 2rd\varrho\,\delta \cos\frac{2\varDelta}{\lambda_1} 2\pi\right]$$

oder wegen 2) und 3):

$$A^2 = a^2\left[r^2 + r^2(1 - r^2)^2 - 2r^2(1 - r^2)\cos\frac{2\varDelta}{\lambda_1} 2\pi\right].$$

Vernachlässigen wir r^4 (für Glas und Luft ist r etwa $\frac{1}{5}$) so erhalten wir:

$$(4) \qquad A^2 = 2a^2 r^2\left[1 - \cos\frac{2\varDelta}{\lambda_1} 2\pi\right] = 4a^2 r^2 \sin^2\frac{\varDelta}{\lambda_1} 2\pi.$$

Fiele weisses Licht ein, so wäre für jeden seiner homogenen Bestandtheile dieselbe Betrachtung durchzuführen, und die resultirende Intensität würde

$$A^2 = 4\sum a^2 r^2 \sin^2\frac{\varDelta}{\lambda_1} 2\pi.$$

Aus (4) folgen für homogenes Licht die Dicken der dunkelsten Stellen

$$(5) \qquad \varDelta = 2m\,\frac{\lambda_1}{4} \quad (m = 0, 1, 2\ldots)$$

und die der hellsten:

$$(6) \qquad \varDelta = (2m + 1)\,\frac{\lambda_1}{4} \quad (m = 0, 1, 2\ldots).$$

Hieran schliessen wir gleich die Betrachtung des durchgehenden Lichtes. Hier interferiren zunächst die Strahlen DG und FG, deren Amplituden $ad\delta$ und $ad\varrho^2\delta$ sind, die also, wenn $DG = z$ gesetzt wird, durch die Gleichungen dargestellt werden:

$$\xi_1' = ad\delta \cos\left(\frac{t}{T} - \frac{x+z}{\lambda} - \frac{\varDelta}{\lambda_1}\right) 2\pi,$$

$$\xi_2' = ad\delta\varrho^2 \cos\left(\frac{t}{T} - \frac{x+z}{\lambda} - \frac{3\varDelta}{\lambda_1}\right) 2\pi.$$

Die resultirende Intensität ergiebt sich:

$$A'^2 = (ad\delta)^2\left[1 + \varrho^4 + 2\varrho^2 \cos\frac{2\varDelta}{\lambda_1} 2\pi\right]$$

$$= a^2(1 - r^2)^2 \left[1 + r^4 + 2r^2 \cos \frac{2\varDelta}{\lambda_1} 2\pi \right]$$

und mit Vernachlässigung von r^4:

$$(7) \qquad A'^2 = a^2 \left(1 - 4r^2 \sin^2 \frac{\varDelta}{\lambda_1} 2\pi \right).$$

Dieser Ausdruck besteht aus einem überwiegenden constanten Theile und einem sehr viel kleineren variabelen. Es wird daher für homogenes wie für weisses Licht bei Newtons Farbenringen das nahe gleichmässig erhellte Gesichtsfeld nur durch schwache Schattirungen unterbrochen sein.

Aus (4) und (7) folgt

$$A^2 + A'^2 = a^2$$

also gleich der Intensität des einfallenden Strahles. Die Erscheinung im reflectirten und durchgehenden Lichte ist also in jeder Hinsicht complementär, in Beziehung auf Intensität wie auch bei weissem Lichte in Beziehung auf Farbe.

Diese orientirenden Betrachtungen geben zu einigen Bemerkungen Anlass.

Da der direct reflectirte Strahl mit dem an der zweiten Fläche reflectirten interferirt, so ist der Wegunterschied gleich der doppelten Dicke des Blättchens. Man sollte also die grösste Verstärkung der Strahlen erwarten für eine Dicke $0, \frac{\lambda_1}{2}, \lambda_1 \ldots$, doch giebt der Versuch hier gerade die Minima der Intensität. Thomas Young machte daher bereits die Annahme, dass bei der Reflexion, die einmal im stärker, einmal im schwächer brechenden Medium erfolgt, ein Wegunterschied von einer halben Wellenlänge eintritt. In unserer analytischen Behandlung ist diese Hypothese eingeführt durch die Relation $r = - \varrho$, indem ja die Umkehrung des Vorzeichens einer Verzögerung um eine halbe Wellenlänge entspricht. Dass diese thatsächlich eintritt, zeigte Fresnel.

Das Resultat, dass für die Dicke 0 im reflectirten Lichte Dunkelheit herrschen muss, ist mit einer directen Ueberlegung im Einklang. Da nämlich im Centrum Linse und Platte sich berühren, verhält es sich so, als ob eine homogene Glasmasse da wäre, durch welche das Licht einfach hindurchgeht.

Wesentlich war die Annahme, dass die Lamelle beiderseits an dasselbe Medium grenzt. Ist dies nicht der Fall, so kann die Erscheinung eine ganz andere werden, z. B. haben die reflectirten Ringe ein helles Centrum, wenn der Brechungscoefficient der in den Zwischenraum gebrachten Flüssigkeit zwischen denen von Platte und Linse liegt, wie bei der Combination Flintglas, Sassafrasöl, Crownglas.

Unsere theoretische Untersuchung setzte eine planparallele Lamelle voraus; bei Newtons Versuchsanordnung ist aber die untere Fläche derselben gekrümmt, und es fragt sich, welche Modificationen dieser Umstand bedingt.

Theorie und Beobachtung haben übereinstimmend ergeben, dass die von der Dicke abhängigen Gesetze nicht merklich geändert werden. Der hauptsächliche Unterschied ist der, dass die interferirenden Strahlen nicht mehr in ihrer ganzen Ausdehnung zusammenfallen, sondern nur einen Punkt gemeinsam haben, in dem sie sich kreuzen (resp. rückwärts verlängert kreuzen würden). Um die Interferenzerscheinung zu sehen, muss man ein Mikroscop auf den Schnittpunkt einstellen, welches die durch denselben gehenden divergirenden Strahlen auf der Netzhaut des Auges wieder vereinigt. Das blosse Auge kann die Stelle des Mikroscopes vertreten, indem es sich für den Interferenzort accomodirt.[1]

Wir behandeln nun den allgemeinen Fall schief einfallenden Lichtes unter Berücksichtigung der wiederholten Reflexionen in der Lamelle.

Es falle eine ebene Lichtwelle WW' ein; AB sei derjenige Strahl, welcher nach Reflexion an der Oberseite der Lamelle in das bei C befindliche Auge gelangt. Die Amplitude der aus dem einfallenden Strahle entstehenden erhellt unmittelbar aus beistehender Figur. Die an der

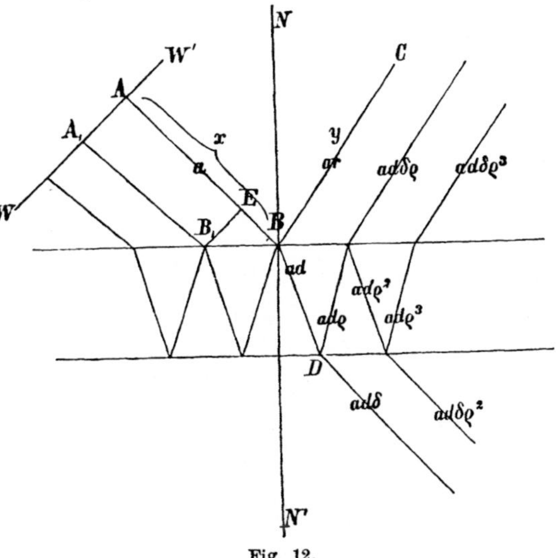

Fig. 12.

ersten Fläche austretenden Strahlen fallen nicht zusammen, doch gelangen ins Auge Strahlen, welche denselben gerade entsprechen.

---

1) cf. Wangerin, Pogg. Ann. 131 pag. 497—523. 1867. Sohncke und Wangerin, Wied. Ann. 12 pag. 1 und 201. 1881. Wied. Ann. 20 pag. 391. 1883. S. auch Feussner, Wied. Ann. 14 pag. 570. 1881.

Wir denken uns nämlich einen anderen Strahl $A_1 B_1$ so einfallend, dass er, nachdem er die Lamelle zweimal durchlaufen, in der Richtung BC austritt u. s. f. Diese Operation können wir nun beliebig oft wiederholen und erhalten so unendlich viele Strahlen, welche sämmtlich in BC zusammenfallen und von einer einzigen ebenen Lichtwelle herrühren.

Die sämmtlichen Strahlen besassen nun dieselbe Phase, als sie von WW' ausgingen, und legen verschiedene Wege im umgebenden Medium wie in der Lamelle zurück. Ihre Gleichungen sind:

$$\xi_1 = a r \cos\left(\frac{t}{T} - \frac{x+y}{\lambda}\right) 2\pi,$$

$$\xi_2 = a d \delta \varrho \cos\left(\frac{t}{T} - \frac{x+y-BE}{\lambda} - \frac{2BD}{\lambda_1}\right) 2\pi,$$

$$\xi_3 = a d \delta \varrho^3 \cos\left(\frac{t}{T} - \frac{x+y-2BE}{\lambda} - \frac{4BD}{\lambda_1}\right) 2\pi,$$
$$\vdots$$

Setzen wir zur Abkürzung:

$$\left(\frac{t}{T} - \frac{x+y}{\lambda}\right) 2\pi = \vartheta, \qquad \left(\frac{2BD}{\lambda_1} - \frac{BE}{\lambda}\right) 2\pi = \varepsilon,$$

so erhalten wir als resultirende Verrückung

$$\xi = a r \cos \vartheta + a d \delta \varrho \left[\cos(\vartheta - \varepsilon) + \varrho^2 \cos(\vartheta - 2\varepsilon)\right.$$
$$\left. + \varrho^4 (\cos \vartheta - 3\varepsilon) + \cdots\right]$$

oder, weil:

$$\cos(\vartheta - \varepsilon) + \varrho^2 \cos(\vartheta - 2\varepsilon) + \varrho^4 \cos(\vartheta - 3\varepsilon) + \cdots$$
$$= \frac{\cos(\vartheta - \varepsilon) - \varrho^2 \cos \vartheta}{1 - 2\varrho^2 \cos \varepsilon + \varrho^4},$$

$$\xi = a r \cos \vartheta + a d \delta \varrho \, \frac{\cos(\vartheta - \varepsilon) - \varrho^2 \cos \vartheta}{1 - 2\varrho^2 \cos \varepsilon + \varrho^4}.$$

Diesen Ausdruck bringen wir auf die Form:

$$\xi = A \cos \vartheta + B \sin \vartheta,$$

worin mit Berücksichtigung von $\varrho = -r$, $d\delta = 1 - r^2$, A und B die Werthe besitzen:

$$A = \frac{2 a r (1 + r^2) \sin^2 \frac{\varepsilon}{2}}{1 - 2 r^2 \cos \varepsilon + r^4},$$

$$B = -\frac{2 a r (1 - r^2) \sin \frac{\varepsilon}{2} \cos \frac{\varepsilon}{2}}{1 - 2 r^2 \cos \varepsilon + r^4}.$$

Die Bedeutung dieser Operation ist, dass wir eine Zerlegung in zwei Strahlen vorgenommen haben, deren Ursprung um $\frac{1}{4}$ Wellenlänge unterschieden ist. Folglich wird die resultirende Intensität:

$$(8) \qquad A^2 + B^2 = \frac{4\,a^2 r^2 \sin^2 \frac{\varepsilon}{2}}{(1 - r^2)^2 + 4\,r^2 \sin^2 \frac{\varepsilon}{2}},$$

wie nach einigen kleinen Reductionen sich leicht ergiebt.

Es bleibt noch der Werth von ε zu entwickeln. Nennen wir die Dicke des Blättchens $\varDelta$, den Einfallswinkel $ABN : \varphi$, den Brechungswinkel $N'BD : \psi$, so ist

$$BD = \frac{\varDelta}{\cos \psi}, \quad BE = BB_1 \sin \varphi = 2\,\varDelta \tan \psi \sin \varphi,$$

also:

$$\varepsilon = \frac{2\,\varDelta}{\cos \psi} \left[\frac{1}{\lambda_1} - \frac{\sin \psi \sin \varphi}{\lambda} \right] 2\,\pi.$$

Nun ist aber (S. 13), wenn n und n_1 die Brechungscoefficienten bedeuten,

$$\frac{\lambda_1}{\lambda} = \frac{n}{n_1},$$

und nach dem Brechungsgesetz

$$\frac{n}{n_1} = \frac{\sin \psi}{\sin \varphi},$$

folglich:

$$\frac{\sin \psi}{\lambda_1} = \frac{\sin \varphi}{\lambda}$$

und

$$(9) \qquad \varepsilon = \frac{2\,\varDelta \cos \psi}{\lambda_1} 2\,\pi.$$

Die Intensität ergiebt sich mit Einführung dieses Werthes

$$(10) \qquad A^2 + B^2 = \frac{4\,a^2 r^2 \sin^2 \left(\dfrac{\varDelta \cos \psi}{\lambda_1} 2\,\pi \right)}{(1 - r^2)^2 + 4\,r^2 \sin^2 \left(\dfrac{\varDelta \cos \psi}{\lambda_1} 2\,\pi \right)}.$$

Die Minima treten ein für

$$(11) \qquad \varDelta = \frac{2\,m}{\cos \psi} \cdot \frac{\lambda_1}{4} \quad (m = 0,\, 1,\, 2 \ldots)$$

und zwar ist bei ganz homogenem Lichte die Dunkelheit vollkommen, die Maxima für

$$(11') \qquad \varDelta = \frac{(2\,m + 1)}{\cos \psi} \frac{\lambda_1}{4} \quad (m = 0,\, 1,\, 2 \ldots).$$

Aehnlich lässt sich die Erscheinung für durchgehendes Licht behandeln.

Ins Auge gelangt eine Erschütterung, welche gegeben ist durch

$$\xi' = a\, d\delta\, \cos \left(\frac{t}{T} - \frac{x + z}{\lambda} - \frac{BD}{\lambda_1} \right) 2\,\pi$$

$$+ \, ad\delta\varrho^2 \cos\left(\frac{t}{T} - \frac{x + z - BE}{\lambda} - \frac{3BD}{\lambda_1}\right) 2\pi$$

$$+ \, ad\delta\varrho^4 \cos\left(\frac{t}{T} - \frac{x + z - 2BE}{\lambda} - \frac{5BD}{\lambda_1}\right) 2\pi$$

$$+ \cdots$$

Es sei jetzt

$$\vartheta' = \left(\frac{t}{T} - \frac{x + z}{\lambda} - \frac{BD}{\lambda_1}\right),$$

während ε dieselbe Bedeutung behält wie oben, so wird

$$\xi' = ad\delta \left[\cos\vartheta' + \varrho^2 \cos(\vartheta' - \varepsilon) + \varrho^4 \cos(\vartheta' - 2\varepsilon) + \cdots\right]$$

$$= ad\delta \left[\cos\vartheta' + \varrho^2 \frac{\cos(\vartheta' - \varepsilon) - \varrho^2 \cos\vartheta'}{1 - 2\varrho^2 \cos\varepsilon + \varrho^4}\right]$$

$$= A' \cos\vartheta' + B' \sin\vartheta',$$

wo nach Einführung von $\varrho = -r$, $d\delta = 1 - r^2$:

$$A' = \frac{a(1 - r^2)(1 - r^2 \cos\varepsilon)}{1 - 2r^2 \cos\varepsilon + r^4},$$

$$B' = -\frac{a(1 - r^2) r^2 \sin\varepsilon}{1 - 2r^2 \cos\varepsilon + r^4}.$$

Die Gesammtintensität ergiebt sich hieraus:

$$A'^2 + B'^2 = \frac{a^2(1 - r^2)^2}{(1 - r^2)^2 + 4r^2 \sin^2\frac{\varepsilon}{2}}$$

$$(12) \qquad\qquad = a^2 - \frac{4a^2 r^2 \sin^2\frac{\varepsilon}{2}}{(1 - r^2)^2 + 4r^2 \sin^2\frac{\varepsilon}{2}}.$$

Es wird die Summe der reflectirten und durchgehenden Intensität:

$$A^2 + B^2 + A'^2 + B'^2 = a^2,$$

sodass die strenge Behandlung das bei der angenäherten erhaltene Resultat bestätigt, wonach die beiden Erscheinungen complementär sind.

Eine Discussion der Formeln 11) und 11)′ zeigt vollkommene Uebereinstimmung mit den S. 26—30 angegebenen Beobachtungen. Es ist dabei nur im Auge zu behalten, dass λ_1 von der Farbe abhängig und mit dem Brechungscoëfficienten umgekehrt proportional ist.

Farbenzusammensetzung.

Bei den Erscheinungen dünner Blättchen bot sich die Aufgabe dar, den Eindruck zu bestimmen, den wir empfangen, wenn unser Auge von Strahlen verschiedener Wellenlänge, also auch verschiedener Farbe, gleichzeitig getroffen wird.

Das Problem ist eigentlich ein physiologisches; denn wenn auch die vom zusammengesetzten Lichte erregte Empfindung vollkommen gleich ist der einer reinen Spectralfarbe, so sind die physikalischen Eigenschaften doch in beiden Fällen verschieden, z. B. zerlegt das Prisma das nicht homogene Licht stets in seine Bestandtheile.

Da wir oft Mischfarben zu bestimmen haben werden, so geben wir hier eine von Newton herrührende empirische Regel.[1])

Man theile den Umfang eines mit dem Radius 1 beschriebenen Kreises in 7 Theile, DE, EF etc. proportional den Zahlen $\frac{1}{9}$, $\frac{1}{16}$, $\frac{1}{10}$, $\frac{1}{9}$, $\frac{1}{10}$, $\frac{1}{16}$, $\frac{1}{9}$. Die $\frac{1}{9}$, $\frac{1}{16}$, $\frac{1}{10}$ entsprechenden Bogen sind in Winkelmass: $60^{\circ}\,45'$, $34^{\circ}\,11'$, $54^{\circ}\,41'$.

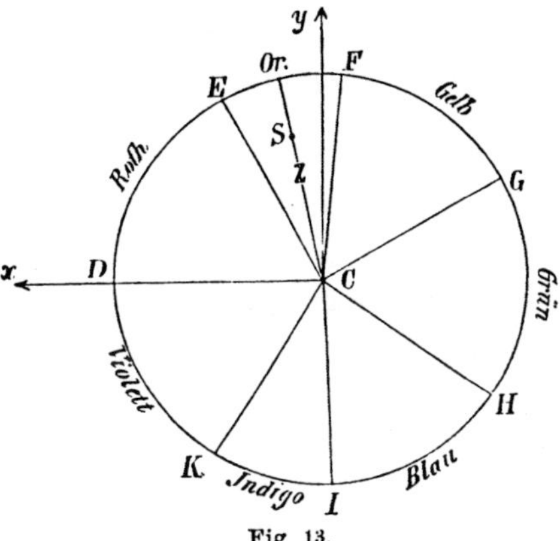

Fig. 13.

Die 7 Theile mögen den 7 Hauptfarben, Roth, Orange, Gelb, Grün, Blau, Indigo, Violett entsprechen, sodass der ganze Umfang die sämmtlichen Farbentöne des Spectrums darstellt, und die reinste Farbe in den Mittelpunkt eines jeden Bogens fällt.

Im Schwerpunkte eines jeden Bogens denken wir uns sein Gewicht concentrirt; es repräsentirt dasselbe die Menge der betreffenden Farbe, welche im weissen Lichte enthalten ist.

Der gemeinsame Schwerpunkt aller dieser Gewichte fällt in den Mittelpunkt, derselbe entspricht also der Empfindung des reinen Weiss.

Es seien nun die Intensitäten der Farben andere, sodass sie nicht mehr in dem Verhältniss stehen, wie im weissen Lichte. Im Schwerpunkte eines jeden Bogens haben wir uns dann nicht mehr sein gesammtes Gewicht wirkend zu denken, sondern nur $\frac{1}{2}$, $\frac{1}{3}\cdots\frac{1}{n}$ desselben, wenn die Strahlen $\frac{1}{2}$, $\frac{1}{3}\cdots\frac{1}{n}$ von der Intensität besitzen, mit der sie im weissen Lichte enthalten sind.

Von diesen Gewichten suchen wir den Schwerpunkt, der im Allgemeinen nicht in das Centrum C, sondern etwa in S fallen wird.

Die Farbe des Gemisches wird angegeben durch das Feld, in welchem S liegt, genauer durch die Stelle der Peripherie, welche der durch S gezogene Radius trifft.

----

1) Newton, Optice Lib. I, Pars II, Prop. VI.

Der Farbenton wird um so gesättigter sein, je näher S an die Peripherie fällt, und umsomehr Weiss enthalten, je näher S an das Centrum rückt. Nennen wir die Entfernung $CS : z$, so wird der Eindruck derselbe sein, als wäre eine Menge z der reinen Farbe mit $1 - z$ Weiss gemischt.

Diese Regel von Newton wollen wir nun noch in analytischer Form darstellen.

Wir benutzen ein rechtwinkliges Coordinatensystem, dessen Anfangspunkt im Centrum des Kreises liegt. Als x-Axe wählen wir die Trennungslinie von Roth und Violett, in Beziehung auf welche die Figur symmetrisch ist, die y-Axe sei senkrecht dagegen und zwar nach dem Orange gezogen.

Der Schwerpunkt eines Kreisbogens ist vom Centrum entfernt um den Quotienten der zugehörigen Sehne durch den Bogen : s/b, wo letzterer in Theilen des Halbmessers gegeben zu denken ist.

Hiernach werden die Abstände der Schwerpunkte vom Mittelpunkte für

Roth, Violett, Grün	0,954,
Gelb, Blau	0,962,
Orange, Indigo	0,985,

und die rechtwinkligen Schwerpunktscoordinaten:

	x	y
Roth, Violett	$+ 0{,}823$	$\pm 0{,}482$
Orange, Indigo	$+ 0{,}207$	$\pm 0{,}963$
Gelb, Blau	$- 0{,}514$	$\pm 0{,}814$
Grün	$- 0{,}954,$	

wo das obere Zeichen für die erste, das untere für die zweite Farbe gilt.

Sind nun $R, O \ldots$ die Intensitäten der einzelnen Farben im Gemische, so werden die Coordinaten des Schwerpunktes S:

$$X = \frac{(R + V)\,0{,}823 + (O + J)\,0{,}207 - (Ge + B)\,0{,}514 - Gr\,0{,}954}{R + V + O + J + Ge + B + Gr.},$$

$$Y = \frac{(R - V)\,0{,}482 + (O - J)\,0{,}963 + (Ge - B)\,0{,}814}{R + V + O + J + Ge + B + Gr.}.$$

Der Winkel u, welchen der Radiusvector nach dem Schwerpunkt mit der x-Axe einschliesst, folgt aus:

$$\tan u = Y/X,$$

ferner der Abstand des Schwerpunkts S vom Centrum

$$z = \sqrt{X^2 + Y^2}$$

und das Maass der Sättigung der Farbe

$$\frac{z}{1-z} = \frac{\sqrt{X^2 + Y^2}}{1 - \sqrt{X^2 + Y^2}}.$$

Wenn künftig die Mischfarbe zu bestimmen ist, werden wir dies durch ein vor den Ausdruck der Intensität der homogenen Farbe gesetztes Σ andeuten.[1])

In manchen Fällen können wir uns die Ausführung der Rechnung nach der Newton'schen Regel ersparen, indem wir direct die Ordnung des Newton'schen Ringes mit gleicher Farbe angeben können.

Es werde daher noch einmal auf die Intensitätsformel für die reflectirten Ringe zurückgegangen, welche in erster Näherung lautete (S. 31):

$$A^2 = 4 \Sigma a^2 r^2 \sin^2 \frac{\Delta}{\lambda_1} 2 \pi.$$

Streng genommen ist hierin r abhängig von der Farbe, doch sind die Aenderungen nur von der Ordnung der Dispersion und dürfen vernachlässigt werden, sodass wir schreiben können

$$(13) \qquad A^2 = 4 r^2 \Sigma a^2 \sin^2 \frac{\Delta}{\lambda_1} 2 \pi.$$

a^2 bedeutet die Intensität, mit welcher jede Strahlengattung im weissen Lichte enthalten ist, also nach Newtons Regel für Roth $\frac{1}{9}$, für Orange $\frac{1}{16}$ etc.

Thomas Young's Interferenzversuch. Fresnel's Spiegelversuch.

Wir behandeln nun einige Erscheinungen, bei denen nicht parallele, sondern wenig gegeneinander geneigte Strahlen interferiren.

Zwei mit derselben Phase schwingende leuchtende Punkte P_1 und P_2, deren Abstand gering ist, mögen ihre Strahlen auf einen weit entfernten Schirm senden. Die in jedem Punkte desselben erregten Bewegungen können wir als parallel ansehen und dieselben nach den früher entwickelten Principien zusammensetzen. In dem von P_1 und P_2 gleichweit entfernten

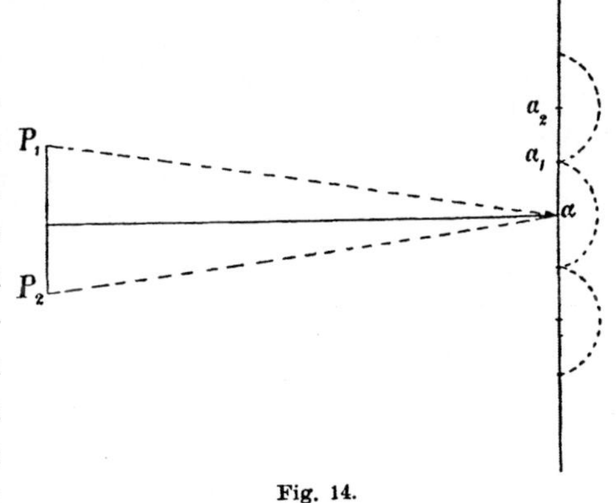

Fig. 14.

1) S. Nachtrag 1.

Punkte α werden die Strahlen sich am meisten verstärken, da sie in gleicher Phase anlangen; gehen wir nach oben fort, so hat der von P_1 ausgehende Strahl einen kürzeren Weg als der von P_2 ausgehende, und etwa in α_1 wird der Wegunterschied $\frac{1}{2}\lambda$ betragen, die Strahlen sich also zerstören, in α_2 wird er λ sein, und wieder ein Maximum der Intensität eintreten u. s. f.

Wir erhalten so für homogenes Licht eine Reihe heller und dunkler Streifen, sogen. Frangen. Bei weissem Lichte werden die Frangen farbig.

Der erste derartige Versuch wurde von Thomas Young angestellt.[1]

Da man die Phase zweier unabhängiger Lichtquellen nicht beherrscht, so brachte Young in einem undurchsichtigen Schirme eine feine Oeffnung an, durch welche Licht auf einen zweiten Schirm mit 2 symmetrisch gelegenen, gleichen, engen, runden Oeffnungen fällt.

Das von ihnen ausgehende Licht erfüllt die Bedingung, dieselbe Phase zu besitzen. Ein dritter Schirm — etwa eine matt geschliffene Glasplatte — fängt die Interferenzerscheinung auf.

Jede der Oeffnungen erzeugt für sich bei homogenem Lichte ein System von hellen und dunkeln Ringen, das man leicht beobachten kann, wenn man die andere verdeckt. Sind beide Oeffnungen frei, so erscheinen in dem gemeinsamen Theile des Bildes helle und dunkle Streifen, die senkrecht gegen die Verbindungslinie der beiden Oeffnungen verlaufen. Dieselben verdanken ihren Ursprung also dem Zusammenwirken beider Oeffnungen. Im weissen Lichte sind Ringe und Streifen farbig.

Fresnel brachte für die Beobachtung dieser und ähnlicher Erscheinungen einige wesentliche Verbesserungen an. An Stelle des feinen Loches im ersten Schirm verwendete er (als leuchtenden Punkt) das kleine Sonnenbildchen im Brennpunkte einer Linse kurzer Brennweite und erhielt so eine erhebliche Steigerung der Lichtstärke.

Die Unebenheiten des Auffangeschirms, welche gegen die kleinen hier in Betracht kommenden Entfernungen keineswegs verschwinden, machen die Erscheinung undeutlich.

Fresnel zeigte, dass man den Auffangeschirm ganz entbehren und die Erscheinung direct durch eine Lupe beobachten kann. Bewegt sich der Ort der deutlichen Sehweite durch die Lupe in einer

---

[1] Lectures on natural philosophy. Dem Herausgeber im Original nicht zugänglich.

Ebene, so verhält es sich ebenso, als wäre dieselbe die Ebene des Schirms.

Es beruht dies darauf, dass die verschiedenen Wege vom deutlich gesehenen Punkte bis zur Netzhaut des beobachtenden Auges in gleichen Zeiten zurückgelegt werden (äquivalent sind), sodass die Strahlen auf ihnen keine Phasendifferenz erlangen.[1])

Die von den leuchtenden Punkten P_1 und P_2 nach dem deutlich gesehenen Punkte k gesandten Strahlen werden also auf der Retina des Beobachters mit derselben Phasendifferenz wieder vereinigt, die sie in k besassen.

Fresnel brachte nun in deutlicher Sehweite vor seiner Lupe fest mit derselben verbunden ein Fadenkreuz oder eine kleine in Glas geritzte Scala an und machte das Ganze durch eine Mikrometerschraube beweglich. Diese als „Fresnel'sche Lupe" bezeichnete Vorrichtung eignet sich vorzüglich zur Beobachtung und Messung von Interferenz- und Beugungserscheinungen.[2])

Wir wenden uns zur Berechnung des Young'schen Interferenzversuches.

Ein Punkt α' des Schirms, dessen Entfernungen von P_1 und P_2 E_1 und E_2 seien, empfängt die Verrückungen:

$$a \cos \left(\frac{t}{T} - \frac{E_1}{\lambda} \right) 2\pi \text{ und } a \cos \left(\frac{t}{T} - \frac{E_2}{\lambda} \right) 2\pi.$$

Wir sehen dieselben als gleichgerichtet an und erhalten als resultirende Intensität

$$A^2 = 2a^2 \left[1 + \cos \frac{E_2 - E_1}{\lambda} 2\pi \right] = 4a^2 \cos^2 \frac{E_2 - E_1}{\lambda} \pi,$$

sodass also Maxima der Helligkeit für $E_2 - E_1 = 2m \frac{\lambda}{2}$, Minima für $(2m + 1) \frac{\lambda}{2}$ auftreten. Der Mitte α, wo $E_2 = E_1$, entspricht immer ein Maximum.

Setzen wir die Entfernung des Schirms von den leuchtenden Punkten $= b$, $P_1 P_2 = c$, $\alpha \alpha' = x$, so wird:

$$E_1{}^2 = b^2 + (x - \tfrac{1}{2}c)^2, \quad E_2{}^2 = b^2 + (x + \tfrac{1}{2}c)^2,$$

und mit Vernachlässigung der vierten Potenz der kleinen Grösse $(x \pm \tfrac{1}{2}c)$:

$$E_2 - E_1 = \frac{c}{b} x.$$

---

1) Vgl. Nachtrag 4.
2) Fresnel, Oeuvres complètes I, pag. 67.

Die Orte der Maxima ergeben sich hieraus

$$x = 2m\,\frac{b}{c}\frac{\lambda}{2},$$

die der Minima

$$x = (2m + 1)\frac{b}{c}\frac{\lambda}{2}.$$

Die Entfernung zweier Frangen, $d = \dfrac{b}{c}\lambda$, hängt von der Wellenlänge ab und ist für rothes Licht grösser als für violettes; fällt also
weisses Licht ein, so lagern sich die verschiedenen Systeme übereinander und es entstehen farbige Frangen.

Misst man b und c und mit Hülfe einer Fresnel'schen Lupe d,
so erhält man die Wellenlänge

$$\lambda = \frac{c\,d}{b}.$$

Arago bedeckte eine Oeffnung mit einem Blättchen einer durchsichtigen Substanz und beobachtete, wenn dasselbe hinreichend dünn
war, eine Verschiebung des ganzen Bildes nach der Seite der verdeckten Oeffnung, während für eine zu grosse Dicke die Interferenzerscheinung ganz verschwand. Fresnel[1]) gab hiefür sofort die rich-
tige Erklärung.

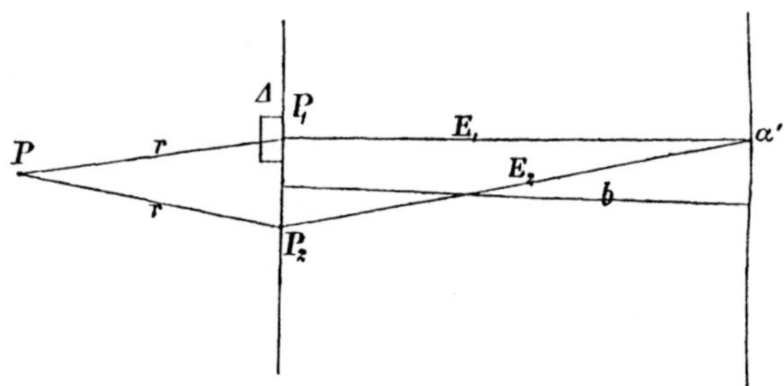

Fig. 15.

Verfolgen wir jetzt die Strahlen von der gemeinsamen Lichtquelle P aus, so gelangt durch P_2 nach α' die Erschütterung

$$a \cos\left(\frac{t}{T} - \frac{r + E_2}{\lambda}\right) 2\pi,$$

durch P_1 hingegen, wenn $\varDelta$ die Dicke des Blättchens, λ_1 die Wellenlänge in demselben ist

$$a \cos\left(\frac{t}{T} - \frac{r - \varDelta + E_1}{\lambda} - \frac{\varDelta}{\lambda_1}\right) 2\pi.$$

---

1) Oeuvres complètes I, 75. Der Versuch wurde übrigens zuerst bei der
Beugungserscheinung durch einen schmalen Schirm gemacht.

Hieraus resultirt die Intensität

$$2a^2\left[1 + \cos\left(\frac{E_2 - E_1}{\lambda} - \varDelta\left(\frac{1}{\lambda_1} - \frac{1}{\lambda}\right)\right)2\pi\right]$$
$$= 4a^2\cos^2\left(\frac{E_2 - E_1}{\lambda} - \frac{\varDelta}{\lambda}\left(\frac{\lambda}{\lambda_1} - 1\right)\right)\pi,$$

folglich treten Maxima ein, wenn:

$$E_2 - E_1 - \varDelta\left(\frac{\lambda}{\lambda_1} - 1\right) = 2m\,\frac{\lambda}{2},$$

oder, wenn $E_2 - E_1$ wie oben entwickelt wird,

$$\frac{cx}{b} - \varDelta\left(\frac{\lambda}{\lambda_1} - 1\right) = 2m\,\frac{\lambda}{2}.$$

Die Lage der Minima ist bestimmt durch

$$\frac{cx}{b} - \varDelta\left(\frac{\lambda}{\lambda_1} - 1\right) = (2m + 1)\frac{\lambda}{2}.$$

Für das centrale Maximum muss die Verzögerung der beiden Strahlen 0 sein, also $m = 0$, und seine Verschiebung x_0 beträgt

$$x_0 = \frac{b\varDelta}{c}\left[\frac{\lambda}{\lambda_1} - 1\right] = \frac{b\varDelta}{c}\left[\frac{n_1}{n} - 1\right],$$

wenn n und n_1 die Brechungscoefficienten in Luft und der Substanz des Blättchens bedeuten.

Führen wir noch die Frangenbreite d ein, so wird

$$x_0 = \frac{d\varDelta}{\lambda}\left[\frac{n_1}{n} - 1\right],$$

und wir erhalten hierdurch die Verschiebung in Frangenbreiten ausgedrückt.

Diese Formel zeigt die ausserordentliche Empfindlichkeit der Methode zur Erkennung geringer Aenderungen des Brechungscoefficienten.

Wäre $\varDelta = 1\,mm$ und nehmen wir λ in roher Näherung $\frac{1}{2000}mm$, so würde einer Differenz $\frac{n_1 - n}{n}$ im Betrage von $\frac{1}{2000}$ schon eine Verschiebung um eine ganze Frangenbreite entsprechen.

Arago wandte dies Mittel an, um den Unterschied des Brechungscoefficienten feuchter und trockener Luft von gleicher Temperatur zu bestimmen[1]), ferner zur Untersuchung der Aenderung des Brechungscoefficienten des Glases durch Dilatation und Compression.

Das Princip der Verschiebung der Interferenzstreifen benutzte

---

1) Arago, Oeuvres compl. X, 298, 312. XI, 718.

auch **Fizeau**,[1]) um zu zeigen, dass der Lichtäther bei der Bewegung
der ponderabeln Materie mit fortgeführt wird. Die beiden interferirenden Strahlenbündel durchliefen
zwei aneinandergrenzende mit planparallelen Glasplatten verschlossene
Röhren, durch welche man Wasser
in entgegengesetzter Richtung strömen lassen konnte. War der Sinn
der Wasserbewegung, wie in der

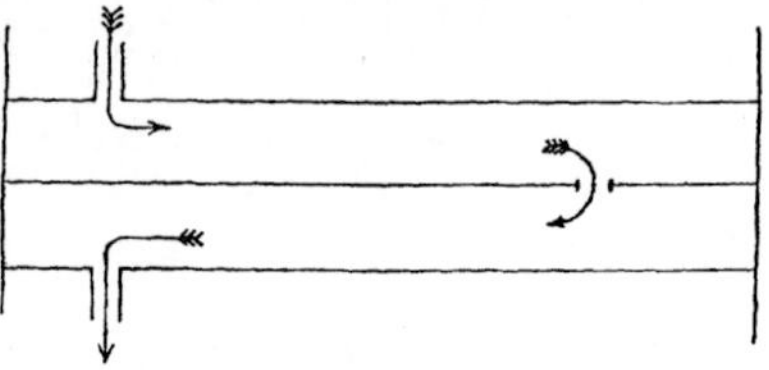

Fig. 16.

Figur angedeutet, und trat das Licht auf der linken Seite ein, so
zeigten sich die Frangen nach unten gegen die Lage für ruhendes
Wasser verschoben, woraus hervorgeht, dass der obere Strahl be-
schleunigt, der untere verzögert war.

Bei dem Versuch von **Young** interferirte das durch die beiden Oeffnungen **gebeugte** Licht; dass auch **nicht gebeugtes** Licht der Interferenz fähig sei, suchte **Fresnel** durch seinen **Spiegelversuch** zu
zeigen.[2]) Werden die von einem leuchtenden Punkte P ausgehenden
Strahlen von zwei einen sehr stumpfen Winkel einschliessenden
Spiegeln reflectirt, so verhält es sich ebenso, als wären in den Bild-
punkten P_1 und P_2 zwei leuchtende Punkte gleicher Phase. Die Be-

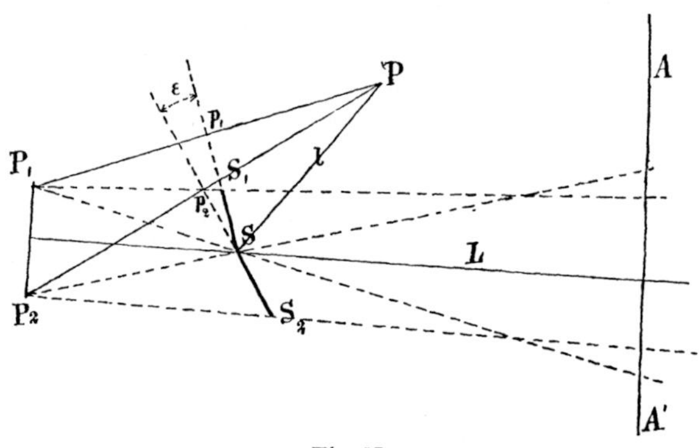

Fig. 17.

rechnung des Versuches ist leicht auf das Frühere zurückzuführen.
Beistehende Zeichnung sei entworfen in einer durch den leuchtenden

<hr>

1) Comptes rendus 83, pag. 349. Weitere Anwendungen der Verschiebungen
der Interferenzstreifen s. Jamin, C. R. T. 42, pag. 482. T. 43, p. 1191. T. 45,
pag. 892. Ann. de chimie et de phys. (3) 52, pag. 163, 171; 59, p. 282. Quincke,
Wied. Ann. 19, pag. 401. 1883.

2) Fresnel, Oeuvres complètes I, pag. 325. II, pag. 17. Dass auch bei dem
Spiegelversuch eine Beugung des Lichtes eintritt, hebt H. F. Weber, Züricher
Vierteljahrsschrift 1879, hervor.

Punkt P senkrecht zur Schnittlinie der Spiegel gelegten Ebene. Die Punkte P_1 und P_2 erhalten wir, wenn wir die von P auf die Ebene der beiden Spiegel gefällten Lothe Pp_1 und Pp_2 um sich selbst verlängern. Es wird also, wenn $PS = l$ und ε der spitze Winkel zwischen den Ebenen der Spiegel ist,

$$P_1 S = P_2 S = l$$
$$\measuredangle\, P_1 S P_2 = 2 \measuredangle\, p_1 S p_2 = 2\varepsilon$$
$$P_1 P_2 = 2l \sin \varepsilon.$$

Der Auffangeschirm AA' ist aufzustellen senkrecht gegen die Verbindungslinie der Mitte von $P_1 P_2$ mit S; nennen wir L die Entfernung desselben von S, so haben wir in unseren früheren Formeln nur zu setzen:

$$c = 2l \sin \varepsilon, \quad E = l \cos \varepsilon + L.$$

Die Interferenzerscheinung tritt natürlich nur an den Orten auf, nach welchen von beiden Spiegeln Licht reflectirt wird, also in dem gemeinsamen Theile derjenigen beiden Räume, welche durch die verlängerten Linien $P_1 S$ und $P_1 S_1$ resp. $P_2 S$ und $P_2 S_2$ eingeschlossen werden.

Andere Modificationen des Interferenzversuches von Thomas Young sind das Fresnel'sche Doppelprisma[1]) und die Billet'schen Halblinsen[2]).

Vorlesung IV.

Diffractionserscheinungen. Allgemeines.

Wenn wir einen Theil der von einem leuchtenden Punkte ausgehenden Lichtwelle durch einen undurchsichtigen Körper auffangen, so zeigen sich nahe der Grenze des geometrischen Schattens eigenthümliche Erscheinungen, welche man Beugungs- oder Diffractionserscheinungen nennt[3]).

Dieselben treten in der vollen, sich ungehindert ausbreitenden Lichtwelle nicht auf und verdanken daher ihre Entstehung der Begrenzung derselben.

---

1) Fresnel, Oeuvres complètes I, pag. 330. H. F. Weber berechnet a. a. O. die Interferenzerscheinung für das Doppelprisma mit Berücksichtigung der Beugung.

2) Billet, Traité d'optique physique T. I, pag. 67.

3) Zuerst beobachtet von Leonardo da Vinci, dann von Grimaldi, Physicomathesis de lumine, coloribus et iride Bononiae 1665.

Die Lichtwelle WW', welche in dem leuchtenden Punkte P ihren Ursprung hat, sei unterbrochen durch den schmalen Beugungs-schirm AB der gleichmässigen Breite c. SS' sei der Projektions-schirm, auf welchem wir die Erscheinung beobachten; nach früheren Auseinandersetzungen könnten wir auch eine Fresnel-sche Lupe anwenden, deren deut-liche Sehweite in SS' liegt. Es sei $PA = PB$ und SS' parallel AB; ihr Abstand sei b.

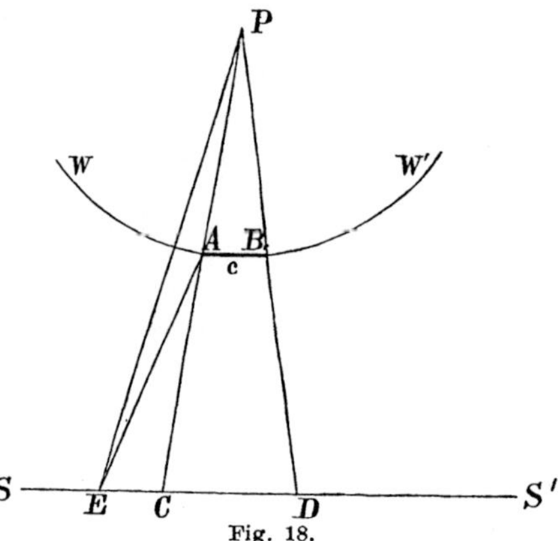

Fig. 18.

Im geometrischen Schatten CD sehen wir bei homogenem einfallendem Lichte eine Anzahl heller und dunkler Streifen in gleichen Abständen, und zwar ist die Mitte von CD stets hell. Für weisses einfallendes Licht ist das Centrum weiss und die Frangen farbig.

Die Zahl und Breite der inneren Frangen hängt ab von der Breite des schattengebenden Körpers und seiner Entfernung vom Schirm SS', der Abstand der Lichtquelle ist aber ohne Einfluss.

Ferner ist beiderseits ein System von drei bis vier Frangen ausserhalb des geometrischen Schattens vorhanden, doch sind die-selben erheblich undeutlicher als die inneren. Ihre Entfernung ist grösser als die der inneren und ungleich, indem die dem geometri-schen Schatten näheren schmaler sind; ihre Lage ist mit bedingt durch den Ort des leuchtenden Punktes.

Bewegen wir den Schirm SS' normal zu sich selbst fort und bezeichnen immer die Stellen der einzelnen Frangen, so zeigt sich, dass die inneren nahezu gerade Linien, die äusseren Hyperbeln be-schreiben.

Eine Erklärung des Phänomens versuchte bereits Th.. Young auf Grund des Interferenzprincipes, die wir kurz andeuten wollen, ob-wohl sie später widerlegt ist. Nach einem Punkte E ausserhalb des geometrischen Schattens gelangt Licht einmal auf der Geraden PE, dann aber auch nach Reflexion an der Kante bei A, also auf dem Wege PAE. Da die beiden Strahlen wenig gegeneinander geneigt sind und verschiedene Wege durchlaufen haben, werden sie interferiren können; beträgt ihre Wegdifferenz $\frac{\lambda}{2}$, so wird eine Schwächung eintreten, für λ eine Verstärkung u. s. f. Um die Theorie mit der Beobachtung in Einklang zu bringen, musste Young einen Verlust von einer halben Wellenlänge bei der Reflexion annehmen.

In den geometrischen Schatten hinein gelangt Licht nach Th. Young durch „Inflexion" an beiden Rändern in Folge einer Einwirkung des festen Körpers auf den anstossenden Lichtäther. Es würden für die inneren Frangen also die nämlichen Gesetze gelten müssen, wie für den Young'schen Interferenzversuch mit zwei Oeffnungen, wenn ihre Entfernung gleich der Breite des Beugungsschirmes ist. Der Abstand der Maxima und Minima von der Mitte des geometrischen Schattens müsste also $x = 2m\, \dfrac{b}{c}\, \dfrac{\lambda}{2}$ resp. $(2m+1)\, \dfrac{b}{c}\, \dfrac{\lambda}{2}$ sein.

Dies Resultat wird nun allerdings durch die Beobachtung nahezu bestätigt, doch fand Fresnel[1]) ausserhalb des geometrischen Schattens Abweichungen von Youngs Theorie, welche durch Beobachtungsfehler nicht erklärbar waren.

Hiezu kommt noch ein fernerer Umstand, welcher Youngs Theorie nicht günstig ist. Sollten die äusseren Frangen durch Interferenz der directen und der am Schirmrande reflectirten Strahlen entstehen, so müsste ihre Intensität nothwendig von der Ausdehnung und Krümmung desselben abhängen. Ein derartiger Einfluss lässt sich aber nicht bemerken, und Fresnel hat bei einer verwandten Erscheinung, der Beugung durch einen schmalen Spalt, gezeigt, dass dieselbe ganz unverändert blieb, mochten die Spaltränder gebildet sein durch polirte Kupfercylinder, Tusche, abgerundete oder zu einer scharfen Schneide angeschliffene Stahlplatten[2]). Nicht einmal eine Aenderung der Intensität trat ein, obwohl eine scharfe Stahlschneide überhaupt Licht nicht merklich reflectirt.

Diese und andere Ueberlegungen führten Fresnel dazu, Youngs Theorie zu verlassen und seine eigene Diffractionstheorie aufzustellen, welche auf einer Combination von Huyghens' Princip mit dem der Interferenz beruht.

Das Huyghens'sche Princip besagt, dass wir eine Lichtwelle nicht nur vom leuchtenden Punkt, sondern auch aus einem früheren Stadium derselben Welle ableiten können.

Huyghens[3]) selbst wendet das Princip zunächst nur auf eine einzelne Erschütterung an. Sei P der Ausgangspunkt derselben, AA

1) Fresnel, Oeuvres compl. I, pag. 272.
2) l. c. pag. 278.
3) Huyghens, Tractatus de lumine pag. 14.

und BB' die für ein homogenes isotropes Medium kugelförmige Welle
zu zwei verschiedenen Zeiten, so nimmt Huyghens jedes Theilchen
von AA' als Erschütte-
rungscentrum an, von dem
aus sich die Bewegung
wieder auf Kugelwellen
fortpflanzt.

Die Bewegung wird
nach Huyghens überall
unmerklich sein, ausser auf
der Enveloppe der sämmt-
lichen Kugelwellen, d. h.
auf der Hauptwelle in

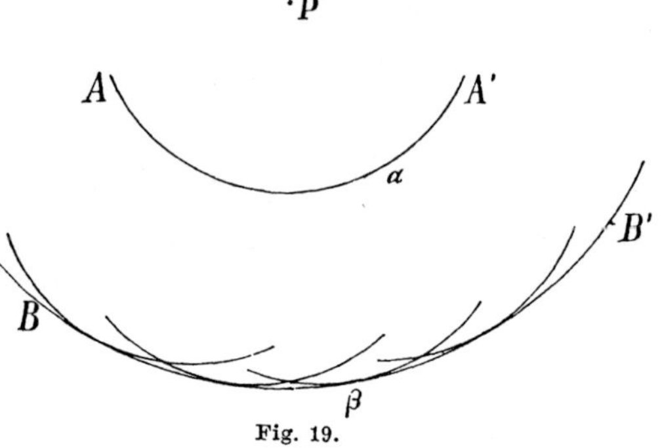

Fig. 19.

ihrem späteren Verlaufe. Wir werden später von dem Huyghens'schen
Principe in dieser Form Gebrauch machen; Fresnel[1]) modificirte es
dadurch, dass er nicht nur einen einzelnen Impuls, sondern
ein continuirliches, von einem Punkte ausgehendes Licht
annahm.

Wir sehen als Anfangszustand der Welle BB' wieder das frühere
Stadium derselben AA' an. Irgend ein in α gelegenes Element von
AA' wird seine Erschütterungen nach allen Seiten aussenden; ein
Punkt β auf BB' wird also in Bewegung gesetzt werden durch
sämmtliche Elemente von AA', und um den Zustand in β zu bestimmen, haben wir alle dorthin gelangenden Strahlen zu summiren.

Die Grösse der von α
nach β gelangenden Bewegung wird ausser von der Entfernung noch von der Nei-
gung der Richtung $\alpha\beta$ gegen
die Normale in α abhängig
sein und zwar mit wachsender Schiefe rasch abnehmen.
Wäre das Gesetz hiefür
gegeben, so könnten wir
die oben angedeutete Sum-
mation sofort ausführen;
Fresnel gelangte aber auch
ohne Kenntniss desselben
zum Ziele.

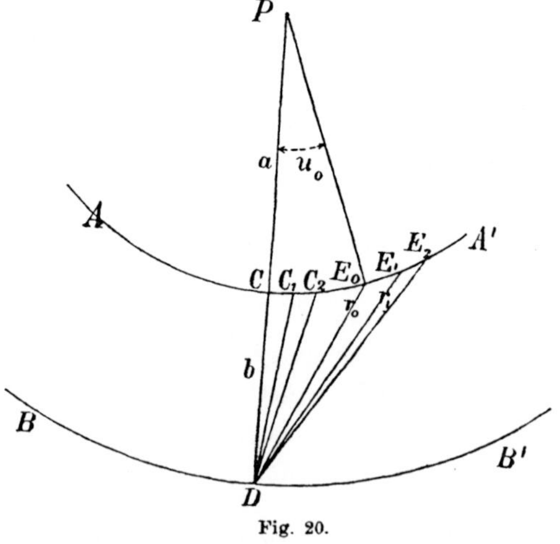

Fig. 20.

---

1) Fresnel, Oeuvres compl. I, pag. 206, 282 etc.

Es sei PCD der directe Strahl vom leuchtenden Punkte P nach derjenigen Stelle D, für welche wir die Bewegung suchen; $PC = a$, $CD = b$, und zwar sei b eine grosse Zahl von Wellenlängen. Ziehen wir nun von D aus Radienvectoren nach AA' derart, dass je zwei aufeinanderfolgende um eine halbe Wellenlänge verschieden sind $\left(\text{also } DC_1 = b + \frac{\lambda}{2}, \quad DC_2 = b + \frac{2\lambda}{2} \text{ u. s. f.}\right)$, so wird dadurch die Kugelfläche in Zonen mit der gemeinsamen Axe PD getheilt.

Wir betrachten zwei aufeinanderfolgende Zonen $E_0 E_1$ und $E_1 E_2$. Da b gegen λ sehr gross sein sollte, so werden die Winkel $E_0 D E_1$ und $E_1 D E_2$ sehr klein sein, also die von correspondirenden Elementen beider Zonen ausgehenden Strahlen als merklich parallel betrachtet werden können. Auch die Neigungen der Strahlen gegen die Normale werden sich wenig unterscheiden, sodass die Intensität der Bewegung auch nahezu dieselbe sein wird. Correspondirende Elemente zweier aufeinanderfolgender Zonen werden also nach D Strahlen nahezu gleicher Richtung und Intensität senden, deren Ursprung um eine halbe Wellenlänge differirt, und es wird sich daher, da ausserdem die Flächen aufeinanderfolgender Zonen nahe gleich sind, die Wirkung zweier successiver Zonen fast vollständig aufheben.

Es wäre falsch hieraus zu schliessen, dass nach D überhaupt keine Bewegung gelangt, denn die vielen kleinen Differenzen je zweier Zonen können ein merkliches Gesammtresultat geben. Wir vermögen aber leicht in einer andern Weise zu summiren.

Es lässt sich zeigen, dass die Fläche einer jeden Zone das arithmetische Mittel der vorhergehenden und folgenden ist, ferner wird die Intensität der Strahlung nur um eine Grösse höherer Ordnung sich vom Mittel für die beiden angrenzenden unterscheiden. Es wird also eine sehr viel vollständigere Zerstörung eintreten, wenn wir die Wirkung der zweiten Zone combiniren mit der Hälfte der Wirkungen der Centralzone und der dritten, die der vierten Zone ähnlich mit der halben Wirkung der beiden angrenzenden u. s. f.

Da nun die Wirkung der äussersten betrachteten Zone wegen der Schiefe der Strahlen unmerklich ist, so bleibt nur die **halbe Wirkung der Centralzone** übrig.

Um noch die Fläche einer Zone zu berechnen, seien u_0 und u_1 die Winkel, welche PC mit den Radien PE_0 und PE_1 nach ihren Grenzen einschliesst. Ein ringförmiges Element der Zone ist $2\pi a^2 \sin u \, du$, also die ganze Zone:

$$Z_0 = 2\pi a^2 \int_{u_0}^{u_1} \sin u \, du = 2\pi a^2 (\cos u_0 - \cos u_1).$$

Aus den Dreiecken $PE_0 D$ und $PE_1 D$ folgt:

$$r_0{}^2 = (a + b)^2 + a^2 - 2a(a + b) \cos u_0,$$
$$r_1{}^2 = (a + b)^2 + a^2 - 2a(a + b) \cos u_1,$$

$$r_1{}^2 - r_0{}^2 = 2a(a + b)(\cos u_0 - \cos u_1),$$

und die Zonenfläche:

$$Z_0 = \frac{\pi a}{a + b}(r_1{}^2 - r_0{}^2),$$

oder mit Rücksicht auf $r_1 = r_0 + \dfrac{\lambda}{2}$:

$$Z_0 = \frac{\pi a}{a + b}\left(\lambda r_0 + \frac{\lambda^2}{4}\right).$$

Die beiden folgenden Zonen werden

$$Z_1 = \frac{\pi a}{a + b}(r_2{}^2 - r_1{}^2) = \frac{\pi a}{a + b}\left(\lambda r_0 + \frac{3\lambda^2}{4}\right),$$

$$Z_2 = \frac{\pi a}{a + b}(r_3{}^2 - r_2{}^2) = \frac{\pi a}{a + b}\left(\lambda r_0 + \frac{5\lambda^2}{4}\right),$$

sodass in der That

$$Z_1 = \tfrac{1}{2}(Z_0 + Z_2).$$

Die in D vorhandene Amplitude der Lichtbewegung konnten wir herleiten von dem leuchtenden Punkte P oder aus der Wirkung der halben Centralzone.

Ist A die von P erzeugte Amplitude in der Entfernung 1, so wird sie in D nach pag. 8 sein $\dfrac{A}{a + b}$, in der Welle AA' ebenso $\dfrac{A}{a}$. Die von der halben Centralzone in D erregte Bewegung wird proportional sein ihrer Fläche $\dfrac{\pi a}{2(a + b)}\left(b\lambda + \dfrac{\lambda^2}{4}\right)$, wofür wir in genügender Näherung setzen können $\dfrac{\pi a b \lambda}{2(a + b)}$, ferner der in C vorhandenen Amplitude $\dfrac{A}{a}$, endlich umgekehrt proportional dem Abstande b. Fügen wir noch einen Proportionalitätsfactor K hinzu, so haben wir also

$$\frac{A}{a + b} = K \cdot \frac{\pi a b \lambda}{2(a + b)} \cdot \frac{A}{a} \cdot \frac{1}{b},$$

woraus sich die eigenthümliche Folgerung ergiebt, dass der Proportionalitätsfactor

$$K = \frac{2}{\pi \lambda},$$

somit der Wellenlänge umgekehrt proportional wird. Eine eingehendere Untersuchung, welche auch auf die Phasendifferenz der Elemente der Centralzone Rücksicht nimmt, liefert einfach

$$K = \frac{1}{\lambda}.$$

(cf. pag. 53.)

Bemerkt sei noch, dass thatsächlich eine Lichtwelle in einem homogenen Medium sich in einer einfachen fortschreitenden Bewegung befindet, und von der in einem bestimmten Stadium betrachteten Welle keine Erschütterung nach rückwärts fortgepflanzt wird. Die Fresnel'sche Betrachtungsweise erlaubt dies Resultat nicht abzuleiten, wohl aber führen — wenigstens für die volle Welle — die Differentialgleichungen der Elasticität dazu.

Poisson zog aus der Fresnel'schen Theorie, in der Absicht, sie zu widerlegen, einige Folgerungen bezüglich der Diffractionserscheinungen für einen kreisrunden undurchsichtigen Schirm und für eine kreisrunde Oeffnung[1].

Fängt man einen Theil der von einem Punkte ausgehenden Lichtwelle durch einen runden, gegen die Richtung der Strahlen senkrecht gestellten Schirm auf, so kann man für einen auf der Centrale desselben gelegenen Punkt eine ähnliche Zonenconstruction wie oben für die volle Welle vornehmen, nur dass man jetzt vom Rande des Schirmes beginnt. Es würde wieder die Wirkung der ersten halben Zone allein übrig bleiben, und die Centrale stets erhellt sein müssen, sogar für nicht zu grosse Schirme nahe ebenso hell wie durch die freie Welle.

Die Beobachtung hat diesen Schluss bestätigt.

Wir wollen uns ferner durch einen Schirm mit einer geeigneten runden Oeffnung die ganze Lichtwelle mit Ausnahme der Centralzone verdeckt denken. Es müsste nach Fresnel sodann die doppelte Amplitude, also die vierfache Intensität der für die freie Welle vorhandenen eintreten. Bliebe ausser der Centralzone noch die nächste angrenzende frei, so müsste fast vollkommene Dunkelheit herrschen, für drei unbedeckte Zonen wieder fast die vierfache Intensität der freien Welle u. s. f.

Der Unterschied zwischen Randstrahl und centralem Strahl beträgt also für den Fall der Lichtminima:

$$r - b = 2m\frac{\lambda}{2}$$

---

[1] Fresnel Oeuvres compl. I, pag. 365 ff.

und für die Maxima:

$$r - b = (2m + 1)\,\frac{\lambda}{2}.$$

Um die einschlägigen Versuche zu machen, wäre es nicht praktisch, verschiedene Oeffnungen anzuwenden, da man dieselben nur sehr schwer in der geforderten Grösse genau herstellen könnte, vielmehr wird man dieselbe Oeffnung in verschiedene Entfernungen bringen. Wie leicht zu übersehen, wächst die Ausdehnung der Zonen mit dem Abstande (DC der Figur 21) und die Zahl der frei bleibenden nimmt ab.

Bei Anwendung homogenen Lichtes zeigt sich in der That der Mittelpunkt des Diffractionsbildes abwechselnd hell und dunkel, und zwar für verschiedene Wellenlängen in verschiedenen Entfernungen. Für weisses Licht treten Farben auf, ähnlich denen der Newton'schen Ringe im reflectirten Licht.

Wir wollen den Fall einer kreisförmigen zur Richtung der Lichtstrahlen senkrechten Oeffnung durch die Rechnung noch etwas weiter verfolgen, indem wir uns auf die Betrachtung von Punkten der Centrale beschränken.

Die Bewegung in D leiten wir ab aus derjenigen Lage AA' der von P ausgehenden Welle, in welcher sie gerade den Rand der Oeffnung EE' berührt.

Die Bewegung eines in F befindlichen Elementes do der Oeffnung wird dargestellt sein durch

$$\frac{A}{a} \cos\left(\frac{t}{T} - \frac{a}{\lambda}\right) 2\pi,$$

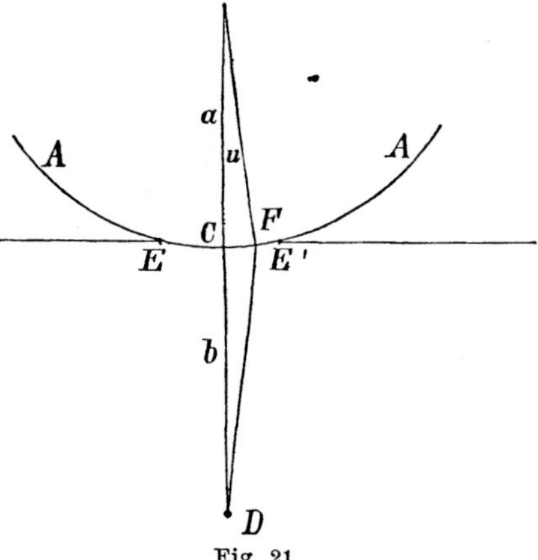

Fig. 21.

wo A wieder die Amplitude in der Einheit der Entfernung bedeutet.

Die von do in D erzeugte Verrückung wird ähnlich wie oben sein:

$$K \cdot \frac{A}{a} \cdot \cos\left(\frac{t}{T} - \frac{a + r}{\lambda}\right) 2\pi \cdot \frac{1}{r} \cdot do.$$

Wir betrachten die von den verschiedenen do herrührenden Verrückungen bei der Kleinheit der Neigung als parallel und haben dann einfach den obigen Ausdruck über den Theil der Welle ECE' zu integriren. Wir nehmen die Oeffnung klein genug an, um die Aenderungen von K vernachlässigen zu können, und haben also als resultirende Verrückung:

$$\frac{KA}{a} \int \frac{1}{r} \cos\left(\frac{t}{T} - \frac{a+r}{\lambda}\right) 2\pi\, do.$$

In Polarcoordinaten ist nun $do = a^2 \sin u\, du\, d\varphi$, wenn u und φ Poldistanz und „Länge“ bedeuten. Die Integration nach φ giebt 2π, also wird die Verrückung:

$$KAa2\pi \int \frac{1}{r} \cos\left(\frac{t}{T} - \frac{a+r}{\lambda}\right) 2\pi \sin u\, du.$$

Die Integration nach u ersetzen wir wie oben durch eine solche nach r und haben, da $r\, dr = a(a+b) \sin u\, du$:

$$\frac{KA2\pi}{a+b} \int_b^{\bar r} \cos\left(\frac{t}{T} - \frac{a+r}{\lambda}\right) 2\pi\, dr,$$

wo $\bar r$ die Entfernung von D bis zum Rande ist, und nach Ausführung des Integrals:

$$\frac{KA\lambda}{a+b} \left[\sin\left(\frac{t}{T} - \frac{a+b}{\lambda}\right) 2\pi - \sin\left(\frac{t}{T} - \frac{a+\bar r}{\lambda}\right) 2\pi\right].$$

Wir haben die in D vorhandene Bewegung hienach zurückgeführt auf zwei Strahlen der gleichen Amplitude $\frac{KA\lambda}{a+b}$, deren Ursprünge um $\bar r - b + \frac{\lambda}{2}$ verschieden sind.

Die Intensität des resultirenden Strahles wird also für homogenes Licht:

$$J = \left(\frac{KA\lambda}{a+b}\right)^2 2\left[1 - \cos\frac{\bar r - b}{\lambda} 2\pi\right] = 4\left(\frac{KA\lambda}{a+b}\right)^2 \sin^2\frac{\bar r - b}{\lambda}\pi.$$

Hievon machen wir zunächst Anwendung zur genaueren Bestimmung von K. Wäre gerade die Centralzone frei geblieben, so wäre

$$\bar r - b = \frac{\lambda}{2} \quad \text{und} \quad J = 4\left(\frac{KA\lambda}{a+b}\right)^2,$$

oder die Amplitude $= \frac{2KA\lambda}{a+b}$. Nach dem Früheren ist die Amplitude für die freie Welle die Hälfte hievon, also $\frac{KA\lambda}{a+b}$, und die Vergleichung mit der Amplitude der direct fortgepflanzten Welle, $\frac{A}{a+b}$, giebt $K = \frac{1}{\lambda}$.

Hienach können wir also schreiben

$$J = \frac{4A^2}{(a+b)^2} \sin^2\frac{\bar r - b}{\lambda}\pi.$$

Maxima der Helligkeit treten ein für $\bar{r} - b = (2m + 1)\dfrac{\lambda}{2}$, Minima für $\bar{r} - b = 2m\dfrac{\lambda}{2}$, in Uebereinstimmung mit dem oben synthetisch gefundenen Resultate.

Um $\bar{r} - b$ durch direct messbare Grössen auszudrücken, können wir die hinreichend angenäherte Beziehung benutzen

$$\bar{r} - b = \frac{c^2}{2}\left(\frac{1}{a} + \frac{1}{b}\right),$$

wo c den Radius der Oeffnung bedeutet. Fällt weisses Licht ein, so haben wir die Newton'sche Summe zu nehmen

$$J = \frac{4}{(a+b)^2}\ \sum A_\lambda^2 \sin^2 \frac{\bar{r} - b}{\lambda}\pi.$$

Die Vergleichung mit pag. 39, (13.) zeigt, dass die Farbe dieselbe ist, wie die einer Lamelle im reflectirten Licht von der Dicke

$$\varDelta = \frac{\bar{r} - b}{2} = \frac{c^2}{2}\left(\frac{1}{a} + \frac{1}{b}\right).$$

Allgemeine Formeln für die Diffractionserscheinungen.

Wir gehen nun über zur Ableitung der allgemeinen Formel für die Fresnel'schen oder mikroskopischen Diffractionserscheinungen.

Die vom leuchtenden Punkte P ausgehende Lichtwelle sei unterbrochen durch einen Schirm mit der irgendwie gestalteten Oeffnung AB. Gesucht ist die Erleuchtung in dem irgendwo auf der anderen Seite befindlichen Punkte D. Man kann das Licht hier auf einem Projectionsschirme auffangen oder ein Mikroskop benutzen, durch welches man D gerade deutlich sieht. Der Punkt D, der sogenannte Diffractionspunkt, liegt also auf der entgegengesetzten Seite des Beugungsschirmes wie der leuchtende Punkt.

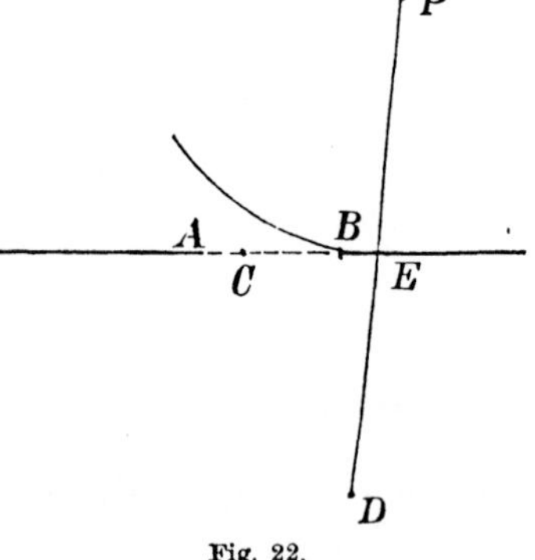

Fig. 22.

D erhält Licht von jedem Elemente der Oeffnung[1]), wobei festzuhalten ist, dass dieselben von P ungleich weit entfernt sind, und demnach verschiedene Phase besitzen. Die Oeffnung sei so klein, dass der von

---

1) Diese neue Modification der Behandlung ist zuerst eingeführt von Schwerd (die Beugungserscheinungen, Mannheim 1835).

der Schiefe der Strahlungsrichtung abhängige Factor sich nicht merklich ändert, und dass die von den einzelnen Elementen der Oeffnung nach D gelangenden Strahlen als parallel angesehen und einfach summirt werden können.

Die von einem Elemente do in C nach D gelangende Verrückung ist proportional mit

$$do \cos\left(\frac{t}{T} - \frac{PC}{\lambda} - \frac{CD}{\lambda}\right) 2\pi.$$

Dies wäre noch zu multipliciren mit $\dfrac{K}{PC \cdot CD}$; wir sehen diesen Factor wegen der geringen Ausdehnung der Oeffnung als constant an und bezeichnen ihn mit k.

Demnach wird die gesammte Bewegung in D:

$$k \int do \cos\left(\frac{t}{T} - \frac{PC}{\lambda} - \frac{CD}{\lambda}\right) 2\pi$$

ausgedehnt über die Oeffnung.

Mit Einführung eines festen Punktes E im Schirm können wir hiefür schreiben:

$$k \int do \cos\left(\frac{t}{T} - \frac{PE}{\lambda} + \frac{PE - PC}{\lambda} - \frac{ED}{\lambda} + \frac{ED - CD}{\lambda}\right) 2\pi.$$

Bei der Integration variiren hierin nur die Terme mit den Differenzen; setzen wir die constanten Glieder ϑ, ferner $PE - PC = \Delta R$ und $ED - CD = \Delta R'$, so wird die Verrückung:

$$k \int do \cos\left(\vartheta + \frac{\Delta R}{\lambda} + \frac{\Delta R'}{\lambda}\right) 2\pi$$

$$= k \cos\vartheta \int do \cos\left(\frac{\Delta R}{\lambda} + \frac{\Delta R'}{\lambda}\right) 2\pi - K \sin\vartheta \int do \sin\left(\frac{\Delta R}{\lambda} + \frac{\Delta R'}{\lambda}\right) 2\pi.$$

Die Bewegung in D ist hiedurch auf zwei Strahlen mit einem um $\dfrac{\lambda}{4}$ verschiedenen Ursprung zurückgeführt, und die resultirende Intensität wird:

$$J = k^2 \left\{\left(\int do \cos\frac{\Delta R + \Delta R'}{\lambda} 2\pi\right)^2 + \left(\int do \sin\frac{\Delta R + \Delta R'}{\lambda} 2\pi\right)^2\right\}.$$

Um die Formel für die Rechnung bequemer zu machen, führen wir geeignete rechtwinklige Coordinaten ein. Der Anfangspunkt sei der Schnittpunkt von PD mit der Schirmebene, und dorthin verlegen wir auch den bisher willkührlichen Punkt E. Als x-Axe wählen wir die Projection von PE auf den Schirm, die y-Axe im Schirm senkrecht dagegen, z vertikal zur Schirmebene.

In diesem System seien die Coordinaten von

$$P:\quad a,\ o,\ c,$$
$$D:\quad a',\ o,\ c',$$
$$C:\quad x,\ y,\ 0.$$

Es wird dann:

$$PE = R = \sqrt{a^2 + c^2},$$
$$PC = R - \Delta R = \sqrt{(a - x)^2 + y^2 + c^2}$$

und indem wir entwickeln, mit Fortlassung der Terme höherer Ordnung

$$PC = R - \Delta R = R - \frac{a\,x}{R} + \frac{1}{2\,R}\,(x^2 + y^2) - \frac{1}{2}\,\frac{a^2 x^2}{R^3}\cdots$$

Nennen wir ferner A den Winkel zwischen PE und x, so ist $\frac{a}{R} = \cos A$ und:

$$\Delta R = x \cos A - \frac{1}{2\,R}\,(x^2 \sin^2 A + y^2).$$

Ebenso folgt, wenn A' der Winkel zwischen ED und der x-Axe und $ED = R'$ ist:

$$\Delta R' = x \cos A' - \frac{1}{2\,R'}\,(x^2 \sin^2 A' + y^2).$$

Da nun $A + A' = \pi$ so wird

$$\Delta R + \Delta R' = -\frac{1}{2}\,(x^2 \sin^2 A + y^2)\left(\frac{1}{R} + \frac{1}{R'}\right),$$

und wir erhalten für die Intensität:

$$(1)\qquad J = k^2(C^2 + S^2),\quad \text{wo}$$

$$(2)\qquad
\begin{aligned}
C &= \int do \cos\left[(x^2 \sin^2 A + y^2)\left(\frac{1}{R} + \frac{1}{R'}\right)\frac{\pi}{\lambda}\right],\\
S &= \int do \sin\left[(x^2 \sin^2 A + y^2)\left(\frac{1}{R} + \frac{1}{R'}\right)\frac{\pi}{\lambda}\right].
\end{aligned}$$

Es sei nochmals besonders hervorgehoben, dass das Coordinatensystem durch die Lage des leuchtenden Punktes, des Diffractionspunktes und des Beugungsschirmes vollkommen bestimmt ist.

Wir lassen hier gleich die allgemeine Formel für die andere Klasse der Beugungserscheinungen, die Fraunhofer'schen oder teleskopischen, folgen.

Fraunhofer[1]) stellte sich — vor der Veröffentlichung der von der Pariser Akademie mit dem Preise gekrönten Arbeit Fresnels — die Aufgabe, die Diffractionserscheinungen messend genau zu verfolgen.

Er setzte zu dem Ende den Beugungsschirm vor das Fernrohr eines Theodolithen, in dessen deutlicher Sehweite sich der leuchtende

---

1) Denkschriften der Münchener Akademie, Bd. VIII, 1821.

Punkt befand, und stellte das Fadenkreuz auf die verschiedenen Theile
der Erscheinung ein. Indem er die hiezu erforderlichen Drehungswinkel mass, erreichte er eine „astronomische" Genauigkeit der Beobachtung. Er wandte nicht nur einfache Beugungsöffnungen verschiedener Gestalt an, sondern auch Systeme gleicher, gleichweit
entfernter und ähnlich gelegener Oeffnungen, sog. Beugungsgitter,
welche besonders dadurch wichtig geworden sind, dass sie die schärfste
Bestimmung der Wellenlänge erlauben. Das Resultat seiner Arbeit
war nun freilich nicht, die bisher bekannten Beugungserscheinungen
genau untersucht zu haben, sondern die empirische Feststellung
der Gesetze einer neuen Klasse derselben.

Um den Unterschied von den Fresnel'schen Diffractionserscheinungen klar zu legen, sei nochmals daran erinnert, dass bei diesen
solche Strahlen interferirten, welche von den verschiedenen Punkten
der Oeffnung nach einem Punkte des Projectionsschirmes convergirten.
Dieser, der Diffractionspunkt, war also vom leuchtenden Punkte durch
die Ebene des Beugungsschirms getrennt.

Andererseits sei das Theodolithfernrohr auf P eingestellt gewesen
und gedreht, sodass der Beobachter (ohne Beugungsschirm) einen
gleichweit entfernten Punkt
D deutlich sehen würde. Wird
der Beugungsschirm vorge-
setzt, so vereinigt das Fernrohr auf der Netzhaut des
Beobachters alle von Punkten
der Oeffnung AB ausgehenden Strahlen, welche eine
solche Richtung haben, als
kämen sie von D her.

Der Durchschnittspunkt
der interferirenden Strahlen,
der Diffractionspunkt,
liegt also mit dem leuch-
tenden Punkte auf der-
selben Seite des Beu-
gungsschirmes.

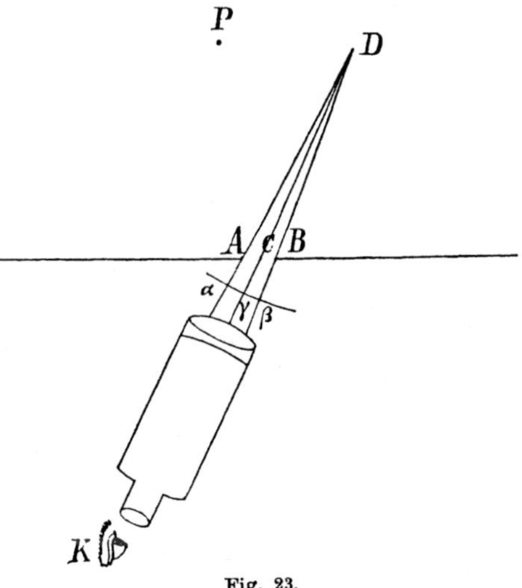

Fig. 23.

Es sei noch bemerkt, dass das blosse Auge das Fernrohr ersetzen kann; nur muss man die Oeffnungen sehr klein machen und
dicht vor das Auge halten, welches sich dann für den leuchtenden
Punkt zu accomodiren hat.

Die Theorie der Fraunhofer'schen Beugungserscheinungen ist gegeben von Schwerd[1]), der aber nicht Integrale benutzte. Wir entwickeln nun die allgemeine Formel unter Anwendung derselben.

Nach dem Huyghens'schen Principe haben wir die Lichtbewegung auf der Netzhaut des Beobachters in K herzuleiten aus denjenigen Strahlen, welche dorthin von den Elementen der Oeffnung AB gelangen. Nach den obigen Auseinandersetzungen sind dies aber diejenigen, welche rückwärts verlängert durch den deutlich gesehenen Punkt D gehen.

Zur Feststellung der Phasendifferenz der interferirenden Strahlen führt folgende Ueberlegung. Die sämmtlichen Wege von D durch das Fernrohr bis K sind „optisch äquivalent" d. h. von D ausgehende Strahlen erleiden auf ihnen keine relative Verzögerung. Beschreiben wir um D eine Kugelfläche $\alpha\beta$, so wird für die Wege von $\alpha\beta$ bis K dasselbe gelten, und die Strahlen werden mit derselben Phasendifferenz im Auge anlangen, die sie in $\cdot\,\alpha\beta$ besassen. Wir werden also bei unserer vorliegenden Aufgabe nur nöthig haben, die **Phasendifferenz für die Kugelfläche** $\alpha\beta$ **festzustellen.**

Ein Element do der Oeffnung in C empfängt vom leuchtenden Punkte P eine Verrückung proportional mit

$$\cos\left(\frac{t}{T} - \frac{PC}{\lambda}\right) 2\pi$$

und sendet in der Richtung DC eine Bewegung, welche in dem Punkte γ der Kugelfläche $\alpha\beta$ entspricht:

$$\cos\left(\frac{t}{T} - \frac{PC}{\lambda} - \frac{C\gamma}{\lambda}\right) 2\pi.$$

Nehmen wir wieder die Oeffnung klein genug, um den von der Schiefe der Ausstrahlung und den Entfernungen PC und CK abhängigen Factor constant setzen zu können, so wird die gesammte Bewegung in K gegeben sein durch

$$k\int do \cos\left(\frac{t-\tau}{T} - \frac{PC}{\lambda} - \frac{C\gamma}{\lambda}\right) 2\pi,$$

wo τ die constante Zeit bedeutet, welche die Strahlen von der Kugelfläche $\alpha\beta$ bis K brauchen. Hierin setzen wir $C\gamma = D\gamma - DC$ und erhalten mit Einführung eines willkührlichen festen Punktes E in der Schirmebene:

$$k\int do \cos\left(\frac{t-\tau}{T} - \frac{PE}{\lambda} + \frac{PE - PC}{\lambda} - \frac{D\gamma}{\lambda} + \frac{DE}{\lambda} - \frac{DE - DC}{\lambda}\right) 2\pi.$$

---

1) Schwerd, Die Beugungserscheinungen. 1835.

Bei der Integration sind alle Glieder unter dem cos. constant ausser den Differenzen; sei

$$PE = R, \quad PE - PC = \varDelta R,$$
$$DE = R', \quad DE - DC = \varDelta R',$$

und die Summe der constanten Terme $= \vartheta$, so erhalten wir:

$$k \int do \cos\left(\vartheta + \frac{\varDelta R}{\lambda} - \frac{\varDelta R'}{\lambda}\right) 2\pi,$$

eine Formel, welche sich von der entsprechenden für die Fresnel'sche Erscheinung dadurch unterscheidet, dass hier die Differenz $\varDelta R - \varDelta R'$ auftritt. Die Intensität wird:

$$J = k^2 \left\{\left(\int do \cos \frac{\varDelta R - \varDelta R'}{\lambda} 2\pi\right)^2 + \left(\int do \sin \frac{\varDelta R - \varDelta R'}{\lambda} 2\pi\right)^2\right\},$$

und es bleibt nur noch $\varDelta R - \varDelta R'$ zu entwickeln.

In einem rechtwinkligen Coordinatensystem, dessen Anfangspunkt in E und dessen x- und y-Axe in der Ebene des Beugungsschirmes gelegen sind, seien die Coordinaten von

$$P: \quad a, b, c,$$
$$D: \quad a', b', c',$$
$$C: \quad x, y, 0,$$

so wird:

$$PE = R = \sqrt{a^2 + b^2 + c^2},$$
$$PC = R - \varDelta R = \sqrt{(a - x)^2 + (b - y)^2 + c^2}.$$

Sind x und y gegen R klein, so erhalten wir bis auf Glieder höherer Ordnung:

$$PC = R - \frac{ax + by}{R} + \frac{1}{2}\frac{(x^2 + y^2)}{R} - \frac{1}{2}\frac{(ax + by)^2}{R^3}.$$

Schliesst ferner PE mit x und y die Winkel A und B ein, so können wir noch setzen

$$\frac{a}{R} = \cos A, \quad \frac{b}{R} = \cos B,$$

also

$$\varDelta R = x \cos A + y \cos B - \frac{1}{2}\frac{x^2 + y^2}{R} + \frac{1}{2}\frac{(x \cos A + y \cos B)^2}{R}.$$

Ganz ähnlich wird, wenn A' und B' die Winkel zwischen DE und den beiden ersten Coordinatenaxen sind:

$$\varDelta R' = x \cos A' + y \cos B' - \frac{1}{2}\frac{x^2 + y^2}{R'} + \frac{1}{2}\frac{(x \cos A' + y \cos B')^2}{R'}.$$

Uebrigens ist R' sehr nahe $= R$.

Ist der leuchtende Punkt weit entfernt, was man bei den Versuchen stets erreichen kann[1]), so kann man die Terme mit R und R' im Nenner einfach fortlassen und behält:

$$(3) \qquad J = k^2(C^2 + S^2),$$

wo

$$(4) \quad
\begin{aligned}
C &= \int do \cos\left[\frac{x(\cos A - \cos A') + y(\cos B - \cos B')}{\lambda} 2\pi\right], \\
S &= \int do \sin\left[\frac{x(\cos A - \cos A') + y(\cos B - \cos B')}{\lambda} 2\pi\right].
\end{aligned}$$

Das Coordinatensystem ist hier nur an die Bedingung geknüpft, dass die Axen x und y in die Ebene des Beugungsschirmes fallen und der Coordinatenanfang nicht zu weit von der Oeffnung entfernt ist.

Die trigonometrischen Functionen unter dem Integralzeichen enthalten hier nur erste Potenzen der Coordinaten, daher sind die Integrale leicht ausführbar, wenn die Grenzen nicht gerade Schwierigkeiten bereiten.

Im Gegensatz dazu ist die analytische Behandlung der Fresnel'schen Diffractionserscheinungen nicht einfach, weil dort trigonometrische Funktionen der Quadrate der Variabeln zu integriren sind.

Vorlesung V.

Die Fresnel'schen Beugungserscheinungen.

Um den Gang der Untersuchung nicht durch längere Rechnungen unterbrechen zu müssen, schicken wir einige Sätze über die Integrale

$$\int \cos u^2 du \quad \text{und} \quad \int \sin u^2 du$$

voraus.

Es werde ausgegangen vom Laplace'schen Integral:

$$2L = \int_{-\infty}^{+\infty} e^{-y\alpha^2}\, d\alpha \ (y > 0).$$

Multipliciren wir dasselbe mit sich selbst, indem wir nur die Variabele jetzt mit β bezeichnen, so wird:

$$4L^2 = \int_{-\infty}^{+\infty} \int_{-\infty}^{+\infty} e^{-y(\alpha^2 + \beta^2)}\, d\alpha\, d\beta,$$

---

1) Nöthigenfalls durch Einschaltung einer Collimatorlinse, welche die vom leuchtenden Punkte ausgehenden Strahlen parallel macht.

oder mit Einführung von „Polarcoordinaten" $\alpha = \varrho \cos \varphi,\ \beta = \varrho \sin \varphi$

$$4 L^2 = \int_0^\infty \int_0^{2\pi} e^{-y r^2}\, r\, dr\, d\varphi = 2\pi \int_0^\infty e^{-y r^2}\, r\, dr$$

$$= 2\pi \left[-\frac{e^{-y r^2}}{y} \right]_0^\infty = \frac{\pi}{y},$$

also

$$(1) \qquad L = \tfrac{1}{2} \sqrt{\frac{\pi}{y}} \quad \text{oder} \quad \frac{1}{\sqrt{y}} = \frac{2}{\sqrt{\pi}} \int_0^\infty e^{-\alpha^2 y}\, d\alpha.$$

Setzen wir $u^2 = y$ und drücken dann $\dfrac{1}{\sqrt{y}}$ nach 1) aus, so wird

$$(2) \quad \int_0^\infty \cos u^2\, du = \tfrac{1}{2} \int_0^\infty \frac{\cos y\, dy}{\sqrt{y}} = \frac{1}{\sqrt{\pi}} \int_0^\infty \int_0^\infty \cos y\, e^{-\alpha^2 y}\, dy\, d\alpha,$$

$$(3) \quad \int_0^\infty \sin u^2\, du = \tfrac{1}{2} \int_0^\infty \frac{\sin y\, dy}{\sqrt{y}} = \frac{1}{\sqrt{\pi}} \int_0^\infty \int_0^\infty \sin y\, e^{-\alpha^2 y}\, dy\, d\alpha.$$

Kehren wir die Integrationenfolge um, und integriren zuerst nach y, so lässt sich diese Integration ausführen.

Es wird nämlich durch partielle Integration

$$\int_0^\infty \cos y\, e^{-\alpha^2 y}\, dy = \left[\sin y\, e^{-\alpha^2 y} \right]_0^\infty + \alpha^2 \int_0^\infty \sin y\, e^{-\alpha^2 y}\, dy$$

$$= \alpha^2 \int_0^\infty \sin y\, e^{-\alpha^2 y}\, dy,$$

$$\int_0^\infty \sin y\, e^{-\alpha^2 y}\, dy = - \left[\cos y\, e^{-\alpha^2 y} \right]_0^\infty - \alpha^2 \int_0^\infty \cos y\, e^{-\alpha^2 y}\, dy$$

$$= 1 - \alpha^2 \int_0^\infty \cos y\, e^{-\alpha^2 y}\, dy,$$

also:

$$\int_0^\infty \cos y\, e^{-\alpha^2 y}\, dy = \frac{\alpha^2}{1 + \alpha^4},$$

$$\int_0^\infty \sin y\, e^{-\alpha^2 y}\, dy = \frac{1}{1 + \alpha^4},$$

und:

$$(4) \qquad \int_0^\infty \cos u^2 \, du = \frac{1}{\sqrt{\pi}} \int_0^\infty \frac{\alpha^2 \, d\alpha}{1 + \alpha^4}.$$

$$(5) \qquad \int_0^\infty \sin u^2 \, du = \frac{1}{\sqrt{\pi}} \int_0^\infty \frac{d\alpha}{1 + \alpha^4}.$$

Nach elementaren Methoden findet man leicht

$$\int_0^\infty \frac{\alpha^2 \, d\alpha}{1 + \alpha^4} = \int_0^\infty \frac{d\alpha}{1 + \alpha^4} = \frac{\pi}{2\sqrt{2}},$$

also

$$(6) \qquad \int_0^\infty \cos u^2 \, du = \int_0^\infty \sin u^2 \, du = \tfrac{1}{2} \sqrt{\frac{\pi}{2}}.$$

Wir wollen nun für die Integrale Reihenentwickelungen ableiten.

Durch partielle Integration folgt

$$\int u^{2m} \cos u^2 \, du = \frac{u^{2m+1} \cos u^2}{2m+1} + \frac{2}{2m+1} \int u^{2m+2} \sin u^2 \, du,$$

$$\int u^{2m} \sin u^2 \, du = \frac{u^{2m+1} \sin u^2}{2m+1} - \frac{2}{2m+1} \int u^{2m+2} \cos u^2 \, du.$$

Setzen wir hierin $m = 0, 1, 2 \ldots$ und nehmen als Integrationsgrenze 0 und u, so ergeben sich folgende Entwickelungen nach steigenden Potenzen:

$$(7) \qquad \int_0^u \cos u^2 \, du = \cos u^2 \, \Sigma + \sin u^2 \, \Gamma,$$

$$(8) \qquad \int_0^u \sin u^2 \, du = \sin u^2 \, \Sigma - \cos u^2 \, \Gamma,$$

worin:

$$\Sigma = u - \frac{2 \cdot 2}{3 \cdot 5} u^5 + \frac{2 \cdot 2 \cdot 2 \cdot 2}{3 \cdot 5 \cdot 7 \cdot 9} u^9 - \cdots,$$

$$\Gamma = \frac{2}{3} u^3 - \frac{2 \cdot 2 \cdot 2}{3 \cdot 5 \cdot 7} u^7 + \frac{2 \cdot 2 \cdot 2 \cdot 2 \cdot 2}{3 \cdot 5 \cdot 7 \cdot 9 \cdot 11} u^{11} - \cdots$$

Die Reihen Σ und Γ convergiren für alle endlichen u; für grössere u sind sie unpraktisch, da man viele Glieder berechnen müsste.

Hier sind bequemer Reihen von Cauchy[1]), die nach fallenden Potenzen fortschreiten. Es ist, wenn wir in anderer Weise partiell integriren:

---

1) C. R. XV. 573.

$$\int \frac{\cos u^2\, du}{u^{2m}} = \int \frac{\cos u^2\, u\, du}{u^{2m+1}} = \frac{\sin u^2}{2u^{2m+1}} + \frac{2m+1}{2} \int \frac{\sin u^2\, du}{u^{2m+2}}$$

$$\int \frac{\sin u^2\, du}{u^{2m}} = \int \frac{\sin u^2\, u\, du}{u^{2m+1}} = - \frac{\cos u^2}{2u^{2m+1}} - \frac{2m+1}{2} \int \frac{\cos u^2\, du}{u^{2m+2}}.$$

Hier ist nicht gestattet, 0 als Integrationsgrenze zu nehmen, und ebensowenig darf es zwischen den Integrationsgrenzen liegen. Ist u positiv, so integriren wir von u bis $+\infty$ und haben durch $2n$-malige partielle Integration:

$$(9) \qquad \int_u^\infty \cos u^2\, du = -\,\sigma \sin u^2 + \gamma \cos u^2 + R,$$

$$(10) \qquad \int_u^\infty \sin u^2\, du = \sigma \cos u^2 + \gamma \sin u^2 + R',$$

wo

$$(11) \qquad \sigma = \tfrac{1}{2}\left\{ \frac{1}{u} - \frac{1\cdot 3}{2\cdot 2}\frac{1}{u^5} + \frac{1\cdot 3\cdot 5\cdot 7}{2\cdot 2\cdot 2\cdot 2}\frac{1}{u^9} - \cdots \right.$$
$$\left. + (-1)^{n-1}\frac{1\cdot 3\cdots 4n-5}{2\cdot 2\cdots 2}\frac{1}{u^{4n-3}}\right\},$$

$$(12)\quad \gamma = \tfrac{1}{2}\left\{ \frac{1}{2}\frac{1}{u^3} - \frac{1\cdot 3\cdot 5}{2\cdot 2\cdot 2}\frac{1}{u^7} + \cdots + (-1)^{n-1}\frac{1\cdot 3\cdots 4n-3}{2\cdot 2\cdots 2}\frac{1}{u^{4n-1}}\right\},$$

$$R = (-1)^n \frac{1\cdot 3\cdots 4n-1}{2\cdot 2\cdots 2} \int_u^\infty \frac{\cos u^2\, du}{u^{4n}},$$

$$R' = (-1)^n \frac{1\cdot 3\cdots 4n-1}{2\cdot 2\cdots 2} \int_u^\infty \frac{\sin u^2\, du}{u^{4n}}.$$

Diese Reihen dürfen nicht in infinitum fortgesetzt werden, da sie divergent sind. Für den absoluten Werth der Ergänzungsglieder lässt sich leicht eine obere Grenze angeben, denn man wird doch ein absolut grösseres Resultat erhalten, wenn man unter dem Integralzeichen $\sin u^2$ und $\cos u^2$ durch 1 ersetzt.

Also:

$$R \text{ und } R' \text{ absolut} < \frac{1\cdot 3\cdots 4n-1}{2\cdot 2\cdots 2} \int_u^\infty \frac{du}{u^{4n}} = \frac{1}{2}\cdot \frac{1\cdot 3\cdots 4n-3}{2\cdot 2\cdots 2},$$

d. h. absolut kleiner als das letzte Glied der Reihe γ.

Hätten wir einmal weniger partiell integrirt, so wäre die Reihe γ um einen Term kürzer und die Restglieder absolut kleiner als das letzte Glied von σ. Im Allgemeinen liegt also der absolute Werth des Restes unter dem äussersten Gliede, bis zu dem überhaupt in einer der beiden Reihen fortgeschritten ist.

Hierauf beruht nun die Anwendbarkeit der Entwickelung nach Cauchy. Für nicht zu kleine u liegt nämlich zwischen den ersten, einen merklichen Werth besitzenden und den späteren sehr grossen Gliedern eine Anzahl sehr kleiner. Brechen wir also mit einem hinreichend kleinen Term ab, so ist der Fehler nach dem obigen Satze noch kleiner als dieser.

Für $u = 2$ ist z. B. das kleinste Glied:

$$\frac{1}{2} \cdot \frac{1 \cdot 3 \cdot 5 \cdot 7}{2 \cdot 2 \cdot 2 \cdot 2} \cdot \frac{1}{u^9} = 0,00641,$$

für $u = 2, 3$:

$$\frac{1}{2} \cdot \frac{1 \cdot 3 \cdot 5 \cdot 7 \cdot 9}{2 \cdot 2 \cdot 2 \cdot 2 \cdot 2} \frac{1}{u^{11}} = 0,00155,$$

sodass also, wenn $u \geq 2, 3$, die Reihen ohne Weiteres benutzt werden dürfen.

Für negative u nehmen wir als Integrationsgrenzen $-\infty$ und u und haben:

$$(9)' \qquad \int_{-\infty}^{u} \cos u^2 \, du = \sigma \sin u^2 - \gamma \cos u^2 + \varrho,$$

$$(10)' \qquad \int_{-\infty}^{u} \sin u^2 \, du = -\sigma \cos u^2 - \gamma \sin u^2 + \varrho',$$

wo mit ϱ und ϱ' die R und R' analogen Ergänzungsglieder bezeichnet sind.

Wichtig ist noch, dass die Integrale für grosse u kleine Werthe besitzen. Denn σ beginnt mit $\frac{1}{2u}$, γ mit $\frac{1}{4u^3}$, und eine leichte Ueberlegung zeigt, dass σ und γ für grosse u sich nur wenig von diesen ersten Gliedern der Entwickelung unterscheiden.

Fresnel behandelte die Diffractionsprobleme in der Weise, dass er für die Integrale

$$\int_{0}^{v} \cos \frac{\pi}{2} v^2 \, dv \quad \text{und} \quad \int_{0}^{v} \sin \frac{\pi}{2} v^2 \, dv$$

Tafeln berechnete. Hierdurch war er in Stand gesetzt, für jeden speciellen Fall die Intensität an einer gegebenen Stelle numerisch angeben zu können, musste aber auf eine übersichtliche theoretische Darstellung des gesammten Bildes verzichten.

Beugung am geradlinigen Rande eines Schirmes.

Ausserhalb des geometrischen Schattens ergiebt die Beobachtung im homogenen Licht 6—7 helle und dunkle, im weissen Licht 3—4 farbige Frangen. An den Stellen der Minima ist die Dunkelheit nicht absolut.

Die Entfernungen der successiven Frangen werden geringer mit wachsendem Abstande vom Rande des geometrischen Schattens.

Markirt man die Orte einer und derselben Frange für verschiedene Entfernungen des Projectionsschirmes, so erhält man eine Hyperbel.

Im geometrischen Schatten befindet sich auch Licht, das, ohne Maxima und Minima zu zeigen, ziemlich schnell abnimmt.

Der leuchtende Punkt sei P, der Schirm AS, gesucht ist die Lichtintensität in einem Punkte D der durch P senkrecht zur Schirmkante gelegten Ebene. Dieselbe ist gegeben durch die Formeln (1) und (2) der vorigen Vorlesung.

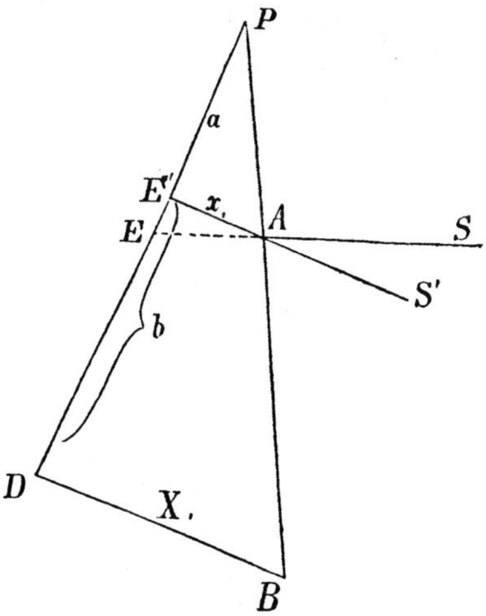

Zur Vereinfachung der Rechnung denken wir uns den Schirm um seine Kante A gedreht, bis er senkrecht gegen PD steht; seine neue Lage sei AS'. Hiedurch wird nichts an der Erscheinung geändert, da kein Theil der Lichtwelle ein- oder ausgeschaltet ist.

Fig. 24.

Als Coordinatenanfang haben wir nach der vorigen Vorlesung den Schnittpunkt E' von AS' mit PD zu nehmen, die x-Axe liegt senkrecht zur Kante des Schirmes in der Ebene AS' und werde nach rechts $+$ gerechnet, die y-Axe ist der Kante parallel, der Winkel A zwischen PD und der x-Axe wird $\frac{\pi}{2}$, also $\sin A = 1$. PE' sei $= a$, $E'D = b$.

Demnach wird die Intensität:

$$(13) \qquad J = k^2 (C^2 + S^2),$$

worin

$$(14) \qquad C = \int_{-\infty}^{x_1} \int_{-\infty}^{+\infty} dx\, dy\, \cos (x^2 + y^2) \left(\frac{a+b}{ab} \right) \frac{\pi}{\lambda},$$

$$(15) \qquad S = \int_{-\infty}^{x_1} \int_{-\infty}^{+\infty} dx\, dy\, \sin (x^2 + y^2) \left(\frac{a+b}{ab} \right) \frac{\pi}{\lambda}.$$

Es ist in der That zwischen den angegebenen Grenzen zu integriren, da die Integration über den ganzen unbedeckten Theil der Schirmebene auszudehnen ist.

Die Diffractionsformel war abgeleitet unter der Voraussetzung einer Oeffnung von mässiger Grösse und ist hier angewendet auf eine solche von einerseits unbegrenzter Ausdehnung. Die Berechtigung hiezu liegt darin, dass von merklicher Wirkung nur die E' benachbarten Elemente der Oeffnung sind, die entfernteren dagegen wegen der Schiefe nur eine geringe Bewegung nach D senden, die sich noch dazu grösstentheils compensirt. Andererseits sind (cf. pag. 64) auch diejenigen Theile der Integrale unmerklich, welche sich auf die entfernteren Stellen beziehen.

Es sei nun:

$$x^2 \frac{a+b}{ab} \frac{\pi}{\lambda} = u^2, \quad y^2 \frac{a+b}{ab} \frac{\pi}{\lambda} = v^2,$$

so wird:

$$C = \frac{\lambda}{\pi} \frac{ab}{a+b} \int\limits_{-\infty}^{u_1} \int\limits_{-\infty}^{+\infty} du\, dv \cos(u^2 + v^2),$$

$$S = \frac{\lambda}{\pi} \frac{ab}{a+b} \int\limits_{-\infty}^{u_1} \int\limits_{-\infty}^{+\infty} du\, dv \sin(u^2 + v^2),$$

oder nach Auflösung des sin. und cos. und Ausführung der Integration nach v (vgl. diese Vorl. Formel (6)):

$$C = \frac{\lambda}{\sqrt{2\pi}} \frac{ab}{a+b} \left[\int\limits_{-\infty}^{u_1} \cos u^2 du - \int\limits_{-\infty}^{u_1} \sin u^2 du \right],$$

$$S = \frac{\lambda}{\sqrt{2\pi}} \frac{ab}{a+b} \left[\int\limits_{-\infty}^{u_1} \sin u^2 du + \int\limits_{-\infty}^{u_1} \cos u^2 du \right].$$

Die Einführung dieser Werthe giebt die zu discutirende Formel für die Intensität:

$$(16) \quad J = k^2 \frac{\lambda^2}{\pi} \left(\frac{ab}{a+b} \right)^2 \left[\left(\int\limits_{-\infty}^{u_1} \cos u^2 du \right)^2 + \left(\int\limits_{-\infty}^{u_1} \sin u^2 du \right)^2 \right].$$

Die Maxima und Minima der Helligkeit folgen aus $\frac{dJ}{du_1} = 0$ oder

$$(17) \quad \cos u_1^2 \int\limits_{-\infty}^{u_1} \cos u^2 du + \sin u_1^2 \int\limits_{-\infty}^{u_1} \sin u^2 du = 0.$$

Der betrachtete Punkt liege zunächst ausserhalb des geometrischen Schattens, es sei also x_1 und daher auch u_1 positiv.

Um die Reihenentwickelungen nach steigenden Potenzen in (17) einzuführen, setzen wir:

$$\int_{-\infty}^{u_1} = \int_{-\infty}^{0} + \int_{0}^{u_1} = \frac{1}{2}\sqrt{\frac{\pi}{2}} + \int_{0}^{u_1}$$

und erhalten (vgl. (7) und (8) dieser Vorl.):

$$\cos u_1{}^2\left[\frac{1}{2}\sqrt{\frac{\pi}{2}} + \cos u_1{}^2\,\Sigma(u_1) + \sin u_1{}^2\,\Gamma(u_1)\right]$$

$$+ \sin u_1{}^2\left[\frac{1}{2}\sqrt{\frac{\pi}{2}} + \sin u_1{}^2\,\Sigma(u_1) - \cos u_1{}^2\,\Gamma(u_1)\right] = 0,$$

oder

$$(18)\quad \begin{aligned}\cos\left(u_1{}^2 - \frac{\pi}{4}\right) &= -\frac{2}{\sqrt{\pi}}\,\Sigma(u_1) \\ &= -\frac{2}{\sqrt{\pi}}\left[u_1 - \frac{2\cdot 2}{3\cdot 5}u_1{}^5 + \frac{2\cdot 2\cdot 2\cdot 2}{3\cdot 5\cdot 7\cdot 9}u_1{}^9\cdots\right].\end{aligned}$$

Wollen wir andererseits die Entwickelungen von Cauchy nach fallenden Potenzen benutzen, so haben wir mit Rücksicht auf das positive Vorzeichen von u_1 einzuführen:

$$\int_{-\infty}^{u_1} = \int_{-\infty}^{+\infty} - \int_{u_1}^{\infty} = \sqrt{\frac{\pi}{2}} - \int_{u_1}^{\infty},$$

sodass die Gleichung (17) wird (vgl. (9)′ und (10)′ dieser Vorl.):

$$\cos u_1{}^2\left[\sqrt{\frac{\pi}{2}} + \sin u_1{}^2\,\sigma(u_1) - \cos u_1{}^2\,\gamma(u_1)\right]$$

$$+ \sin u_1{}^2\left[\sqrt{\frac{\pi}{2}} - \cos u_1{}^2\,\sigma(u_1) - \sin u_1{}^2\,\gamma(u_1)\right] = 0$$

und nach einer kleinen Umformung:

$$(19)\quad \cos\left(u_1{}^2 - \frac{\pi}{4}\right) = \frac{\gamma}{\sqrt{\pi}} = \frac{1}{2\sqrt{\pi}}\left[\frac{1}{2u_1{}^3} - \frac{1\cdot 3\cdot 5}{2\cdot 2\cdot 2}\frac{1}{u_1{}^7} + \cdots\right].$$

Die Wurzeln von (18) und (19), welche nur als verschiedene Formen einer und derselben Gleichung anzusehen sind, geben uns nun den Ort der hellen und dunkeln Frangen.

$\cos\left(u_1{}^2 - \frac{\pi}{4}\right)$ bleibt > 0, so lange $u_1{}^2 < \frac{3\pi}{4}$, also $u_1 < 1{,}535$. Andererseits ist die rechte Seite von (18) augenscheinlich negativ für u_1 zwischen 0 und 1, und wir brauchen nur die ersten 4 Glieder zu berechnen, um uns zu überzeugen, dass auch noch für $u_1 = 1{,}4$

5*

dasselbe stattfindet. Es liegt demnach keine Wurzel zwischen 0 und 1,4.

Setzen wir $u_1 = 1,4$ in die rechte Seite von (19), so werden die ersten beiden Glieder: $0,0514 - 0,0502 = 0,0012$, und da der Fehler kleiner ist als das letzte noch in Rechnung gezogene Glied, so ist der absolute Werth der rechten Seite von (19) für $u_1 = 1,4$ kleiner als 0,05 und wird für $u_1 > 1,4$ noch geringer.

Wir werden daher angenäherte Werthe der Wurzeln erhalten, wenn wir die rechte Seite von (18) und (19) durch 0 ersetzen, d. h. es wird nahezu sein: $u_1{}^2 = \dfrac{3\pi}{4}, \dfrac{7\pi}{4}, \dfrac{11\pi}{4} \ldots$ Zum Zwecke einer genaueren Berechnung wären diese Werthe mit einer Correction versehen in (18) resp. (19) einzuführen und der Werth derselben zu ermitteln.

Um zu entscheiden, welchen Wurzeln ein Maximum, welchen ein Minimum der Helligkeit entspricht, gehen wir zurück auf die Formel für die Intensität und schreiben dieselbe:

$$J = k^2 \frac{\lambda^2}{\pi} \frac{ab}{a+b} \left\{ \begin{array}{l} \left[\sqrt{\dfrac{\pi}{2}} + \sin u_1{}^2 \sigma(u_1) - \cos u_1{}^2 \gamma(u_1) \right]^2 \\[2mm] + \left[\sqrt{\dfrac{\pi}{2}} - \cos u_1{}^2 \sigma(u_1) - \sin u_1{}^2 \gamma(u_1) \right]^2 \end{array} \right\}$$

$$(20) \quad = k^2 \frac{\lambda^2}{\pi} \frac{ab}{a+b} \left\{ \begin{array}{l} \pi + \sigma^2 + \gamma^2 - 2\sqrt{\pi}\, \gamma \cos\left(u_1{}^2 - \dfrac{\pi}{4} \right) \\[2mm] + 2\sqrt{\pi}\, \sigma \sin\left(u_1{}^2 - \dfrac{\pi}{4} \right) \end{array} \right\}.$$

Da nun σ^2 und γ^2 kleine Grössen und $\cos\left(u_1{}^2 - \dfrac{\pi}{4} \right)$ für die Wurzeln von (18) und (19) nahezu 0 ist, so reducirt sich dieser Ausdruck an den Stellen der hellen und dunkeln Frangen auf

$$(21) \qquad J = k^2 \frac{\lambda^2}{\pi} \frac{ab}{a+b} \left\{ \pi + 2\sqrt{\pi}\, \sigma \sin\left(u_1{}^2 - \frac{\pi}{4} \right) \right\}.$$

Hieraus geht hervor, dass Maxima eintreten für $u_1{}^2 = \dfrac{3\pi}{4}, \dfrac{11\pi}{4}, \dfrac{19\pi}{4} \cdots$, Minima für $u_1{}^2 = \dfrac{7\pi}{4}, \dfrac{15\pi}{4}, \cdots$ ferner, dass an den Orten der letzteren keine absolute Dunkelheit herrscht, denn der erste Term der Parenthese von (21) überwiegt.

Aus den Werthen von u_1 ist nun noch der Abstand X_1 der Frangen vom geometrischen Schatten zu berechnen. Es ist

$$x_1 = u_1 \sqrt{\frac{\lambda}{\pi} \frac{ab}{a+b}}, \quad X_1 = \frac{a+b}{a} x_1,$$

folglich

$$X_1 = \sqrt{\frac{\lambda}{\pi} \frac{b(a+b)}{a}} \, u_1,$$

und, wenn wir zur Abkürzung $\sqrt{\dfrac{\lambda b(a+b)}{2a}} = R$ setzen, die (angenäherten) Orte der

<table>
<tr><td>Maxima:</td><td>Minima:</td></tr>
<tr><td>$X_1 = R\sqrt{\dfrac{3}{2}} = R\,1{,}225$</td><td>$X_1 = R\sqrt{\dfrac{7}{2}} = R\,1{,}871$</td></tr>
<tr><td>$R\sqrt{\dfrac{11}{2}} = R\,2{,}345$</td><td>$R\sqrt{\dfrac{15}{2}} = R\,2{,}739$</td></tr>
<tr><td>$R\sqrt{\dfrac{19}{2}} = R\,3{,}082$</td><td>$R\sqrt{\dfrac{23}{2}} = R\,3{,}391.$</td></tr>
</table>

Fresnel[1]) erhielt bei genauer Berechnung die Werthe der Factoren:
1,2172; 2,3449; 3,0820 ... resp. 1,8726; 2,7392; 3,3913 ... also eine
Abweichung nur beim ersten Maximum und Minimum.

Die Frangen werden um so schmaler, je weiter sie vom geometrischen Schatten entfernt sind. Fresnel hat eine grosse Zahl von
Messungen angestellt (123) und mit der Theorie verglichen, wobei
die Abweichung nur einmal 0,05 mm, dreimal 0,03 mm erreichte.
Die Grenze des geometrischen Schattens ist für die Beobachtung nicht
markirt, daher wandte Fresnel zwei parallele Schirme in einer so
grossen Entfernung an, dass sie einander nicht mehr beeinflussten,
und mass die Entfernung je zweier correspondirender Frangen, die
dann mit der aus dem Abstande der Kanten leicht berechenbaren
Breite des geometrischen Schattens verglichen werden konnte.

Die Intensität an der Grenze des geometrischen Schattens
ergiebt sich aus (16), wenn wir $x_1 = 0$, also auch $u_1 = 0$ setzen

$$J_0 = \frac{k^2 \lambda^2}{\pi} \left(\frac{ab}{a+b}\right)^2 \left[\left(\int_{-\infty}^{0} \cos u^2 du\right)^2 + \left(\int_{-\infty}^{0} \sin u^2 du\right)^2\right]$$

$$= \frac{k^2 \lambda^2}{\pi} \left(\frac{ab}{a+b}\right)^2.$$

Hiemit vergleichen wir die Intensität für die freie Lichtwelle,
welche wir erhalten, wenn wir den Schirm in ∞ Entfernung fort-
gerückt denken, also $x_1 = +\infty$ und ebenso $u_1 = +\infty$ einführen:

1) Oeuvres complètes I, p. 322.

$$J_1 = \frac{k^2 \lambda^2}{\pi} \left(\frac{ab}{a+b}\right)^2 \left[\left(\int\limits_{-\infty}^{+\infty} \cos u^2 du\right)^2 + \left(\int\limits_{-\infty}^{+\infty} \sin u^2 du\right)^2\right]$$

$$= k^2 \lambda^2 \left(\frac{ab}{a+b}\right)^2.$$

Die Helligkeit an der Grenze des geometrischen Schattens beträgt also ein Viertel derjenigen für die freie Welle.

Für Punkte innerhalb des geometrischen Schattens wird x_1 und u_1 negativ.

Die Beobachtung zeigt eine continuirliche Lichtabnahme ohne Maxima und Minima, es darf also die Gleichung $\frac{dJ}{du_1} = 0$ oder

$$(17) \qquad \cos u_1^2 \int\limits_{-\infty}^{u_1} \cos u^2 du + \sin u_1^2 \int\limits_{-\infty}^{u_1} \sin u^2 du = 0$$

keine reellen negativen Wurzeln haben.

Um dies nachzuweisen, setzen wir $u = -\sqrt{y}$, wodurch die linke Seite von (17) übergeht in

$$\cos y_1 \int\limits_{y_1}^{\infty} \frac{\cos y \, dy}{\sqrt{y}} + \sin y_1 \int\limits_{y_1}^{\infty} \frac{\sin y \, dy}{\sqrt{y}},$$

oder wenn wir $\frac{1}{\sqrt{y}}$ durch (1) (diese Vorl.) ausdrücken und die Integrationenfolge umkehren:

$$\cos y_1 \int\limits_{0}^{\infty} d\alpha \int\limits_{y_1}^{\infty} \cos y \, e^{-y\alpha^2} \, dy + \sin y_1 \int\limits_{0}^{\infty} d\alpha \int\limits_{y_1}^{\infty} \sin y \, e^{-y\alpha^2} \, dy$$

und mit Ausführung der Integration nach y:

$$\cos y_1 \int\limits_{0}^{\infty} d\alpha \left[\frac{\sin y - \alpha^2 \cos y}{1 + \alpha^4} e^{-y\alpha^2}\right]_{y_1}^{\infty}$$

$$+ \sin y_1 \int\limits_{0}^{\infty} d\alpha \left[\frac{-\cos y - \alpha^2 \sin y}{1 + \alpha^4}\right]_{y_1}^{\infty} = \int\limits_{0}^{\infty} d\alpha \frac{\alpha^2}{1 + \alpha^4} e^{-y_1 \alpha^2}.$$

Jedes Element dieses Integrales ist aber, da y_1 reell, positiv, also kann dasselbe nicht verschwinden, q. e. d.

Um von der Abnahme des Lichtes eine Anschauung zu gewinnen, führen wir in die Formel für die Intensität (16) die Cauchy'schen Reihen ein und erhalten mit Rücksicht auf das negative Vorzeichen von u_1 (vgl. (9)′ und (10)′):

$$J = \frac{k^2 \lambda^2}{\pi} \left(\frac{ab}{a+b} \right)^2 \left[(\sin u_1^2 \sigma - \cos u_1^2 \gamma)^2 + (\cos u_1^2 \sigma + \sin u_1^2 \gamma)^2 \right]$$

$$= \frac{k^2 \lambda^2}{\pi} \left(\frac{ab}{a+b} \right)^2 [\sigma^2 + \gamma^2].$$

Da nun für grössere u_1 nahezu $\sigma = \frac{1}{2u_1}$, $\gamma = \frac{1}{4u_1^3}$, so ist die Intensität nahe umgekehrt proportional u_1^2, also auch dem Quadrate der Entfernung von der Grenze des geometrischen Schattens.

Die Theorie hat also in jeder Hinsicht die Intensitätsverhältnisse der Beobachtung entsprechend ergeben.

Beugung durch einen schmalen Schirm.

Es befinde sich der Diffractionspunkt D wieder in der durch den leuchtenden Punkt P senkrecht zum Beugungsschirm gelegten Ebene. Nach den Festsetzungen der vorigen Vorlesung liegt der Coordinatenanfang in E, x senkrecht zur Längenausdehnung des Beugungsschirmes, y derselben parallel.

Eine Drehung desselben ist hier nicht statthaft.

Die Grenzen der Integration sind für y: $-\infty$ und $+\infty$, für x: $-\infty$ und x_1, x_2 und $+\infty$, wenn x_1 und x_2 die Coordinaten der Schirmkanten bedeuten. Uebri-

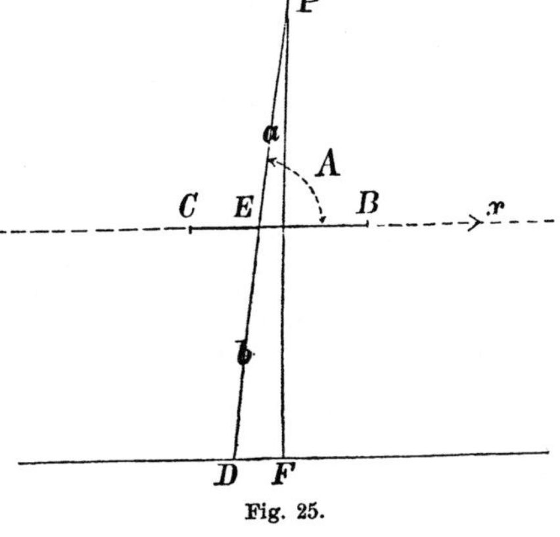

Fig. 25.

gens ist im geometrischen Schatten $x_1 < 0$, $x_2 > 0$, ausserhalb desselben haben x_1 und x_2 ein gleiches Vorzeichen.

In den Formeln (2) (vor. Vorl.):

$$C = \int \int dx\, dy \cos (x^2 \sin^2 A + y^2) \frac{a+b}{ab} \frac{\pi}{\lambda},$$

$$S = \int \int dx\, dy \sin (x^2 \sin^2 A + y^2) \frac{a+b}{ab} \frac{\pi}{\lambda}$$

setzen wir zunächst zur Vereinfachung:

$$x \sin A \sqrt{\frac{a+b}{ab} \frac{\pi}{\lambda}} = u,$$

$$y \sqrt{\frac{a+b}{ab} \frac{\pi}{\lambda}} = v,$$

lösen die sin. und cos. auf und führen die Integration nach v, für welche die Grenzen $-\infty$ und $+\infty$ sind, aus. Wir erhalten dadurch:

$$C = \frac{\lambda}{\sqrt{2\pi}} \frac{ab}{\sin A\,(a+b)} \left[\int \cos u^2 du - \int \sin u^2 du \right],$$

$$S = \frac{\lambda}{\sqrt{2\pi}} \frac{ab}{\sin A\,(a+b)} \left[\int \sin u^2 du + \int \cos u^2 du \right].$$

Gehen wir hiermit in den Ausdruck für die Intensität hinein:

$$J = k^2 \left(C^2 + S^2 \right)$$

und schreiben die Integrationsgrenzen für u hin, indem wir die x_1 und x_2 entsprechenden Werthe mit u_1 und u_2 bezeichnen, so wird:

$$(22) \qquad J = \frac{k^2\lambda^2}{\pi} \left(\frac{ab}{\sin A\,(a+b)} \right)^2 \left\{ \begin{array}{l} \left[\displaystyle\int_{-\infty}^{u_1} \cos u^2 du + \int_{u_2}^{\infty} \cos u^2 du \right]^2 \\[2em] \left[\displaystyle\int_{-\infty}^{u_1} \sin u^2 du + \int_{u_2}^{\infty} \sin u^2 du \right]^2 \end{array} \right\}.$$

Es sei nun c die halbe Breite des Schirmes, x' die x-Coordinate seines Mittelpunktes, so haben wir:

$$x_1 = x' - c, \qquad x_2 = x' + c,$$

$$(23) \quad u_1 = (x' - c)\sin A \sqrt{\frac{a+b}{ab}\,\frac{\pi}{\lambda}}, \quad u_2 = (x' + c)\sin A \sqrt{\frac{a+b}{ab}\,\frac{\pi}{\lambda}},$$

sodass u_1 und u_2 durch x' bestimmt sind.

Die Maxima und Minima der Intensität ergeben sich aus:

$$\frac{dJ}{dx'} = 0.$$

Nun ist aber:

$$\frac{dJ}{dx'} = \frac{\partial J}{\partial u_1}\frac{du_1}{dx'} + \frac{\partial J}{\partial u_2}\frac{du_2}{dx'},$$

$$\frac{du_1}{dx'} = \frac{du_2}{dx'} > 0,$$

also ist $\frac{dJ}{dx'}$ bis auf einen positiven Factor gleich $\frac{\partial J}{\partial u_1} + \frac{\partial J}{\partial u_2}$, und die Gleichung für die Maxima und Minima ist

$$(24) \qquad \frac{\partial J}{\partial u_1} + \frac{\partial J}{\partial u_2} = 0,$$

also:

$$(25) \quad \begin{aligned} &(\cos u_1^2 - \cos u_2^2) \left(\int_{-\infty}^{u_1} \cos u^2 du + \int_{u_2}^{\infty} \cos u^2 du \right) \\ &+ (\sin u_1^2 - \sin u_2^2) \left(\int_{-\infty}^{u_1} \sin u^2 du + \int_{u_2}^{\infty} \sin u^2 du \right) = 0. \end{aligned}$$

Um die hierin vorkommenden Integrale nach steigenden Potenzen
zu entwickeln, setzen wir:

$$\int_{-\infty}^{u_1} + \int_{u_2}^{\infty} = \int_{-\infty}^{+\infty} + \int_{0}^{u_1} - \int_{0}^{u_2}$$

und finden mit Rücksicht auf (6) (7) (8) dieser Vorl.:

$$(\cos u_1^2 - \cos u_2^2)\left[\begin{array}{l}\sqrt{\tfrac{\pi}{2}} + \cos u_1^2 \Sigma(u_1) + \sin u_1^2 \Gamma(u_1) \\ - \cos u_2^2 \Sigma(u_2) - \sin u_2^2 \Gamma(u_2)\end{array}\right]$$

$$+ (\sin u_1^2 - \sin u_2^2)\left[\begin{array}{l}\sqrt{\tfrac{\pi}{2}} + \sin u_1^2 \Sigma(u_1) - \cos u_1^2 \Gamma(u_1) \\ - \sin u_2^2 \Sigma(u_2) + \cos u_2^2 \Gamma(u_2)\end{array}\right] = 0$$

und nach einigen Reductionen:

$$\sin\frac{u_2^2 - u_1^2}{2}\left[\sqrt{\pi}\,\sin\left(\frac{u_2^2 + u_1^2}{2} - \frac{\pi}{4}\right) + \big(\Sigma(u_1) + \Sigma(u_2)\big)\sin\frac{u_2^2 - u_1^2}{2}\right.$$
$$\left.(26)\qquad + \big(\Gamma(u_1) - \Gamma(u_2)\big)\cos\frac{u_2^2 - u_1^2}{2}\right] = 0.$$

Diese Formel gilt allgemein, innerhalb wie ausserhalb des geometrischen Schattens.

Wollen wir dagegen nach fallenden Potenzen entwickeln, so
müssen wir die Punkte innerhalb und ausserhalb des geometrischen
Schattens unterscheiden.

Für erstere ist $u_1 < 0, u_2 > 0$, somit können wir die Integrale
in (25) sofort aus (9), (10), (9'), (10') entnehmen und finden ähnlich
wie oben:

$$\sin\frac{u_2^2 - u_1^2}{2}\left[\cos\frac{u_2^2 - u_1^2}{2}\big(\sigma(u_1) - \sigma(u_2)\big)\right.$$
$$(27)\qquad \left. - \sin\frac{u_2^2 - u_1^2}{2}\big(\gamma(u_1) + \gamma(u_2)\big)\right] = 0.$$

Ausserhalb des geometrischen Schattens haben dagegen u_1 und u_2
gleiche Vorzeichen, z. B. sind sie für die linke Seite der Figur beide
> 0. Wir setzen dann

$$\int_{-\infty}^{u_1} + \int_{u_2}^{\infty} = \int_{-\infty}^{+\infty} - \int_{u_1}^{\infty} + \int_{u_2}^{\infty}$$

und erhalten:

$$(28) \quad \sin \frac{u_2{}^2 - u_1{}^2}{2} \left[\sqrt{\pi} \sin\left(\frac{u_2{}^2 + u_1{}^2}{2} - \frac{\pi}{4} \right) + \cos \frac{u_2{}^2 - u_1{}^2}{2} (\sigma_1 - \sigma_2) \right.$$
$$\left. - \sin \frac{u_2{}^2 - u_1{}^2}{2} (\gamma_1 + \gamma_2) \right] = 0.$$

σ_1, σ_2, γ_1, γ_2 sind der Kürze wegen für $\sigma(u_1) \ldots$ geschrieben.

Die Gleichungen (26), (27), (28) haben die gemeinsame Form:

$$(29) \quad \sin \frac{u_2{}^2 - u_1{}^2}{2} \cdot X = 0,$$

und ihre linke Seite unterscheidet sich von $\frac{dJ}{dx'}$ nur durch einen constanten positiven Factor. Als Variabele ist in letzter Linie x' anzusehen.

Die Maxima und Minima folgen also aus:

$$(30) \quad \sin \frac{u_2{}^2 - u_1{}^2}{2} = 0$$

und

$$(31) \quad X = 0.$$

Die Gleichung (30) giebt zunächst:

$$(32) \quad \frac{u_2{}^2 - u_1{}^2}{2} = n\pi.$$

Um zu entscheiden, ob diesen Werthen Maxima oder Minima entsprechen, ist das Vorzeichen von $\frac{d^2J}{dx'^2}$ zu untersuchen. Dasselbe stimmt nach dem Obigen überein mit dem Vorzeichen des Differentialquotienten der linken Seite von (29) nach x', also mit dem von:

$$\frac{d \sin \frac{u_2{}^2 - u_1{}^2}{2}}{dx'} X + \sin \frac{u_2{}^2 - u_1{}^2}{2} \frac{dX}{dx'}.$$

Für die Wurzeln von (30) verschwindet hievon aber der zweite Theil; da ferner $\frac{du_1}{dx'} = \frac{du_2}{dx'} > 0$, so bleibt nur das Zeichen von

$$(u_2 - u_1) \cos \frac{u_2{}^2 - u_1{}^2}{2} X$$

oder, da $u_2 - u_1$ stets > 0, nur dasjenige von

$$\cos n\pi \cdot X$$

zu bestimmen.

Der betrachtete Punkt liege zunächst **im geometrischen Schatten.** Wir benutzen für X die aus (27) sich ergebende Form

$\cos n\pi \left(\sigma(u_1) - \sigma(u_2)\right)$, sodass es also nur noch auf das Zeichen von $\sigma(u_1) - \sigma(u_2)$ ankommt.

Dieses ist aber negativ, denn u_1 ist < 0, $u_2 > 0$ und das Vorzeichen von $\sigma(u)$ stimmt mit demjenigen des ersten Gliedes der Entwickelung, $\frac{1}{2u}$, überein[1]).

Im geometrischen Schatten entsprechen also den Werthen (32) Maxima, woraus schon hervorgeht, dass die Minima in den Wurzeln von $X = 0$ enthalten sein müssen. Es lässt sich nun aber zeigen, dass zwischen zwei aufeinanderfolgenden Wurzeln von (30) immer nur eine von $X = 0$ liegt; daher muss diese nothwendig einem Minimum entsprechen, und wir haben in (32) sämmtliche Maxima innerhalb des geometrischen Schattens.

Wir gehen nun zu den Punkten ausserhalb des geometrischen Schattens über.

Ob hier zu den Werthen

$$\frac{u_2{}^2 - u_1{}^2}{2} = n\pi$$

Maxima oder Minima gehören, entscheidet das Vorzeichen von $\cos n\pi X$, worin wir für X seinen Werth aus (28) setzen. Es wird dann diese Grösse:

$$\cos n\pi \left[\sqrt{\pi} \sin\left(\frac{u_2{}^2 + u_1{}^2}{2} - \frac{\pi}{4}\right) + (\sigma_1 - \sigma_2) \cos n\pi\right]$$

oder, wenn wir auch noch im ersten Term $u_1{}^2$ durch $u_2{}^2$ ausdrücken:

$$\sqrt{\pi} \sin\left(u_2{}^2 - \frac{\pi}{4}\right) + (\sigma_1 - \sigma_2).$$

$\sigma_1 - \sigma_2$ wird mit wachsender Entfernung vom geometrischen Schatten bald sehr klein, sodass es nur auf das Zeichen des sin. ankommt. Dieses wechselt aber, sodass wir hier keine allgemeinen übersichtlichen Resultate erhalten.

Wir müssen nun die Rechnung noch soweit führen, dass eine Vergleichung mit der Beobachtung möglich ist.

Die Entfernung des Diffractionspunktes vom Mittelpunkte des geometrischen Schattens sei X', so ist:

$$X' = x' \frac{a + b}{a}.$$

Die Maxima im geometrischen Schatten waren nun definirt durch:

---

1) Der Fehler, den wir begehen, wenn wir für $\sigma(u)$ sein erstes Glied setzen, ist nämlich absolut kleiner als dieses (cf. pag. 64).

$$\frac{u_2{}^2 - u_1{}^2}{2} = n\pi \quad \text{d. h.} \quad 2cx' \sin^2 A \frac{a+b}{ab} = n\lambda,$$

und ihr Ort ist also:

$$X' = \frac{n\lambda b}{2c \sin^2 A}.$$

Die Minima liegen nahezu, aber nicht genau in der Mitte dazwischen, also etwa an den Stellen

$$X' = \frac{(2n+1)\frac{\lambda}{2} b}{2c \sin^2 A}.$$

Setzen wir noch $\sin^2 A = 1$, was bei den Beobachtungen fast stets der Fall ist, und berücksichtigen, dass hier die Breite des Schirmes mit $2c$ bezeichnet ist, so finden wir vollständige Uebereinstimmung mit der Beobachtung (vgl. S. 46). Insbesondere ist X' unabhängig von a, der Entfernung des leuchtenden Punktes.

Die Zahl der Maxima im geometrischen Schatten ergiebt sich leicht aus der Ueberlegung, dass x' höchstens c sein darf. Ist also N die grösste ganze Zahl, welche aus

$$N \leq \frac{2c^2 \sin^2 A}{\lambda} \frac{a+b}{ab}$$

folgt, so ist die gesuchte Zahl der Maxima $2N + 1$. Dieselbe wächst also mit c, und nimmt ab mit wachsendem λ, a, b.

Vorlesung VI.

Die Fraunhofer'schen Beugungserscheinungen.

Rechteckige Oeffnung.

Ein leuchtender Punkt[1]) werde betrachtet durch eine reckteckige Oeffnung mit den Seiten a und b ($b > a$), welche wir vor ein Fernrohr oder unmittelbar vor das Auge bringen. Im homogenen Lichte macht die Erscheinung den Totaleindruck eines hellen Kreuzes, dessen Balken auf den Seiten des Rechteckes senkrecht stehen. Jeder Balken ist durch dunkle Stellen unterbrochen, welche gleichweit voneinander entfernt sind ausser den beiden mittelsten, deren Abstand doppelt so gross ist. Die Minima sind auf demjenigen Balken näher aneinander, welcher der grösseren Rechtecksseite (b) parallel ist.

Es zerfällt also jeder Balken in Lichtfelder, und zwar nimmt die Intensität derselben gegen die des centralen schnell ab. In den Ecken

---

1) Man verschafft sich einen solchen am bequemsten, indem man einen gut polirten Metallknopf oder ein innen geschwärztes Uhrglas in die Sonne legt.

zeigen sich auch noch schwach erleuchtete Stellen, begrenzt von der Verlängerung der dunkeln Theilungslinien der Balken, sodass das ganze Bild wie von dunkeln Strassen durchzogen erscheint.

Für rothes Licht sind alle Theile der Erscheinung ausgedehnter als für blaues; fällt weisses Licht ein, so treten Farben auf (Fraunhofers äussere Spectra, Spectra erster Klasse).

Bei Anwendung eines schmalen Spaltes und einer Lichtlinie erhält man im homogenen Lichte parallel demselben äquidistante Minima mit Ausnahme der beiden mittleren, welche den doppelten Abstand haben.

Wir wenden uns nun zur Theorie für eine rechteckige Oeffnung.

Wie schon bemerkt, bleiben die Formeln (3), (4) der vierten Vorlesung anwendbar, auch wenn man den leuchtenden Punkt nur in eine Entfernung von wenigen Metern bringt.

Wir legen den Anfangspunkt der Coordinaten in eine Ecke des Rechteckes und lassen die x-Axe mit der Seite a, die y-Axe mit b zusammenfallen. Es sei daran erinnert, dass A und B die Winkel zwischen den Coordinatenaxen und der Linie vom leuchtenden Punkt nach dem Coordinatenanfang waren und A', B' die analoge Bedeutung für den Diffractionspunkt, auf den das Fernrohr gerichtet ist, besassen.

Der Kürze wegen sei nun:

$$(1) \qquad \begin{aligned} (\cos A - \cos A')\,\frac{2\pi}{\lambda} &= \mu, \\[1ex] (\cos B - \cos B')\,\frac{2\pi}{\lambda} &= \nu, \end{aligned}$$

so wird (4) der vierten Vorlesung:

$$(2) \qquad \begin{aligned} C &= \int_0^a \int_0^b dx\,dy \cos(\mu x + \nu y) \\[1ex] &= -\frac{1}{\mu\nu}\left[\cos(\mu a + \nu b) - \cos \mu a - \cos \nu b + 1\right], \\[1ex] S &= \int_0^a \int_0^b dx\,dy \sin(\mu x + \nu y) \\[1ex] &= -\frac{1}{\mu\nu}\left[\sin(\mu a + \nu b) - \sin \mu a - \sin \nu b\right]. \end{aligned}$$

$$J = k^2(C^2 + S^2) = \frac{k^2}{\mu^2\nu^2}\left[4 - 4\cos \mu a - 4\cos \nu b + 4\cos \mu a \cos \nu b\right]$$

$$= \frac{4k^2}{\mu^2\nu^2}\left[1 - \cos \mu a\right]\left[1 - \cos \nu b\right] = k^2 a^2 b^2 \left[\frac{\sin \frac{\mu a}{2}}{\frac{\mu a}{2}}\right]^2 \left[\frac{\sin \frac{\nu b}{2}}{\frac{\nu b}{2}}\right]^2.$$

Wir eliminiren den Factor k^2 durch Einführung derjenigen Intensität J_c, welche wir beobachten, wenn wir das Fernrohr auf den leuchtenden Punkt selbst richten. Es wird dann $\cos A = \cos A'$, $\cos B = \cos B'$, demnach $\mu = \nu = 0$ und $J_c = k^2 a^2 b^2$.

Die Discussion des Ausdruckes für die Intensität

$$(3) \qquad J = J_c \left[\frac{\sin \frac{\mu a}{2}}{\frac{\mu a}{2}} \right]^2 \left[\frac{\sin \frac{\nu b}{2}}{\frac{\nu b}{2}} \right]^2$$

muss uns nun die oben beschriebene Erscheinung geben.

Es falle das Licht zunächst senkrecht auf den Beugungsschirm, es sei also: $A = B = \dfrac{\pi}{2}$, so reduciren sich μ und ν auf:

$$\mu = - \cos A' \frac{2\pi}{\lambda}, \qquad \nu = - \cos B' \frac{2\pi}{\lambda} \, .$$

Wir fassen nun vorerst diejenigen Stellen ins Auge, wo der zweite Factor

$$\left[\frac{\sin \frac{\nu b}{2}}{\frac{\nu b}{2}} \right] = 1$$

ist. Dies tritt nur ein für $\nu = 0$, also $B' = \dfrac{\pi}{2}$; da B' der Winkel $(R'b)$ war, so hat dies die Bedeutung, dass wir das Fernrohr senkrecht gegen die b-Seite der Oeffnung bewegen. Der Ausdruck für die Intensität vereinfacht sich hier in

$$(4) \qquad J = J_c \left[\frac{\sin \frac{\mu a}{2}}{\frac{\mu a}{2}} \right]^2$$

und verschwindet für

$$\frac{\mu a}{2} = - \frac{\pi}{\lambda} \cos A' = \pm \pi, \ \pm 2\pi \ldots,$$

also für

$$(5) \qquad \cos A' = \pm \frac{\lambda}{a}, \quad \pm \frac{2\lambda}{a}, \quad \pm \frac{3\lambda}{a} \cdots$$

(hingegen nicht für $\cos A' = 0$).

Diese Richtungen sind leicht durch folgende Construction zu erhalten: In der Ebene der Bewegung des Fernrohres — also senkrecht zu b — beschreiben wir um den Coordinatenanfang E einen Kreis mit dem Radius 1 und einen andern mit der Entfernung des leuchtenden Punktes $R = EP$, ziehen den gegen EP senkrechten

Durchmesser MN (die x-Axe), tragen von E aus $\dfrac{\lambda}{a}$ so oft auf wie möglich, und legen durch die erhaltenen Punkte Parallelen zu EP, welche den Kreis mit dem Radius 1 in δ_1, δ_2, $\delta_3 \ldots$ schneiden. Die Schnittpunkte der verlängerten Linien $E\delta_1$, $E\delta_2$, $E\delta_3 \ldots$ mit dem grösseren Kreise D_1, D_2, $D_3 \ldots$ sind dann diejenigen Punkte, auf welche das Fernrohr einzustellen ist, um Minima zu sehen.

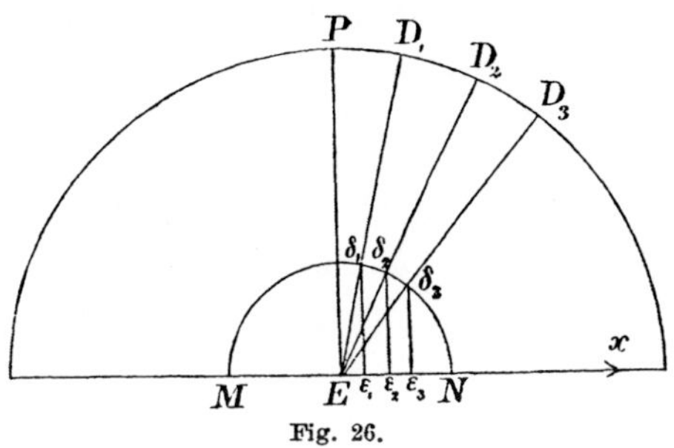
Fig. 26.

Zur Vergleichung mit der Beobachtung ist es bequemer, statt A' sein Complement C' einzuführen. Die Orte der Minima sind dann

$$(6) \qquad \sin C' = \pm \frac{\lambda}{a}, \quad \pm \frac{2\lambda}{a}, \quad \pm \frac{3\lambda}{a} \ldots$$

Meistens ist $\dfrac{\lambda}{a}$ sehr klein, sodass wir ohne merklichen Fehler den sin. durch den Bogen ersetzen können. Unter dieser angenäherten Voraussetzung sind die Minima (ausser den beiden mittleren, welche den doppelten Abstand haben) äquidistant, mit λ direct und der Breite der Oeffnung a umgekehrt proportional. Fraunhofer folgerte das Letztere aus seinen Messungen, die mit weissem Lichte angestellt waren; übrigens ergeben dieselben nach (5) berechnet für „mittleres"

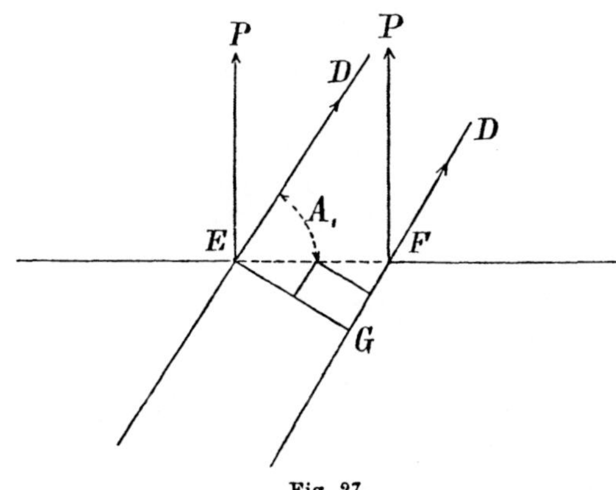
Fig. 27.

Licht die Wellenlänge 0,0000211 Pariser Zoll = 0,000571 mm [1]). Bemerkenswerth ist, dass die Messung sich auf Winkel bezieht. Die

---

1) l. c. pag. 9.

Zahl der Minima ist nicht unbegrenzt, denn $\sin C'$ kann doch nicht > 1 werden; gelänge es eine Oeffnung herzustellen, für welche $a < \lambda$, so gäbe diese gar kein Minimum, sondern ein continuirliches Lichtfeld von einer nach den Seiten abnehmenden Helligkeit.

Die Grösse $a \cos A'$ hat eine einfache Bedeutung: sie ist nämlich die Wegdifferenz der Randstrahlen, welche in der Figur (27) durch FG gegeben ist. Die Minima der Lichtstärke treten nach (5) ein, wenn diese ein ganzes Vielfaches einer Wellenlänge ist; dann aber lässt sich die Oeffnung in eine gerade Anzahl gleich grosser Theile zerlegen, deren jeder eine halbe Wellenlänge Wegdifferenz gegen den vorhergehenden hat, und wir erkennen unmittelbar, dass die von ihnen mit gleicher Phase ausgehenden Bewegungen sich zerstören.

Wir untersuchen nun die Lage und Intensität der Maxima.

Setzen wir in dem Ausdrucke für die Intensität (4) $\dfrac{\mu a}{2} = \xi$, so wird

$$J = J_c \left(\frac{\sin \xi}{\xi} \right)^2,$$

und wir erhalten durch Nullsetzen des Differentialquotienten:

$$0 = \frac{2 \sin \xi}{\xi} \left(\frac{\xi \cos \xi - \sin \xi}{\xi^2} \right).$$

Der erste Factor verschwindet für $\xi = \pm \pi, \pm 2\pi \ldots$ und hatte bereits die Minima geliefert, der zweite giebt für die Maxima:

$$(7) \qquad \xi = \tan \xi.$$

Um die Lage der Wurzeln dieser transcendenten Gleichung zu finden, suchen wir die Schnittpunkte der beiden Curven

$$\eta = \xi,$$
$$\eta = \tan \xi$$

auf. Die erstere ist eine den Winkel zwischen $+ \xi$ und $+ \eta$ halbirende Gerade, die letztere zerfällt in eine Anzahl getrennter Stücke, welche Parallelen zu η im Abstande $\pm \dfrac{\pi}{2}$, $\pm \dfrac{3\pi}{2} \cdots$ zu Asymptoten haben.

Die Wurzeln von (7) liegen hienach nahe bei $\pm \dfrac{3\pi}{2}, \pm \dfrac{5\pi}{2}, \pm \dfrac{7\pi}{2}$ etc. Schwerd be-

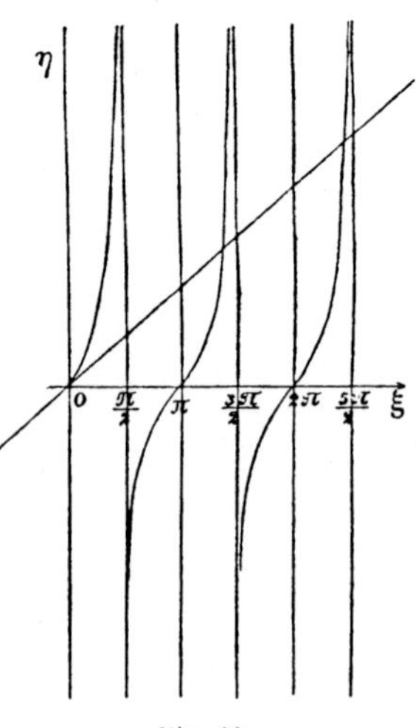

Fig. 28.

rechnet ihre Werthe genauer auf $\frac{3\pi}{2} - 12{,}5^0 = 4{,}494$, $\frac{5\pi}{2} - 7{,}5^0 = 7{,}723\ldots$[1]), doch genügen für das Folgende die Näherungswerthe $\frac{2m+1}{2}\pi$. Die Intensitäten der Maxima werden also

$$(8) \qquad J_{\max} = J_c \left(\frac{1}{\dfrac{2m+1}{2}\pi}\right)^2 \quad (m = 1, 2, 3\ldots).$$

Sie nehmen rasch ab, da sie sich wie $\frac{1}{9} : \frac{1}{25} : \frac{1}{49}\ldots$ verhalten. Aus der Tabelle der Intensitäten bei Schwerd[2]) sind folgende Werthe entnommen:

Centrum	Max. 1	2	3	4	5
1	0,04719	0,01648	0,00827	0,00500	0,00335…[3]).

Wäre das Fernrohr senkrecht gegen die Seite a der rechteckigen Oeffnung (also b parallel) bewegt worden, so wäre in (3) der erste Factor $= 1$ geworden, und wir hätten zu untersuchen gehabt:

$$(9) \qquad J = J_c \left(\frac{\sin\dfrac{vb}{2}}{\dfrac{vb}{2}}\right)^2 \quad \left(v = -\frac{\pi}{\lambda}\cos B'\right).$$

Die Resultate ergeben sich sofort aus den obigen, z. B. treten die Minima auf für

$$\cos B' = \pm \frac{\lambda}{b}, \quad \pm \frac{2\lambda}{b}, \quad \pm \frac{3\lambda}{b} \cdots$$

Die bisherigen Betrachtungen lieferten die Balken des rechtwinkligen Kreuzes; wir wenden uns nun zu den Eckfeldern.

Die Intensität in einer beliebigen Richtung war:

$$J = J_c \left(\frac{\sin\dfrac{\mu a}{2}}{\dfrac{\mu a}{2}}\right)^2 \left(\frac{\sin\dfrac{vb}{2}}{\dfrac{vb}{2}}\right)^2.$$

Dieselbe wird immer 0 sein, wo einer der Factoren verschwindet, also in Parallelen, die durch die Punkte der Minima auf jedem Balken zu dem andern gezogen werden. Wir erhalten so die das ganze Beugungsbild durchziehenden dunkeln Strassen.

In irgend einem der Winkelfelder wird das Maximum der Intensität nahe seiner Mitte eintreten, d. h. für:

---

1) l. c. pag. 28.

2) l. c. Tab. I.

3) Eine graphische Darstellung der Intensitätsverhältnisse s. bei Schwerd, Taf. II, Fig. 19.

$$\frac{\mu\,a}{2} = -\,a\,\cos A' \cdot \frac{\pi}{\lambda} = (2m + 1)\,\frac{\pi}{2},$$

$$\frac{\nu\,b}{2} = -\,b\,\cos B' \cdot \frac{\pi}{\lambda} = (2n + 1)\,\frac{\pi}{2},$$

und dort den Werth erreichen

$$J_{\max} = J_c \left(\frac{1}{(2m + 1)\,\frac{\pi}{2}}\right)^2 \left(\frac{1}{(2n + 1)\,\frac{\pi}{2}}\right)^2.$$

Schon im ersten Winkelfelde für $m = 1$, $n = 1$ wird derselbe etwa $\frac{1}{500}$ der centralen Lichtstärke und noch geringer in den übrigen.

Es falle nun das Licht schräg ein, aber noch immer senkrecht gegen die b-Seite (also $\cos B = 0$).

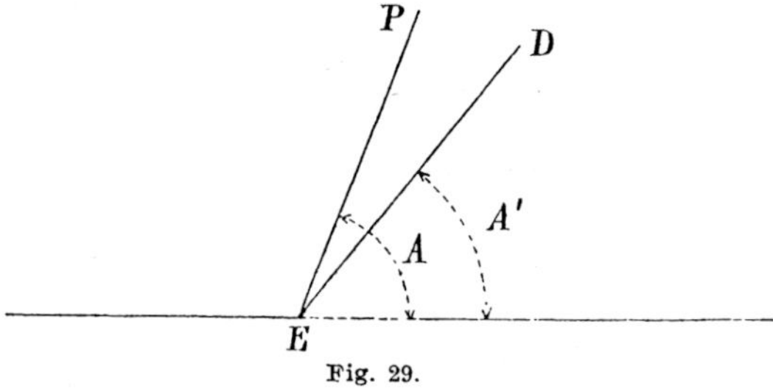

Fig. 29.

Wir betrachten den Theil des Diffractionsbildes in der zu b senkrechten Ebene, wo auch $\cos B' = 0$.

Aus (3) folgt, wenn wir $\nu = 0$ und für μ seinen Werth (1) setzen, die Intensität

$$J = J_c \left[\frac{\sin\left(a\,(\cos A - \cos A')\,\frac{\pi}{\lambda}\right)}{a\,(\cos A - \cos A')\,\frac{\pi}{\lambda}}\right]^2.$$

Dieselbe verschwindet für

$$\cos A - \cos A' = \pm\,\frac{\lambda}{a}, \quad \pm\,\frac{2\lambda}{a}, \quad \pm\,\frac{3\lambda}{a} \cdots,$$

und wir können die entsprechenden Lagen des Diffractionspunktes leicht durch folgende der früheren analoge Construction finden: Wir beschreiben um E die Kreise mit den Radien 1 und R und ziehen EP, welches den ersteren in π schneide. Wir fällen von π die Senkrechte $\pi\varepsilon$ auf den der Schirmebene parallelen Durchmesser MN, machen $\varepsilon\varepsilon_1 = \varepsilon_1\varepsilon_2 = \cdots = \frac{\lambda}{a}$, errichten

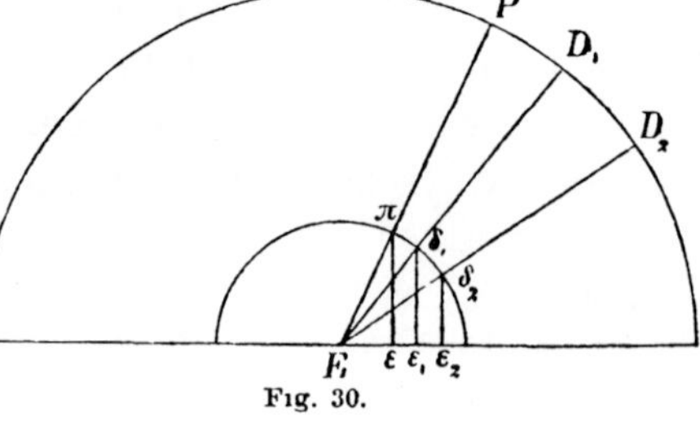

Fig. 30.

in $\varepsilon_1 \varepsilon_2 \ldots$ die Senkrechten $\varepsilon_1 \delta_1$, $\varepsilon_2 \delta_2 \ldots$ und verlängern endlich die Linien $E\delta_1$, $E\delta_2 \ldots$ bis zu ihren Durchschnitten D_1, $D_2 \ldots$ mit dem grösseren Kreise, so sind diese die gesuchten Stellen.

Der wesentliche Unterschied gegen senkrecht einfallendes Licht ist die fehlende Symmetrie zwischen rechts und links: es sind die Entfernungen der Minima nicht mehr beiderseits dieselben, und rechts sind (bei der angenommenen Lage des leuchtenden Punktes) weniger Lichtfelder vorhanden als links.

Es würde keine Schwierigkeiten machen, auch den allgemeinsten Fall mit Zugrundelegung der Formel (3) zu behandeln. Die Construction wäre dann auf einer Kugelfläche auszuführen.

Es sei noch ausdrücklich hervorgehoben, dass alle aus der Theorie gefolgerten Resultate durch genaue Messungen von Fraunhofer und Schwerd bestätigt sind. Die für weisses Licht auftretenden Farben sind von denen der Newton'schen Ringe verschieden.

Von der bei einem Dreieck eintretenden Erscheinung geben wir nur eine Beschreibung und verweisen bezüglich der Theorie auf das Buch von Schwerd[1]).

Hervortretend sind drei helle Linien, welche durch die Ecken des Dreiecks gehen und auf den gegenüberliegenden Seiten senkrecht stehen. Die nach der Ecke und nach der Seite gekehrten Theile derselben Linie unterscheiden sich nicht. Auf diesen Hauptlinien wird die Intensität nirgends $= 0$; Punkte verschwindender Helligkeit finden sich aber in den Eckfeldern und zwar auf Parallelen zu den Hauptlinien vertheilt. Zuerst beobachtet wurde die Erscheinung von Herschel, der ein Fernrohr mit vorgesetzter dreieckiger Oeffnung auf einen Fixstern richtete.

Ist die beugende Oeffnung ein Kreis, so zeigt sich im homogenen Lichte eine helle centrale Scheibe, umgeben von hellen Ringen etwa gleicher Breite, deren Intensität schnell abnimmt. Bei weissem Lichte sind die Ringe farbig.

Schwerd substituirt für den Kreis ein reguläres Polygon mit 180 Seiten; wir behandeln die Aufgabe direct.

Die in den Ausdruck der Intensität

$$J = k^2 (C^2 + S^2)$$

eingehenden Integrale

$$C = \int do \cos (\mu x + \nu y),$$

$$S = \int do \sin (\mu x + \nu y),$$

---

1) l. c. pag. 57 ff.

wo
$$\mu = (\cos A - \cos A')\,\frac{2\pi}{\lambda},$$
$$\nu = (\cos B - \cos B')\,\frac{2\pi}{\lambda},$$

transformiren wir durch Einführung von Polarcoordinaten, deren Anfangspunkt das Centrum der Oeffnung ist. Wir setzen:
$$x = r\cos\alpha, \quad y = r\sin\alpha, \quad do = r\,dr\,d\alpha$$
und haben, wenn ϱ der Radius der Oeffnung:

$$(10) \quad
\begin{aligned}
C &= \int_0^{2\pi}\!\!\int_0^{\varrho} r\,dr\,d\alpha \,\cos r\,(\mu\cos\alpha + \nu\sin\alpha),\\[2mm]
S &= \int_0^{2\pi}\!\!\int_0^{\varrho} r\,dr\,d\alpha \,\sin r\,(\mu\cos\alpha + \nu\sin\alpha),
\end{aligned}$$

oder, wenn wir die Grössen p und β durch die Gleichungen:

$$(11) \quad
\begin{aligned}
\mu &= p\cos\beta,\\
\nu &= p\sin\beta,
\end{aligned}
\qquad \left(p = \sqrt{\mu^2 + \nu^2}\right)$$

einführen

$$C = \int_0^{2\pi}\!\!\int_0^{\varrho} r\,dr\,d\alpha \,\cos\big(rp\cos(\alpha - \beta)\big),$$
$$S = \int_0^{2\pi}\!\!\int_0^{\varrho} r\,dr\,d\alpha \,\sin\big(rp\cos(\alpha - \beta)\big).$$

Hierin sei weiter:
$$(12) \qquad r = \varrho r', \quad \varrho p = u, \quad \alpha - \beta = \xi.$$
Die Integrationsgrenzen für ξ wären eigentlich $-\beta$ und $2\pi - \beta$, doch können wir 0 und 2π beibehalten und finden:

$$C = \varrho^2 \int_0^1\!\!\int_0^{2\pi} r'\,dr'\,d\xi \,\cos(ur'\cos\xi),$$
$$S = \varrho^2 \int_0^1\!\!\int_0^{2\pi} r'\,dr'\,d\xi \,\sin(ur'\sin\xi).$$

Theilen wir noch die Integrale in $\int_0^{\pi} + \int_{\pi}^{2\pi}$, so wird $S = 0$ und

$$(13) \qquad C = 2\varrho^2 \int_0^1\!\!\int_0^{\pi} r'\,dr'\,d\xi \,\cos(ur'\cos\xi) = 2\varrho^2\,\Psi(u),$$

indem das Integral nur von u abhängt, und endlich:

$$(14) \qquad J = 4k^2\varrho^4\big(\Psi(u)\big)^2.$$

Diejenigen Stellen, wo J ein Max. oder Min. wird, hängen nur von u ab; die Gleichung $\dfrac{dJ}{du} = 0$ giebt

$$(15) \qquad \Psi(u)\,\frac{d\,\Psi(u)}{d\,u} = 0,$$

und es wird der erste Factor die Minima, der zweite die Maxima liefern.

Wie später gezeigt werden wird, besitzt die Gleichung $\Psi(u) = 0$ unendlich viele Wurzeln. Dieselben seien $\omega_1,\ \omega_2 \ldots$, so wird für die Minima sein:

$$(16) \qquad u = \varrho\,\sqrt{\mu^2 + \nu^2} = \omega_1,\ \omega_2 \ldots$$

Der Einfachheit wegen nehmen wir an, dass das Licht senkrecht einfällt, also $\cos A = 0$, $\cos B = 0$; dann ist:

$$\mu = -\,\frac{2\,\pi}{\lambda}\,\cos A', \qquad \nu = -\,\frac{2\,\pi}{\lambda}\,\cos B',$$

$$(17) \qquad \sqrt{\mu^2 + \nu^2} = \frac{2\,\pi}{\lambda}\,\sqrt{\cos^2 A' + \cos^2 B'} = \frac{2\,\pi}{\lambda}\,\sin C',$$

wenn C' den Winkel zwischen den gebeugten Strahlen ($=$ Sehrichtung des Fernrohrs) und der Schirmnormale bedeutet.

Aus (16) und (17) folgt, dass die Minima eintreten für:

$$(18) \qquad 2\,\sin C_h' = \frac{\omega_h\,\lambda}{\varrho\,\pi} \quad (h = 1,\ 2,\ \ldots).$$

Hiemit ist ein ungefährer Ueberblick über die Erscheinung bereits gewonnen: die Minima bilden ein System concentrischer Kreise von absoluter Dunkelheit, deren Durchmesser (für kleine C') mit λ direct, mit ϱ umgekehrt proportional sind. Bei weissem Licht werden farbige Ringe auftreten.

Zur Vervollständigung der Theorie, und insbesondere um eine Vergleichung derselben mit den Beobachtungen zu ermöglichen, sind noch die Wurzeln ω der Gleichung $\Psi(u) = 0$ aufzusuchen.

Wir entwickeln zunächst $\Psi(u)$ nach steigenden Potenzen von u. Die Ausführung der Integration nach r' ergiebt:

$$
\begin{aligned}
\Psi(u) &= \int_0^1\!\!\int_0^\pi r'\,dr'\,d\xi\,\cos(ur'\cos\xi)\\[4pt]
(19)\qquad &= \int_0^\pi d\xi\left[\frac{r'\sin(r'u\cos\xi)}{u\cos\xi} + \frac{\cos(r'u\cos\xi)}{u^2\cos^2\xi}\right]_0^1\\[4pt]
&= \int_0^\pi d\xi\left\{\frac{\sin(u\cos\xi)}{u\cos\xi} + \frac{\cos(u\cos\xi)-1}{u^2\cos^2\xi}\right\}.
\end{aligned}
$$

Hieraus erhalten wir leicht:

$$(20) \qquad \frac{d\,u^2\,\Psi(u)}{d\,u} = u\int_0^\pi d\xi\,\cos(u\cos\xi) = u\,\Phi(u).$$

Das Integral $\Phi(u)$ bilden wir, indem wir $\cos(u\cos\xi)$ nach Potenzen von $u\cos\xi$ entwickeln. Es wird:

$$\Phi(u) = \int_0^\pi d\xi \left[1 - \frac{u^2\cos^2\xi}{1\cdot 2} + \frac{u^4\cos^4\xi}{1\cdot 2\cdot 3\cdot 4} - \cdots \right]$$

und mit Benutzung von

$$\int_0^\pi d\xi \cos^{2n}\xi = \frac{1\cdot 3\cdots 2n}{2\cdot 4\cdots 2n}\,\frac{1}{2}\,\pi:$$

$$(21)\qquad \Phi(u) = \pi\left[1 - \frac{u^2}{2^2} + \frac{u^4}{2^2\cdot 4^2} - \frac{u^6}{2^2\cdot 4^2\cdot 6^2} + \cdots \right].$$

Diesen Werth setzen wir in (20) ein und integriren. Die Integrationsconstante bestimmt sich für $u=0$ als 0 und wir erhalten definitiv:

$$(22)\qquad \Psi(u) = \pi\left[\frac{1}{2} - \frac{1}{4}\frac{u^2}{2^2} + \frac{1}{6}\frac{u^4}{2^2\cdot 4^2} - \cdots \right].$$

Diese Reihe ist stets convergent, und es könnten aus derselben die Wurzeln gefunden werden, indem wir ihren Werth für hinreichend nahe Werthe von u berechneten.

Für grössere u ist aber eine (semiconvergente) Entwickelung nach fallenden Potenzen bequemer.

Durch zweimalige partielle Integration erhalten wir:

$$(23)\qquad \Psi(u) = \int_0^\pi \frac{u\cos\xi\,\sin(u\cos\xi) + \cos(u\cos\xi) - 1}{u^2\cos^2\xi}\,d\xi$$

$$= \int_0^\pi \cos(u\cos\xi)\sin^2\xi\,d\xi = \frac{1}{u}\int_0^\pi \sin(u\cos\xi)\cos\xi\,d\xi = \frac{\pi}{u}\,J^1_{(u)},$$

wo $J^1_{(u)}$ die erste Bessel'sche Function bedeutet, für die wir jetzt sofort eine von Hansen gegebene Entwickelung benutzen können.[1]) Mit Einsetzen derselben wird:

$$(24)\qquad \Psi(u) = \frac{\sqrt{2\pi}}{u^{3/2}}\left\{ \begin{aligned} &\sin\left(u - \frac{\pi}{4}\right)\left[1 - \frac{3\cdot 5}{1\cdot 2}\left(\frac{1}{8u}\right)^2 - \frac{3^2\cdot 5^2\cdot 7\cdot 9}{1\cdot 2\cdot 3\cdot 4}\left(\frac{1}{8u}\right)^4 + \cdots \right] \\ &+ \cos\left(u - \frac{\pi}{4}\right)\left[\frac{3}{1}\frac{1}{8u} - \frac{3^2\cdot 5\cdot 7}{1\cdot 2\cdot 3}\left(\frac{1}{8u}\right)^3 \right. \\ &\left. + \frac{3^2\cdot 5^2\cdot 7^2\cdot 9\cdot 11}{1\cdot 2\cdot 3\cdot 4\cdot 5}\left(\frac{1}{8u}\right)^5 - \cdots \right] \end{aligned} \right\}.$$

---

[1]) Schriften der Sternwarte Seeberg. 1. Theil 1843, pag. 115. Reproducirt in Schlömilch's Journal. Bd. 2, 1857, pag. 150.

Wir haben also zur Berechnung der grösseren Wurzeln von $\Psi(u) = 0$ die bequeme Gleichung:

Anm. Die obige Entwickelung von $\Psi(u)$ ergiebt sich durch ein dem Hansen'-schen analoges Verfahren direct so:

Wir erkennen zunächst mit Benutzung von (23), dass $\Psi(u)$ der Differential-gleichung genügt:

$$\text{I.} \quad \frac{d^2 \Psi(u)}{du^2} + \frac{3}{u} \frac{d\Psi(u)}{du} - \Psi(u) = 0.$$

Wir versuchen dieser Gleichung zu genügen durch die Reihe:

$$\text{II.} \quad \Psi(u) = \frac{1}{u^{3/2}} \left\{ \begin{array}{l} \cos u \left[A_0 + \dfrac{A_1}{u} + \dfrac{A_2}{u^2} + \cdots \right] \\[2ex] + \sin u \left[B_0 + \dfrac{B_1}{u} + \dfrac{B_2}{u^2} + \cdots \right] \end{array} \right\}.$$

Es zeigt sich, dass alle Coefficienten durch A_0 und B_0 ausdrückbar sind; indem wir ihre Werthe einführen, wird:

$$\text{III.} \quad \Psi(u) = \frac{1}{u^{3/2}} \left\{ \begin{array}{l} \cos u \left[A_0 \Omega_1 + B_0 \Omega_2 \right] \\ + \sin u \left[B_0 \Omega_1 - A_0 \Omega_2 \right] \end{array} \right\},$$

wo der Kürze wegen gesetzt ist:

$$\text{IV.} \quad \begin{array}{l} \Omega_1 = 1 + \dfrac{3 \cdot 5}{1 \cdot 2} \left(\dfrac{1}{8u} \right)^2 - \dfrac{3^2 \cdot 5^2 \cdot 7 \cdot 9}{1 \cdot 2 \cdot 3 \cdot 4} \left(\dfrac{1}{8u} \right)^4 + \cdots \\[3ex] \Omega_2 = \dfrac{3}{1} \left(\dfrac{1}{8u} \right) - \dfrac{3^2 \cdot 5 \cdot 7}{1 \cdot 2 \cdot 3} \left(\dfrac{1}{8u} \right)^3 + \dfrac{3^2 \cdot 5^2 \cdot 7^2 \cdot 9 \cdot 11}{1 \cdot 2 \cdot 3 \cdot 4 \cdot 5} \left(\dfrac{1}{8u} \right)^5 - \cdots \end{array}$$

Um A_0 und B_0 zu bestimmen, müssen wir den Werth von $\Psi(u)$ für grosse u mit Benutzung des Integrales (23) direct ermitteln. Setzen wir in demselben:

$$\cos \xi = 1 - \frac{v^2}{u},$$

so wird:

$$\text{V.} \quad \Psi(u) = \frac{1}{u} \int_0^\pi \sin(u \cos \xi) \cos \xi \, d\xi = \frac{2}{u} \int_0^{\frac{\pi}{2}} \sin(u \cos \xi) \cos \xi \, d\xi$$

$$= \frac{2\sqrt{2}}{u^{3/2}} \int_0^{\sqrt{u}} \frac{\sin(u - v^2) \left(1 - \dfrac{v^2}{u} \right)}{\sqrt{1 - \dfrac{1}{2} \dfrac{v^2}{u}}} \, dv$$

$$= \frac{2\sqrt{2}}{u^{3/2}} \left\{ \sin u \int_0^{\sqrt{u}} \frac{\cos v^2 \left(1 - \dfrac{v^2}{u} \right)}{\sqrt{1 - \dfrac{1}{2} \dfrac{v^2}{u}}} \, dv - \cos u \int_0^{\sqrt{u}} \frac{\sin v^2 \left(1 - \dfrac{v^2}{u} \right)}{\sqrt{1 - \dfrac{1}{2} \dfrac{v^2}{u}}} \, dv \right\}.$$

$$(25) \qquad \tan\left(u - \frac{\pi}{4}\right) = - \frac{\dfrac{3}{1}\dfrac{1}{8u} - \dfrac{3^2 \cdot 5 \cdot 7}{1 \cdot 2 \cdot 3}\left(\dfrac{1}{8u}\right)^3 + \cdots}{1 + \dfrac{3 \cdot 5}{1 \cdot 2}\left(\dfrac{1}{8u}\right)^2 - \cdots}$$

Ein erster Näherungswerth ist $u - \dfrac{\pi}{4} = m\pi$, $u = \dfrac{4m+1}{4}\pi$, derselbe kann in die rechte Seite von (25) eingeführt und so eine zweite

---

Eine Vergleichung dieser Formel mit III zeigt, dass es genügt, für grosse u den von u unabhängigen Theil der Integrale

$$\int_0^{\sqrt{u}} \frac{\cos v^2 \left(1 - \dfrac{v^2}{u}\right)}{\sqrt{1 - \dfrac{1}{2}\dfrac{v^2}{u}}}\, dv \quad \text{und} \quad \int_0^{\sqrt{u}} \frac{\sin v^2 \left(1 - \dfrac{v^2}{u}\right)}{\sqrt{1 - \dfrac{1}{2}\dfrac{v^2}{u}}}\, dv$$

zu bestimmen.

Da zwischen den Grenzen der Integration $\dfrac{v^2}{u} \leqq 1$ bleibt, so können wir zunächst $\left(1 - \dfrac{v^2}{u}\right)\Big/ \sqrt{1 - \dfrac{1}{2}\dfrac{v^2}{u}}$ in eine stets convergente nach steigenden Potenzen von $\dfrac{v^2}{u}$ fortschreitende Reihe entwickeln. Von dieser brauchen wir nur das erste Glied zu behalten, da die folgenden von u abhängen. Die nun noch übrig bleibenden Theile der Integrale

$$\int_0^{\sqrt{u}} \cos v^2\, dv \quad \text{und} \quad \int_0^{\sqrt{u}} \sin v^2\, dv$$

zerlegen wir in

$$\int_0^{\infty} - \int_{\sqrt{u}}^{\infty}$$

Nun ist nach Vorl. V, Formel (6), $\displaystyle\int_0^{\infty} \cos v^2\, dv = \int_0^{\infty} \sin v^2\, dv = \frac{1}{2}\sqrt{\frac{\pi}{2}}$,

während nach (9) und (10) ders. Vorl. $\displaystyle\int_{\sqrt{u}}^{\infty}$ keinen von u unabhängigen Term enthält.

Es beginnt daher die Entwickelung von $\Psi(u)$ mit:

$$\text{VI.} \qquad \Psi(u) = \frac{\sqrt{\pi}}{u^{\frac{3}{2}}} \left[\sin u - \cos u\right],$$

und aus einer Vergleichung mit III geht hervor, dass

$$A_0 = -\tfrac{1}{2}\sqrt{\pi}, \qquad B_0 = \tfrac{1}{2}\sqrt{\pi}.$$

Nach Einsetzen dieser Werthe in III erhalten wir endlich

$$\Psi(u) = \sqrt{2\pi}\, \frac{1}{u^{\frac{3}{2}}}\left\{\sin\left(u - \frac{\pi}{4}\right)\Omega_1 + \cos\left(u - \frac{\pi}{4}\right)\Omega_2\right\} \quad \text{q. e. d.}$$

Näherung gewonnen werden etc. Schwerd[1]) giebt folgende Werthe von u für die Orte der Minima, welche also mit unsern ω identisch sind:

Diff.

$\omega_1 = 1{,}220\,\pi \qquad 1{,}013\,\pi$

$\omega_2 = 2{,}233\,\pi \qquad 1{,}005\,\pi$

$\omega_3 = 3{,}238\,\pi \qquad 1{,}003\,\pi$

$\omega_4 = 4{,}241\,\pi \qquad 1{,}002\,\pi$

$\omega_5 = 5{,}243\,\pi \qquad 1{,}002\,\pi$

$\omega_6 = 6{,}245\,\pi.$

Die Differenzen unterscheiden sich immer weniger von π, die Ringe sind also nahe gleich breit.

Wir wollen nun die Formel (18) für die Minima

$$2 \sin C_h' = \frac{\lambda\,\omega_h}{\pi\,\varrho}$$

mit den Messungen von Fraunhofer vergleichen. Da er mit weissem Lichte operirte, setzen wir $\lambda = 0{,}0000211$ Par. Zoll $(= 0{,}000571$ mm$)$ und erhalten (wenn ϱ in Pariser Zollen gegeben ist):

$$2 \sin C_1' = \frac{0{,}0000257}{\varrho},$$

$$2 \sin C_2' = \frac{0{,}0000471}{\varrho} = 2 \sin C_1' + \frac{0{,}0000214}{\varrho},$$

$$2 \sin C_3' = \frac{0{,}0000683}{\varrho} = 2 \sin C_1' + \frac{2 \cdot 0{,}0000213}{\varrho}.$$

Fraunhofer findet empirisch[2]):

$$2 \sin C_m' = \frac{0{,}0000257}{\varrho} + (m - 1)\,\frac{0{,}0000213}{\varrho}$$

in fast vollkommener Uebereinstimmung mit der Theorie.

Die Intensität der Maxima, welche nahe in der Mitte zwischen den Minimis liegen, nimmt schnell ab[3]) und beträgt für den ersten Ring nur noch $\frac{1}{60}$ der centralen. In Figur 31 sind die Minima angedeutet und über einem Durchmesser die Intensitätscurve gezeichnet.

Mit wachsendem Durchmesser der Oeffnung werden die Ringe sehr schmal und sind nicht mehr wahrnehmbar, sodass man nur die centrale Lichtscheibe sieht, deren Intensität übrigens anfangs

---

1) l. c. pag. 70.
2) l. c. pag. 18.
3) cf. Schwerd, Tab. III.

ziemlich langsam abnimmt. Ihr Durchmesser ist, wenn wir den sin. durch den Bogen ersetzen

$$2\,C_1' = \frac{0,0000257}{\varrho\ (\text{p. Zoll})} = \frac{0,000697}{\varrho\ (\text{mm})}\,,$$

oder, wenn wir zur Verwandlung in Bogensecunden mit 206265 multipliciren:

$$2\,C_1' = \frac{5,30''}{\varrho\ (\text{P. Zoll})} = \frac{143,7''}{\varrho\ (\text{mm})}\,.$$

Unter diesem Durchmesser wird also ein leuchtender Punkt erscheinen. Für geringe Lichtintensität wird der Durchmesser noch etwas geringer werden, da die äusseren Theile zu lichtschwach sind, um noch unterschieden zu werden.

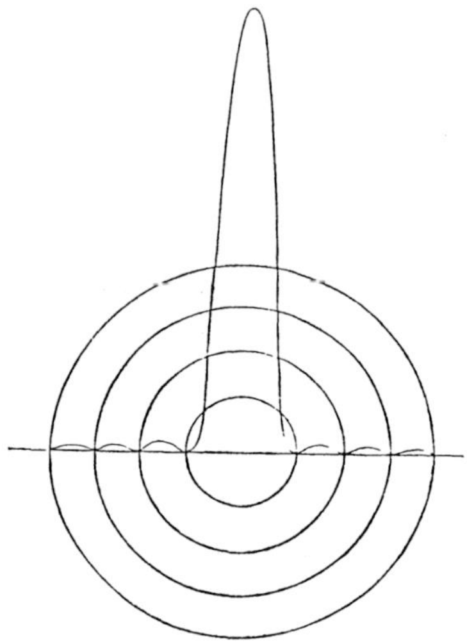

Schwerd setzte vor das Objectiv

Fig. 31.

eines Fernrohres ein kreisförmiges Diaphragma von einem P. Zoll Oeffnung (also $\varrho = \frac{1}{2}$) und richtete dasselbe auf den Stern α Aquilae. Derselbe zeigte den scheinbaren Durchmesser von $11{-}12''$, während die Rechnung auf $10,6''$ führt.

Endlich wenden wir die Formel an auf das **menschliche Auge**. Der Durchmesser der Pupille ist etwa eine Par. Linie, wir hätten also $\varrho = \frac{1}{24}$ Par. Zoll zu setzen und erhielten:

$$2\,C_1' = 127,2''.$$

Da aber die Oeffnung sich nicht in Luft, sondern in den Theilen des Auges befindet, deren Brechungscoefficient von dem des Wassers ($\frac{4}{3}$) wenig differirt, so haben wir noch mit $\frac{4}{3}$ zu dividiren, da λ in diesem Verhältnisse kleiner ist als in Luft. Es ergiebt sich so

$$2\,C_1' = 105,4 \text{ Sec.} = \text{ca. } 1\tfrac{3}{4} \text{ Minuten.}$$

Vor Erfindung der Fernröhre legten die Astronomen den helleren Fixsternen in der That Durchmesser von etwa zwei Minuten bei.

Vorlesung VII.

Beugungsgitter. Gesetze der geometrischen Optik in ihrer Beziehung zum Huyghens'schen Princip und den Beugungserscheinungen.

Wir gehen nun über zur Behandlung der sog. **Beugungsgitter**. Die durch dieselben hervorgebrachten Erscheinungen zeigen bei guter Anordnung eine ausserordentliche Farbenpracht und sind auch in physikalischer Hinsicht deswegen sehr wichtig, weil sie die genaueste Ermittelung der Wellenlänge ermöglichen.

Es sei ein System gleicher ähnlich gelegener Oeffnungen vorhanden, und es seien die Coordinaten correspondirender Elemente derselben:

$$(1) \qquad \begin{aligned} a_1 + x, \quad & b_1 + y, \\ a_2 + x, \quad & b_2 + y, \\ \vdots \end{aligned}$$

worin x und y für alle Oeffnungen dieselben Werthe besitzen.

Die in dem Ausdruck der Intensität

$$J = k^2(C^2 + S^2)$$

auftretenden Integrale erhalten dann die Form

$$\begin{aligned} C = \int\int dx\,dy\, \Big\{ & \cos\big[\mu(a_1 + x) + \nu(b_1 + y)\big] \\ & + \cos\big[\mu(a_2 + x) + \nu(b_2 + y)\big] + \cdots \Big\}, \\ S = \int\int dx\,dy\, \Big\{ & \sin\big[\mu(a_1 + x) + \nu(b_1 + y)\big] \\ & + \sin\big[\mu(a_2 + x) + \nu(b_2 + y)\big] + \cdots \Big\}, \end{aligned}$$

oder, weil für alle Oeffnungen die Integrationsgrenzen dieselben sind:

$$\begin{aligned} C = & \{\cos(\mu a_1 + \nu b_1) + \cos(\mu a_2 + \nu b_2) + \cdots\} \int\int dx\,dy \cos(\mu x + \nu y) \\ & - \{\sin(\mu a_1 + \nu b_1) + \sin(\mu a_2 + \nu b_2) + \cdots\} \int\int dx\,dy \sin(\mu x + \nu y), \\ S = & \{\cos(\mu a_1 + \nu b_1) + \cos(\mu a_2 + \nu b_2) + \cdots\} \int\int dx\,dy \sin(\mu x + \nu y) \\ & + \{\sin(\mu a_1 + \nu b_1) + \sin(\mu a_2 + \nu b_2) + \cdots\} \int\int dx\,dy \cos(\mu x + \nu y). \end{aligned}$$

μ und ν haben die in (1) d. vor. Vorl. angegebene Bedeutung:

$$\mu = (\cos A - \cos A')\, \frac{2\pi}{\lambda},$$
$$\nu = (\cos B - \cos B')\, \frac{2\pi}{\lambda}.$$

Setzen wir

$$(2) \qquad \int\int dx\,dy \cos(\mu x + \nu y) = C_1, \qquad \int\int dx\,dy \sin(\mu x + \nu y) = S_1,$$

$$(3) \qquad \begin{aligned} \cos(\mu a_1 + \nu b_1) + \cos(\mu a_2 + \nu b_2) + \cdots &= \gamma, \\ \sin(\mu a_1 + \nu b_1) + \sin(\mu a_2 + \nu b_2) + \cdots &= \sigma, \end{aligned}$$

so wird

$$C = C_1 \gamma - S_1 \sigma, \qquad S = C_1 \sigma + S_1 \gamma,$$
$$(4) \qquad J = k^2(C_1^2 + S_1^2)(\gamma^2 + \sigma^2).$$

Diese Formel erlaubt nun eine sehr übersichtliche Deutung. C_1 und S_1 sind die auf eine einzige der Oeffnungen bezogenen Integrale und der erste Factor $k^2(C_1{}^2 + S_1{}^2)$ giebt die Intensität bei einer einzigen Oeffnung. Der zweite Factor $(\gamma^2 + \sigma^2)$ hat zur Folge, dass an einzelnen Stellen die Intensität bedeutend vermehrt, an andern unter Umständen ganz ausgelöscht wird.

Es wird sich zeigen, dass die Verstärkung der Helligkeit eine sehr bedeutende sein kann: für 100 Oeffnungen z. B. bis auf das 10000 fache ansteigt.

Bisher waren über $a_1 b_1$, $a_2 b_2$, welche die relative Lage der Oeffnungen bestimmten, keine Voraussetzungen gemacht. Um nun bebesonders interessante Resultate zu erhalten, nehmen wir an, dass die Oeffnungen in einer Reihe gleichweit voneinander entfernt liegen mögen. Die Gerade, auf welcher sie vertheilt sind, schliesse mit x einen Winkel α ein, die Entfernung sei ε, so werden wir setzen können:

$$
\begin{aligned}
a_1 &= a, & b_1 &= b, \\
a_2 &= a + \varepsilon \cos \alpha, & b_2 &= b + \varepsilon \sin \alpha, \\
(5) \quad a_3 &= a + 2\varepsilon \cos \alpha, & b_3 &= b + 2\varepsilon \sin \alpha, \\
&\;\;\vdots & &\;\;\vdots \\
a_n &= a + (n-1)\varepsilon \cos \alpha, & b_n &= b + (n-1)\varepsilon \sin \alpha.
\end{aligned}
$$

Hierdurch wird:

$$
\gamma = \cos(\mu a + \nu b) + \cos\left[(\mu a + \nu b) + \varepsilon(\mu \cos \alpha + \nu \sin \alpha)\right] + \cdots
$$
$$
+ \cos\left[(\mu a + \nu b) + (n-1)\varepsilon(\mu \cos \alpha + \nu \sin \alpha)\right],
$$

oder wenn

$$
(6) \qquad P = \mu a + \nu b, \qquad Q = \varepsilon(\mu \cos \alpha + \nu \sin \alpha),
$$

$$
(7) \quad
\begin{aligned}
\gamma &= \cos P + \cos(P + Q) + \cos(P + 2Q) + \cdots \cos(P + (n-1)Q), \\
\sigma &= \sin P + \sin(P + Q) + \sin(P + 2Q) + \cdots \sin(P + (n-1)Q).
\end{aligned}
$$

Diese Reihen sind leicht summirbar. Bezeichnen wir $\sqrt{-1}$ mit i, so ist:

$$
\gamma + i\sigma = e^{iP}\left[1 + e^{iQ} + e^{2iQ} + \ldots e^{(n-1)iQ}\right]
$$
$$
= e^{iP}\,\frac{e^{niQ} - 1}{e^{iQ} - 1} = e^{iP} \cdot \frac{e^{\frac{niQ}{2}}}{e^{\frac{iQ}{2}}}\cdot\frac{e^{\frac{niQ}{2}} - e^{-\frac{niQ}{2}}}{e^{\frac{iQ}{2}} - e^{-\frac{iQ}{2}}}.
$$

Da wir schliesslich nur $\gamma^2 + \sigma^2$ brauchen, multipliciren wir mit $\gamma - i\sigma$ und finden:

$$\gamma^2 + \sigma^2 = \left(\frac{\sin \dfrac{n\,Q}{2}}{\sin \dfrac{Q}{2}}\right)^2,$$

sodass die Intensität wird:

$$(8) \qquad J = k^2(C_1{}^2 + S_1{}^2)\left(\frac{\sin \dfrac{n\,Q}{2}}{\sin \dfrac{Q}{2}}\right)^2 = J_1 n^2 \left(\frac{\sin \dfrac{n\,Q}{2}}{n \sin \dfrac{Q}{2}}\right)^2,$$

wenn J_1 die Helligkeit für die einzelne Oeffnung bedeutet.

Hieran schliessen wir gleich die Behandlung **mehrerer Reihen von Oeffnungen.**

Es seien m Reihen von je n gleichen gleichgelegenen Oeffnungen vorhanden, welche auf den Schnittpunkten zweier Systeme äquidistanter Parallelen vertheilt sind. Letztere mögen gegen x unter den Winkeln α und β geneigt sein;

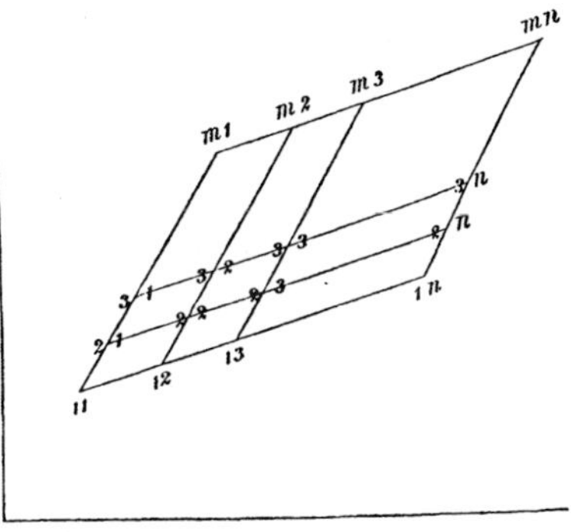

Fig. 32.

der Abstand benachbarter Elemente derselben Reihe sei ε, derjenige entsprechender Elemente successiver Reihen δ.

Für irgend eine der Oeffnungen ist dann

$$a_{\varkappa\lambda} = a + \varkappa\varepsilon \cos \alpha + \lambda\delta \cos \beta,$$

$$b_{\varkappa\lambda} = b + \varkappa\varepsilon \sin \alpha + \lambda\delta \sin \beta,$$

$$\gamma = \sum_{\varkappa}^{n-1}\,{}_0 \sum_{\lambda}^{m-1}\,{}_0 \cos\Big[(\mu a + \nu b) + \varkappa\varepsilon (\mu \cos \alpha + \nu \sin \alpha) + \lambda\delta (\mu \cos \beta + \nu \sin \beta)\Big].$$

Hierin setzen wir:

$$(9) \qquad \begin{aligned} \mu a + \nu b &= P, \qquad \varepsilon(\mu \cos \alpha + \nu \sin \alpha) = Q, \\ \delta(\mu \cos \beta + \nu \sin \beta) &= R, \end{aligned}$$

sodass ähnlich wie oben:

$$\gamma = \sum_{\varkappa}^{n-1}\,{}_0 \sum_{\lambda}^{n-1}\,{}_0 \cos (P + \varkappa Q + \lambda R),$$

$$\sigma = \sum_{\varkappa}^{n-1}\,{}_0 \sum_{\lambda}^{n-1}\,{}_0 \sin (P + \varkappa Q + \lambda R),$$

$$\gamma + i\sigma = \sum_{\varkappa}^{n-1} \sum_{\lambda}^{n-1} e^{i(P+\varkappa Q+\lambda R)}$$

$$= e^{iP}\,\frac{e^{inQ}-1}{e^{iQ}-1}\cdot\frac{e^{imR}-1}{e^{iR}-1} = e^{iP+\frac{inQ}{2}+\frac{imR}{2}}\,\frac{e^{\frac{inQ}{2}}-e^{-\frac{inQ}{2}}}{e^{\frac{iQ}{2}}-e^{-\frac{iQ}{2}}}\,\frac{e^{\frac{imR}{2}}-e^{-\frac{imR}{2}}}{e^{\frac{iR}{2}}-e^{-\frac{iR}{2}}},$$

$$\gamma^2 + \sigma^2 = \left(\frac{\sin\frac{nQ}{2}}{\sin\frac{Q}{2}}\right)^2 \left(\frac{\sin\frac{mR}{2}}{\sin\frac{R}{2}}\right)^2.$$

Substituiren wir diesen Werth in (4), so erhalten wir

$$
\begin{aligned}
J &= k^2(C_1{}^2 + S_1{}^2)\left(\frac{\sin\frac{nQ}{2}}{\sin\frac{Q}{2}}\right)^2\left(\frac{\sin\frac{mR}{2}}{\sin\frac{R}{2}}\right)^2\\[2mm]
&= J_1\, m^2 n^2 \left(\frac{\sin\frac{nQ}{2}}{n\sin\frac{Q}{2}}\right)^2\left(\frac{\sin\frac{mR}{2}}{m\sin\frac{R}{2}}\right)^2.
\end{aligned}
$$

(10)

J_1 bezeichnet auch hier die Intensität für die einzelne Oeffnung; es wird sich zeigen, dass die Factoren der Form $\left(\dfrac{\sin n\frac{Q}{2}}{n\sin\frac{Q}{2}}\right)^2$ höchstens $= 1$ werden können.

Die Anfertigung guter Gitter ist schwierig, da die einzelnen Oeffnungen genau gleichweit von einander entfernt sein müssen. Fraunhofer spannte Draht von einer und derselben Rolle über die Gänge zweier paralleler Schrauben, die mit derselben Mutter geschnitten waren. Sehr feine Gitter stellt man her, indem man vermittelst eines Diamantes mit der Theilmaschine in eine Glasplatte parallele Striche ritzt. Die unversehrten Theile des Glases entsprechen dann den Oeffnungen.

Berusste Gläser lassen sich ähnlich behandeln. Durch Kreuzung zweier solcher Gitter entstehen mehrere Reihen parallelogrammatischer Oeffnungen.

Bringt man die Theilung auf einer spiegelnden Metalplatte an, so erhält man Reflexionsgitter, welche analoge Erscheinungen zeigen.

Wir discutiren zunächst den Fall einer einfachen Reihe von n Oeffnungen.

Das Licht falle senkrecht ein, d. h. es sei $\cos A = \cos B = 0$.

Die x-Axe legen wir parallel der Reihe, setzen also $\alpha = 0$, und haben nun nach (6) und (8) mit Rücksicht auf (1) der vorigen Vorl.

$$\frac{Q}{2} = \frac{\varepsilon \mu}{2} = - \frac{\varepsilon \pi}{\lambda} \cos A' = - \frac{\varepsilon \pi}{\lambda} \sin C',$$

$$(11) \qquad J = J_1 n^2 \left(\frac{\sin \frac{n Q}{2}}{n \sin \frac{Q}{2}} \right)^2 = J_1 n^2 \left[\frac{\sin \left(\frac{n \varepsilon \cos A'}{\lambda} \pi \right)}{n \sin \left(\frac{\varepsilon \cos A'}{\lambda} \pi \right)} \right]^2.$$

C' bedeutet ähnlich wie oben das Complement zu A', d. h. wenn wir parallel der x-Axe mit dem Fernrohr fortgehen, den Winkel zwischen diesem und den einfallenden Strahlen.

Es sind die Maxima und Minima einer Grösse der Form

$$(12) \qquad \left(\frac{\sin n x}{n \sin x} \right)^2$$

aufzusuchen, welche aus

$$0 = \frac{\sin n x}{n \sin x} \cdot \frac{n \sin x \cos n x - \sin n x \cos x}{n \sin x}$$

folgen. Der erste Factor liefert die Minima. Derselbe wird $= 0$ für $x = \frac{m \pi}{n}$, wenn m eine ganze Zahl bedeutet, welche nicht ein Vielfaches von n ist.

Die Lichtstärke verschwindet also an den Stellen, die definirt sind durch

$$(13) \qquad \cos A' = \sin C' = \pm \frac{1}{n} \frac{\lambda}{\varepsilon}, \quad \pm \frac{2}{n} \frac{\lambda}{\varepsilon} \cdots \pm \frac{n-1}{n} \frac{\lambda}{\varepsilon},$$
$$\pm \frac{n+1}{n} \frac{\lambda}{\varepsilon} \cdots$$

Die Maxima erhalten wir, wenn wir den zweiten Factor $= 0$ setzen, also:

$$(14) \qquad \tan n x = n \tan x.$$

Unter den Wurzeln dieser transcendenten Gleichung ist aber zu unterscheiden, und wir suchen zu dem Ende zunächst den Werth von (12) für dieselben auf. Es wird:

$$\sin n x = \frac{\tan n x}{\sqrt{1 + \tan^2 n x}} = \frac{n \tan x}{\sqrt{1 + n^2 \tan^2 x}} = \frac{n \sin x}{\sqrt{1 + (n^2 - 1) \sin^2 x}},$$

also:

$$(15) \qquad \left(\frac{\sin n x}{n \sin x} \right)^2 = \frac{1}{1 + (n^2 - 1) \sin^2 x}.$$

Hieraus geht zunächst hervor, dass diese Grösse ≤ 1 ist und den absolut grössten Werth 1 erreicht für $x = 0, \pi, 2\pi \ldots$, d. h.:

$$\cos A' = \sin C' = 0, \quad \frac{\lambda}{\varepsilon}, \quad \frac{2\lambda}{\varepsilon} \cdots$$

An diesen Stellen zeigt also das Gitter die n^2-fach verstärkte Intensität der einfachen Oeffnung; man bezeichnet sie als Maxima II. Klasse (indem Maxima I. Klasse die hellsten Stellen der Diffractionserscheinung der einfachen Oeffnung sind).

Die noch übrigen Maxima (III. Klasse) werden nahe zwischen den Minimis liegen, somit eintreten für $x = (q + \tfrac{1}{2}) \dfrac{\pi}{n}$ oder

$$(16) \qquad \cos A' = \sin C' = (q + \tfrac{1}{2}) \dfrac{\lambda}{\varepsilon n}, \quad \text{wo}$$

$$q = 1, 2, \ldots n - 2,$$
$$n + 1, n + 2, \ldots 2n - 2.$$
$$\cdots \cdots$$

Die Max. III kommen also erst für drei und mehr Oeffnungen zu Stande, und zwischen je zwei Max. II liegen $n - 2$ Max. III.

Ihre Intensität wird:

$$(17) \qquad J_1 n^2 \left(\frac{1}{n \sin \dfrac{2q + 1}{2} \dfrac{\pi}{n}} \right)^2$$

und ist für eine grössere Zahl von Oeffnungen gering. Der grösste Werth wird noch erreicht für $q = 1$ und beträgt

$$J_1 n^2 \left(\frac{1}{n \sin \dfrac{3\pi}{2n}} \right)^2.$$

Der Factor $\left(\dfrac{1}{n \sin \dfrac{3\pi}{2n}} \right)^2$ wird für $n = 10$: $\dfrac{1}{20,6}$ und nähert sich mit wachsendem n der Grenze:

$$\left(\frac{2}{3\pi} \right)^2 = \frac{1}{22,2}.$$

Ist n ungerade, so giebt es ein mittleres Max III für $2q + 1 = n$; seine Intensität ist $J_1 n^2 \left(\dfrac{1}{n \sin \dfrac{\pi}{2}} \right)^2 = J_1$, also gleich derjenigen der einfachen Oeffnung.

Uebrigens ist die Breite eines Max. III halb so gross als die eines Max. II, da ja die benachbarten Minima um $\dfrac{1}{n} \dfrac{\lambda}{\varepsilon}$ resp. $\dfrac{2}{n} \dfrac{\lambda}{\varepsilon}$ entfernt sind.

Die Orte der Max. II und III sowie die der dazwischenliegenden Minima können durch eine ganz ähnliche Construction wie pag. 79 erhalten werden.

Schwerd hat für eine grosse Zahl von Gittererscheinungen die Intensitäten genau numerisch berechnet und durch Figuren dargestellt. Es sollen daher hier nur einige Fälle kurz erwähnt werden.

1) Zwei gleiche Quadrate seien so gelegen, dass ihre Diagonalen in eine Gerade fallen. Jedes Quadrat würde für sich ein liegendes rechtwinkliges Kreuz geben, in Folge der für $\sin C' = +\frac{1}{2}\frac{\lambda}{\varepsilon}$, $\pm\frac{3}{2}\frac{\lambda}{\varepsilon}\ldots\cdot$ eintretenden Minima erscheint dasselbe von verticalen dunkeln Strassen durchzogen, welche nahe gleichen Abstand besitzen. Da die Breite des centralen hellen Lichtfeldes $\frac{2\lambda}{a}$ (vgl. pag. 78) ist, wenn a die Seite des Quadrates bezeichnet, und $\varepsilon \geq a\sqrt{2}$, so schneiden wenigstens vier der dunkeln Strassen das centrale Lichtfeld[1]).

2) Zwei gleiche Kreise zeigen ebenso das der einfachen Oeffnung entsprechende System von hellen und dunklen Ringen mit (nahe) gleichweit voneinander entfernten dunklen Linien.

In diesen beiden Fällen treten der obigen allgemeinen Erörterung gemäss keine Max. III. Klasse auf.

Das für zwei Oeffnungen geltende Resultat, dass die Orte der Minima gegeben sind durch

$$\sin C' = +\frac{1}{2}\frac{\lambda}{\varepsilon}, \quad \pm\frac{3}{2}\frac{\lambda}{\varepsilon}\cdots,$$

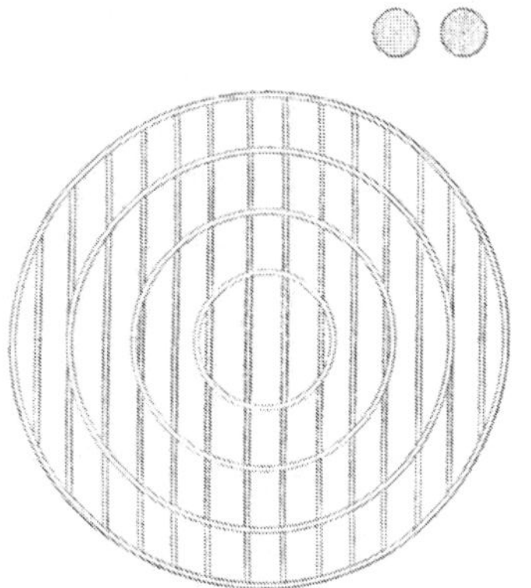

Fig. 33.

hat eine sehr einfache Bedeutung. Fällt nämlich eine ebene Lichtwelle senkrecht ein, so ist die Phase der Lichtstrahlen an allen Stellen der Oeffnungen dieselbe und $\varepsilon \sin C'$ ist der Grenzunterschied der von correspondirenden Elementen ins Auge gelangenden Strahlen. Beträgt derselbe ein ungerades Vielfache einer halben Wellenlänge, so werden dieselben sich gerade aufheben.

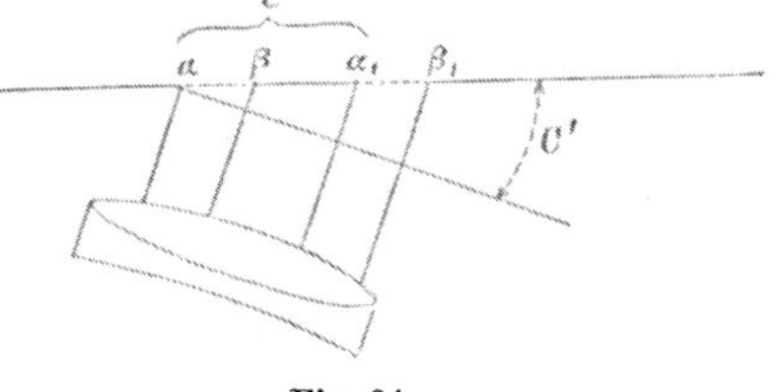

Fig. 34.

Hieraus lässt sich leicht die Modification ableiten, welche eintritt, wenn man eine der Oeffnungen mit einem Blättchen einer durch-

---

1) Für das zweite Min. ist nämlich $\sin C' \leq \frac{3}{2\sqrt{2}}\frac{\lambda}{a}$, während der Ecke des centralen Feldes $\sin C' = \frac{\lambda\sqrt{2}}{a}$ entspricht. Da nun $\sqrt{2} > \frac{3}{2\sqrt{2}}$, so liegen wenigstens zwei Minima jederseits im Bereich des centralen Feldes.

sichtigen Substanz überdeckt, ähnlich wie Arago es bei dem Th. Young'schen Interferenzversuche that.

Ist $\varDelta$ die Dicke des vor die rechte Oeffnung $\alpha_1 \beta_1$ gesetzten Blättchens, V_1 die Fortpflanzungsgeschwindigkeit des Lichtes in demselben, so braucht das Licht zum Durchlaufen des Blättchens eine Zeit $\frac{\varDelta}{V_1}$, während die gleich dicke Luftschicht in $\frac{\varDelta}{V}$ zurückgelegt wird. Das Licht trifft also in $\alpha_1 \beta_1$ um $\frac{\varDelta}{V_1} - \frac{\varDelta}{V} = \frac{\varDelta}{V}\left(\frac{V}{V_1} - 1\right)$ später ein, d. h. um ebensoviel später, als wenn es von der rechten Oeffnung einen um $\varDelta\left(\frac{V}{V_1} - 1\right)$ längeren Weg durch Luft gehabt hätte, wofür wir noch, wenn n_1 den Brechungscoefficienten bedeutet, $\varDelta(n_1 - 1)$ schreiben können. Das einer Wegdifferenz von einer halben Wellenlänge entsprechende Minimum, welches vor der Anbringung des Blättchens durch $\varepsilon \sin C' = \frac{\lambda}{2}$ characterisirt war, erscheint nun an dem durch

$$\varepsilon \sin C_1' + \varDelta(n_1 - 1) = \frac{\lambda}{2}$$

bestimmten Orte, woraus

$$\sin C_1' = \frac{1}{\varepsilon}\frac{\lambda}{2} - \frac{\varDelta}{\varepsilon}(n_1 - 1).$$

Wir müssen daher das Fernrohr nun mehr nach der Seite der unbedeckten Oeffnung wenden — umgekehrt wie bei dem Versuche von Arago — und zwar beträgt die Verschiebung, wenn wir den Sinus durch den Bogen ersetzen

$$C' - C_1' = \frac{\varDelta}{\varepsilon}(n_1 - 1).$$

Der Inhalt dieser Formel wird anschaulicher, wenn wir noch den Abstand zweier Minima

$$f = \frac{\lambda}{\varepsilon}$$

einführen. Wir erhalten dann:

$$C' - C_1' = f \cdot \frac{\varDelta}{\lambda}(n_1 - 1),$$

also die Verschiebung in „Frangenbreiten" ausgedrückt. Hieraus geht, ähnlich wie pag. 43, die ungemeine Empfindlichkeit einer hierauf basirten Methode zur Erkennung kleiner Unterschiede des Brechungscoefficienten hervor. Da man die Entfernung ε der beiden Oeffnungen ziemlich gross nehmen kann, so sind die praktischen Schwierigkeiten hier erheblich geringer als bei der Anordnung von Arago.

3) Wir wollen noch die Intensitätscurve zeichnen für vier Spalten, deren Breite a gleich ist der Breite der dunklen Zwischenräume, also $\varepsilon = 2a$. Wir tragen zu dem Ende zunächst die $4^2 = 16$-fache Intensität der einfachen Oeffnung auf (in der Figur punktirt). Dieselbe verschwindet für $\sin C' = \pm \dfrac{\lambda}{a}, \pm \dfrac{2\lambda}{a}, \pm \dfrac{3\lambda}{a} \cdots$ Dazwischen liegen die Max. I $\sin C' = 0, \pm \dfrac{3}{2}\dfrac{\lambda}{a}, \pm \dfrac{5}{2}\dfrac{\lambda}{a} \cdots$ An den Orten der Max. II $\sin C' = 0, \pm \dfrac{\lambda}{\varepsilon} = \pm \dfrac{\lambda}{2a}; \pm \dfrac{2\lambda}{\varepsilon} = \pm \dfrac{2\lambda}{2a}, \pm \dfrac{3\lambda}{\varepsilon} = \pm \dfrac{3\lambda}{2a} \cdots$ bleibt nun die volle Intensität. Einzelne der Max. II fallen aber aus (eingeklammert), da sie mit den Min. des

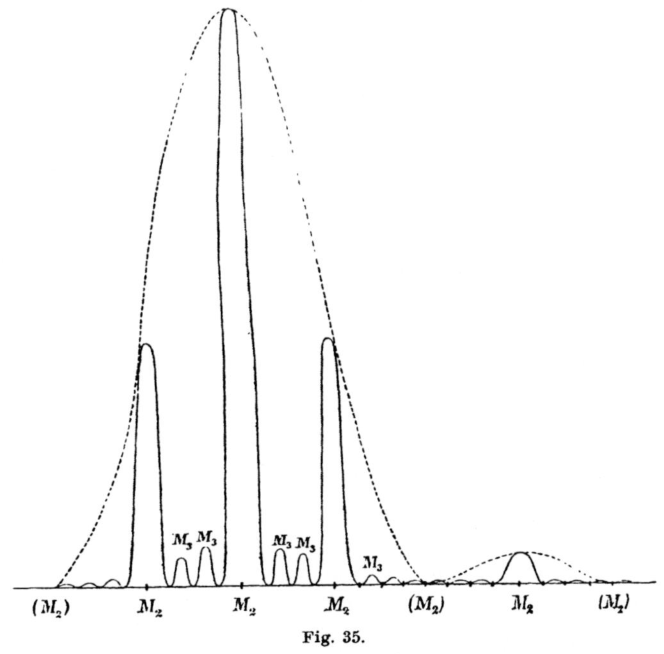

Fig. 35.

Bildes der einfachen Oeffnung coincidiren, nämlich alle diejenigen, wofür $\sin C' = \dfrac{2m\lambda}{\varepsilon} = \dfrac{m\lambda}{a}$. Endlich theilen wir den Raum zwischen je zwei Max. II in vier gleiche Theile, so liegen an den drei Theilpunkten Minima $\left(\text{entsprechend } \sin C' = \pm \dfrac{1}{4}\dfrac{\lambda}{\varepsilon} = \pm \dfrac{1}{4}\dfrac{\lambda}{2a}, \pm \dfrac{2}{4}\dfrac{\lambda}{\varepsilon}, \pm \dfrac{3}{4}\dfrac{\lambda}{\varepsilon}; \pm \dfrac{5}{4}\dfrac{\lambda}{\varepsilon} \cdots\right)$ und zwischen diesen noch die Max. III, deren Orte nahe $\dfrac{3}{2}\dfrac{\lambda}{4\varepsilon}, \dfrac{5}{2}\dfrac{\lambda}{4\varepsilon}; \dfrac{11}{2}\dfrac{\lambda}{4\varepsilon}, \dfrac{13}{2}\dfrac{\lambda}{4\varepsilon}; \cdots$ sind.

Die glänzendsten und zugleich theoretisch wichtigsten Erscheinungen erhält man für Gitter mit sehr vielen Oeffnungen, z. B. für ein System zahlreicher äquidistanter Spalte gleicher Breite, durch welche man eine Lichtlinie betrachtet.

Das einfallende Licht sei zunächst homogen.

Die Max. II erlangen eine sehr grosse Helligkeit, da ihre Intensität gegen die der einfachen Oeffnung im Verhältnisse des Quadrates der Zahl der Oeffnungen verstärkt erscheint. Zugleich ziehen sie sich auf eine sehr geringe Breite zusammen, denn die angrenzenden Minima haben den Abstand $\frac{2\lambda}{\varepsilon n}$, d. h. die doppelte Wellenlänge durch die ganze Gitterbreite εn dividirt.

Die Max. III entziehen sich gänzlich der Wahrnehmung. Die hellsten derselben, welche unmittelbar neben den Max. II gelegen sind, haben nach dem Obigen nur $\frac{1}{22}$ der Helligkeit der Letzteren; die Intensität der weiter abstehenden nimmt rasch ab und sinkt für die Mitte zwischen zwei Max. II auf die der einfachen Oeffnung. Hiezu kommt noch die geringe Breite der Max. III, welche nur halb so gross als die der Max. II ist.

Es reducirt sich demnach die ganze Erscheinung auf helle Lichtlinien, welche den Max. II entsprechen, an den Orten

$$\sin C' = 0, \quad \pm \frac{\lambda}{\varepsilon}, \quad \pm \frac{2\lambda}{\varepsilon} \ldots$$

Es möge jetzt weisses Licht einfallen. Jede Strahlengattung desselben erzeugt ihr Diffractionsbild, welches aus sehr schmalen Linien besteht. Im Centrum lagern sich sämmtliche Farben übereinander und geben wieder Weiss.

Die Entfernung der übrigen Max. II ist aber der Wellenlänge proportional, somit werden die verschiedenfarbigen Strahlen getrennt und wir erhalten die sog. Beugungsspectra, welche ihre violette Seite dem Centrum zuwenden.

Die Ausdehnung des ersten Spectrums ist, wenn λ_r und λ_v den äussersten sichtbaren rothen und violetten Strahlen entsprechen, $\frac{\lambda_r - \lambda_v}{\varepsilon}$, die der folgenden $2\frac{\lambda_r - \lambda_v}{\varepsilon}$, $3\frac{\lambda_r - \lambda_v}{\varepsilon} \ldots$ Die Längen verhalten sich also wie die ganzen Zahlen. Die beiden ersten Spectra sind — wenigstens wenn wir uns auf die sichtbaren Strahlen beschränken — vollkommen getrennt, die späteren lagern sich aber theilweise übereinander; da schon $\frac{3\lambda_v}{\varepsilon} < \frac{2\lambda_r}{\varepsilon}$, so greift bereits der violette Theil des dritten auf den rothen des zweiten hinüber.

Fehlen in dem einfallenden Lichte einzelne Strahlen, so treten an den entsprechenden Stellen der Spectra dunkle Linien auf. Im Spectrum des Sonnenlichtes sind dies die sogen. Fraunhofer'schen Linien; Fraunhofer hat sie auch in Gitterspectren beobachtet und ihre Lage gemessen.

Gewöhnlich bedient man sich zur Zerlegung des Lichtes eines Prismas, welches die verschiedenfarbigen Strahlen verschieden ablenkt, weil der Brechungscoefficient von der Schwingungsdauer abhängig ist. Da die Aenderung des Brechungscoefficienten, die Dispersion, mit abnehmender Schwingungsdauer wächst, so erscheint in den Prismenspectren das Violett auseinandergezerrt, das Roth zusammengedrängt, und dies ungleichartige Verhalten tritt noch mehr hervor, wenn man auch die ultrarothen und ultravioletten Strahlen in Betracht zieht.

Bei den Beugungsspectren ist aber die Ablenkung einfach der Wellenlänge proportional, sodass man sie als die **normalen Spectra** betrachten kann.

Die Anwendung der Gitter gestattet die **genaueste Bestimmung der Wellenlänge**.

Messen wir im h^{ten} Spectrum die Ablenkung C_h', so ist

$$\lambda = \frac{1}{h}\,\varepsilon \sin C_h'.$$

C_h' kann mehrere Grade betragen und ist daher scharf messbar; ebenso lässt sich ε hinreichend sicher ermitteln, indem man die Breite des ganzen Gitters durch die Zahl der Oeffnungen dividirt. Um Licht einer bestimmten Farbe zu definiren, können wir entweder die schon erwähnten Fraunhofer'schen Linien[1]) oder das von gewissen glühenden Gasen und Dämpfen (z. B. H, Na, Li, Tl) ausgesendete Licht benutzen, welches nur eine oder wenige ganz bestimmte Strahlengattungen enthält.

---

1) Nach Angström (Recherches sur le spectre solaire 1868) sind die Wellenlängen der wichtigsten Fraunhofer'schen Linien (in milliontel mm):

A	760,40	E	526,913
B	686,71	b_1	518,310
C	656,21	b_4	516,688
D_2	589,513	F	486,074
D_1	588,912	G	430,725
		H	396,81
		H_1	393,30.

Anm. Um die hier entwickelten theoretischen Resultate mit den Messungen Fraunhofers vergleichen zu können, wollen wir kurz seine Terminologie angeben.

Für eine Reihe von Oeffnungen, deren Abstand ε, war der Ort des dem centralen zunächst liegenden Max. II. Cl. bestimmt durch

$$\sin C' = \frac{\lambda}{\varepsilon}.$$

Wäre $\varepsilon < \lambda$, so wäre $\frac{\lambda}{\varepsilon} > 1$, und das zweite Max. ginge nicht mehr hindurch, sondern nur der centrale Strahl.

Diese Bemerkung wirft ein eigenthümliches Licht auf das optische Verhalten der durchsichtigen Körper. Wir werden die Constitution derselben so aufzufassen haben, dass zwischen den Aethertheilchen sich die undurchsichtigen ponderabeln Moleküle befinden. Dieselben bilden also einen Schirm mit vielen Oeffnungen, und wenn die Entfernung zweier Moleküle[1]) $< \lambda$ ist, wird nur der centrale Strahl hindurchgehen.

Machen wir die Annahme, dass auf beiden Seiten des Beugungsschirmes die Wellenlänge nicht, wie bisher, dieselbe, sondern verschieden ist, so können wir aus den Beugungsformeln das Brechungsgesetz herleiten.

Gehen wir auf die Ableitung der allgemeinen Formel, pag. 58 zurück, so haben wir nur in dem Term mit $\varDelta R'$, welches sich auf die Wegdifferenz auf der dem leuchtenden Punkte abgewandten Seite des Schirmes bezieht, statt $\lambda : \lambda'$ zu setzen, sodass nun

$$J = k^2 (C^2 + S^2),$$

wo:

$$C = \int do \cos \left(\frac{\varDelta R}{\lambda} - \frac{\varDelta R'}{\lambda'} \right) 2\pi,$$

$$S = \int do \sin \left(\frac{\varDelta R}{\lambda} - \frac{\varDelta R'}{\lambda'} \right) 2\pi.$$

Er hat nur weisses Licht benutzt.

Aeussere Spectra entstehen bei einem einfachen Spalt; die gemessenen Stellen sind die Min. I. Cl.

Mittlere Spectra vollkommener Art sind Gitterspectra für sehr zahlreiche Oeffnungen. Gemessen wurden die Orte der Fraunhofer'schen Linien also Max. II. Cl.

Mittlere Spectra unvollkommener Art sind Gitterspectra bei wenig Oeffnungen, die ebenfalls durch Max. II. Cl. entstehen. Die Messungen beziehen sich auf die darauf folgenden Minima.

Innere Spectra entstehen durch Max. III. Cl. Gemessen sind die Orte der Minima.

[1]) D. h. Entfernung correspondirender Punkte derselben.

Vernachlässigen wir auch hier die Terme höherer Ordnung, so wird

$$\varDelta R = x \cos A + y \cos B,$$
$$\varDelta R' = x \cos A' + y \cos B'.$$

A, B, A', B' bedeuten die Winkel des einfallenden und des gebeugten Lichtes gegen die in der Schirmebene liegenden Axen x und y.

Durch Einsetzen der Werthe von $\varDelta R$ und $\varDelta R'$ gelangen wir auf

$$C = \int do \, \cos (\mu x + \nu y),$$
$$S = \int do \, \sin (\mu x + \nu y),$$

welches die alten Formeln sind, nur dass hier

$$\mu = \left(\frac{\cos A}{\lambda} - \frac{\cos A'}{\lambda'} \right) 2\pi,$$
$$\nu = \left(\frac{\cos B}{\lambda} - \frac{\cos B'}{\lambda'} \right) 2\pi.$$

Wenden wir die Formeln nun auf einen Schirm mit sehr vielen Oeffnungen an, deren Abstand $\varepsilon < \lambda$ ist, so finden wir wie früher, dass nur der centrale Strahl hindurchgeht. Für diesen ist aber

$$\mu = 0 \qquad \nu = 0,$$

d. h.:

$$\frac{\cos A}{\lambda} = \frac{\cos A'}{\lambda'}, \quad \frac{\cos B}{\lambda} = \frac{\cos B'}{\lambda'},$$

und weiter:

$$\cos A \cos B' - \cos B \cos A' = 0,$$
$$\frac{\sin C}{\lambda} = \frac{\sin C'}{\lambda'},$$

wenn C und C' die Winkel zwischen dem einfallenden resp. gebeugten Strahl und der Schirmnormale sind.

Die erstere dieser Formeln bedeutet nun, dass die durch den einfallenden und gebeugten Strahl gelegte Ebene die Schirmnormale (= Einfallsloth) in sich enthält[1]); die zweite geht, wenn wir $\frac{\lambda}{\lambda'} = \frac{n'}{n}$ setzen, in

$$n \sin C = n' \sin C',$$

d. h. das Brechungsgesetz über.

---

1) Die Richtungscosinus einer Linie, welche zu den beiden durch die $\sphericalangle ABC$, $A'B'C'$ definirten Richtungen senkrecht steht, verhalten sich wie:

$$\cos B \cos C' - \cos B' \cos C : \cos C \cos A' - \cos C' \cos A$$
$$: \cos A \cos B' - \cos A' \cos B.$$

Die letzte dieser Grössen ist nach dem obigen 0, d. h. diese Linie steht auch gegen z, die Schirmnormale, senkrecht.

Aehnlich lässt sich das **Reflexionsgesetz** ableiten, wenn wir die Annahme machen, dass die Elemente der Oeffnungen auch Licht nach rückwärts senden.

Schliesslich machen wir noch eine Anwendung der Diffractionsformeln auf die **Höfe um Sonne und Mond**.

Es sind dies farbige Ringe — aussen röthlich, innen violett — welche mitunter die leuchtenden Gestirne umgeben.

Wir haben die Höfe als eine Diffractionserscheinung aufzufassen, hervorgebracht durch die Nebelbläschen, durch deren Zwischenräume wir Sonne und Mond sehen.

Für die Richtigkeit dieser Auffassung spricht, dass wir dieselbe Erscheinung künstlich hervorrufen können, wenn wir Sonne, Mond oder eine Lichtflamme durch ein Glas betrachten, das mit kleinen Quecksilbertropfen, Schwefelblumen, Semen Lycopodii etc. bestreut ist (Fraunhofer'sche Ringe).

In allen diesen Fällen hängt die Erscheinung nicht ab von der **Anordnung** dieser undurchsichtigen kleinen Körper, sondern nur von der **Grösse** derselben, und das Zustandekommen der Erscheinung ist an die Bedingung einer nahezu gleichen Grösse geknüpft.

Die Grundlage der theoretischen Behandlung bildet ein von **Babinet** ausgesprochenes Princip, nach welchem, vom directen Strahle abgesehen, die Diffractionserscheinungen ungeändert bleiben, wenn man freie und bedeckte Stellen des Schirmes vertauscht, d. h. die freien Stellen verdeckt und die verdeckten freimacht.

Seien, um dies zu beweisen, C_1 und S_1 die Integrale ausgedehnt über die offenen Stellen der Schirmebene, C_2 und S_2 über die verdeckten, S und C über den ganzen Schirm, so ist laut Definition

$$C_1 = C - C_2$$
$$S_1 = S - S_2$$
$$J = k^2 (C_1{}^2 + S_1{}^2)$$
$$= k^2 (C^2 + S^2 - 2CC_2 - 2SS_2 + C_2{}^2 + S_2{}^2).$$

C und S, welche sich auf die freie Welle beziehen, sind aber überall $= 0$ ausser für den centralen Strahl; ausserhalb desselben ist also

$$J = k^2 (C_1{}^2 + S_1{}^2) = k^2 (C_2{}^2 + S_2{}^2).$$

Bei den Höfen wird daher die Diffractionserscheinung dieselbe sein, als wenn wir die Gestirne durch einen Schirm mit unregelmässig vertheilten kreisförmigen Oeffnungen betrachteten.

Wie diese nun auch gelegen sein mögen, so werden sie immer in Gruppen theilbar sein, in deren jeder eine gleichmässige Anordnung und Entfernung stattfindet. Für die verschiedenen Gruppen wird aber die früher mit ε bezeichnete Entfernung sehr verschiedene Werthe besitzen, also die Max. II. und III. Classe an sehr verschiedene Orte fallen und sich gegenseitig aufheben. Das Diffractionsbild reducirt sich auf das einer einfachen kreisförmigen Oeffnung mittlerer Grösse. Gleichzeitig erhellt, dass dasselbe nur dann einigermassen deutlich werden kann, wenn die Körperchen nahe denselben Durchmesser haben.

Sonne und Mond sind nun freilich nicht leuchtende Punkte, sondern Flächen, aber die vorstehenden Ausführungen gelten für jeden einzelnen Punkt derselben. Die Diffractionsbilder lagern sich übereinander mit Ausnahme der äusseren Theile derjenigen, welche von den Randstrahlen herrühren. Es werden sich daher Ringe bilden, deren Farben besonders an den Säumen hervortreten.

Aus dem Durchmesser der Ringe kann auf die mittlere Grösse der Nebelbläschen geschlossen werden. Newton mass den Durchmesser der ersten beiden Ringe eines Mondhofes : 3^0 und $5\frac{1}{2}^0$. Hieraus folgt der Durchmesser des Diffractionsbildes, wenn wir den des Mondes, etwa $30'$ abziehen, also

$$1.\ \text{Ring}\ 2,5^0 = 9000''$$
$$2.\ \ \text{''}\ \ \ \ \ 5^0 = 18000''.$$

Für eine beugende kreisförmige Oeffnung vom Radius ϱ mm haben wir aber, indem wir die Formel p. 89 in mm umrechnen und den Bogen für den Sinus setzen:

$$2\,C_m{}' = \frac{143,7}{\varrho} + \frac{119,5}{\varrho}\,(m-1)\ \text{Secunden}$$

als Durchmesser des m^{ten} Ringes.

Es folgt also der Durchmesser der Bläschen ($m = 0$ und 1):

$$2\varrho = \frac{143,7}{4500} = 0,032\ \text{mm} \quad \text{und} \quad \frac{263,2}{9000} = 0,029\ \text{mm}$$

mit einer in Anbetracht der Verschwommenheit der Erscheinung genügenden Uebereinstimmung.

Anm. Nach den in dieser Vorlesung entwickelten Principien sind theoretisch zu behandeln die sogen. lamellaren Beugungserscheinungen, welche auftreten, wenn man statt des undurchsichtigen Schirms eine durchsichtige Lamelle mit einer verschiedenen Fortpflanzungsgeschwindigkeit nimmt. Vgl. Quincke, Pogg. Ann. 132, p. 321, 1867.

Gesetze der Brechung und Reflexion.

Aus dem Huyghens'schen Princip verbunden mit dem Princip der Interferenzen lassen sich die Gesetze der Reflexion und Brechung herleiten.

Huyghens selbst verfährt folgendermassen.

Es sei GG_1 die ebene Grenze zweier verschiedener Medien, AB ein Stück der ebenen einfallenden Welle im Moment $t = 0$ und zwar sei B so gewählt, dass BC ($\perp AB$) in der Zeit 1 zurückgelegt wird, BC also gleich der Fortpflanzungsgeschwindigkeit V im ersten Medium ist. Im Augenblicke $t = 0$, wo das Grenztheilchen A von der

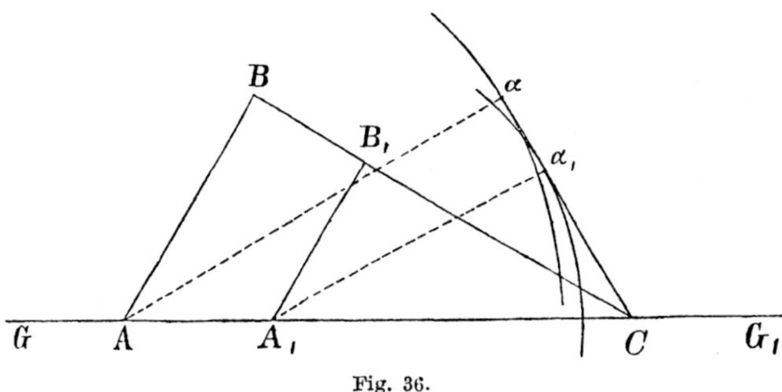

Fig. 36.

einfallenden Welle getroffen wird, wird dasselbe ein neues Erschütterungscentrum, und nach dem ersten Medium breitet sich eine halbkugelförmige Welle aus deren Radius in der Zeit 1 den Werth $V = BC$ erlangt. Ist die einfallende Welle bis $A_1 B_1$ vorgerückt, so beginnt auch A_1 eine Bewegung auszusenden, und im Augenblick $t = 1$ wird dieselbe sich auf einer Halbkugel vom Halbmesser $B_1 C$ befinden.

Die sämmtlichen so entstehenden Halbkugeln besitzen eine gemeinsame durch C gehende Tangentenebene, welche ihre Enveloppe bildet, und nur hier wird die Bewegung merklich sein.

Es ergiebt sich unmittelbar die Gleichheit des Einfallswinkels BAC und des Reflexionswinkels αCA.

Aehnlich pflanzt sich die Bewegung auch in das zweite Medium hinein fort. Zur Zeit $t = 1$ hat die von A ausgegangene Halbkugelwelle den Radius $A\beta = V_1$, wenn dies die Fortpflanzungsgeschwindigkeit im zweiten Medium bezeichnet. Der Radius $A_1 \beta_1$ der später von A_1 erzeugten Welle ist $V_1 \dfrac{B_1 C}{BC}$ u. s. f. Demnach ist auch hier eine gemeinsame Tangentenebene vorhanden, welche die gebrochene Welle darstellt.

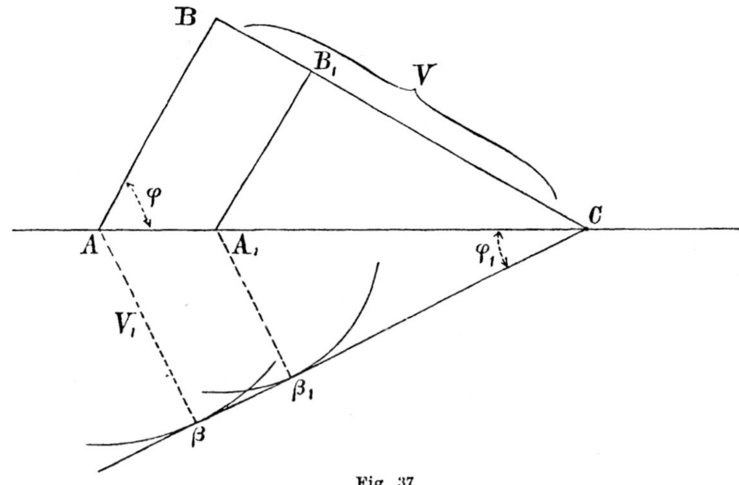

Fig. 37.

Da, wenn φ und φ_1 Einfalls- und Brechungswinkel sind,

$$V = AC \sin \varphi, \quad V_1 = AC \sin \varphi_1,$$

so wird:

$$\frac{\sin \varphi}{V} = \frac{\sin \varphi_1}{V_1}.$$

Die Vergleichung dieser Formel mit dem Brechungsgesetz

$$n \sin \varphi = n_1 \sin \varphi_1$$

giebt

$$n_1 : n = V : V_1 \text{ oder } = \lambda : \lambda_1,$$

eine Beziehung, von der wir bereits vielfach Gebrauch gemacht haben.

Fresnel hat die Huyghens'schen Betrachtungen modificirt in einer ähnlichen Weise, wie dies für die Fortpflanzung einer Welle in einem homogenen Medium p. 48 ausgeführt wurde.

Statt einer einzelnen Erschütterung werde ein continuirliches Licht angenommen. Die erste nach α_1 gelangende Bewegung (im Falle der Reflexion) rührt von A_1 her; von allen andern Punkten der Grenzfläche kommt dieselbe erst später an. Indem wir diejenigen Stellen markiren, für welche diese Verspätung $\dfrac{T}{2}$, $\dfrac{2T}{2}$, $\dfrac{3T}{2}$ ...[1]) beträgt, erhalten wir elliptische Zonen um A_1. Die Wirkung einer jeden Zone wird aufgehoben durch die halbe Wirkung der vorhergehenden und

---

1) T bedeutet wie immer die Schwingungsdauer.

folgenden, sodass nur der halbe Effect der um A_1 beschriebenen Centralzone übrig bleibt.

Aehnlich können wir für die Brechung verfahren, indem wir die Zonenconstruction ebenso von dem am schnellsten anlangenden Strahl beginnen.[1])

Die Huyghens-Fresnel'sche Betrachtung ist besonders dadurch wichtig, dass sie sich auf krystallinische Media ausdehnen lässt, was für optisch einaxige Media bereits Huyghens gethan hat.[2])

Es sollen hier nur einige kurze Bemerkungen Platz finden, deren weitere Verfolgung vorbehalten bleibt.

Die Wellenfläche — d. h. diejenige Fläche, auf welcher sich nach einiger Zeit die von einem Punkte ausgegangene Erschütterung befindet — ist im Allgemeinen von der vierten Ordnung.

Es sei das erste Medium unkrystallinisch, das zweite krystallinisch, und es falle auf die ebene Trennungsfläche eine ebene Welle AB. BC sei wieder $= V$. Um die Lage der gebrochenen Welle zu

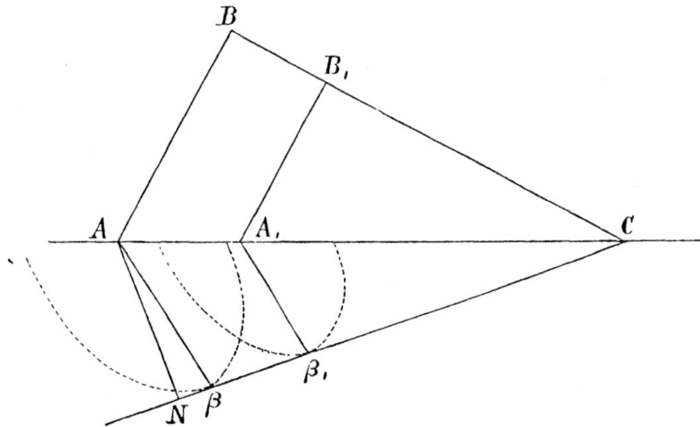

Fig. 38.

erhalten, haben wir um A die Wellenfläche in der Ausdehnung zu construiren, welche sie in der Zeiteinheit erlangt und ähnlich um die später sollicitirten Punkte A_1 in entsprechend kleineren Dimensionen. Im Allgemeinen lassen sich nun durch C zwei Tangentenebenen legen, welche sämmtliche Wellenflächen berühren, und dementsprechend entstehen aus einer einfallenden Welle zwei gebrochene: es tritt Doppelbrechung ein. Zwischen den Winkeln φ und φ_1, welche

---

1) Vgl. Nachtrag 4.
2) Tractatus de lumine pag. 45 (Artikel 18).

die einfallende und gebrochene Welle mit der Grenzebene bilden, besteht auch hier die Beziehung

$$\frac{\sin \varphi}{V} = \frac{\sin \varphi_1}{V_1},$$

wenn V_1 die in der Figur durch die Senkrechte AN gegebene Geschwindigkeit ist, mit welcher die Welle in der Richtung AN — der Wellennormale — sich fortpflanzt.

Der durch A gehende gebrochene Strahl, dargestellt durch den Radiusvector nach dem Berührungspunkt $A\beta$, braucht nicht in der Einfallsebene zu liegen; hat die Wellenfläche mit der Tangentialebene eine Berührungscurve gemein, so entsteht aus einem einfallenden Strahl ein gebrochener Strahlenkegel.

Analog ist die Reflexion in einem krystallinischen Medium zu behandeln; auch hier giebt es im Allgemeinen zwei reflectirte Wellen.

Wir können die Betrachtungen von Huyghens und Fresnel noch zur Lösung einer andern Aufgabe verwerthen.

Zwei Media mögen in einer Ebene aneinander grenzen, im ersten liege der leuchtende Punkt L, und wir suchen denjenigen Weg, auf welchem das Licht nach dem gegebenen Punkt β_1 im zweiten Medium gelangt.

Das Licht breitet sich zunächst in Kugelwellen um L aus, und jeder Punkt der Grenzebene wird selbst ein Erschütterungscentrum, sowie er von denselben erreicht wird. Diejenige Stelle A_1, über welche das Licht von L nach β_1 sich fortpflanzt, ist nun dadurch bestimmt, dass β_1 auf dem Wege $LA_1\beta_1$ zuerst erreicht wird, denn führen wir um A_1 eine ähnliche Zonenconstruction aus wie oben, so zerstören sich alle von den Punkten der Grenze nach β_1 gelangenden Bewegungen mit Ausnahme der halben Wirkung

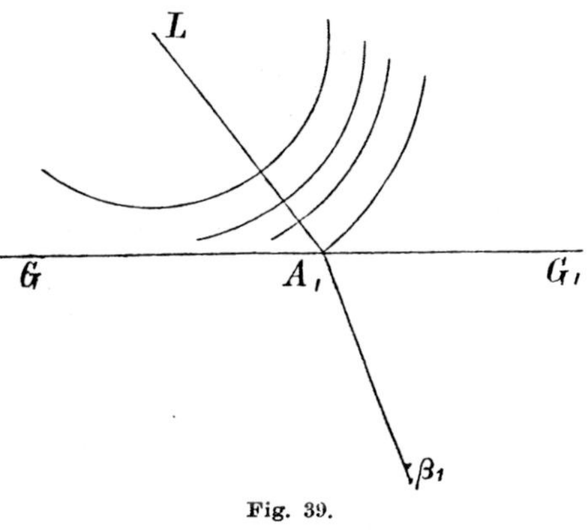

Fig. 39.

der Centralzone. Wie sofort zu übersehen, können wir die Zonen nur um den durch die Bedingung der schnellsten Ankunft charakterisirten Punkt A_1 construiren.

Bezeichnet also V und V_1 die Geschwindigkeit, so muss der Weg so beschaffen sein, dass die zu seiner Zurücklegung gebrauchte Zeit

$$\frac{LA_1}{V} + \frac{A_1\beta_1}{V_1}$$

ein Minimum wird, ein Princip, das zuerst von Fermat ausgesprochen ist (Princip der schnellsten Ankunft).

Wir wollen nun annehmen, das erste Medium sei unkrystallinisch, das zweite aber krystallinisch, so wird V_1 von der Richtung (nicht aber vom Orte) abhängig sein.

Die weitere Behandlung der Gleichung führt zu einer allgemeinen Relation für die Doppelbrechung, welche jetzt aufgestellt werden soll. Es sei daran erinnert, dass $A_1\beta_1$ im Allgemeinen nicht in der Einfallsebene liegt. Wir führen ein rechtwinkliges Coordinatensystem ein, dessen z-Axe gegen GG_1 senkrecht sei, während x und y in GG_1 liegen.

Die Abstände der Punkte L und β_1 von GG_1 seien c und c_1; LA_1 und $A_1\beta_1$ mögen mit z die Winkel φ und φ_1 einschliessen und die Projectionen dieser Linien gegen x unter α und α_1 geneigt sein.

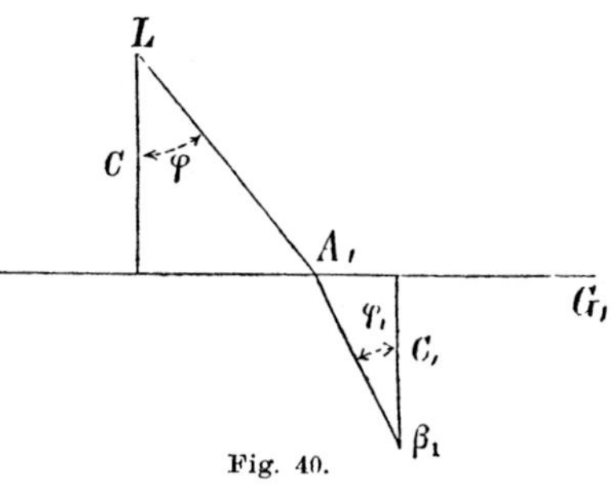

Fig. 40.

Sind a und b die relativen x- und y-Coordinaten von β_1 in Bezug auf L, so ist:

$$(18) \qquad a = c \tan \varphi \cos \alpha + c_1 \tan \varphi_1 \cos \alpha_1,$$

$$(19) \qquad b = c \tan \varphi \sin \alpha + c_1 \tan \varphi_1 \sin \alpha_1,$$

welche Gleichungen als Bedingungen zwischen α, φ, α_1, φ_1 aufzufassen sind, während a und b gegeben sind.

Da nun weiter

$$LA_1 = \frac{c}{\cos \varphi}, \quad A_1\beta_1 = \frac{c_1}{\cos \varphi_1},$$

so ist zu einem Minimum zu machen

$$\frac{c}{V \cos \varphi} + \frac{c}{V_1 \cos \varphi_1},$$

oder, wenn wir $\dfrac{1}{V} = u$, $\dfrac{1}{V_1} = u_1$ setzen:

$$(20) \qquad \frac{c u}{\cos \varphi} + \frac{c_1 u_1}{\cos \varphi_1}.$$

Hierin ist u constant, u_1 hingegen eine Function von α_1 und φ_1, welche die Richtung von $A_1\beta_1$ bestimmen.

Indem wir die Bedingungsgleichungen (18) und (19) mit Lagrange'-schen Multiplicatoren l und l_1 versehen zu (20) addiren und nach α, φ, α_1, φ_1 differenziren, erhalten wir:

$$- lc \tan \varphi \sin \alpha + l_1 c \tan \varphi \cos \alpha = 0,$$

$$\frac{cu \sin \varphi}{\cos^2 \varphi} + lc \frac{\cos \alpha}{\cos^2 \varphi} + l_1 \frac{c \sin \alpha}{\cos^2 \varphi} = 0,$$

$$\frac{c_1}{\cos \varphi_1} \cdot \frac{\partial u_1}{\partial \alpha_1} - lc_1 \tan \varphi_1 \sin \alpha_1 + l_1 c_1 \tan \varphi_1 \cos \alpha_1 = 0,$$

$$c_1 \frac{u_1 \sin \varphi_1}{\cos^2 \varphi_1} + \frac{c_1}{\cos \varphi_1} \frac{\partial u_1}{\partial \varphi_1} + l \frac{c_1 \cos \alpha_1}{\cos^2 \varphi_1} + l_1 \frac{c_1 \sin \alpha_1}{\cos^2 \varphi_1} = 0,$$

und nach Fortlassung überflüssiger Factoren:

$$(21) \qquad\qquad - l \sin \alpha + l_1 \cos \alpha = 0,$$

$$(22) \qquad\qquad u \sin \varphi + l \cos \alpha + l_1 \sin \alpha = 0,$$

$$(23) \qquad\qquad \frac{1}{\sin \varphi_1} \frac{\partial u_1}{\partial \alpha_1} - l \sin \alpha_1 + l_1 \cos \alpha_1 = 0,$$

$$(24) \qquad u_1 \sin \varphi_1 + \cos \varphi_1 \frac{\partial u_1}{\partial \varphi_1} + l \cos \alpha_1 + l_1 \sin \alpha_1 = 0.$$

Es sind aus (18) (19) (21) $\cdots$ (24) α, φ, α_1, φ_1, l, l_1 zu bestimmen, um diejenigen Werthe der ersteren vier Grössen zu finden, für welche das Min. eintritt.

Aus (21) und (22) ergiebt sich:

$$l = - u \sin \varphi \cos \alpha,$$

$$l_1 = - u \sin \varphi \sin \alpha,$$

und wenn wir diese Werthe in (23) und (24) einsetzen und zugleich für u und u_1 $\frac{1}{V}$ und $\frac{1}{V_1}$ restituiren:

$$(25) \qquad \frac{1}{\sin \varphi_1} \frac{\partial \frac{1}{V_1}}{\partial \alpha_1} = \frac{\sin \varphi \sin (\alpha - \alpha_1)}{V}$$

$$(26) \qquad \cos \varphi_1 \frac{\partial \frac{1}{V_1}}{\partial \varphi_1} = - \frac{\sin \varphi_1}{V_1} + \frac{\sin \varphi}{V} \cos (\alpha - \alpha_1).$$

Ist V_1 als Function von φ_1 und α_1 gegeben, so genügen die Gleichungen (18) (19) (25) (26) zur Ermittelung der den Weg des Lichtes bestimmenden Grössen α, φ, α_1, φ_1.

Ist auch das zweite Medium unkrystallinisch, also $V_1 = \text{const}$, so folgt aus (25) $\alpha = \alpha_1$, d. h. der gebrochene Strahl bleibt in der Einfallsebene, und weiter aus (26):

$$\frac{\sin \varphi}{V} = \frac{\sin \varphi_1}{V_1}.$$

Es macht keine Schwierigkeit, ähnliche Formeln für die **innere Reflexion in einem krystallinischen Medium** herzuleiten.

Das Fermat'sche Princip der schnellsten Ankunft findet in der ganzen geometrischen Optik ausgedehnte Anwendung.[1]

Sei z. B. der Weg zu bestimmen, auf welchem das Licht durch ein Linsensystem vom leuchtenden Punkte A nach einem gegebenen Punkte N gelangt, so muss sein:

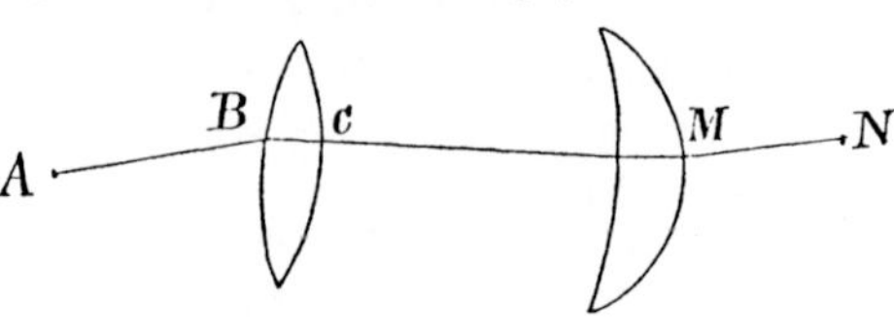

Fig. 41.

$$\frac{AB}{V_1} + \frac{BC}{V_2} + \cdots \frac{MN}{V_n} \text{ ein Minimum.}$$

Sind V_1, V_2 und V_n und die Gestalt und Lage der brechenden Flächen gegeben, so genügt dies zur Lösung der Aufgabe.

Auch wenn die Media nicht mehr homogen sind, gilt das Fermat'sche Princip.

Betrachten wir z. B. einen Sonnenstrahl auf seinem Wege durch die Atmosphäre, so muss sein

$$\frac{\sigma\alpha}{V} + \int_\alpha^\beta \frac{ds}{V} \text{ ein Minimum.}$$

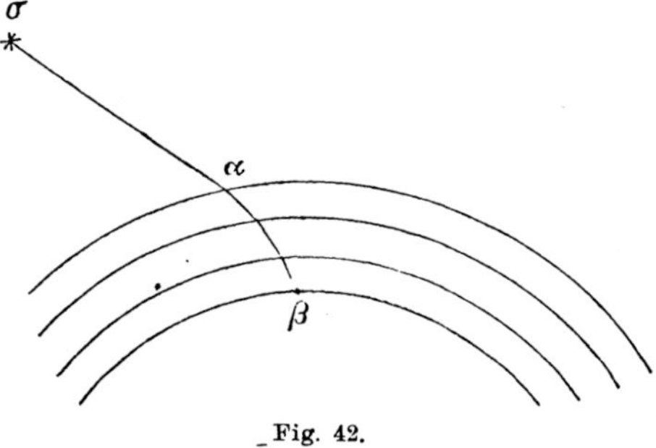

Fig. 42.

β bedeutet hier den Ort des Beobachters, α die Eintrittsstelle des nach β gelangenden Strahles in die Atmosphäre.

Die Aufgabe erfordert die Anwendung der Variationsrechnung.

Vorlesung VIII.

Die Polarisation des Lichtes.

Die Polarisation des Lichtes wurde entdeckt von Huyghens[2] als eine besondere Eigenschaft, welche dasselbe beim Durchgang durch Kalkspath erlangt; Malus[3] lehrte das Licht auch durch Reflexion und Brechung paralisiren, Fresnel[4] endlich machte die Entdeckungen, welche das Wesen der Polarisationserscheinungen aufhellten.

---

1) Vgl. Nachtrag 4.

2) Tractatus de lumine pag. 67.

3) Mémoires de l'institut 1810.

4) Mémoire sur l'action, que les rayons de la lumière polarisée exercent les uns sur les autres. Oeuvres compl. I, p. 509.

Wir beschreiben zunächst die Erscheinungen, welche der Kalkspath zeigt.

Der Kalkspath ist rhomboedrisch, parallel den Flächen des Grundrhomboeders verläuft ein sehr vollkommener Blätterdurchgang, sodass die natürlichen Bruchstücke meistens eine parallelepipedische Form besitzen. Die Rhomboederhauptecken sind diejenigen, in welchen drei gleiche stumpfe Kanten zusammenstossen, die mineralogische Hauptaxe ist gegen dieselben gleich geneigt. Der stumpfe Winkel der Rhomboederfläche beträgt 101^0 53′, derjenige der stumpfen Kante 105^0 5′, die Flächen sind gegen die Axe geneigt unter 45^0 23,5′.

Die optische Axe, d. h. diejenige und zwar einzige Richtung, in welcher beide Wellenebenen eine gleiche Fortpflanzungsgeschwindigkeit besitzen, fällt mit der mineralogischen zusammen; in jeder andern Richtung ist die Geschwindigkeit derselben verschieden. Es sei schon hier erwähnt, dass ebenso wie der Kalkspath optisch einaxig sind sämmtliche rhomboedrischen, hexagonalen und tetragonalen Krystalle, und dass ihre mineralogischen Axen zugleich die optischen Axen sind. Brewster entdeckte, dass die isoklinen, monoklinen und triklinen Krystalle optisch zweiaxig sind, d. h. dass in ihnen zwei Richtungen gleicher Fortpflanzungsgeschwindigkeit beider Wellenebenen existiren.

Bei optisch einaxigen Krystallen nennt man Hauptschnitt einer Fläche die durch ihre Normale und die optische Axe gelegte Ebene, resp. den Durchschnitt dieser Ebene mit der Fläche.

Wir betrachten ein natürliches Kalkspathbruchstück.

Der Hauptschnitt einer Fläche desselben halbirt den stumpfen Winkel; beistehende Zeichnung sei entworfen in einer Ebene, welche den Hauptschnitt und die optische Axe enthält, in ihr liegt zugleich die dritte Rhomboederhauptkante.

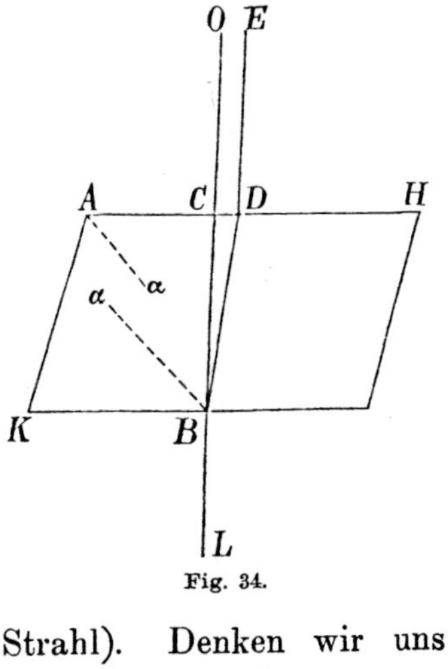

Fällt ein Lichtstrahl senkrecht auf, so geht ein Theil ungebrochen durch auf dem Wege $LBCO$ (gewöhnlicher, ordinärer Strahl), ein anderer Theil wird gebrochen in der Richtung BD und tritt dann wieder senkrecht aus in der Richtung DE (ausserordentlicher, extraordinärer Strahl). Denken wir uns

Fig. 34.

durch B die optische Axe gelegt, so liegt der extraordinäre Strahl
im Hauptschnitte so, als würde er von der optischen Axe abge-
stossen. Man nennt daher den Kalkspath einen repulsiven (negativen)
Krystall, während man als attractiv (positiv) solche Krystalle bezeichnet, bei denen der ausserordentliche Strahl nach der Seite der
optischen Axe abgelenkt erscheint. Zu letzterer Klasse gehört u. A.
der Bergkrystall.

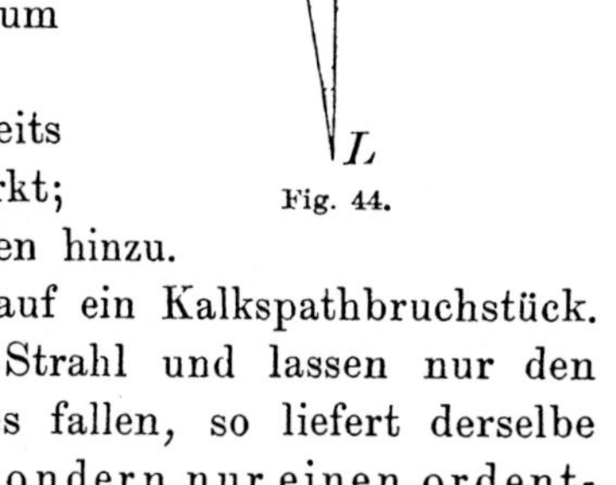

Fig. 44.

Betrachten wir durch den Kalkspath
senkrecht hindurchblickend ein in L befindliches Object, so gelangt der Strahl
$LBDE$ nicht ins Auge, wohl aber ein anderer ausserordentlicher $LB'D'E'$ und das
ausserordentliche Bild erscheint auf der Seite
des ordentlichen, welche der Rhomboederhauptecke abgewandt ist.

Drehen wir den Krystall um die Normale
der Fläche AH, so bleibt das ordentliche Bild
fest, und das ausserordentliche rotirt um
dasselbe.

Diese Erscheinungen waren bereits
von Erasmus Bartholinus bemerkt;
Huyghens fügte folgende Beobachtungen hinzu.

Es falle ein Lichtstrahl senkrecht auf ein Kalkspathbruchstück.
Verdecken wir den ausserordentlichen Strahl und lassen nur den
ordentlichen O auf ein zweites paralleles fallen, so liefert derselbe
keinen ausserordentlichen Strahl, sondern nur einen ordentlichen Oo, welcher senkrecht hindurchgeht.

Drehen wir nun den zweiten Krystall um seine Normale, so
tritt auch ein ausserordentlicher Strahl Oe hinzu. Derselbe ist anfänglich schwach, mit wachsender Drehung nimmt seine Intensität
zu, während die von Oo sich vermindert. Bei 45^0 sind Oo und Oe
gleich, darüber hinaus Oo schwächer, bei 90^0 verschwindet Oo ganz,
und nur Oe bleibt übrig.

Trifft andererseits nur der durch den ersten Krystall erzeugte
ausserordentliche Strahl E auf den zweiten, so entsteht bei paralleler
Lage desselben nur ein ausserordentlicher Ee, zu dem sich bei Drehung
des zweiten Krystalles ein ordentlicher Eo gesellt. Bei Fortsetzung
der Drehung steigert sich die Intensität von Eo, die von Ee nimmt
ab, bis bei 90^0 allein Eo vorhanden ist.

Folgende Figuren geben die Lage der sämmtlichen Strahlen für

verschiedene Drehungswinkel der Krystalle gegeneinander. Die Pfeile
deuten die Hauptschnitte an und zwar entspricht das gefiederte Ende
des Pfeiles der Rhomboederhauptecke.

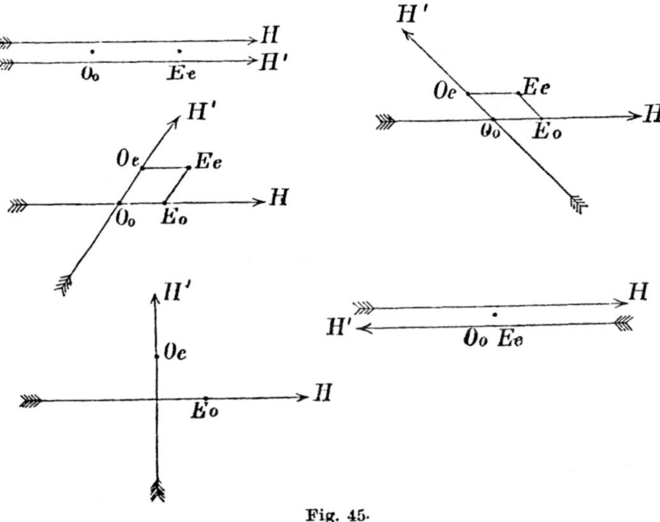

Fig. 45.

Die Beobachtungen von Huyghens zeigen, dass das durch einen
Kalkspath gegangene Licht andere Eigenschaften erlangt,
als das natürliche Licht, und zwar verhält sich der ordentliche Strahl in Beziehung auf den Hauptschnitt ebenso wie
der ausserordentliche in Beziehung auf eine zu diesem senkrechte Ebene.

Für die Intensität der Strahlen giebt Malus folgendes Gesetz.[1]) Fällt natürliches Licht der Intensität J auf einen Kalkspath,
so sind zunächst die Lichtstärken des entstehenden ordentlichen und
ausserordentlichen Strahles:

$$(1) \qquad O = \frac{J}{2}\, m, \quad E = \frac{J}{2}\, m,$$

wo m einen Factor bedeutet, welcher der Schwächung durch Reflexion
eines Theiles des Lichtes entspricht.

---

1) Mémoires présentés par divers savants T. 2. p. 303. Dies Gesetz gilt
nur angenähert. Wild zeigt Pogg. Ann. 118, p. 193, dass bei Kalkspath Abweichungen bis zu $1/_{20}$ vorkommen können. Für Krystalle geringer Doppelbrechung z. B. Bergkrystall genügen die Malus'schen Formeln. Strenge Formeln
giebt Neumann, Abh. der Berl. Akad. 1835.

Schliesst der Hauptschnitt eines zweiten Krystalles mit dem ersten einen Winkel α ein, so ist weiter:

$$(2) \qquad \begin{aligned} Oo &= Om \cos^2 \alpha & Oe &= Om \sin^2 \alpha \\ Eo &= Em \sin^2 \alpha & Ee &= Em \cos^2 \alpha. \end{aligned}$$

Malus betrachtete einmal spielend durch einen Kalkspath Sonnenlicht, welches von Fenstern reflectirt war und bemerkte, dass für eine bestimmte Stellung ein Bild verschwand (1808).

Er untersuchte die Bedingungen näher, unter denen dies Verschwinden eintrat, und fand, dass der einfallende Strahl mit der Fläche des Glases einen Winkel von 35^0 bilden musste. Der reflectirte Strahl besass dann in Beziehung auf die Einfallsebene dieselben Eigenschaften wie der ordentliche durch einen Kalkspath gegangene Strahl in Beziehung auf den Hauptschnitt; es entstand z. B. nur ein ordentlicher Strahl, wenn der Hauptschnitt (des analysirenden Kalkspaths) mit der Einfallsebene zusammenfiel.

Bei dieser Gelegenheit tritt auch zum ersten Mal der Name „Polarisation" des Lichtes auf. Malus nannte den Einfallswinkel, für welchen das reflectirte Licht vollständig „polarisirt" ist, Polarisationswinkel (für Glas etwa 55^0). Ferner bezeichnete er das durch Reflexion polarisirte Licht als „nach der Einfallsebene polarisirt"; dem entsprechend ist dann beim Kalkspath der ordentliche Strahl „nach dem Hauptschnitt polarisirt", der ausserordentliche senkrecht dagegen.

Das Gesetz für die Intensitäten des ordentlichen und ausserordentlichen Strahles, in welche ein durch Reflexion polarisirter Lichtstrahl der Intensität P durch einen Kalkspath zerlegt wird, ist gegeben durch

$$(3) \qquad Po = Pm \cos^2 \alpha, \; Pe = Pm \sin^2 \alpha,$$

wenn α den Winkel zwischen der Einfallsebene und dem Hauptschnitt bedeutet.

Malus fand ferner, dass das polarisirte Licht in Bezug auf seine Reflexion neue Eigenschaften erlangt, gleichviel ob es durch Reflexion oder mit Hülfe eines Kalkspathes polarisirt ist.

Es treffe Licht unter dem Polarisationswinkel auf eine Glasplatte und der durch die Reflexion vollständig polarisirte Strahl auf eine zweite, welche der ersten zunächst parallel sei. Dreht man die zweite Platte um den einmal reflectirten Strahl $\beta\gamma$ als Axe, so wird der zweimal reflectirte Strahl immer schwächer und verschwindet ganz, wenn die beiden Reflexionsebenen senkrecht zu einander stehen. Natürliches Licht hätte diese Erscheinung nicht gezeigt, vielmehr wäre die Intensität des reflectirten Strahles beim Drehen des Spiegels unverändert geblieben.

Man kann das Licht durch Reflexion von allen durchsichtigen festen und flüssigen Körpern polarisiren, nur ist der Polarisationswinkel ein anderer.

Während derselbe für Glas etwa 55^0 betrug, ist er für Wasser 53^0, für Diamant 68^0.

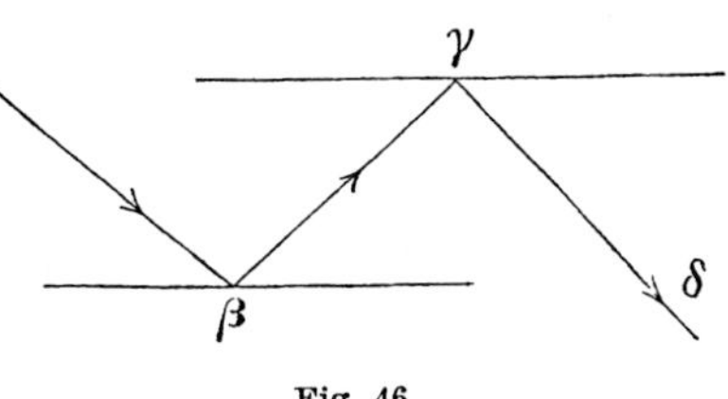

Fig. 46.

Brewster fand folgendes nach ihm benannte Gesetz[1]):

Das reflectirte Licht ist vollständig polarisirt, wenn der reflectirte Strahl mit dem gebrochenen einen rechten Winkel einschliesst.

Nach dem Brechungsgesetze ist allgemein $\sin \varphi = n \sin \varphi_1$, wo φ und φ_1 den Einfalls- und Brechungswinkel bezeichnen. Wird φ gleich dem Polarisationswinkel p, und ist p_1 der zugehörige Werth von φ_1, so ist nach Brewster $p + p_1 = \dfrac{\pi}{2}$, $\sin p_1 = \cos p$ und

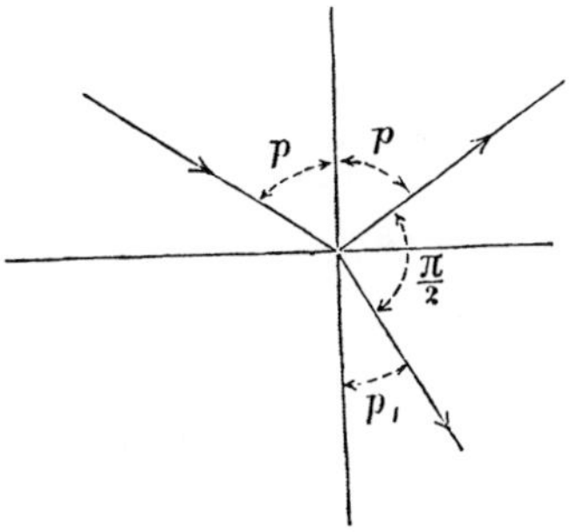

$$(4) \qquad n = \tan p.$$

Fig. 47.

Dies Gesetz hat Brewster a. a. O. für 18 Körper geprüft. Die Abweichungen des berechneten und beobachteten Polarisationswinkels sind indessen ziemlich beträchtlich und erreichen mehrmals $\frac{1}{2}^0$, was für einen Theil der Substanzen seinen Grund in der krystallinischen Beschaffenheit derselben hat. Eine genauere Uebereinstimmung (bis auf 2—3′) erreichte Seebeck[2]) für 11 Substanzen.

Es zeigte sich dabei, dass die geringste fremdartige Schicht auf der Oberfläche den Polarisationswinkel merklich verändert, und es war nothwendig, die letzte Politur der Platten nur mit destillirtem Wasser und der Substanz selbst vorzunehmen.

Da der Brechungscoefficient von der Farbe abhängt, so muss nach dem Brewster'schen Gesetz dasselbe auch für den Polarisations-

---

1) Phil. Transact. 1815. p. 125.
2) Pogg. Ann. 20, p. 27. 1830.

winkel gelten, und eine vollständige Polarisation kann nur für homogenes Licht erreicht werden. Dieser Schluss wird bestätigt insbesondere bei Substanzen von starker Dispersion, bei denen man für weisses Licht nur eine sehr ungenaue Bestimmung des Polarisationswinkels erhält.

Uebrigens gewährt die Beobachtung des Polarisationswinkels ein gutes Mittel, um auch an kleinen Stücken einer Substanz den Brechungscoefficienten zu ermitteln.

Brewster untersuchte ferner das Verhalten des an Krystall-flächen reflectirten Lichtes.[1]) Man kann auch durch Reflexion an Krystallen das Licht vollständig polarisiren, doch hängt der Polarisationswinkel von der Lage der reflectirenden Fläche im Krystall-system ab und variirt auch innerhalb derselben Fläche mit der Lage der Einfallsebene.

So erhielt Brewster für die Bruchfläche des Kalkspaths als Polarisationswinkel $57^0\ 14'$, als die Reflexionsebene mit dem Hauptschnitt zusammenfiel, dagegen $59^0\ 32'$, als sie gegen denselben senkrecht stand. Eine andere Fläche gab $54^0\ 18'$ und $58^0\ 14'$, ein künstlicher Schliff senkrecht zur Axe für alle Lagen der Reflexionsebene $58^0\ 15'$.

War die reflectirende Fläche unkrystallinisch, so fiel die Polarisationsebene mit der Reflexionsebene zusammen, hingegen ist die Polarisationsebene des von einer Krystallfläche reflectirten Lichtes im allgemeinen gegen die Reflexionsebene geneigt. Den Winkel zwischen beiden Ebenen nennt man die Abweichung der Polarisationsebene.

Brewster entdeckte dieselbe, als er Licht an der Grenze von Kalkspath (natürliches Bruchstück) und Cassiaöl reflectiren liess, welches einen nur wenig verschiedenen Brechungscoefficienten besitzt. Fiel die Reflexionsebene mit dem Hauptschnitt zusammen, so war auch die Abweichung der Polarisationsebene $= 0$, sie erreichte aber den Werth von 90^0, als die Reflexionsebene mit dem Hauptschnitt 42^0 einschloss.

Seebeck beobachtete die Abweichung der Polarisationsebene auch für die Reflexion an der Grenze von Kalkspath und Luft, doch betrug sie hier nur $2{-}3^0$.

Eine partielle Polarisation des Lichtes tritt, wie schon Malus bemerkte, bei jeder Reflexion auf, ausgenommen die Grenz-

---

1) Phil. Transact. 1819, p. 145.

fälle der senkrechten und streifenden Incidenz. Das reflectirte Licht ist aus natürlichem und polarisirtem gemischt. Brewster giebt an, dass man durch mehrmalige Reflexion unter jedem beliebigen Winkel das Licht vollständig polarisiren könne. Bei einer gewissen Glassorte genügte[1])

    1. Reflexion unter . . . . $56^0\ 45'$
    2.   „   „   . . . . $62^0\ 30'$ oder $50^0\ 26'$,
    3.   „   „   . . . . $65^0\ 53'$ „ $46^0\ 30'$.

Thatsächlich ist in den beiden letzten Fällen die Polarisation nicht vollkommen, sondern nur stark angenähert.

Wird **polarisirtes Licht von der Oberfläche eines durchsichtigen Körpers noch einmal reflectirt, so ist der reflectirte Strahl stets vollständig polarisirt.** Geschieht die Reflexion unter dem Polarisationswinkel, so ist das reflectirte Licht nach der Reflexionsebene polarisirt. Bei einer Reflexion unter einem andern Winkel schliesst die Polarisationsebene des reflectirten Lichtes mit der Reflexionsebene einen Winkel β ein, welcher abhängt 1) von dem Winkel α zwischen der ursprünglichen Polarisationsebene und der Reflexionsebene, 2) von dem Einfallswinkel. Man pflegt sich hier folgender Terminologie zu bedienen: die Polarisationsebene, welche sich ursprünglich im Azimuth α befand, hat eine Drehung erlitten und befindet sich nun im Azimuth β.

Es wird $\beta = \alpha$ für senkrechte und streifende Reflexion.

Wir wollen nun noch das in die **Substanz hineingehende Licht betrachten.**

Fällt natürliches Licht auf die Grenze eines durchsichtigen Mediums, so ist der gebrochene Strahl — abgesehen von der senkrechten und streifenden Incidenz — stets ein **Gemisch von polarisirtem und natürlichem Licht**, und zwar ist die Polarisationsebene des ersteren Antheils senkrecht zur Reflexionsebene, also auch senkrecht zur Polarisationsebene des reflectirten Strahles.

Für keinen Einfallswinkel, auch nicht für den Polarisationswinkel, ist der gebrochene Strahl vollständig polarisirt.

Arago gab für die polarisirten Lichtmengen folgendes einfache Gesetz[2]): Wenn natürliches Licht einfällt, enthält der gebrochene und reflectirte Strahl stets gleichviel polarisirtes Licht.

Hierauf beruht die Theorie eines vielfach benutzten Polarisations-

---

1) Phil. Transact. 1815, p. 142.
2) Oeuvres compl. T. 7, p. 379.

instrumentes, die sog. Glassäule. Dieselbe besteht aus mehreren (10—15) übereinandergelegten Platten von dünnem Spiegelglase[1]) in einer Fassung.

Trifft Licht unter dem Polarisationswinkel auf den Apparat, so ist der Vorgang folgender:

An der ersten Platte wird ein Theil des Lichtes reflectirt und zwar vollständig nach der Einfallsebene polarisirt, von dem durchgehenden Lichte ist ebensoviel senkrecht zur Einfallsebene polarisirt, der Rest ist natürliches Licht. Der erstere Theil wird nun nicht mehr reflectirt, sondern geht durch alle folgenden Platten hindurch. Der Antheil von natürlichem Licht liefert auf der zweiten Platte einen reflectirten Strahl, der ganz nach der Einfallsebene polarisirt ist und also vollständig durch die obere Platte zurückkehrt, und einen gebrochenen Strahl mit partieller Polarisation senkrecht zur Einfallsebene. Auf den folgenden Platten wiederholt sich der Vorgang, bis fast alles durchgehende Licht polarisirt ist. Verwenden kann man dieses oder auch das reflectirte Licht.

Wir schliessen hieran einige kurze Bemerkungen über Polarisationsapparate.

Bereits erörtert ist die einfache Reflexion, die Glassäule und das natürliche Kalkspathbruchstück. Letzteres trennt für die meisten Zwecke die beiden senkrecht gegeneinander polarisirten Strahlen nicht hinreichend, geeigneter in dieser Beziehung ist ein Prisma, dessen Kante der optischen Axe parallel ist. Der eine der Strahlen wird verdeckt, und mit dem andern operirt.

Am häufigsten benutzt wird das Nicol'sche Prisma. Figur 48a stelle ein — in vertikaler Richtung verlängertes — natürliches Kalkspathbruchstück dar; C sei eine Rhomboederhauptecke. Die Kante k bildet mit der oberen und unteren Fläche (AC und EG) einen Winkel von 71^0.

Statt dieser Flächen AC und EG werden nun andere $A'C'$ und $E'G'$ angeschliffen, welche gegen k nur unter 68^0 geneigt sind, aber ebenfalls senkrecht stehen gegen eine durch k und die Hauptaxe a gelegte Ebene (Hauptschnittebene).

Jetzt wird der Krystall durchgeschnitten, sodass die Schnittebene zu den neuen Endflächen und zu der Hauptschnittebene senkrecht steht. Die beiden Stücke werden mit Canadabalsam zusammengekittet.

---

1) Zwischen die Ränder legt man Papierstreifen, um die Farben dünner Blättchen zu vermeiden.

Die Wirkung des Apparates beruht darauf, dass, wenn Licht parallel k auffällt, nur der ausserordentliche Strahl austritt, während der ordentliche an der Grenze des Canadabalsams eine totale Reflexion erleidet.

Der Brechungscoefficient des Canadabalsams ist 1,536, der des ordentlichen Strahles 1,654, der des ausserordentlichen 1,486. Hieraus erhellt zunächst, dass letzterer stets die planparallele Schicht des Balsams durchdringt.

Der Grenzwinkel x der totalen Reflexion des ordentlichen Strahles an Canadalbalsam folgt aus

$$\sin x = \frac{1{,}536}{1{,}654} = 0{,}9286,$$

also $x = 68^0$. Für Einfallswinkel von 68^0 und mehr wird daher der ordentliche Strahl total reflectirt werden, und dies würde

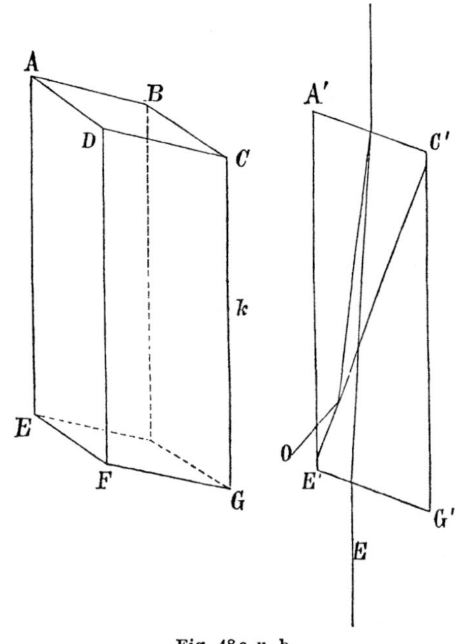

Fig. 48 a u. b.

also schon eintreten, wenn derselbe die Richtung des parallel k einfallenden Lichtes besässe. Durch die Brechung an $A'C'$ wird aber der Einfallswinkel desselben noch vergrössert.

Mehrere doppelbrechende Krystalle, insbesondere braune und grüne Turmaline, besitzen die Eigenschaft, die beiden Strahlen in sehr verschiedenem Masse zu absorbiren.

Schneidet man eine Turmalinplatte parallel der Axe (der Turmalin ist einaxig), so geht fast nur Licht durch, welches senkrecht zur Axe polarisirt ist. Der stärker absorbirte Strahl ist der ordentliche.

Turmalinplatten geben, da sie nur dünn zu sein brauchen und dicht vor das Auge gehalten werden können, ein grosses Gesichtsfeld; unbequem ist ihre Färbung.

Unter allen Polarisationsapparaten verdienen aber diejenigen den Vorzug, welche auf der räumlichen Trennung der senkrecht gegeneinander polarisirten Strahlen durch Doppelbrechung beruhen. Denn nur diese liefern mit Sicherheit absolut polarisirtes Licht, während Glassäulen und Turmaline das durchgehende Licht nur theilweise polarisiren und bei der Reflexion die geringste Abweichung von dem Polarisationswinkel genügt, um die Polarisation unvollkommen zu machen.

Metalle, Metalloxyde und Schwefelmetalle unterscheiden sich, wie schon Malus bemerkte, wesentlich von den durchsichtigen Körpern. Die Reflexion von Metallflächen ist am vollständigsten untersucht von Brewster[1]). Natürliches Licht lässt sich stets nur unvollständig polarisiren und zwar nach der Einfallsebene; für einen bestimmten Einfallswinkel (bei Stahl 75°) erreicht die Polarisation ein Max. Durch wiederholte Reflexion kann die Polarisation nahezu vollständig gemacht werden, z. B. genügen acht Reflexionen an Stahl bei Einfallswinkeln zwischen 60 und 80°. Silber erfordert mehr, Bleiglanz weniger Reflexionen.

Fällt polarisirtes Licht ein, so bleibt die Lage der Polarisationsebene nach der Reflexion unverändert, wenn die ursprüngliche Polarisationsebene mit der Einfallsebene einen Winkel von 0° oder 90° einschloss. Für alle andere Azimuthe zeigt sich eine Aenderung, welche für einen Azimuth von 45° am deutlichsten hervortritt. Der von Stahl unter Einfallswinkeln zwischen 40 und 87° reflectirte (ursprünglich unter dem Azimuthe von 45° polarisirte) Strahl ist nicht mehr geradlinig polarisirt, denn im analysirenden Kalkspath ist kein Bild zum Verschwinden zu bringen. Die Depolarisation erreicht ihr Maximum für die Incidenz unter 75°. Indessen ist dies Licht nicht ein Gemisch von geradlinig polarisirtem und natürlichem Licht, denn nach einer zweimaligen Reflexion von Stahl unter 75° ist das Licht wieder vollkommen polarisirt, jetzt aber unter einem Azimuth von — 17°, d. h. die wiederhergestellte Polarisationsebene liegt auf der entgegengesetzten Seite der Reflexionsebene wie die ursprüngliche. Eine dritte Reflexion depolarisirt das Licht wieder theilweise, eine vierte stellt die Polarisation wieder her, deren Azimuth nun $+ 5°10'$ beträgt. Ueberhaupt ist — der Einfallswinkel $= 75°$ und das ursprüngliche Polarisationsazimuth $= 45°$ vorausgesetzt — das Licht nach einer geraden Anzahl von Reflexionen immer geradlinig polarisirt, die Azimuthe sind abwechselnd $+$ und $-$ und werden dem absoluten Werthe nach immer kleiner.

Bei Silber nähert sich die wiederhergestellte Polarisationsebene langsamer der Einfallsebene; nach zweimaliger Reflexion befindet sie sich unter dem Azimuth $- 39°48'$.

----

1) Phil. Transact. 1830. pag. 287.

Brewster nannte das ursprünglich geradlinig polarisirte, an Metallflächen reflectirte Licht elliptisch polarisirt; Neumann zeigte[1]), dass die Aethertheilchen thatsächlich elliptische Bahnen beschreiben[2]).

Interferenz des polarisirten Lichtes.

Wir wenden uns nun zu denjenigen Entdeckungen Fresnels, welche zur Erkenntniss des Wesens der Polarisation führten.

In einer auf Anregung von Arago gemeinschaftlich mit diesem unternommenen Arbeit[3]) über die Interferenz des polarisirten Lichtes stellte Fresnel experimentell folgende Gesetze fest:

1. Parallel polarisirte Strahlen interferiren wie natürliches Licht.

2. Senkrecht gegeneinander polarisirte Strahlen interferiren gar nicht.

3. Zwei senkrecht gegeneinander polarisirte Strahlen, welche auf eine gemeinsame Polarisationsebene zurückgeführt werden, erlangen doch nicht die Eigenschaft zu interferiren.

4. Wird ein ursprünglich polarisirter Strahl in zwei senkrecht gegeneinander polarisirte zerlegt, so besitzen diese nach Zurückführung auf eine gemeinsame Polarisationsebene die Fähigkeit zu interferiren. Die nothwendige Bedingung ist also ursprünglich polarisirtes Licht.

5. Zwei Strahlen, welche die Bedingungen des vierten Gesetzes erfüllen, also interferenzfähig sind, interferiren unter Umständen der wirklich vorhandenen Wegdifferenz entsprechend, unter andern so, dass derselben noch eine halbe Wellenlänge hinzuzufügen ist.

Ist 1 die ursprüngliche Polarisationsebene, 2 und 3 die gegen-

----

1) Pogg. Ann. 26. pag. 89.

2) Brewster, Airy und Seebeck bemerkten bereits, dass Diamant und andere stark brechende Substanzen auch unter dem Polarisationswinkel reflectirtes Licht nicht vollständig polarisiren und überhaupt Analogien mit den Metallen zeigten. Jamin fand (Ann. de chimie et de physique III, 29 und 31. 1850 und 1851) mit Benutzung directen Sonnenlichtes, dass fast alle durchsichtigen Substanzen sich ähnlich verhielten (ausgenommen Menilith und Alaun). Die Polarisation des natürlichen Lichtes durch Reflexion war nie absolut und erreichte nur für den Polarisationswinkel ein Max.; fiel Licht senkrecht zur Einfallsebene polarisirt ein, so wurde auch unter dem Polarisationswinkel ein wenn auch geringer Theil reflectirt; im Allgemeinen wurde linear polarisirtes Licht in elliptisch polarisirtes mit sehr gestreckter Bahnellipse verwandelt, was besonders in der Nähe des Polarisationswinkels für Azimuthe von nahe 90° hervortrat. (Vgl. auch Quincke, Pogg. Ann. 128, pag. 355. 1866.)

3) Oeuvres compl. I, pag. 509.

einander senkrechten derjenigen beiden Strahlen, in welche der ursprüngliche zerlegt wird, 4 resp. 4′ die gemeinsame Polarisationsebene,
auf welche 2 und 3 zurückgeführt werden, so ist die Addition von

$\frac{\lambda}{2}$ erforderlich oder nicht, je nachdem die defini-
tive Polarisationsebene die Lage 4′ oder 4 hat,
d. h. in einem anderen Quadranten wie 1 liegt
oder in demselben.

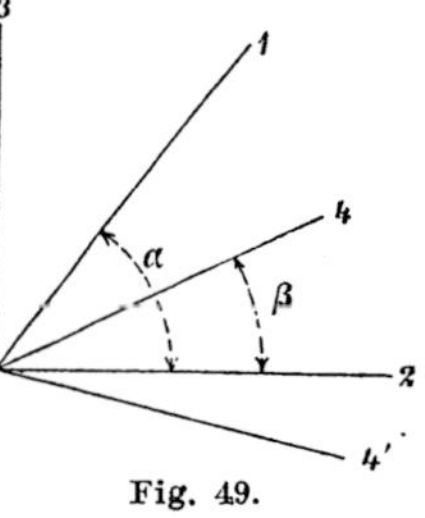

Fig. 49.

Der Hauptapparat, welcher zum Nachweis
dieser Gesetze diente, war ein Schirm mit zwei
Oeffnungen, welche von einem leuchtenden Punkte
Licht erhielten. Jede der Oeffnungen erzeugt ein
Diffractionsbild, und in dem gemeinsamen Theile entstehen Inter-
ferenzfrangen.   Erleidet das Licht auf dem Wege zu einer der Oeffnungen eine Verzögerung, so verschiebt sich das Frangensystem nach
der betreffenden Seite.

Um das erste Gesetz nachzuweisen, war nur erforderlich, das
Licht vor dem Eintritt in die Oeffnungen zu polarisiren[1]. Beim
zweiten Gesetz bestand die experimentelle Schwierigkeit darin, zwei
Strahlen senkrecht gegeneinander zu polarisiren, ohne ihnen eine bedeutende Phasendifferenz zu ertheilen, welche die Frangen verschwinden lässt.

Arago construirte eine Säule von 15 Glimmerblättchen und
schnitt sie durch. Die Anwendung von Glimmer bot den Vortheil,
dass die Tafeln überall genau gleich dick waren; das unter 30⁰ auffallende Licht war fast vollkommen polarisirt und zwar senkrecht zur
Einfallsebene.

Wurden die beiden Theile mit parallelen Einfallsebenen vor die
Oeffnungen gesetzt, so war die Interferenzerscheinung wie bei natürlichem Licht, wurde hingegen ein Theil um den einfallenden Strahl
um 90⁰ gedreht, so verschwanden die Frangen.

Fresnel schnitt ein Kalkspathbruchstück durch, setzte die beiden
Hälften mit ⊥ gekreuzten Hauptschnitten voreinander und betrachtete
durch diesen Apparat einen leuchtenden Punkt. Weil die Hauptschnitte gegeneinander senkrecht waren, erhielt er zwei nahe anein-
anderliegende Strahlen (früher mit *Oe* und *Eo* bezeichnet), welche
senkrecht gegeneinander polarisirt waren und gleiche Wege durch-

---

1) Hier benutzten Fresnel und Arago nicht den Th. Young'schen Inter-
ferenzapparat, sondern das Frangensystem im geometrischen Schatten eines
schmalen Körpers.

laufen hatten. Nichtsdestoweniger zeigten sich keine Interferenzerscheinungen.

Indirect führte Fresnel den Nachweis für den zweiten Satz so. Er bedeckte beide Oeffnungen R und L mit einem dünnen Blättchen von krystallisirtem Gyps. Da dieser eine doppelbrechende Substanz ist, so treten durch jede Oeffnung zwei Strahlen, welche senkrecht gegeneinander polarisirt sind und wegen ihrer verschiedenen Geschwindigkeit im Krystall eine relative Verzögerung besitzen. Sie seien bezeichnet mit Ro, Re, Lo, Le. Es interferiren nun $RoLo$, welche im Krystall keine relative Verzögerung erlitten haben und parallel polarisirt sind, und ergeben ein centrales Frangensystem. Ebenso liefern $ReLe$ ein zweites, welches sich über das erste lagert. Könnten nun senkrecht gegeneinander polarisirte Strahlen interferiren, so müssten zwei weitere Frangensysteme durch die Interferenz der Paare $RoLe$, $ReLo$ entstehen und zwar müssten diese eine seitliche Lage besitzen mit Rücksicht auf die relative Verzögerung. Da von diesen seitlichen Frangensystemen aber nichts zu bemerken ist, muss man schliessen, dass senkrecht gegeneinander polarisirte Strahlen überhaupt nicht interferiren.

Dass diese Deutung richtig ist, lehrt folgender Versuch. Man schneide das Gypsblättchen durch und stelle die Theile um 90^0 gegeneinander gedreht vor die Oeffnungen, so sind nun $RoLe$, $ReLo$ in gleicher Richtung polarisirt. In der That sieht man zwei seitliche Frangensysteme, während das centrale verschwunden ist.

Bei einer relativen Drehung um 45^0 treten alle drei Systeme auf.

Wir gehen zum dritten Gesetz über. Die Glimmersäule wurde mit senkrecht gekreuzten Polarisationsebenen vor die Oeffnungen gebracht und das Licht durch einen Kalkspath betrachtet, dessen Hauptschnitt gegen beide Polarisationsebenen unter 45^0 geneigt war. Es ergiebt nun R einen nach dem Hauptschnitt polarisirten Strahl, und ebenso L, aber diese beiden Strahlen interferiren nicht, obwohl ihre Polarisationsebenen parallel sind. Dasselbe gilt von den von R und L herrührenden ausserordentlichen Strahlen.

Ist hingegen das bei der vorigen Versuchsanordnung auf die Glimmersäule fallende Licht schon polarisirt (und zwar am besten unter 45^0 gegen die Polarisationsebene derselben), so treten die Frangen auf und zwar im ordentlichen wie im ausserordentlichen Bilde des letzten Kalkspathes. Hiemit wäre das vierte Gesetz erwiesen.

Wendet man nun statt des Kalkspathes, welcher das ordentliche und das ausserordentliche Bild räumlich trennt, eine doppelbrechende

Substanz an, welche dies nicht thut (Bergkrystall, Gyps), so sollte man ein Frangensystem der doppelten Intensität erwarten. Die Interferenzerscheinung verschwindet aber ganz, die Maxima des einen Systemes fallen auf die Minima des andern, und wir haben somit bei dem einen System eine halbe Undulationslänge hinzuzufügen. Dies aber war der Inhalt des fünften Gesetzes.[1]

Der wichtigste Schluss, welchen Fresnel unabhängig von Arago insbesondere aus dem zweiten Gesetze zog, ist der, dass die Schwingungen des Lichtes transversal sind, d. h. dass die Bewegung der Aethertheilchen nicht in der Richtung des sich fortpflanzenden Strahles, sondern senkrecht dagegen erfolgt, ähnlich wie bei einer angeschlagenen Saite.

Poisson u. A. erklärten zunächst Transversalschwingungen als den Gleichungen der Hydrodynamik widersprechend, doch hielt Fresnel seine Behauptung aufrecht und veranlasste dadurch Poisson, Navier, Cauchy u. A. zu tiefer gehenden Untersuchungen, die zur Entwickelung der Elasticitätstheorie führten und die Möglichkeit transversaler Schwingungen erwiesen.

Im geradlinig polarisirten Lichte geschehen die Schwingungen in einer Ebene. Die Polarisationsebene hatten wir definirt durch die Festsetzung, dass unter dem Polarisationswinkel reflectirtes Licht nach der Reflexionsebene polarisirt sein sollte. Fresnel schloss

---

1) Fresnel und Arago machten zum Beweise des vierten und fünften Gesetzes nicht die oben angegebenen Versuche, sondern folgende.

Beide Oeffnungen wurden mit einem Gypsblättchen verdeckt, dessen „Mittellinie" gegen die Polarisationsebene des einfallenden Lichtes einen Winkel von 45^0 bildete. Die Strahlen gingen sodann durch einen analysirenden Kalkspath, dessen Hauptschnitt der ursprünglichen Polarisationsebene parallel war. Durch die rechte Oeffnung treten nun die Strahlen $Ro Re$, durch die linke $Lo Le$, und zwar sind die mit o bezeichneten nach der Mittellinie, die mit e bezeichneten senkrecht dagegen polarisirt. Diese Strahlen werden durch den analysirenden Kalkspath in doppelter Weise auf eine gemeinsame Polarisationsebene zurückgeführt, im ordentlichen Bilde auf den Hauptschnitt, im ausserordentlichen auf die dazu senkrechte Ebene. Es zeigen sich nun in jedem der beiden Bilder drei Frangensysteme, z. B. im ordentlichen ein centrales, herrührend von der Interferenz von $Roo Loo$, $Reo Leo$, ferner zwei seitliche wegen $Roo Leo$, $Reo Loo$. Analog im ausserordentlichen Bilde. Das thatsächliche Auftreten der seitlichen Frangensysteme beweist das vierte Gesetz.

Wird der analysirende Kalkspath durch ein Gypsblättchen ersetzt, welches die Bilder nicht trennt, so sieht man nur ein centrales Frangensystem. Je zwei der seitlichen Systeme stehen also in der Beziehung, dass das eine seine Maxima an den Orten der Minima des andern hat, woraus das fünfte Gesetz folgt.

aus theoretischen Betrachtungen, dass die Schwingungsrichtung senkrecht zur Polarisationsebene steht; Neumann gelangte von anderen Voraussetzungen ausgehend zu dem Resultat, dass die Schwingungsebene mit der Polarisationsebene zusammenfalle.

Beide Auffassungen erklären die Erscheinungen der Interferenz des polarisirten Lichtes gleich gut.

Bei dem grossen Interesse, welches die Frage nach der Schwingungsrichtung des polarisirten Lichtes darbietet, sind viele Versuche gemacht, zwischen der Fresnel'schen und Neumann'schen Auffassung zu entscheiden, doch bisher ohne definitives Resultat.[1]

Ueber natürliches Licht bildete Fresnel sich die Vorstellung, dass seine Schwingungen auch senkrecht zum Strahl und geradlinig stattfinden, aber innerhalb einer sehr kurzen Zeit nach allen Richtungen, und zwar ohne eine derselben zu bevorzugen. Indessen muss doch eine beträchtliche Anzahl aufeinanderfolgender Schwingungen merklich gleichgerichtet sein, da eine Interferenz bis auf mehrere tausend Wellenlängen Wegdifferenz beobachtet ist.[2] Beide Annahmen sind gut vereinbar bei der grossen Zahl der Schwingungen (458—727 Billionen in 1 Sec.). Der Act der Polarisation des Lichtes besteht in einer Zerlegung der im natürlichen Licht vorhandenen verschieden gerichteten Bewegungen in zwei aufeinander senkrechte Componenten, die dann räumlich getrennt werden.

Fällt z. B. ein natürlicher Lichtstrahl PP senkrecht auf eine Kalkspathbruchfläche, so giebt jede in irgend einer zu PP senkrechten Richtung $\alpha\beta$ erfolgende Bewegung eine Componente nach dem Hauptschnitt HH und eine andere nach SS senkrecht zu demselben, von denen die erstere sich mit der gewöhnlichen, die andere mit der ausserordentlichen Geschwindigkeit im Krystall fortpflanzt.

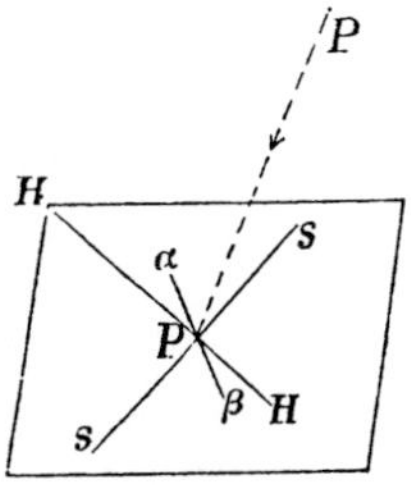

Bei der Reflexion unter dem Polarisationswinkel geht die Componente senkrecht zur Reflexionsebene ganz in das Medium hinein, während von der Componente in der Reflexionsebene auch ein Theil zurückgeworfen wird, wodurch wieder die Componenten räumlich getrennt werden.

Fig. 50.

In andern Fällen wird die eine Componente absorbirt, und hierauf beruht die polarisirende Wirkung des Turmalins.

---

1) Die Literatur hierüber s. Quincke, Pogg. 118, pag. 445. 1863.

2) Von Fizeau bis zu 50000 Wellenlängen. Ann. de chimie et de phys. (3)

T. 66.

Nach dieser allgemeinen Uebersicht gehen wir auf eine strengere analytische Begründung einzelner Punkte ein, und zwar führen wir zunächst aus dem zweiten Gesetz den Nachweis für die transversale Richtung der Lichtschwingungen.

Die gemeinsame Fortpflanzungsrichtung zweier Strahlen mit der relativen Verzögerung δ sei x, so werden dieselben dargestellt sein durch:

$$A \cos \left(\frac{t}{T} - \frac{x}{\lambda}\right) 2\pi, \quad A' \cos \left(\frac{t}{T} - \frac{x+\delta}{\lambda}\right) 2\pi.$$

Die Richtung der Bewegung bilde mit den Coordinatenaxen xyz die Winkel α, β, γ resp. α', β', γ', so werden die Componenten der Verrückung sein:

$$A \cos \alpha \cos \left(\frac{t}{T} - \frac{x}{\lambda}\right) 2\pi, \quad A' \cos \alpha' \cos \left(\frac{t}{T} - \frac{x+\delta}{\lambda}\right) 2\pi,$$

$$A \cos \beta \cos \left(\frac{t}{T} - \frac{x}{\lambda}\right) 2\pi, \quad A' \cos \beta' \cos \left(\frac{t}{T} - \frac{x+\delta}{\lambda}\right) 2\pi,$$

$$A \cos \gamma \cos \left(\frac{t}{T} - \frac{x}{\lambda}\right) 2\pi, \quad A' \cos \gamma' \cos \left(\frac{t}{T} - \frac{x+\delta}{\lambda}\right) 2\pi.$$

Die gleichgerichteten Componenten können wir zu je einem resultirenden Strahl zusammensetzen. Sind M, N, P die Amplituden derselben, so ist[1]):

$$M^2 = A^2 \cos^2 \alpha + A'^2 \cos^2 \alpha' + 2 A A' \cos \alpha \cos \alpha' \cos \frac{\delta}{\lambda} 2\pi,$$

$$N^2 = A^2 \cos^2 \beta + A'^2 \cos^2 \beta' + 2 A A' \cos \beta \cos \beta' \cos \frac{\delta}{\lambda} 2\pi,$$

$$P^2 = A^2 \cos^2 \gamma + A'^2 \cos^2 \gamma' + 2 A A' \cos \gamma \cos \gamma' \cos \frac{\delta}{\lambda} 2\pi.$$

Die Gesammtintensität, welche der ganzen lebendigen Kraft entspricht, wird gemessen durch

$$M^2 + N^2 + P^2 = A^2 + A'^2$$
$$+ 2 A A' \cos \frac{\delta}{\lambda} 2\pi (\cos \alpha \cos \alpha' + \cos \beta \cos \beta' + \cos \gamma \cos \gamma')$$

und wird also von der Verzögerung δ abhängen. Der zweite Satz besagt aber, dass sie von δ unabhängig ist für zwei senkrecht gegeneinander polarisirte Strahlen.

Für diese muss also sein:

$$(5) \qquad \cos \alpha \cos \alpha' + \cos \beta \cos \beta' + \cos \gamma \cos \gamma' = 0.$$

Schliesst die Projection der Bewegungsrichtungen auf die yz-Ebene mit y die Winkel φ und φ' ein, so haben wir:

---

1) Nach pag. 15, Formel 11.

$$\cos \alpha = \cos \alpha, \qquad \cos \alpha' = \cos \alpha',$$
$$\cos \beta = \sin \alpha \cos \varphi, \qquad \cos \beta' = \sin \alpha' \cos \varphi',$$
$$\cos \gamma = \sin \alpha \sin \varphi, \qquad \cos \gamma' = \sin \alpha' \sin \varphi'.$$

Wir erhalten aber den zweiten Strahl[1]), wenn wir den ersten um die Richtung x durch einen Winkel von 90^0 drehen. Es wird also $\varphi' = \varphi + \frac{\pi}{2}$, $\alpha = \alpha'$, und die Gleichung (5) reducirt sich auf

$$\cos^2 \alpha = 0.$$

Der Winkel zwischen der Fortpflanzungsrichtung des Strahles (x) und der Bewegungsrichtung ist somit ein rechter.

Von diesem Standpunkte aus sind dann die übrigen Gesetze leicht erklärbar.

Wir wenden uns zunächst zu dem fünften derselben. (Vgl. Fig. 49.) Ein nach der Ebene (1) polarisirter Strahl

$$(1) \qquad A \cos \left(\frac{t}{T} - \frac{x}{\lambda} \right) 2\pi$$

werde zerlegt nach den aufeinander senkrechten Richtungen (2) und (3). Die Componenten sind, wenn (2) mit (1) einen Winkel α bildet,

$$(2) \qquad A \cos \alpha \cos \left(\frac{t}{T} - \frac{x}{\lambda} \right) 2\pi,$$

$$(3) \qquad A \sin \alpha \cos \left(\frac{t}{T} - \frac{x}{\lambda} \right) 2\pi.$$

Im weiteren Verlaufe der Bewegung möge dann (3) eine Verzögerung δ gegen (2) erfahren, so werden wir nun zu setzen haben:

$$(2) \qquad A \cos \alpha \cos \left(\frac{t}{T} - \frac{x}{\lambda} \right) 2\pi,$$

$$(3) \qquad A \sin \alpha \cos \left(\frac{t}{T} - \frac{x + \delta}{\lambda} \right) 2\pi.$$

Es erfolge jetzt die Zurückführung auf eine gemeinsame Polarisationsebene (4), welche gegen (2) unter β geneigt sei. Die zur Interferenz gelangenden Componenten von (2) und (3) nach (4) ergeben sich als:

$$A \cos \alpha \cos \beta \cos \left(\frac{t}{T} - \frac{x}{\lambda} \right) 2\pi,$$

$$A \sin \alpha \sin \beta \cos \left(\frac{t}{T} - \frac{x + \delta}{\lambda} \right) 2\pi,$$

---

1) Abgesehen von der Verzögerung und der Amplitudenverschiedenheit.

und das Quadrat der Amplitude des resultirenden Strahles wird:

$$(A\cos\alpha\cos\beta)^2 + (A\sin\alpha\sin\beta)^2 + 2A^2\sin\alpha\cos\alpha\sin\beta\cos\beta\cos\frac{\delta}{\lambda}2\pi.$$

Diese Formel enthält den **fünften** Satz.

Im letzten Term können wir noch schreiben

$$\sin\alpha\cos\alpha\sin\beta\cos\beta = \tfrac{1}{4}\sin 2\alpha\sin 2\beta.$$

Liegen nun (1) und (4) in demselben Quadranten, so hat das letzte Glied ein positives Zeichen, liegen sie in verschiedenen, ein negatives. Im ersteren Falle interferiren die Strahlen wie gewöhnliche mit der Phasendifferenz δ, im zweiten Falle liegen aber die Maxima da, wo vorher die Minima lagen, als ob die Verzögerung noch eine halbe Wellenlänge grösser wäre.

Fallen also bei Anwendung eines dünnen krystallinischen Blättchens, welches eine doppelte Reduction auf eine gemeinsame Polarisationsebene liefert, beide Bilder zusammen, so findet nicht eine Interferenzerscheinung der doppelten Intensität, sondern gar keine statt.

Jetzt ist auch das **dritte** Gesetz leicht verständlich, nach welchem für natürliches einfallendes Licht trotz der Reduction auf eine gemeinsame Polarisationsebene doch keine Interferenz zu stande kommt. Mit der eben angestellten Betrachtung ist nur die Ueberlegung zu verbinden, dass im natürlichen Licht die Schwingungsebene in kurzer Zeit alle möglichen Lagen durchläuft. Der Winkel β ist durch die Position des analysirenden Apparates fest bestimmt, während, wenn in einem Moment die Schwingungsrichtung α war, im nächsten $90 + \alpha$ eintritt und Maxima und Minima vertauscht sind. Unser Auge empfindet diese schnell wechselnden Eindrücke nicht einzeln, und so verschwindet die Interferenzerscheinung.

Vorlesung IX.

Problem der Reflexion und Refraction.

Man versteht hierunter nicht die Untersuchung über die Richtung des reflectirten und gebrochenen Strahles, vielmehr handelt es sich um die zurückgeworfene und eintretende Lichtmenge. Lambert versuchte in seiner Photometrie dieselbe empirisch zu bestimmen, doch ohne Erfolg, da ihm der Schlüssel dieses ganzen Gebietes, die Kenntniss der Polarisation des Lichtes, fehlte.

Die erste Lösung des Problems ist gegeben von Fresnel[1]);

----

1) Oeuvres compl. I, pag. 767.

Neumann[1]) gelangte von andern Voraussetzungen ausgehend zu denselben Formeln.

Die Schwierigkeit einer Behandlung der Aufgabe vom rein mechanischen Standpunkte aus sind noch nicht vollständig überwunden. Die Theorie der Elasticität liefert für jedes der beiden Medien drei Differentialgleichungen zweiter Ordnung, ferner sechs Grenzbedingungen. Es müssen nämlich zunächst die Verrückungen der Grenztheilchen beider Medien der Grösse und Richtung nach übereinstimmen, und die Gleichsetzung der drei Componenten der Verrückung giebt die drei ersten Grenzbedingungen.

Die drei anderen besagen, dass die Componenten der elastischen Kräfte, welche von beiden Medien auf die Grenztheilchen ausgeübt werden, gleich sind.

Ist die Grenze eben, so kann man zwar unter der Annahme ebener Wellen partikuläre Integrale angeben, welche den Differentialgleichungen wie den Grenzbedingungen genügen, indessen stellen dieselben ausser transversal schwingenden Wellen, welche Lichtwellen sind, auch eine reflectirte und eine gebrochene longitudinale Welle dar.

Führt man die Bedingung der Incompressibilität des Aethers ein, so fallen die longitudinalen Wellen fort, doch kann man die Resultate der Theorie nicht mit den Beobachtungsthatsachen in Einklang bringen.[2])

Wir schlagen hier einen anderen Weg ein. Die Medien mögen in einer Ebene aneinander grenzen, und die einfallende ebene Lichtwelle erzeuge eine ebene gebrochene und reflectirte Welle.

Von den Grenzbedingungen benutzen wir nur die drei ersten, welche sich auf die Verrückungen der Grenztheilchen beziehen.

Ferner setzen wir voraus, dass im Acte der Reflexion und Brechung kein Licht verloren geht, also die Summe der reflectirten und gebrochenen Intensität gleich der einfallenden ist. Es ist dies nichts Anderes als der Satz der Erhaltung der lebendigen Kraft: wir nehmen an, dass die lebendige Kraft der einfallenden Welle sich vollständig in der reflectirten und gebrochenen wiederfindet.

---

1) Abh. d. Berl. Akad. 1835.

2) Vgl. Von Der Mühll, Math. Ann., Bd. 5, pag. 471. 1872. Man hat daher statt der letzten drei Grenzbedingungen andere eingeführt. S. Kirchhoff, Abh. d. Berl. Akad. 1876, ferner W. Voigt, Ann. d. Phys. Neue Folge, Bd. 19, pag. 873. 1883. Voigt unterzieht der Betrachtung ein aus Aethertheilchen und ponderabeln Molecülen gemischtes System und gelangt zugleich zu einer Erklärung der Dispersion.

Man pflegt diese Voraussetzung in der Form auszusprechen, dass die betrachteten Medien vollkommen durchsichtig sein sollen, wobei das Wort „durchsichtig" in einem etwas andern Sinne als gewöhnlich gebraucht ist. Bei der Reflexion an Metallen findet ein Verlust von lebendiger Kraft statt.

Endlich nehmen wir mit Neumann an, dass die Fortpflanzungsgeschwindigkeit des Lichtes gegeben ist durch

$$V = \sqrt{\frac{e}{d}},$$

worin d, die Dichtigkeit des Aethers für alle Medien dieselbe ist, während die Elasticitätsconstante e für verschiedene Medien verschieden (und in Krystallen von der Richtung abhängig) ist. (Fresnel setzt im Gegentheil e constant und d für verschiedene Medien verschieden.)

Die Zulässigkeit der gemachten Voraussetzungen ist nicht a priori evident; ihre Rechtfertigung finden sie erst durch die Uebereinstimmung der aus ihnen abgeleiteten Folgerungen mit der Beobachtung.

Das einfallende Licht sei geradlinig polarisirt. Wir können die Betrachtung in die Fälle sondern, dass die Schwingungen senkrecht zur Einfallsebene und in der Einfallsebene geschehen. Das Medium sei unkrystallinisch; dann geschieht auch in der reflectirten und gebrochenen Welle die Bewegung senkrecht zur Einfallsebene resp. in derselben.

Keine Voraussetzung gemacht wird über den Reflexions- und Brechungswinkel sowie über die Polarisationsebene. Ob die Polarisationsebene mit der Schwingungsrichtung zusammenfällt oder senkrecht gegen dieselbe steht, soll sich erst aus den Betrachtungen ergeben.

Die ebene Grenze der Medien sei GG'.

Wir führen ein rechtwinkliges Coordinatensystem ein. Die z-Axe sei senkrecht gegen GG' und zwar nach unten $+$ gerechnet, x sei der

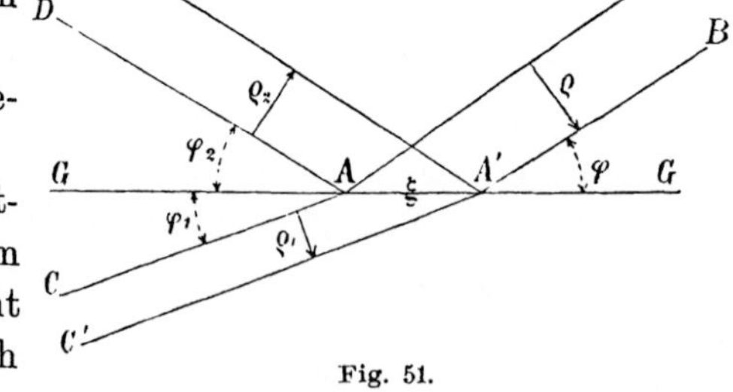

Fig. 51.

Durchschnitt der Einfallsebene mit GG' und zwar $+$ nach rechts, y in GG' senkrecht dagegen.

Die (übrigens willkührlichen) Anfangslagen der einfallenden, gebrochenen und reflectirten Welle seien AB, AC, AD, die hiegegen senkrechten und von den obigen Anfangslagen aus gerechneten Richtungen der Fortpflanzung ϱ, ϱ_1, ϱ_2. Die Phase sei in der ganzen Ausdehnung jeder Welle dieselbe.

Wir betrachten zunächst den Fall, dass die Schwingungen **senkrecht zur Einfallsebene**, also nach y (parallel der Grenzfläche) geschehen.

In den Ebenen $A'B'$, $A'C'$, $A'D'$ wird sodann die Bewegung dargestellt sein durch:

$$P \cos\left(\frac{t}{T} - \frac{\varrho}{\lambda}\right) 2\pi,$$

$$D_p \cos\left(\frac{t}{T} - \frac{\varrho_1}{\lambda_1}\right) 2\pi,$$

$$R_p \cos\left(\frac{t}{T} - \frac{\varrho_2}{\lambda}\right) 2\pi.$$

Da ein beliebiger Punkt A' der Grenze nach dem Obigen durch die einfallende und reflectirte Welle dieselbe Verrückung erleiden muss, wie durch die gebrochene, so muss sein:

$$P \cos\left(\frac{t}{T} - \frac{\varrho}{\lambda}\right) 2\pi + R_p \cos\left(\frac{t}{T} - \frac{\varrho_2}{\lambda}\right) 2\pi = D_p \cos\left(\frac{t}{T} - \frac{\varrho_1}{\lambda_1}\right) 2\pi.$$

Nennen wir die Länge AA' ξ, den Einfalls-, Brechungs- und Reflexionswinkel φ, φ_1, φ_2, so ist:

$$\varrho = \xi \sin \varphi, \qquad \varrho_1 = \xi \sin \varphi_1, \qquad \varrho_2 = \xi \sin \varphi_2,$$

und die obige Gleichung geht über in:

$$P \cos\left(\frac{t}{T} - \frac{\xi \sin \varphi}{\lambda}\right) 2\pi + R_p \cos\left(\frac{t}{T} - \frac{\xi \sin \varphi_2}{\lambda}\right) 2\pi$$

$$= D_p \cos\left(\frac{t}{T} - \frac{\xi \sin \varphi_1}{\lambda_1}\right) 2\pi.$$

Dieselbe muss in jedem Moment für alle Grenztheilchen, d. h. für beliebige t und ξ erfüllt sein. Hieraus folgt zunächst

$$(1) \qquad \frac{\sin \varphi}{\lambda} = \frac{\sin \varphi_1}{\lambda_1} = \frac{\sin \varphi_2}{\lambda},$$

d. h. das **Reflexions- und Brechungsgesetz**, ferner

$$(2) \qquad P + R_p = D_p.$$

Wir stellen nun die Gleichung für die **Erhaltung der lebendigen Kraft** auf.

Aus der einfallenden Welle in einer beliebigen Lage denken wir uns ein rechteckiges Stück herausgeschnitten, dessen eine Seite AB in der Einfallsebene liegt, während die andere AF gegen dieselbe senkrecht steht.

Diejenigen einfallenden Strahlen, welche durch die Begrenzung
dieses Rechteckes gehen, bilden ein rechtwinkliges Prisma, ebenso die
ihnen entsprechenden reflectirten
und gebrochenen.

Wir legen noch eine Ebene
$\alpha\beta$, welche von AB um λ rückwärts liegt. Diejenige Bewegung,
welche in einem Augenblick innerhalb des Prismas $AB\alpha\beta$ enthalten war, wird sich nach Verlauf einer gewissen Zeit in dem
reflectirten Prisma $A_2B_2\alpha_2\beta_2$ und
dem gebrochenen $A_1B_1\alpha_1\beta_1$ befinden, deren Höhen $A_2\alpha_2 = \lambda$
und $A_1\alpha_1 = \lambda_1$ sind.

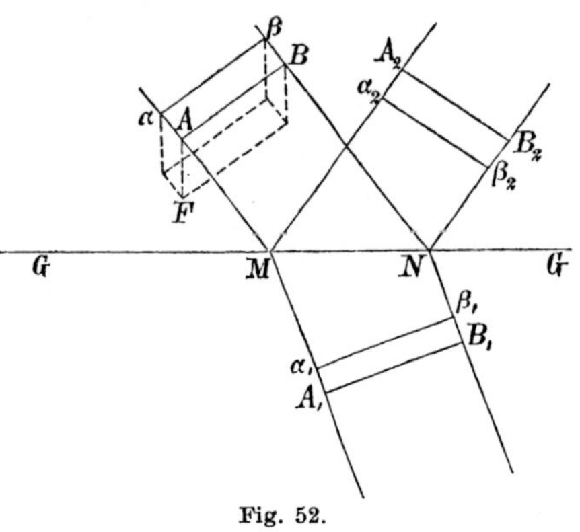

Fig. 52.

Nach dem vorausgesetzten Princip der Erhaltung der lebendigen
Kraft haben wir die lebendige Kraft in $AB\alpha\beta$ gleich zu setzen der
Summe derjenigen in $A_1B_1\alpha_1\beta_1$ und in $A_2B_2\alpha_2\beta_2$.

Bis auf einen constanten Factor ist aber die lebendige Kraft in
einem der Prismen gleich dem Producte aus Volumen, Dichtigkeit und
Quadrat der Amplitude.[1]) Lassen wir die (nach Neumann in beiden
Medien gleich angenommene) Dichtigkeit fort, so ergiebt sich die
Gleichung:

$$(3) \quad P^2 \cdot AB \cdot AF \cdot \lambda = D_p^2 A_1 B_1 \cdot A_1 F_1 \cdot \lambda_1 + R_p^2 A_2 B_2 \cdot A_2 F_2 \cdot \lambda.$$

Nun ist aber:

$$AF = A_1 F_1 = A_2 F_2,$$

$$AB = MN \cos \varphi, \quad A_1 B_1 = MN \cos \varphi_1, \quad A_2 B_2 = MN \cos \varphi,$$

also

$$P^2 \lambda \cos \varphi = D_p^2 \lambda_1 \cos \varphi_1 + R_p^2 \lambda \cos \varphi,$$

---

1) Sei nämlich Q der Querschnitt des Prismas, U die Geschwindigkeit der
Bewegung, und werde ϱ von α aus nach A gezählt, so ist die lebendige Kraft

$$\frac{1}{2} d. \, Q \int_0^\lambda d\varrho \, U^2.$$

Setzt man hierin für U seinen Werth $U = -\frac{2\pi}{T} P \sin\left(\frac{t}{T} - \frac{\varrho}{\lambda}\right) 2\pi$ und führt
die Integration aus, so folgt

$$d. \, Q. \, \lambda. \, P \left(\frac{\pi}{T}\right)^2,$$

worin $Q\lambda$ das Volumen ist.

oder endlich wegen:

$$\lambda_1 = \lambda \, \frac{\sin \varphi_1}{\sin \varphi} :$$

(4) $$(P^2 - R_p{}^2) \cos \varphi \sin \varphi = D_p{}^2 \cos \varphi_1 \sin \varphi_1.$$

Dividiren wir die Gleichung (4) durch (2):

$$P + R_p = D_p,$$

so erhalten wir:

(5) $$(P - R_p) \cos \varphi \sin \varphi = D_p \cos \varphi_1 \sin \varphi_1,$$

und aus (2) und (5)

(6) $$D_p = \frac{2 P \sin \varphi \cos \varphi}{\sin \varphi \cos \varphi + \sin \varphi_1 \cos \varphi_1} = \frac{2 P \sin \varphi \cos \varphi}{\sin (\varphi + \varphi_1) \cos (\varphi - \varphi_1)},$$

(7) $$R_p = \frac{P (\sin \varphi \cos \varphi - \sin \varphi_1 \cos \varphi_1)}{\sin \varphi \cos \varphi + \sin \varphi_1 \cos \varphi_1} = \frac{P \sin \varphi - \varphi_1 \cos \varphi + \varphi_1}{\sin \varphi + \varphi_1 \cos \varphi - \varphi_1}$$
$$= \frac{P \tan \varphi - \varphi_1}{\tan \varphi + \varphi_1}.$$

Wir gehen über zur Ableitung der Formeln für den zweiten Fall, dass die **Schwingungen in der Einfallsebene** geschehen.

Wir nehmen an, dass, wenn in der einfallenden Welle die Bewegung die Richtung AB hat, dieselbe in der gebrochenen und reflectirten nach AC' und AD' gerichtet ist. Sollte sie thatsächlich entgegengesetzt sein, so giebt sich dies später durch das negative Vorzeichen zu erkennen.

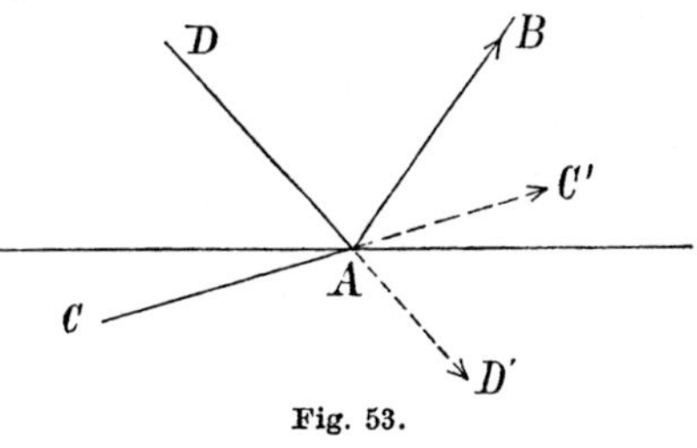

Fig. 53.

Die einfallende, gebrochene und reflectirte Welle werden dargestellt sein durch

$$S \cos \left(\frac{t}{T} - \frac{\varrho}{\lambda} \right) 2\pi,$$

$$D_s \cos \left(\frac{t}{T} - \frac{\varrho_1}{\lambda_1} \right) 2\pi,$$

$$R_s \cos \left(\frac{t}{T} - \frac{\varrho_2}{\lambda} \right) 2\pi,$$

wo ϱ, ϱ_1, ϱ_2 die Entfernungen derselben von den Anfangslagen bedeuten.

Wir benutzen dasselbe Coordinatensystem wie früher (x im Durchschnitt von GG' mit der Einfallsebene $+$ nach rechts, z $+$ nach unten), und zerlegen die Bewegungen in ihre Componenten nach den Coordinatenaxen. Die y-Componenten werden $= 0$, und die nach x und z ergeben sich:

$$u = S \cos \varphi \cos \left(\frac{t}{T} - \frac{\varrho}{\lambda} \right) 2\pi, \quad w = - S \sin \varphi \cos \left(\frac{t}{T} - \frac{\varrho}{\lambda} \right) 2\pi,$$

$$(8) \quad u_1 = D_s \cos \varphi_1 \cos \left(\frac{t}{T} - \frac{\varrho_1}{\lambda_1} \right) 2\pi, \quad w_1 = - D_s \sin \varphi_1 \cos \left(\frac{t}{T} - \frac{\varrho_1}{\lambda_1} \right) 2\pi,$$

$$u_2 = R_s \cos \varphi_2 \cos \left(\frac{t}{T} - \frac{\varrho_2}{\lambda} \right) 2\pi, \quad w_2 = \quad R_s \sin \varphi_2 \cos \left(\frac{t}{T} - \frac{\varrho_2}{\lambda} \right) 2\pi.$$

Die Gleichsetzung der Verrückungen der Grenztheilchen liefert:

$$(9) \qquad\qquad \overline{u} + \overline{u}_2 = \overline{u}_1,$$

$$(10) \qquad\qquad \overline{w} + \overline{w}_2 = \overline{w}_1.$$

Ebenso wie früher ist:

$$\varrho = \xi \sin \varphi, \quad \varrho_1 = \xi \sin \varphi_1, \quad \varrho_2 = \xi \sin \varphi_2,$$

und die Gleichungen (9) und (10) führen zunächst auf

$$\varphi_2 = \varphi, \quad \frac{\sin \varphi}{\lambda} = \frac{\sin \varphi_1}{\lambda_1},$$

weiter aber auf die zwei Relationen:

$$(11) \qquad\qquad (S + R_s) \cos \varphi = D_s \cos \varphi_1,$$

$$(12) \qquad\qquad (S - R_s) \sin \varphi = D_s \sin \varphi_1,$$

sodass hier das Princip der Gleichheit der Verrückungen in der Grenze ausreicht.

Da die Richtung der Bewegung für die lebendige Kraft gleichgültig ist, so haben wir hier die (4) entsprechende Gleichung

$$(4') \qquad\qquad (S^2 - R_s^2) \cos \varphi \sin \varphi = D_s^2 \cos \varphi_1 \sin \varphi_1,$$

welche auch durch Multiplication von (11) und (12) folgt. Durch Auflösung von (11) und (12) wird:

$$(13) \qquad\qquad R_s = S \, \frac{\sin \varphi - \varphi_1}{\sin \varphi + \varphi_1},$$

$$(14) \qquad\qquad D_s = 2 S \, \frac{\sin \varphi \cdot \cos \varphi}{\sin \varphi + \varphi_1}.$$

Wir haben bisher die **Amplituden** angegeben. Um aus denselben die **Intensitäten** abzuleiten, müssen wir bedenken, dass dieselben durch die lebendigen Kräfte gemessen werden, welche dem Producte aus der in Bewegung gesetzten Masse in das Quadrat der Amplitude proportional sind. Wie aus den bei Herleitung der Gleichung der Erhaltung der Kraft angestellten Betrachtungen hervorgeht, ist das Verhältniss der bewegten Massen im einfallenden, reflectirten und gebrochenen Strahle

$$\lambda \cos \varphi : \lambda \cos \varphi : \lambda_1 \cos \varphi_1 = 1 : 1 : \frac{\sin \varphi_1 \cos \varphi_1}{\sin \varphi \cos \varphi},$$

sodass die Intensitäten sich verhalten wie:

$$P^2 : R_p{}^2 : D_p{}^2 \frac{\sin \varphi_1 \cos \varphi_1}{\sin \varphi \cos \varphi} \quad \text{resp.}$$

(15)

$$S^2 : R_s{}^2 : D_s{}^2 \frac{\sin \varphi_1 \cos \varphi_1}{\sin \varphi \cos \varphi}.$$

Die Intensität der gebrochenen Welle mag mit $\Delta_p{}^2$ resp. $\Delta_s{}^2$ bezeichnet werden; die Werthe dieser Grössen sind:

$$(16) \qquad \Delta_p{}^2 = P^2 \frac{\sin 2\varphi \sin 2\varphi_1}{\sin^2 \varphi + \varphi_1 \cos^2 \varphi + \varphi_1},$$

$$(17) \qquad \Delta_s{}^2 = S^2 \frac{\sin 2\varphi \sin 2\varphi_1}{\sin^2 \varphi + \varphi_1}.$$

Jetzt können wir die Frage entscheiden, ob unter den gemachten Voraussetzungen die Schwingungsrichtung in die Polarisationsebene fällt oder senkrecht gegen dieselbe steht.

Nach Malus wird kein Licht reflectirt, wenn ein senkrecht zur Einfallsebene polarisirter Strahl unter dem Polarisationswinkel p einfällt, und wir untersuchen, ob dies unserem R_s oder R_p entspricht.

Wäre, der Fresnel'schen Definition der Polarisationsebene entsprechend, S senkrecht gegen die Einfallsebene polarisirt, so müsste für $\varphi = p$ $R_s = 0$ sein, d. h.

$$\sin (\varphi - \varphi_1) = 0.$$

Dieser Gleichung kann nur genügt werden durch $\varphi = \varphi_1$, woraus nach dem Brechungsgesetze $\lambda = \lambda_1$ folgt. Dann aber giebt es für keinen Einfallswinkel einen reflectirten Strahl, und es kann also S nicht senkrecht gegen die Einfallsebene polarisirt sein.

Betrachten wir nun R_p. Damit dieses verschwinde, wird erfordert

$$\sin \varphi - \varphi_1 \cos \varphi + \varphi_1 = 0,$$

welche Gleichung ausser der soeben als unzulässig nachgewiesenen Lösung $\varphi = \varphi_1$ noch die andere

$$\varphi + \varphi_1 = \frac{\pi}{2}$$

besitzt. Diese ist sehr wohl möglich und enthält das Brewster'sche Gesetz, denn combiniren wir die hieraus folgende Formel $\cos \varphi = \sin \varphi_1$ mit dem Brechungsgesetze $\sin \varphi = n \sin \varphi_1$, so ergiebt sich

$$\tan \varphi = \tan p = n,$$

woraus ein ganz bestimmter Werth des Polarisationswinkels folgt.

Unter Zugrundelegung der Neumann'schen Voraussetzungen finden somit die Schwingungen in der Polarisationsebene statt.

Wir geben nun kurz die Fresnel'sche Theorie. Fresnel setzt in verschiedenen Medien gleiche Elasticität, aber verschiedene Dichtigkeit des Aethers voraus.

In Folge hiervon nimmt die Gleichung der Erhaltung der Kraft eine andere Gestalt an. Bei gleicher Aetherdichte war dieselbe:

$$P^2 \lambda \cos \varphi = R_p^2 \lambda \cos \varphi + D_p^2 \lambda_1 \cos \varphi_1,$$

bezeichnen wir jetzt die Dichtigkeit mit d und d_1, so haben wir:

$$(18) \qquad P^2 \lambda \cos \varphi\, d = R_p^2 \lambda \cos \varphi\, d + D_p^2 \lambda_1 \cos \varphi_1\, d_1.$$

Die Grössen d und d_1 drücken wir anders aus. Die Fortpflanzungsgeschwindigkeit ist in den beiden Medien nach Fresnel:

$$V = \sqrt{\frac{e}{d}}, \qquad V_1 = \sqrt{\frac{e}{d_1}},$$

da ferner

$$\lambda = V T, \qquad \lambda_1 = V_1 T,$$

so folgt

$$\lambda = T \sqrt{\frac{e}{d}}, \qquad \lambda_1 = T \sqrt{\frac{e}{d_1}},$$

$$(19) \qquad \lambda^2 d = \lambda_1^2 d_1.$$

Hierdurch geht (18) über in:

$$P^2 \frac{\cos \varphi}{\lambda} = R_p^2 \frac{\cos \varphi}{\lambda} + D_p^2 \frac{\cos \varphi_1}{\lambda_1},$$

oder wenn wir die Wellenlängen durch das Brechungsgesetz eliminiren:

$$(20) \qquad P^2 \frac{\cos \varphi}{\sin \varphi} = R_p^2 \frac{\cos \varphi}{\sin \varphi} + D_p^2 \frac{\cos \varphi_1}{\sin \varphi_1}.$$

Das Verhältniss der Intensitäten wird hier:

$$(21) \qquad P^2 : R_p^2 : D_p^2 \frac{\sin \varphi \cos \varphi_1}{\sin \varphi_1 \cos \varphi}.$$

Mit der Gleichung der lebendigen Kraft wird im Falle einer zur Einfallsebene senkrechten Bewegung verbunden

$$P + R_p = D_p,$$

woraus noch durch Division:

$$(P - R_p) \frac{\cos \varphi}{\sin \varphi} = D_p \frac{\cos \varphi_1}{\sin \varphi_1}.$$

Geschieht die Bewegung in der Einfallsebene, so benutzt Fresnel — und dies ist der zweite unterscheidende Punkt seiner Theorie —

nur die Componente parallel der brechenden Fläche und ignorirt die andere.[1]) Die erstere ergiebt

$$(S + R_s) \cos \varphi = D_s \cos \varphi_1$$

und nach Division in die Gleichung der lebendigen Kraft:

$$(S^2 - R_s{}^2) \frac{\cos \varphi}{\sin \varphi} = D_s{}^2 \frac{\cos \varphi_1}{\sin \varphi_1} :$$

$$(S - R_s) \frac{1}{\sin \varphi} = D_s \frac{1}{\sin \varphi_1} .$$

Die Auflösung der Gleichungen liefert:

$$(22) \quad
\begin{aligned}
R_p &= - \frac{P \sin \varphi - \varphi_1}{\sin \varphi + \varphi_1}, & R_s &= - \frac{S \tan \varphi - \varphi_1}{\tan \varphi + \varphi_1}, \\[2mm]
D_p &= \frac{2 P \sin \varphi_1 \cos \varphi}{\sin \varphi + \varphi_1}, & D_s &= \frac{2 S \sin \varphi_1 \cos \varphi}{\sin \varphi + \varphi_1 \cos \varphi - \varphi_1},
\end{aligned}$$

und die Intensitäten der gebrochenen Strahlen werden:

$$\varDelta_p{}^2 = \frac{P^2 \sin 2\varphi \sin 2\varphi_1}{\sin^2 \varphi + \varphi_1}, \qquad \varDelta_s{}^2 = \frac{S^2 \sin 2\varphi \sin 2\varphi_1}{\sin^2 \varphi + \varphi_1 \cos^2 \varphi + \varphi_1} .$$

R_s und R_p haben also hier ihre Rolle vertauscht und ausserdem ein anderes Vorzeichen, als bei Neumann. Es kann nur $R_s = 0$ werden, und hieraus schloss Fresnel, dass die Bewegung senkrecht zur Polarisationsebene erfolge. Die durchgehenden Intensitäten stimmen auch mit den Neumann'schen, nur steht auch s an Stelle von p und umgekehrt.

Im Folgenden benutzen wir Neumanns Theorie. Denn die Fresnel'-sche Theorie lässt, da die Dichtigkeit ein räumlicher Begriff. ist, keine Ausdehnung auf krystallinische Media zu, deren Verhalten im Gegentheil nur so aufgefasst werden kann, dass die Elasticität in verschiedenen Richtungen differirt.

Aus den Formeln wollen wir nun eine Reihe von Folgerungen ziehen.

---

1) Die Componente senkrecht zur brechenden Fläche giebt:

$$(S - R_s) \sin \varphi = D_s \sin \varphi_1$$

und die oben benutzte Gleichung:

$$(G) \qquad (S - R_s) \frac{1}{\sin \varphi} = D_s \frac{1}{\sin \varphi_1}$$

ist hienach nicht im Einklang mit dem Princip der Gleichheit der Verrückungen der Grenztheilchen.

Die Fresnel'sche Gleichung (G) folgt, wenn man nicht die Verrückungen, sondern die Quantitäten der Bewegung (Product aus Verrückung in die Masse resp. Dichtigkeit) beiderseits gleichsetzt, und nach dem Obigen das Verhältniss der Dichtigkeiten $= \dfrac{1}{\lambda^2} : \dfrac{1}{\lambda_1{}^2} = \dfrac{1}{\sin^2 \varphi} : \dfrac{1}{\sin^2 \varphi_1}$ nimmt.

1) Der wievielte Theil des senkrecht einfallenden Lichtes wird reflectirt?

Hier ist kein Unterschied zwischen S und P, und beide Formeln

$$R_p = P \frac{\tan \varphi - \varphi_1}{\tan \varphi + \varphi_1}, \quad R_s = S \frac{\sin \varphi - \varphi_1}{\sin \varphi + \varphi_1}$$

ergeben in der That für $\varphi = \varphi_1 = 0$ dasselbe.

Die Factoren nehmen die Form $\%_0$ an; um den wahren Werth dieses Quotienten zu bestimmen, schreiben wir

$$R_s = S \frac{\sin \varphi \cos \varphi_1 - \cos \varphi \sin \varphi_1}{\sin \varphi \cos \varphi_1 + \cos \varphi \sin \varphi_1}$$

und erhalten, nachdem oben und unten mit $\sin \varphi_1$ dividirt ist, mit Benutzung des Brechungsgesetzes:

$$R_s = S \frac{n - 1}{n + 1},$$

also die Intensität:

$$R_s{}^2 = S^2 \left(\frac{n - 1}{n + 1}\right)^2.$$

Da für Glas n nahe $= \frac{3}{2}$, so wird von senkrecht einfallendem Licht etwa $\frac{1}{25}$ reflectirt, während $\frac{24}{25}$ eindringen.

2) Das einfallende Licht sei unter dem Azimuth α polarisirt, d. h. die Polarisationsebene schliesse mit der Einfallsebene einen Winkel α ein.

Wir zerlegen dann die Bewegung, deren Amplitude J sei, nach der Einfallsebene und senkrecht dagegen und haben als Amplituden der Componenten

$$S = J \cos \alpha, \quad S = J \sin \alpha,$$

woraus die reflectirten Amplituden sich ergeben

$$R_s = J \cos \alpha \frac{\sin \varphi - \varphi_1}{\sin \varphi + \varphi_1},$$

$$R_p = J \sin \alpha \frac{\tan \varphi - \varphi_1}{\tan \varphi + \varphi_1}.$$

Die beiden nach S und P polarisirten reflectirten Strahlen setzen sich, da sie einen gemeinsamen Ursprung haben, wieder zu einem geradlinig polarisirten zusammen, dessen Schwingungsebene (Polarisationsebene) mit der Einfallsebene einen Winkel β bildet, der definirt ist durch

$$(23) \qquad \tan \beta = \frac{R_p}{R_s} = \tan \alpha \, \frac{\cos \varphi + \varphi_1}{\cos \varphi - \varphi_1}.$$

Dieser Formel entspricht für das eindringende Licht:

$$(24) \qquad \tan \gamma = \frac{D_p}{D_s} = \frac{\Delta_p}{\Delta_s} = \tan \alpha \, \frac{1}{\cos \varphi - \varphi_1}.$$

Fresnel bestätigte durch Beobachtungen die erste Formel,[1] Brewster in einer ausgedehnten Untersuchung beide.[2]

Wir dürfen also innerhalb der Grenzen der Beobachtungsfehler folgende Formeln als experimentell festgestellt ansehen:

$$(25) \qquad \frac{R_p}{R_s} = \frac{P}{S} \frac{\cos \varphi + \varphi_1}{\cos \varphi - \varphi_1}; \qquad \frac{\varDelta_p}{\varDelta_s} = \frac{P}{S} \frac{1}{\cos \varphi - \varphi_1}.$$

Um zu den Neumann'schen Formeln für die reflectirte und eindringende Intensität zu gelangen, brauchen wir nur hiemit den unter Voraussetzung der „vollkommenen Durchsichtigkeit" geltenden Satz der Erhaltung der Kraft zu verbinden. (Vgl. Neumann, Pogg. Ann. 40, pag. 497. 1837). Derselbe giebt:

$$(26) \qquad P^2 = R_p{}^2 + \varDelta_p{}^2, \qquad (26') \quad S^2 = R_s{}^2 + \varDelta_s{}^2.$$

Ersetzen wir in der Gleichung (26') $R_s{}^2$ und $\varDelta_s{}^2$ durch ihre aus (25) folgenden Werthe, so folgt:

$$(27) \quad P^2 = R_p{}^2 \left(\frac{\cos \varphi - \varphi_1}{\cos \varphi + \varphi_1} \right)^2 + \varDelta_p{}^2 \cos^2 \varphi - \varphi_1,$$

und durch Auflösung von (26) und (27):

$$R_p{}^2 = P^2 \left(\frac{\tan \varphi - \varphi_1}{\tan \varphi + \varphi_1} \right)^2, \quad \varDelta_p{}^2 = P^2 \frac{\sin 2\varphi \sin 2\varphi_1}{\sin^2 \varphi + \varphi_1 \cos^2 \varphi - \varphi_1},$$

endlich mit Hinzuziehung von (25):

$$R_s{}^2 = S^2 \left(\frac{\sin \varphi - \varphi_1}{\sin \varphi + \varphi_1} \right)^2, \quad \varDelta_s{}^2 = S^2 \frac{\sin 2\varphi \sin 2\varphi_1}{\sin^2 \varphi + \varphi_1}.$$

In der Formel (23) ist noch eine Schwierigkeit zu beseitigen. Im Falle der streifenden Incidenz (für $\varphi = 90^0$) giebt dieselbe nämlich:

$$\tan \beta = - \tan \alpha,$$

während die Beobachtung lehrt, dass die Polarisationsebene des reflectirten Lichtes mit der des einfallenden zusammenfällt, also $\beta = \alpha$ ist.

Dieser Widerspruch lässt sich fortschaffen durch Interpretation des negativen Vorzeichens. Es war

$$\tan \beta = \frac{R_p}{R_s}.$$

Hierin ist R_s immer positiv (vorausgesetzt, dass die Reflexion in dem schwächer brechenden Medium stattfindet), R_p für Einfallswinkel von 0 bis zum Polarisationswinkel positiv, für grössere aber negativ, da $\varphi + \varphi_1$, welches für den Polarisationswinkel $= 90^0$ ist, nun $> 90^0$ wird.

---

1) Oeuvres complètes T. I, pag. 647.
2) Phil. Transact. 1830 (Pogg. Ann. 19).

Das positive Zeichen von R_p bedeutete eine Bewegung im Sinne der positiven y, also etwa, wenn wir dem einfallenden Strahle entgegensehen nach links. R_s war dann $+$ gerechnet, wenn die Bewegung

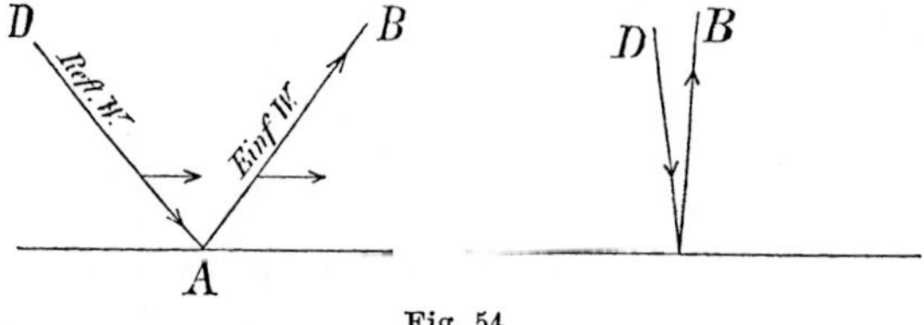

Fig. 54.

in der Richtung DA erfolgte, d. h. so, dass die Horizontalcomponenten der einfallenden und reflectirten Bewegung gleichgerichtet waren.

Bei streifender Incidenz sind beide Componenten des einfallenden Strahles P und S positiv, d. h. die Bewegung erfolgt gleichzeitig nach links und oben. R_p ist negativ, R_s positiv, also ist im reflectirten Strahle die Bewegung nach rechts und unten gerichtet, sodass wir dieselbe Richtung nur im gegenüberliegenden Quadranten erhalten, mit der Beobachtung im Einklange.

Wegen der Continuität liegt die reflectirte Polarisationsebene stets zwischen der einfallenden und der Reflexionsebene.

Wir wollen noch die gesammte Intensität des reflectirten resp. eindringenden Strahles angeben, wenn der einfallende unter dem Azimuth α polarisirt war.

Es wird:

$$(28) \quad R_p{}^2 + R_s{}^2 = J^2 \left[\sin^2 \alpha \left(\frac{\tan \varphi - \varphi_1}{\tan \varphi + \varphi_1} \right)^2 + \cos^2 \alpha \left(\frac{\sin \varphi - \varphi_1}{\sin \varphi + \varphi_1} \right)^2 \right]$$

$$(29) \quad \varDelta_p{}^2 + \varDelta_s{}^2 = J^2 \frac{\sin 2\varphi \, \sin 2\varphi_1}{\sin^2 \varphi + \varphi_1} \left[\sin^2 \alpha \, \frac{1}{\cos^2 \varphi - \varphi_1} + \cos^2 \alpha \right].$$

3) Das einfallende Licht sei nun natürliches.

In demselben durchläuft die Schwingungsrichtung in sehr kurzer Zeit alle Azimuthe, ohne einen zu bevorzugen. Von der ganzen einfallenden Intensität J^2 entfällt also auf ein Azimuthelement zwischen α und $\alpha + d\alpha$ der Betrag $J^2 \frac{d\alpha}{2\pi}$. Wir erhalten die entsprechenden Werthe der reflectirten und eindringenden Intensität aus (28) und (29) durch Multiplication mit $\frac{d\alpha}{2\pi}$, und die gesammte reflectirte und eindringende Intensität durch Integration von 0 bis 2π.

Da

$$\frac{1}{2\pi} \int_0^{2\pi} \sin^2 \alpha \, d\alpha = \frac{1}{2\pi} \int_0^{2\pi} \cos^2 \alpha \, d\alpha = \frac{1}{2},$$

so wird:

$$(30) \qquad \Re^2 = \frac{J^2}{2} \left[\left(\frac{\tan \varphi - \varphi_1}{\tan \varphi + \varphi_1} \right)^2 + \left(\frac{\sin \varphi - \varphi_1}{\sin \varphi + \varphi_1} \right)^2 \right],$$

$$(31) \qquad \mathfrak{D}^2 = \frac{J^2}{2} \frac{\sin 2\varphi \, \sin 2\varphi_1}{\sin^2 \varphi + \varphi_1} \left[\frac{1}{\cos^2 \varphi - \varphi_1} + 1 \right].$$

Mit Hülfe der Formel (30) beantworten wir zunächst die Frage, der wievielte Theil des einfallenden natürlichen Lichtes unter dem Polarisationswinkel zurückgeworfen wird? Wir haben $\varphi + \varphi_1 = 90^0$, also verschwindet der erste Theil von $\Re^2$ und es bleibt:

$$\Re^2 = \frac{J^2}{2} \sin^2 \varphi - \varphi_1 = \frac{J^2}{2} \cos^2 2p$$

(p Polarisationswinkel).

Da ferner $\cos 2p = \frac{\tan^2 p - 1}{\tan^2 p + 1}$ und $\tan p = n$ (nach Brewsters Gesetz), so wird

$$\Re^2 = \frac{J^2}{2} \left(\frac{n^2 - 1}{n^2 + 1} \right)^2.$$

Für Glas ist n etwa 1,5 und die Ausrechnung giebt

$$\Re^2 = J^2 \frac{1}{13,5}.$$

Die Methode, Licht durch einfache Reflexion zu polarisiren, ist also erheblich unvortheilhafter als die Anwendung eines Kalkspathes, welcher nahezu $\frac{J^2}{2}$ liefert.

Weiter untersuchen wir, der wievielte Theil des reflectirten resp. durchgehenden Lichtes polarisirt ist, wenn das einfallende natürliches Licht war.

Senkrecht zur Einfallsebene ist polarisirt

$$R_p^2 = \frac{J^2}{2} \left(\frac{\tan \varphi - \varphi_1}{\tan \varphi + \varphi_1} \right)^2,$$

in dieselben:

$$R_s^2 = \frac{J^2}{2} \left(\frac{\sin \varphi - \varphi_1}{\sin \varphi + \varphi_1} \right)^2.$$

Der erstere Theil ist immer geringer als der zweite, und also stets ein Ueberschuss nach der Einfallsebene polarisirten Lichtes vorhanden.

Die Differenz von R_s^2 und R_p^2 wird nicht wieder zu natürlichem Lichte zusammengesetzt, somit ist der absolute Betrag des polarisirten Lichtes

$$(32) \qquad R_s^2 - R_p^2 = \frac{J^2}{2} \left(\frac{\sin \varphi - \varphi_1}{\sin \varphi + \varphi_1} \right)^2 \left[1 - \left(\frac{\cos \varphi + \varphi_1}{\cos \varphi - \varphi_1} \right)^2 \right]$$

$$= \frac{J^2}{2} \frac{\sin^2 \varphi - \varphi_1 \, \sin 2\varphi \, \sin 2\varphi_1}{\sin^2 \varphi + \varphi_1 \, \cos^2 \varphi - \varphi_1}$$

und sein Verhältniss zur gesammten reflectirten Intensität:

$$(33) \qquad \frac{R_s{}^2 - R_p{}^2}{R_s{}^2 + R_p{}^2} = \frac{1 - \left(\dfrac{\cos \varphi + \varphi_1}{\cos \varphi - \varphi_1}\right)^2}{1 + \left(\dfrac{\cos \varphi + \varphi_1}{\cos \varphi - \varphi_1}\right)^2}.$$

Im eindringenden Lichte sind senkrecht zur Einfallsebene und in derselben polarisirt die Intensitäten:

$$(34) \qquad \varDelta_p{}^2 = \frac{J^2}{2} \frac{\sin 2\varphi \sin 2\varphi_1}{\sin^2 \varphi + \varphi_1 \cos^2 \varphi - \varphi_1}, \quad \varDelta_s{}^2 = \frac{J^2}{2} \frac{\sin 2\varphi \sin 2\varphi_1}{\sin^2 \varphi + \varphi_1}.$$

Ihre Differenz

$$(35) \qquad \begin{aligned} \varDelta_p{}^2 - \varDelta_s{}^2 &= \frac{J^2}{2} \frac{\sin 2\varphi \sin 2\varphi_1}{\sin^2 \varphi + \varphi_1} \left(\frac{1}{\cos^2 \varphi - \varphi_1} - 1\right) \\ &= \frac{J^2}{2} \frac{\sin 2\varphi \sin 2\varphi_1 \sin^2 \varphi - \varphi_1}{\sin^2 \varphi + \varphi_1 \cos^2 \varphi - \varphi_1} \end{aligned}$$

giebt den Antheil, welcher senkrecht zur Einfallsebene polarisirt ist. Es ist

$$\varDelta_p{}^2 - \varDelta_s{}^2 = R_s{}^2 - R_p{}^2,$$

d. h. die Theorie hat auf das Gesetz von Arago geführt, nach welchem die Menge des polarisirten Lichtes im reflectirten und eindringenden Strahl gleich ist, und die Polarisationsebenen senkrecht gegeneinander stehen.

4) Wir betrachten den Fall einer wiederholten Reflexion und Brechung.

Um Licht mehrmals unter gleichem Einfallswinkel reflectiren zu lassen, braucht man nur zwei (nöthigenfalls auf der Rückseite geschwärzte) Platten parallel in geeigneter Entfernung aufzustellen.

Wenn der einfallende Strahl der Amplitude J geradlinig unter dem Azimuth α polarisirt war, so waren die Componenten des einmal reflectirten Strahles:

$$R_p^{(1)} = J \sin \alpha \frac{\tan \varphi - \varphi_1}{\tan \varphi + \varphi_1}, \qquad R_s^{(1)} = J \cos \alpha \frac{\sin \varphi - \varphi_1}{\sin \varphi + \varphi_1}.$$

Bei jeder erneuten Reflexion tritt nun derselbe Factor wieder hinzu, und es wird:

$$R_p^{(2)} = J \sin \alpha \left(\frac{\tan \varphi - \varphi_1}{\tan \varphi + \varphi_1}\right)^2, \quad R_s^{(2)} = J \cos \alpha \left(\frac{\sin \varphi - \varphi_1}{\sin \varphi + \varphi_1}\right)^2,$$

$$\cdots \qquad\qquad \cdots$$

$$(36) \qquad R_p^{(n)} = J \sin \alpha \left(\frac{\tan \varphi - \varphi_1}{\tan \varphi + \varphi_1}\right)^n, \quad R_s^{(n)} = J \cos \alpha \left(\frac{\sin \varphi - \varphi_1}{\sin \varphi + \varphi_1}\right)^n.$$

Hieraus folgt das Polarisationsazimuth des n-mal reflectirten Strahles

$$(37) \qquad \tan \beta^{(n)} = \tan \alpha \left(\frac{\cos \varphi + \varphi_1}{\cos \varphi - \varphi_1}\right)^n.$$

Dasselbe wird hienach immer kleiner und nähert sich rasch der Null, was durch Beobachtungen von Brewster bestätigt wird.

Eine wiederholte Brechung unter identischen Verhältnissen ist selbstverständlich unmöglich; wir wollen die Formeln nur für den Durchgang eines ursprünglich unter dem Azimuth α polarisirten Strahles durch ein Prisma hinschreiben.

Wenn der erste Einfalls- und Brechungswinkel mit φ und φ_1 bezeichnet wird und φ' und φ_1' die analoge Bedeutung für die Brechung an der zweiten Prismenfläche haben, so ist:

$$D_p^{(1)} = J \sin \alpha \, \frac{2 \sin \varphi \cos \varphi}{\sin \varphi + \varphi_1 \, \cos \varphi - \varphi_1}, \quad D_s^{(1)} = J \cos \alpha \, \frac{2 \sin \varphi \cos \varphi}{\sin \varphi + \varphi_1},$$

$$(38) \quad D_p^{(2)} = J \sin \alpha \, \frac{2 \sin \varphi \cos \varphi}{\sin \varphi + \varphi_1 \, \cos \varphi - \varphi_1} \cdot \frac{2 \sin \varphi' \cos \varphi'}{\sin \varphi' + \varphi_1' \, \cos \varphi' - \varphi_1'},$$

$$D_s^{(2)} = J \cos \alpha \, \frac{2 \sin \varphi \cos \varphi}{\sin \varphi + \varphi_1} \cdot \frac{2 \sin \varphi' \cos \varphi'}{\sin \varphi' + \varphi_1'},$$

und das Polarisationsazimuth:

$$\tan \gamma^{(2)} = \tan \alpha \, \frac{1}{\cos \varphi - \varphi_1 \, \cos \varphi' - \varphi_1'}.$$

Fällt natürliches Licht ein, so erhalten wir nach n-maliger Reflexion von parallelen Platten die Componenten:

$$R_p^{(n)} = \frac{J}{2} \cdot \left(\frac{\tan \varphi - \varphi_1}{\tan \varphi + \varphi_1} \right)^n, \quad R_s^{(n)} = \frac{J}{2} \left(\frac{\sin \varphi - \varphi_1}{\sin \varphi + \varphi_1} \right)^n,$$

und das Verhältniss des polarisirten Antheils durch die Gesammtintensität:

$$\frac{[R_s^{(n)}]^2 - [R_p^{(n)}]^2}{[R_s^{(n)}]^2 + [R_p^{(n)}]^2} = \frac{1 - \left[\dfrac{\cos \varphi + \varphi_1}{\cos \varphi - \varphi_1} \right]^{2n}}{1 + \left[\dfrac{\cos \varphi + \varphi_1}{\cos \varphi - \varphi_1} \right]^{2n}}.$$

Mit wachsendem n nähert sich dasselbe rasch der 1, und Brewster zeigte, dass man durch wiederholte Reflexion auch unter anderen Winkeln als unter dem Polarisationswinkel eine nahezu vollständige Polarisation zu erzielen vermag.[1]

5) Wir behandeln nun den Fall ebener Platten.

Zunächst wollen wir eine bei der Theorie der Newton'schen Farbenringe gemachte Voraussetzung begründen, welche dort in der Formel $r = - \varrho$ enthalten war und die Bedeutung hatte, dass für die Berechnung der Interferenz des an der Ober- und Unterseite der Lamelle reflectirten Strahles zu der ihrer Wegdifferenz entsprechenden Verzögerung noch eine halbe Wellenlänge hinzuzufügen war.

---

1) Brewster, Phil. Transact. 1830 (Pogg. Ann. 19).

Die Werthe der reflectirten Amplituden an der ersten Fläche sind:

$$R_p = P\,\frac{\tan \varphi - \varphi_1}{\tan \varphi + \varphi_1}, \qquad R_s = S\,\frac{\sin \varphi - \varphi_1}{\sin \varphi + \varphi_1}.$$

Da die zweite Fläche der ersten parallel ist, so ist für die Reflexion des eingedrungenen Lichtes der Einfalls- und Brechungswinkel vertauscht und die Coefficienten werden:

$$- \frac{\tan \varphi - \varphi_1}{\tan \psi + \varphi_1}, \qquad - \frac{\sin \varphi - \varphi_1}{\sin \varphi + \varphi_1}.$$

Dasselbe gilt auch, wenn natürliches Licht einfällt, denn man braucht nur seine Schwingungen in jedem Augenblick nach p und s zu zerlegen.

Die betrachtete ebene Platte sei so dick, dass sie keine Farben giebt, die sich übrigens auch beim dünnsten Spiegelglase nicht zeigen.

Der Kürze wegen werde gesetzt:

$$R_p{}^2 = P^2 \left(\frac{\tan \varphi - \varphi_1}{\tan \varphi + \varphi_1}\right)^2 = P^2 r_p,$$

$$R_s{}^2 = S^2 \left(\frac{\sin \varphi - \varphi_1}{\sin \varphi + \varphi_1}\right)^2 = S^2 r_s,$$

$$\varDelta_p{}^2 = P^2 \frac{\sin 2\varphi \sin 2\varphi_1}{\sin^2 \varphi + \varphi_1 \cos^2 \varphi - \varphi_1} = P^2 d_p,$$

$$\varDelta_s{}^2 = S^2 \frac{\sin 2\varphi \sin 2\varphi_1}{\sin^2 \varphi + \varphi_1} = S^2 d_s.$$

Der einfallende Strahl der Intensität 1 sei nun zunächst in der Einfallsebene oder senkrecht gegen dieselbe polarisirt, so entstehen aus demselben die in beistehender Figur angedeuteten Strahlen, wo r und d entweder mit dem Index s oder p zu versehen sind. Die Coefficienten bleiben nämlich ungeändert, gleichgültig ob die Reflexion an der oberen oder unteren Grenze geschieht.

Es gelangen nun ins Auge zwar nicht die gezeichneten Strahlen, wohl aber andere derselben Intensität (vgl. die Ausführungen bei Gelegenheit der Newton'schen Farbenringe) und die reflectirte Gesammtintensität wird, falls die Platte unbegrenzt angenommen wird,

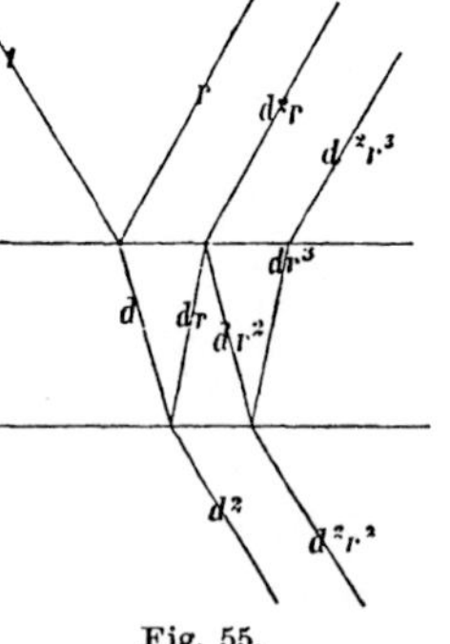

Fig. 55.

$$r_1 = r + d^2 r + d^2 r^3 + d^2 r^5 + \cdots$$
$$= r + d^2 r \left(1 + r^2 + r^4 + \cdots\right) = r + \frac{d^2 r}{1 - r^2},$$

oder mit Rücksicht auf $r + d = 1$:

$$(39) \qquad r_1 = \frac{2r}{1 + r}.$$

Ebenso ergiebt sich für die durchgehende Gesammtintensität:

$$(40) \qquad d_1 = d^2 (1 + r^2 + r^4 \cdots) = \frac{d^2}{1 - r^2} = \frac{1 - r}{1 + r},$$

$r_1 + d_1$ ist $= 1$, wie es sein muss.

Wir suchen jetzt für ein **System mehrerer gleicher paralleler Platten** — etwa eine Glassäule — die reflectirte und durchgehende Intensität, wobei zunächst auch das Licht in der Einfallsebene oder senkrecht dagegen polarisirt vorausgesetzt werde.

Wir gelangen am einfachsten zum Ziele durch einen Schluss von n auf $n + 1$ Platten.

Wenn durch das System von n Platten von der einfallenden Intensität 1 der Betrag ϱ reflectirt und δ durchgelassen wird, so entstehen nach Hinzufügung der $n + 1$sten Platte Strahlen der beifolgend dargestellten Intensitäten.

Im Ganzen wird also reflectirt:

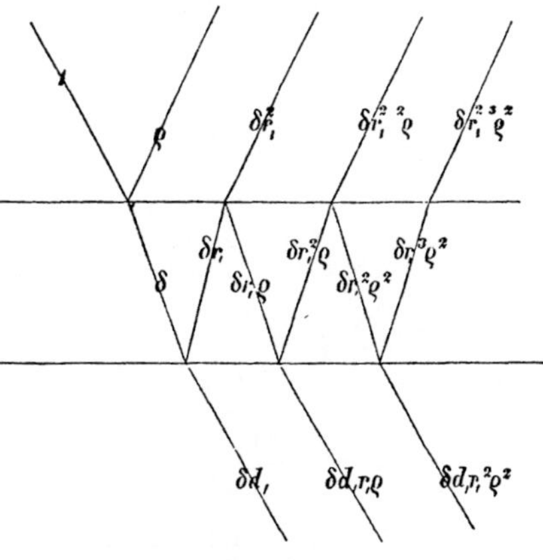

Fig. 56.

$$r_{n+1} = \varrho + \delta^2 r_1 (1 + r_1 \varrho + r_1^2 \varrho^2 + \cdots) = \varrho + \frac{\delta^2 \varrho_1}{1 - r_1 \varrho},$$

oder wegen der selbstverständlich geltenden Relation

$$\varrho + \delta = 1:$$

$$(41) \qquad r_{n+1} = \varrho + \frac{r_1 (1 - \varrho)^2}{1 - r_1 \varrho} = r_n + \frac{r_1 (1 - r_n)^2}{1 - r_1 r_n},$$

wenn wir für $\varrho : r_n$ schreiben.

Für das durchgehende Licht folgt ähnlich:

$$d_{n+1} = \delta d_1 (1 + r_1 \varrho + r_1^2 \varrho^2 + \cdots) = \frac{\delta d_1}{1 - r_1 \varrho}$$

$$(42) \qquad = \frac{(1 - \varrho)(1 - r_1)}{1 - r_1 \varrho} = \frac{(1 - r_n)(1 - r_1)}{1 - r_1 r_n}.$$

Bereits ermittelt waren r_1, d_1; durch successive Anwendung von (41) und (42) erhalten wir:

10*

$$r_1 = \frac{2r}{1+r}, \qquad d_1 = \frac{1-r}{1+r},$$

$$r_2 = \frac{4r}{1+3r}, \qquad d_2 = \frac{1-r}{1+3r},$$

(43)
$$r_3 = \frac{6r}{1+5r}, \qquad d_3 = \frac{1-r}{1+5r},$$

$$\cdots\cdots$$

$$r_n = \frac{2nr}{1+(2n-1)\,r}, \quad d_n = \frac{1-r}{1+(2n-1)\,r}.$$

Es sei nochmals daran erinnert, dass, je nachdem der einfallende Strahl nach der Einfallsebene oder senkrecht gegen dieselbe polarisirt ist, r zu ersetzen ist durch

$$r_s = \left(\frac{\sin\varphi - \varphi_1}{\sin\varphi + \varphi_1}\right)^2 \ \text{oder} \ r_p = \left(\frac{\tan\varphi - \varphi_1}{\tan\varphi + \varphi_1}\right)^2.$$

Jetzt sei das einfallende Licht der Intensität J^2 unter dem Azimuth α polarisirt. Die Intensitäten seiner Componenten sind

$$S^2 = J^2\cos^2\alpha, \quad P^2 = J^2\sin^2\alpha,$$

und die gesammte reflectirte und durchgelassene Intensität:

(44)
$$R_\alpha^{(n)} = J^2\left[\frac{2n\,r_s}{1+(2n-1)\,r_s}\cos^2\alpha + \frac{2n\,r_p}{1+(2n-1)\,r_p}\sin^2\alpha\right],$$

$$D_\alpha^{(n)} = J^2\left[\frac{1-r_s}{1+(2n-1)\,r_s}\cos^2\alpha + \frac{1-r_p}{1+(2n-1)\,r_p}\sin^2\alpha\right].$$

Um die entsprechenden Formeln für natürliches Licht zu erhalten, haben wir nur mit $\frac{d\alpha}{2\pi}$ zu multipliciren und dann von 0 bis 2π zu integriren und finden:

(45)
$$\Re^{(n)} = \frac{J^2}{2}\left[\frac{2n\,r_s}{1+(2n-1)\,r_s} + \frac{2n\,r_p}{1+(2n-1)\,r_p}\right],$$

$$\mathfrak{D}^{(n)} = \frac{J^2}{2}\left[\frac{1-r_s}{1+(2n-1)\,r_s} + \frac{1-r_p}{1+(2n-1)\,r_p}\right].$$

Die Formeln (44) und (45) enthalten die Theorie der Glassäule. Wir wenden die Letztere auf den Fall an, dass natürliches Licht unter dem Polarisationswinkel einfällt. Das reflectirte ist sodann vollständig nach der Einfallsebene polarisirt; r_p ist $= 0$, für r_s hatten wir bereits den Werth $\left(\frac{n^2-1}{n^2+1}\right)^2$ ermittelt, wo n den Brechungscoefficienten bedeutet. Setzen wir $n = 1{,}5$ (Glas) so wird $r_s = \frac{1}{6{,}76}$.

Mit Einführung dieses Werthes ergiebt sich

für 1 Platte die reflectirte Intensität $J^2 \dfrac{1}{6,8}$,

„ 2 Platten „ „ „ $J^2 \dfrac{1}{4,9}$,

„ 3 „ „ „ „ $J^2 \dfrac{1}{3,9}$,

„ 10 „ „ „ „ $J^2 \dfrac{1}{2,6}$,

„ 20 „ „ „ „ $J^2 \dfrac{1}{2,3}$.

Durch Reflexion von einer Platte mit geschwärzter Rückseite unter dem Polarisationswinkel erhielten wir nur $\dfrac{1}{13,5}$ der einfallenden Intensität als polarisirtes Licht. Diese Methode der Polarisation ist also bezüglich der erhaltenen Lichtstärke sehr unvortheilhaft; die durch Schwärzung der Rückseite beabsichtigte Fernhaltung falschen Lichtes kann man bei einer Platte resp. Glassäule auch auf anderem Wege erreichen. Bequem ist z. B. die Fig. 57 schematisch dargestellte Vorrichtung. KK ist ein innen geschwärzter Kasten mit zwei Oeffnungen O_1 und O_2, G eine Glassäule von etwa 10 Platten, S ein um D drehbarer Metallspiegel. Die Anordnung ist so getroffen, dass das von S reflectirte Licht der Lichtquelle durch O_1 unter dem Polarisationswinkel auf G trifft und nach der zweiten Reflexion durch O_2 austritt.

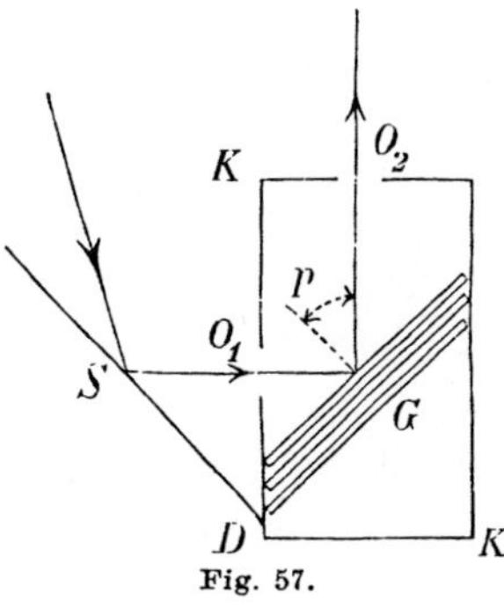
Fig. 57.

Wir wollen noch das durch eine Glassäule hindurchgegangene Licht betrachten.

Seine Intensität wird unter denselben Voraussetzungen wie oben

$$\mathfrak{D}^{(n)} = \frac{J^2}{2}\left[\frac{1 - r_s}{1 + (2n - 1)\, r_s} + 1\right],$$

und zwar ist hievon ein mit $\mathfrak{R}^{(n)}$ gleicher Theil senkrecht zur Einfallsebene polarisirt. Der unpolarisirte Antheil beträgt somit

$$\mathfrak{D}^{(n)} - \mathfrak{R}^{(n)} = J^2 \frac{1 - r_s}{1 + (2n - 1)\, r_s};$$

derselbe wird für 10 Platten $J^2 \dfrac{1}{4,5}$,

„ 20 „ $J^2 \dfrac{1}{7,9}$,

ist also immerhin nicht unerheblich, sodass das reflectirte Licht weit brauchbarer ist.

Auf den vorstehend entwickelten Formeln beruht die Theorie des Polarimeters und Photometers von Wild.[1]

Die Aufgabe des Polarimeters ist, in einem Gemisch von natürlichem und geradlinig polarisirtem Licht das Verhältniss der beiden Antheile zu bestimmen. Das Instrument besteht aus einer mit einem getheilten Kreise verbundenen Glassäule G, welche um eine zur Ebene der Platten parallele, zur Richtung des einfallenden Lichtes senkrechte Axe drehbar ist, einer Krystallplatte K[2] und einem analysirenden Polarisationsapparat z. B. einem Turmalin T.

Die Theorie der Farbenerscheinungen krystallinischer Medien wird später ausführlich entwickelt werden; hier genügt zu wissen, dass die nothwendige Vorbedingung für ihr Auftreten die Polarisation des einfallenden Lichtes ist, und dass die Erscheinung verschwindet, wenn von dem einfallenden Lichte gleiche Portionen nach zwei aufeinander senkrechten Ebenen polarisirt sind.

Man bringt für die Anwendung das Instrument in eine solche Lage, dass die Einfallsebene der Glassäule mit der Polarisationsebene des polarisirten Theiles zusammenfällt und dreht die Glassäule so lange um ihre Axe, bis die Interferenzerscheinung verschwindet.

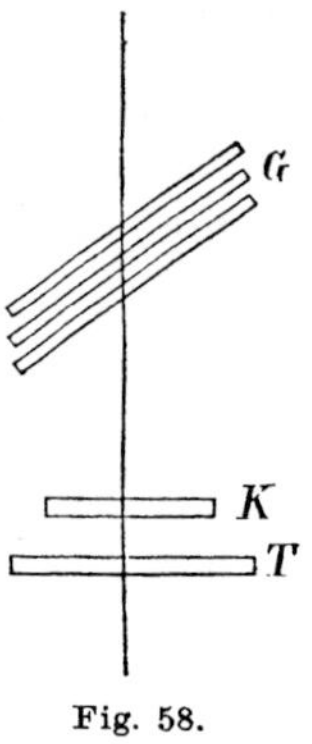

Ist die Intensität des einfallenden natürlichen Lichtes J^2, diejenige des nach der Einfallsebene der Glassäule polarisirten S^2, so haben wir nach dem Durchgange durch die Glassäule von n Platten senkrecht zur Einfallsebene polarisirt:

$$\frac{J^2}{2}\,\frac{1-r_p}{1+(2n-1)\,r_p},$$

Fig. 58.

in derselben polarisirt:

$$\frac{J^2}{2}\,\frac{1-r_s}{1+(2n-1)\,r_s} + S^2\,\frac{1-r_s}{1+(2n-1)\,r_s},$$

und beim Verschwinden der Interferenzerscheinung:

$$\frac{J^2}{2}\,\frac{1-r_p}{1+(2n-1)\,r_p} = \left(\frac{J^2}{2}+S^2\right)\frac{1-r_s}{1+(2n-1)\,r_s}.$$

Da r_p und r_s bekannte Functionen des Brechungscoefficienten

---

1) Wild, Pogg. Ann. Bd. 99, pag. 235. 1856.

2) Z. B. eine senkrecht zur Axe geschnittene Kalkspathplatte, welche concentrische Ringe giebt oder gekreuzte, unter 45° gegen die Axe geschnittene Bergkrystallplatten, die parallele Streifen zeigen.

und des Einfallswinkels sind, lässt sich hieraus das Verhältniss $S^2 : J^2$ berechnen.

Mit Hülfe seines Polarimeters untersuchte Wild das blaue Himmelslicht, welches im Gegensatz zum Wolkenlicht theilweise polarisirt ist.

Die Sonne und der antisolare Punkt sind neutral, in der nächsten Umgebung ist ein Theil senkrecht zu dem durch die Sonne und den beobachteten Punkt gelegten Kreis po-larisirt. Dann folgt in einem Abstande, der je nach der Sonnenhöhe von 7^0 bis 15^0 variirt, wieder eine neutrale Zone, im übrigen Theile des Himmels fällt die Polarisationsebene mit der durch die Sonne gelegten Ebene zu-sammen. Das Maximum der Polarisa-tion findet sich senkrecht zur Sonne; Wild erhielt hier (in der durch dieselbe gelegten Vertikalebene) $S^2/J^2 = 1{,}9439$. Folgende Figur veranschaulicht den

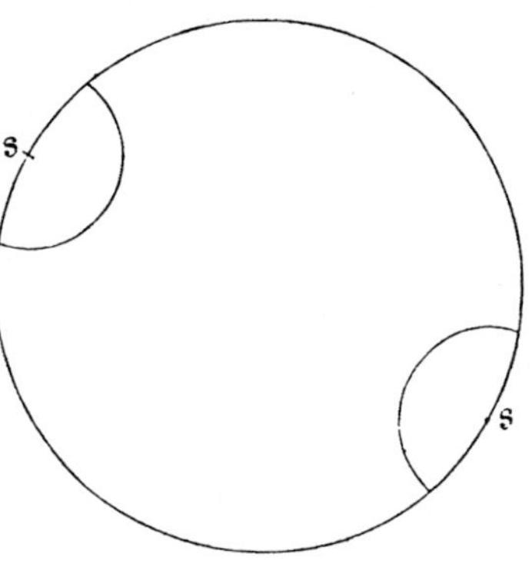

Fig. 59.

Werth des Quotienten S^2/J^2 in seiner Abhängigkeit von dem Abstand

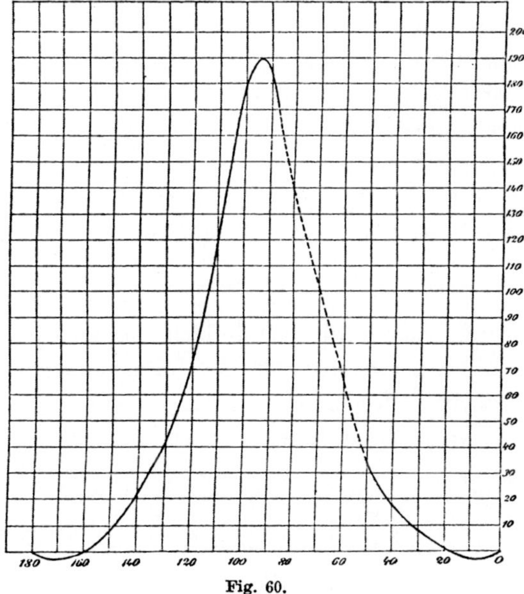

Fig. 60.

von der Sonne, negative Ordinaten deuten die Polarisation senkrecht zu der durch die Sonne gelegten Ebene an.

Das Princip des **Photometers von Wild** ist folgendes: die in Beziehung auf ihre Intensität zu vergleichenden Strahlen werden — der eine ganz, der andere zum Theil — senkrecht gegeneinander polarisirt und gemischt. Dann wird der eine Strahl auf bekannte Weise so lange geschwächt, bis die senkrecht gegeneinander polarisirten Theile gleich sind, was man ähnlich wie oben durch das Verschwinden der Interferenzerscheinung eines Krystalles erkennt.

J^2 und J_1^2 seien die Strahlen, und zwar wollen wir nur den Fall verfolgen, dass dieselben natürliches Licht sind. J_1^2 fällt unter dem Polarisationswinkel auf eine einzelne Glasplatte G_1, trifft nach der Reflexion wieder unter dem Polarisationswinkel auf die mit G_1 parallele feste Glassäule G von n Platten und gelangt durch den Krystall K und den Analysator T ins Auge.

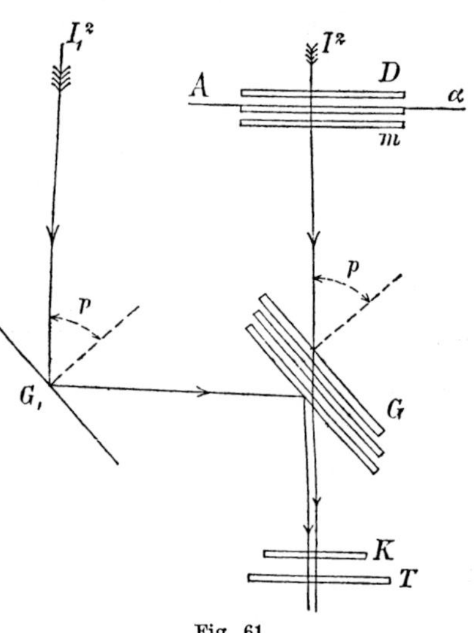

Fig. 61.

J^2 passirt zunächst die Glassäule D, von m Platten, welche um eine Axe $A\alpha$ so drehbar ist, dass die Einfallsebene senkrecht zu der von G bleibt, dann die Glassäule G und die übrigen Theile K und T.

Die Dimensionen des Apparates sind so bemessen, dass von G an beide Strahlen zusammenfallen.

Da der Strahl J_1^2 von einer einzelnen Platte unter dem Polarisationswinkel reflectirt wird, so ist nach der Reflexion die Intensität

$$J_1^2 \frac{(r_s)}{1 + (r_s)},$$

wo (r_s) der Werth von r_s für den Polarisationswinkel bedeutet, und zwar ist diese Lichtmenge nach der Einfallsebene polarisirt.

Nach nochmaliger Reflexion von der Glassäule G unter dem Polarisationswinkel wird die Intensität

$$J_1^2 \frac{(r_s)}{1 + (r_s)} \cdot \frac{2\,n\,(r_s)}{1 + (2\,n - 1)(r_s)} = S_1^2.$$

Von der Intensität J^2 ist nach dem Durchgange durch D nach der Einfallsebene von D polarisirt

$$\frac{J^2}{2} \frac{1 - r_s}{1 + (2\,m - 1)\,r_s},$$

senkrecht gegen dieselbe:

$$\frac{J^2}{2} \, \frac{1 - r_p}{1 + (2m - 1)r_p}.$$

Da die Einfallsebene von G senkrecht gegen die von D steht, so erhalten wir aus dem letzteren Theil die nach der Einfallsebene von G polarisirte Intensität

$$\frac{J^2}{2} \, \frac{1 - r_p}{1 + (2m - 1)r_p} \cdot \frac{1 - (r_s)}{1 + (2n - 1)(r_s)} = S^2.$$

Der erstere Theil geht ganz durch, da er G unter dem Polarisationswinkel trifft und senkrecht zur Einfallsebene von G polarisirt ist, also ist schliesslich

$$\frac{J^2}{2} \, \frac{1 - r_s}{1 + (2m - 1)r_s} = P^2$$

senkrecht zur Einfallsebene polarisirt.

Hat man durch Drehung von D die Interferenzerscheinung zum Verschwinden gebracht, so ist

$$P^2 = S^2 + S_1^2,$$

aus welcher Gleichung das Verhältniss $J^2 : J_1^2$ bestimmbar ist.

Wild bestimmte so die Absorption durch einen Zoll destillirtes Wasser; von der Intensität 1 ging hindurch 0,98835.[1]

Da man die Gleichheit der beiden senkrecht gegen einander polarisirten Strahlen bis auf $1/1000$ constatiren kann, so übertrifft das Wild'sche Photometer an Empfindlichkeit bei weitem die auf directe Vergleichung von Lichteindrücken basirten und auch das Bunsen'sche Fettfleckphotometer.

Totale Reflexion.

Berechnen wir den Weg eines Lichtstrahles beim Uebergange aus einem stärker brechenden Medium in ein schwächer brechendes nach der Formel

$$\sin \varphi_1 = n \sin \varphi,$$

(wo n den Brechungscoefficienten für den Uebergang aus Letzterem in Ersteres bedeutet, also > 1 ist), so finden wir einen reellen Werth von φ_1 nur bis zu einem aus $\sin \varphi = \dfrac{1}{n}$ folgenden Werthe von φ,

---

[1] In welcher Weise die Absorption in dem Glase der Glassäulen in Rechnung gezogen wurde, s. in der Originalabhandlung. Ein anderes Photometer und Polarimeter, das mit Benutzung von Kalkspath construirt ist, s. Wild, Pogg. Ann. 118, pag. 193. 1863.

für grössere Einfallswinkel würde φ_1 imaginär werden. Es tritt nun eine neue Erscheinung, die sog. totale Reflexion, ein: ein gebrochener Strahl entsteht überhaupt nicht, sondern das ganze einfallende Licht wird reflectirt.

Die Gesetze der totalen Reflexion sind ebenfalls von Fresnel aufgefunden.[1]

Wir geben zunächst die Beobachtungsthatsachen an. Wenn natürliches Licht total reflectirt wird, zeigt sich keine Spur von Polarisation. Dies ist auch leicht begreiflich, da eine solche nur durch eine räumliche Trennung der beiden Componenten der Bewegung oder durch Vernichtung einer derselben zu Stande kommen kann, während bei der totalen Reflexion die ganze Intensität reflectirt wird.

Fällt polarisirtes Licht ein, dessen Polarisationsebene in der Einfallsebene oder senkrecht gegen dieselbe gelegen ist, so ist auch der reflectirte Strahl vollständig in derselben Weise polarisirt.

Für alle andern Azimuthe ist das reflectirte Licht nicht mehr vollständig geradlinig polarisirt, und Fresnel fand, dass die Depolarisation vom Reflexionswinkel abhängt und für einen bestimmten Werth desselben (etwa 50^0 bei Glas und Luft) ein Maximum erreicht. War das einfallende Licht unter einem Azimuth von $\pm 45^0$ polarisirt, so genügte eine zweimalige totale Reflexion unter diesem Winkel (ca. 50^0), um dasselbe vollständig zu depolarisiren.

Zur Anstellung dieses Versuches ist das Fresnel'sche Prisma bequem. Dasselbe besteht aus einem Glasparallelepipedon mit einem Winkel von etwa 50^0. Bei richtig gewählten Dimensionen erleidet ein senkrecht zur ersten Fläche eintretender Strahl zwei innere Reflexionen unter 50^0 und tritt dann senkrecht durch die gegenüberliegende Fläche aus. Das senkrechte Auftreffen auf die Grenzflächen modificirt den Strahl nicht, sodass die hervorgebrachte Veränderung allein von der totalen Reflexion herrührt.

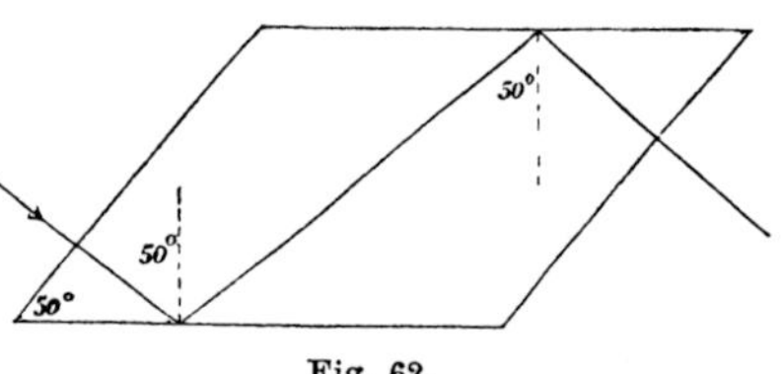

Fig. 62.

Analysirt man einen solchen durch ein Fresnel'sches Prisma ganz depolarisirten Strahl mit einem Kalkspath, so haben für jede Lage desselben beide Bilder gleiche Helligkeit.

---

[1] Oeuvres compl. T. I, p. 779 ff.

Der Strahl ist aber trotzdem nicht natürliches Licht. Denn geht er noch einmal durch ein zweites gleiches Prisma, so ist er wieder vollständig geradlinig polarisirt (und zwar liegt nun die Polarisationsebene auf der andern Seite der Einfallsebene unter 45° gegen dieselbe geneigt).

Wir haben aber gesehen, dass natürliches Licht durch totale Reflexion nie polarisirt werden kann.

Bei einer Glassorte vom Brechungscoefficienten 1,51 gelang es Fresnel, das Licht vollständig zu depolarisiren durch zwei Reflexionen unter 54° 37′, durch drei Reflexionen unter 43° 10′ oder 69° 12′ und durch vier Reflexionen unter 74° 42′.

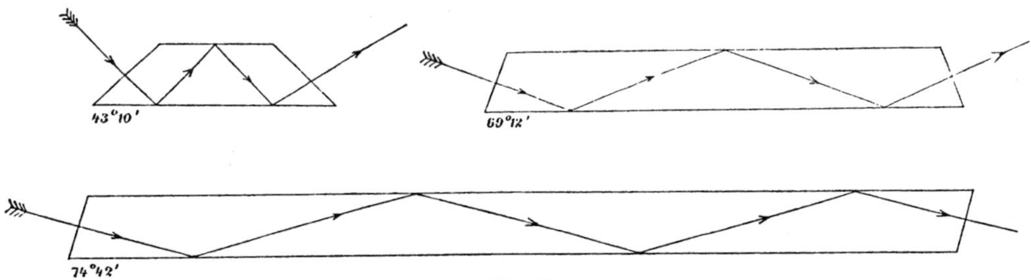

Fig. 63.

Der Grundgedanke von Fresnel zur Erklärung dieser Erscheinungen ist der, dass die Reflexion nicht allein an der Grenze der beiden Medien stattfindet, sondern dass das Licht in das schwächer brechende Medium bis zu einer gewissen Tiefe eindringt und erst von dort aus zurückgeworfen wird.[1]

Es sei der einfallende Strahl unter $+ 45°$ polarisirt. Wir zerlegen denselben in zwei gleiche Componenten nach der Einfallsebene und senkrecht gegen dieselbe. Die sämmtlichen von der ersten Componente herrührenden reflectirten Strahlen, welche aus verschiedenen Tiefen kommen, können wir zusammensetzen zu einem resultirenden Strahle, der seinen Ursprung in einem Punkte b unterhalb der Grenze hat. Ebenso erhalten wir aus der zweiten Componente einen reflectirten von b_1 ausgehenden Strahl.

Diese beiden reflectirten senkrecht gegeneinander polarisirten Strahlen mit verschiedenem Ursprung versetzen den Aether im Allgemeinen in eine elliptische Bewegung, und hierher rührt die beobachtete partielle Depolarisation.

---

[1] Die Thatsache eines derartigen Eindringens zeigt Quincke experimentell Pogg. Ann. 127, pag. 1. 1866.

Damit die Polarisation circular wird, ist ausser der Gleichheit der Amplituden beider Componenten (welche bei einem Polarisationsazimuth von 45^0 stattfindet) eine relative Verzögerung derselben um $\frac{\lambda}{4}$ erforderlich. Da Fresnel eine circulare Polarisation durch zwei Reflexionen unter $54^0\,37'$ erzielte, so war die relative Verzögerung bei einer jeden derselben $\frac{\lambda}{8}$, ebenso ist zu schliessen, dass dieselbe für eine Reflexion unter $43^0\,10'$ und $69^0\,12' : \frac{\lambda}{12}$ und unter $74^0\,42' : \frac{\lambda}{16}$ betrug.

Auch die Wiederherstellung der Polarisation des ganz depolarisirten Lichtes durch zwei weitere Reflexionen unter $54^0\,37'$ ist nun leicht zu erklären: die Wegdifferenz der Componenten ist $\frac{\lambda}{2}$ geworden und dieselben geben (vgl. Vorl. II, pag. 20) wieder einen geradlinig polarisirten Strahl, aber seine Polarisationsebene liegt auf der anderen Seite.

Fresnel suchte nun das Gesetz für die relative Verzögerung der beiden Componenten und war so kühn und so glücklich, dasselbe durch Deutung des Imaginären in den Formeln für die partielle Reflexion zu finden. Sein Verfahren ist vom analytischen Standpunkte nicht zu rechtfertigen, und Fresnel hätte seine Theorie nie mitgetheilt, wenn nicht die Beobachtung die Bestätigung der abgeleiteten Gesetze gegeben hätte, welche zu complicirt sind, als dass man hätte hoffen dürfen, sie rein empirisch zu finden.

Uebrigens hat Neumann die Fresnel'schen Formeln auch aus den Gleichungen der Elasticität hergeleitet.[1]

Wir geben hier die Fresnel'sche Betrachtung nur mit der Modification, welche die veränderte Definition der Polarisationsebene verlangt.

Je nachdem der einfallende Strahl senkrecht zur Einfallsebene oder in derselben polarisirt war, hatte nach Neumann der reflectirte die Amplitude:

$$R_p = P\,\frac{\tan\varphi - \varphi_1}{\tan\varphi + \varphi_1} = P\,\frac{\sin\varphi\cos\varphi - \sin\varphi_1\cos\varphi_1}{\sin\varphi\cos\varphi + \sin\varphi_1\cos\varphi_1},$$

$$R_s = S\,\frac{\sin\varphi - \varphi_1}{\sin\varphi + \varphi_1} = S\,\frac{\sin\varphi\cos\varphi_1 - \sin\varphi_1\cos\varphi}{\sin\varphi\cos\varphi_1 + \sin\varphi_1\cos\varphi}.$$

---

1) Pogg. Ann. 40, pag. 497. 1837. Es ist hier das Medium incompressibel angenommen und in der Grenze die Gleichheit der beiderseitigen Verrückungen und die Erhaltung der lebendigen Kraft vorausgesetzt. Für das zweite Medium sind partikuläre Integrale mit Exponentialgrössen benutzt, welche eine schon in geringer Entfernung von der Grenze unmerklich werdende Bewegung darstellen.

Jenseits des Grenzwinkels der totalen Reflexion wird $\cos \varphi_1$ imaginär und die Ausdrücke nehmen die Form an

$$R_p = A_p + iB_p,$$
$$R_s = A_s + iB_s,$$

worin $i = \sqrt{-1}$ ist.

Wir denken uns die unendlich vielen aus verschiedenen Tiefen reflectirten Strahlen, welche zusammen R_p ergeben, vereinigt zu zweien, deren einer seinen Ursprung in der Oberfläche selbst in einem Punkte β hat, während der andere von dem um $\dfrac{\lambda}{4}$ tiefer gelegenen β_1 ausgeht. Ebenso verfahren wir mit R_s.

Fresnel behauptet nun, die reellen Theile A_p und A_s repräsentirten die von β ausgehenden Amplituden, die imaginären B_p und B_s die von β_1 ausgehenden.

Die Strahlen mit gleicher Schwingungsrichtung, also A_p und B_p, A_s und B_s sind dann zu vereinigen.

Wir kehren in R_s das Vorzeichen um (vgl. pag. 142), was die Bedeutung hat, dass wir in der einfallenden wie in der reflectirten Welle eine nach oben gehende Bewegung positiv rechnen. Es wird dann:

$$R_s = S \frac{\sin \varphi_1 \cos \varphi - \sin \varphi \cos \varphi_1}{\sin \varphi_1 \cos \varphi + \sin \varphi \cos \varphi_1},$$

oder wenn wir

$$\sin \varphi_1 = n \sin \varphi,$$
$$\cos \varphi_1 = \sqrt{1 - n^2 \sin^2 \varphi} = i \sqrt{n^2 \sin^2 \varphi - 1}$$

einführen,

$$\begin{aligned}
(46) \quad R_s &= S \frac{n \cos \varphi - \cos \varphi_1}{n \cos \varphi + \cos \varphi_1} = S \frac{n \cos \varphi - i \sqrt{n^2 \sin^2 \varphi - 1}}{n \cos \varphi + i \sqrt{n^2 \sin^2 \varphi - 1}} \\
&= S \frac{1 + n^2 - 2 n^2 \sin^2 \varphi}{n^2 - 1} - iS \frac{2 n \cos \varphi \sqrt{n^2 \sin^2 \varphi - 1}}{n^2 - 1} = A_s + iB_s.
\end{aligned}$$

Analog wird

$$\begin{aligned}
(47) \quad R_p &= P \frac{\cos \varphi - n \cos \varphi_1}{\cos \varphi + n \cos \varphi_1} = P \frac{\cos \varphi - ni \sqrt{n^2 \sin^2 \varphi - 1}}{\cos \varphi + ni \sqrt{n^2 \sin^2 \varphi - 1}} \\
&= P \frac{1 + n^2 - (1 + n^4) \sin^2 \varphi}{(1 - n^2)(1 - (1 + n^2) \sin^2 \varphi)} - iP \frac{2 n \cos \varphi \sqrt{n^2 \sin^2 \varphi - 1}}{(1 - n^2)(1 - (1 + n^2) \sin^2 \varphi)} \\
&= A_p + iB_p.
\end{aligned}$$

Bezeichnen wir mit x die Richtung des reflectirten Strahles und rechnen x von dem in der Grenzfläche gelegenen Punkte β aus, so haben wir die beiden nach der Einfallsebene polarisirten Strahlen $\left(\text{deren Ursprung in } \beta \text{ resp. um } \dfrac{\lambda}{4} \text{ rückwärts in } \beta_1 \text{ liegt}\right)$

$$(48) \quad A_s \cos\left(\frac{t}{T} - \frac{x}{\lambda}\right) 2\pi \quad \text{und} \quad B_s \cos\left(\frac{t}{T} - \frac{x + \dfrac{\lambda}{4}}{\lambda}\right) 2\pi$$

$$= B_s \sin\left(\frac{t}{T} - \frac{x}{\lambda}\right) 2\pi,$$

und ebenso senkrecht zur Einfallsebene:

$$(49) \quad A_p \cos\left(\frac{t}{T} - \frac{x}{\lambda}\right) 2\pi \quad \text{und} \quad B_p \cos\left(\frac{t}{T} - \frac{x + \dfrac{\lambda}{4}}{\lambda}\right) 2\pi$$

$$= B_p \sin\left(\frac{t}{T} - \frac{x}{\lambda}\right) 2\pi,$$

worin für A_s, B_s, A_p, B_p ihre Werthe aus (46) und (47) einzusetzen sind.

Die beiden Strahlen (48) setzen wir zusammen zu

$$C_s \cos\left(\frac{t}{T} - \frac{x + D_p}{\lambda}\right) 2\pi,$$

und (49) zu:

$$C_p \cos\left(\frac{t}{T} - \frac{x + D_s}{\lambda}\right) 2\pi.$$

Die Intensitäten werden

$$C_s^2 = A_s^2 + B_s^2 = S^2,$$
$$C_p^2 = A_p^2 + B_p^2 = P^2,$$

d. h. es wird alles Licht reflectirt, in Uebereinstimmung mit der Beobachtung.

Weiter erhalten wir:

$$S \cos \frac{D_s}{\lambda} 2\pi = A_s, \qquad S \sin \frac{D_s}{\lambda} 2\pi = B_s,$$
$$P \cos \frac{D_p}{\lambda} 2\pi = A_p, \qquad P \sin \frac{D_p}{\lambda} 2\pi = B_p,$$

woraus dann für die relative Verzögerung der beiden Strahlen $D_s - D_p$ die Gleichung folgt

$$(50) \quad \cos \frac{D_s - D_p}{\lambda} 2\pi = \frac{A_s A_p + B_s B_p}{S P}$$

$$= - \frac{1 - (1 + n^2) \sin^2 \varphi + 2 n^2 \sin^4 \varphi}{1 - (1 + n^2) \sin^2 \varphi}.$$

Diese Formel haben wir nun mit den Beobachtungen zu vergleichen.

Für den Grenzfall der totalen Reflexion muss $D_s - D_p = 0$ sein, denn wir können denselben ebensogut der partiellen Reflexion zuzählen, bei der eine Verzögerung der beiden Componenten nicht erfolgt. Setzen wir $n \sin \varphi = 1$, so wird die rechte Seite von (50) in der That $= 1$, also $D_s - D_p = 0$.

Die Beobachtung lehrt, dass auch für die streifende Reflexion $D_s - D_p$ verschwindet, und in Uebereinstimmung hiemit erhalten wir $\cos \dfrac{D_s - D_p}{\lambda} 2\pi = 1$, wenn wir $\sin \varphi = 1$ einführen. Wir wollen weiter untersuchen, für welchen Werth von φ die relative Verzögerung ihren grössten Werth erreicht. Wir haben dazu $- \cos \dfrac{D_s - D_p}{\lambda} 2\pi$ oder, wenn $\sin^2 \varphi = x$ gesetzt wird

$$1 + \frac{2n^2 x^2}{1 - (1 + n^2)x}$$

zu einem Maximum zu machen und erhalten, indem wir den Differentialquotienten $= 0$ setzen:

$$2 - (1 + n^2)x = 0,$$

woraus

$$x = \sin^2 \varphi = \frac{2}{1 + n^2}.$$

Für die Glassorte, mit welcher Fresnel experimentirte, war $n = 1{,}51$ und es folgt $\varphi = 51^0 20'$. Dieser Werth in (50) eingesetzt giebt

$$\frac{D_s - D_p}{\lambda} 2\pi = 45^0 56',$$

also nahe $\dfrac{\pi}{4}$ und $D_s - D_p$ nahe $= \dfrac{\lambda}{8}$. Zwei solche Reflexionen erzeugen eine relative Verzögerung von fast genau $\dfrac{\lambda}{4}$, und wenn ausserdem $S = P$, d. h. der einfallende Strahl unter einem Azimuth von 45^0 polarisirt war, entsteht circulare Polarisation. Beobachtungen, welche mit dieser Folgerung der Theorie in Einklang stehen, sind bereits mitgetheilt.

Wir vermögen auch denjenigen Werth des Einfallswinkels φ zu berechnen, welcher einer bestimmten relativen Verzögerung entspricht. Setzen wir $\cos \dfrac{D_s - D_p}{\lambda} 2\pi = a$, so ergiebt die Auflösung von (50)

$$\sin^2 \varphi = \frac{(1 + a)(1 + n^2) \pm \sqrt{(1 + a)[(1 + n^2)(1 + a) - 8n^2]}}{4n^2}$$

und wir finden, wenn $n = 1{,}51$:

$D_s - D_p$	φ,		
$\dfrac{\lambda}{8}$	$48^0 37'$	und	$54^0 37'$,
$\dfrac{\lambda}{12}$	$43^0 11'$	und	$69^0 12'$,
$\dfrac{\lambda}{16}$	$42^0 20'$	und	$74^0 42'$.

Die erste Reihe der Werthe ist für Versuche nicht recht geeignet, weil sie wenig von einander differiren und ausserdem der Grenze der totalen Reflexion nahe liegen, sodass die Dispersion die Erscheinung undeutlich macht. Prismen mit den Winkeln $54^0 37'$, $43^0 11'$, $69^0 12'$, $74^0 42'$ · hat Fresnel anfertigen lassen und gefunden, dass 2 resp. 3, 3, 4 Reflexionen in der That einen unter 45^0 polarisirten Strahl in einen circular polarisirten verwandelten.

Weitere Bestätigungen der Fresnel'schen Formel (50) lieferten Jamin[1]) und Quincke[2]), indem sie mit Benutzung des Babinet'schen Compensators[3]) direct die relative Verzögerung der beiden Componenten massen und mit der berechneten verglichen.

Mit der hier behandelten partiellen und totalen Reflexion ist der Gegenstand aber noch nicht erschöpft, vielmehr bleibt noch die Reflexion an Metallflächen[4]) zu behandeln, welche nach anderen Gesetzen geschieht. Die experimentellen Thatsachen wurden schon an einer früheren Stelle mitgetheilt; der wesentliche Unterschied gegen die Reflexion der Grenze vollkommen durchsichtiger Media besteht darin, dass bei der Reflexion von Metallen ein Theil des einfallenden Lichtes absorbirt wird, sodass der Satz von der Erhaltung der lebendigen Kraft nicht mehr Anwendung findet.

Vorlesung X.

Doppelbrechung in optisch einaxigen Krystallen.

Als Wellenfläche bezeichneten wir diejenige Fläche, auf welcher sich eine von einem Punkte eines homogenen Mediums ausgegangene Erschütterung nach Ablauf einer gewissen Zeit — etwa der Zeiteinheit — befindet.

Für ein unkrystallinisches Medium war die Wellenfläche eine Kugel, bei Krystallen ist sie im Allgemeinen eine Oberfläche vierten Grades.

Wir behandeln hier zunächst den bei den Krystallen des quadratischen, hexagonalen und rhomboëdrischen Systemes eintretenden Fall, dass die Wellenfläche sich auf eine Kugel und ein Rotationsellipsoid reducirt, welche ausserdem in dem Zusammenhange

---

1) Ann. de chim. et de phys. Sér. 3, T. 30.
2) Pogg. Ann. 127, pag. 1 und 199. 1866.
3) Vgl. Nachtrag 7.
4) S. Nachtrag 8.

stehen, dass die Rotationsaxe des Ellipsoides zugleich ein Durchmesser der Kugel ist. Die Rotationsaxe des Ellipsoides

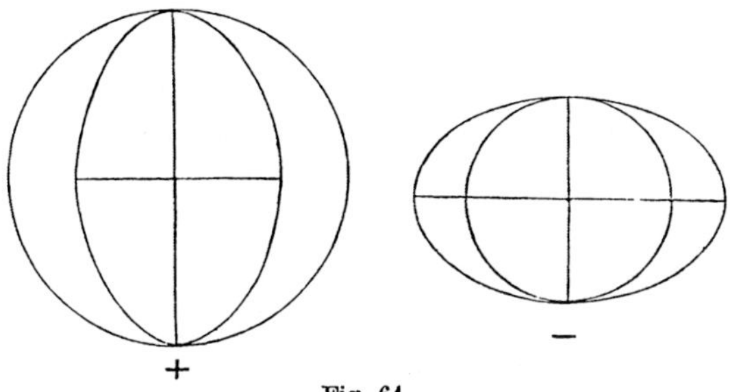

Fig. 64.

fällt zugleich mit der krystallographischen Hauptaxe zusammen. Es kann die Kugel das Ellipsoid umschliessen oder umgekehrt; Krystalle ersterer Art nennt man positive (attractive), die der zweiten Art negative (repulsive).[1] Negativ ist u. A. der Kalkspath, positiv der Bergkrystall, doch zeigt dieser noch andere eigenthümliche Erscheinungen.

Im Folgenden setzen wir die Form der Wellenfläche, welche zuerst von Huyghens am Kalkspath entdeckt wurde, als bekannt voraus.

Der vom Erschütterungscentrum aus gezogene Radiusvector der Wellenfläche ist der Lichtstrahl, die durch seinen Endpunkt an die Wellenfläche gelegte Tangentenebene, die zugehörige Wellenebene, und die vom Centrum auf Letztere gefällte Senkrechte, die sog. Wellennormale, stellt die Fortpflanzungsgeschwindigkeit der Wellenebene dar.

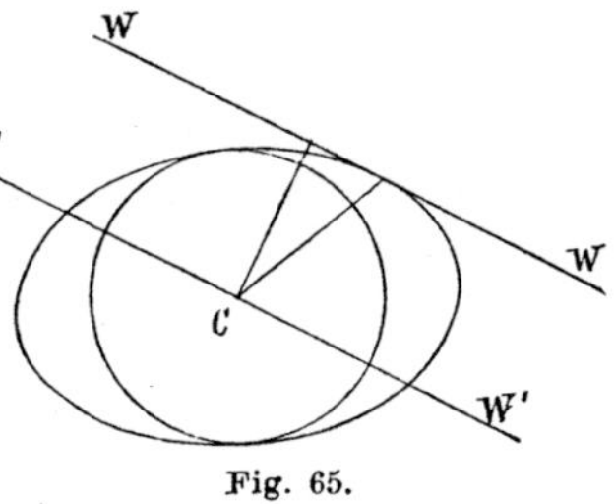

Fig. 65.

Dies erhellt sofort aus dem Huyghens'schen Principe, von dem wir hier überhaupt eine ausgedehnte Anwendung machen werden.[2]

Da wir von C den Radiusvector sowohl bis zur Kugelfläche wie auch bis zum Ellipsoid ziehen können, so ist nach jeder Richtung eine doppelte Fortpflanzungsgeschwindigkeit des Strahles möglich;

---

1) Vgl. Vorl. VIII, pag. 114.

2) Wäre nämlich eine ursprüngliche Erschütterung nicht nur in C, sondern in der durch C gehenden Ebene $W'W'$ (parallel WW) vorhanden gewesen, so hätten wir, um die Lage der Wellenebene nach Ablauf der Zeiteinheit zu finden, um jeden Punkt von $W'W'$ die Wellenfläche zu construiren und die Enveloppe dieser sämmtlichen Flächen zu nehmen. Letztere ist aber WW.

ebenso ist die Fortpflanzungsgeschwindigkeit einer Wellenebene von gegebener Lage eine zwiefache, nämlich gleich dem Abstand der parallelen Tangentenebenen an Kugel resp. Ellipsoid.

Nur in einer Richtung, nämlich der Rotationsaxe des Ellipsoides, findet nur eine Geschwindigkeit der Wellenebenen (und hier auch Strahlen) statt, man nennt daher diese Richtung die optische Axe und Krystalle der angegebenen Art optisch einaxig.

Derjenige Strahl (und die zugehörige Wellenebene), welcher durch den Radiusvector der Kugelfläche dargestellt ist, der sog. ordentliche Strahl, befolgt dieselben Gesetze, welche für ein unkrystallinisches Medium gelten; wir haben also unsere Aufmerksamkeit hier besonders dem andern, dem ausserordentlichen Strahle zuzuwenden.

Beide Strahlen sind stets geradlinig polarisirt; die Schwingungsrichtung liegt immer in der Wellenebene und zwar beim ordentlichen Strahl in der durch seine Richtung und die optische Axe gelegten Ebene, im ausserordentlichen senkrecht gegen die Ebene durch Wellennormale und optische Axe. Da das Ellipsoid ein Rotationsellipsoid ist, so liegen Axe, Wellennormale und Strahl in einer Ebene und die Schwingungsrichtung ist auch senkrecht gegen den Strahl.

Wir lösen nun eine Reihe von Aufgaben zunächst durch geometrische Construction, indem wir uns auf das Huyghens'sche Princip stützen.[1]

1. Eintritt aus einem unkrystallinischen in ein optisch einaxiges Medium.

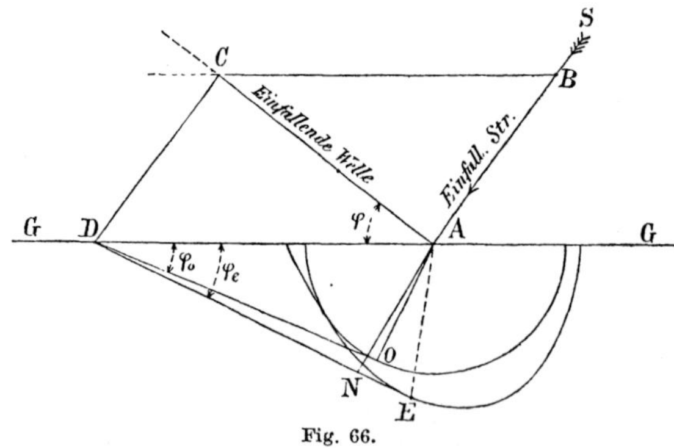

Fig. 66.

Sei SA der einfallende Strahl, GG die Grenze der Medien. Wir wählen als Längeneinheit die Fortpflanzungsgeschwindigkeit V im ersten Medium, machen $AB = V = 1$ (sodass BA in der Zeit 1

____

1) Vgl. pag. 106 ff.

zurückgelegt wird), ziehen durch B eine Parallele zu GG bis zum Durchschnitt mit der einfallenden Wellenebene in C, ferner $CD \parallel AB$. Um A beschreiben wir die Wellenfläche (in einer der Zeit 1 entsprechenden Grösse) und legen durch D an Kugel und Ellipsoid die Tangentenebenen DO und DE senkrecht zur Einfallsebene, so ist DO die gebrochene ordentliche, DE die ausserordentliche Wellenebene und zwar zur Zeit 1 von dem Eintreffen der einfallenden Welle in A gerechnet. Die Radienvectoren AO, AE (letzteres im Allgemeinen nicht in der Ebene der Zeichnung, der Einfallsebene, gelegen) sind die gebrochenen Strahlen, die auf DE gefällte Senkrechte $AN = N$ die Wellennormale, welche die Fortpflanzungsgeschwindigkeit der ausserordentlichen Welle darstellt.

Indem wir $1/AD$ mehrmals ausdrücken erhalten wir:

$$\frac{\sin \varphi}{V} = \frac{\sin \varphi_0}{a} = \frac{\sin \varphi_e}{N},$$

wo a den Kugelradius bedeutet.

2. **Austritt aus dem krystallinischen Medium.**

Ist der einfallende Strahl ein ordentlicher, so findet das gewöhnliche Brechungsgesetz Anwendung.

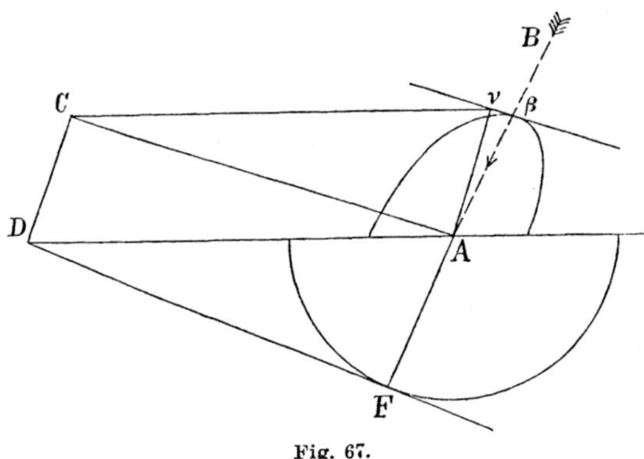

Fig. 67.

Ist der einfallende Strahl BA ein ausserordentlicher, so beschreiben wir um A das Ellipsoid, welches denselben in β schneide, legen in β die Tangentenebene und ziehen die Wellennormale $A\nu$ senkrecht auf dieselbe. (Die Ebene der Zeichnung ist die durch $A\nu$ und das Einfallsloth gelegte.) Weiter ziehen wir $\nu C \parallel$ der Grenze, $AC \perp A\nu$, $CD \parallel \nu A$ und legen von D an eine um A mit dem Radius 1 beschriebene Kugel die Tangentenebene DF, so ist dies die gebrochene Welle, und AF der gebrochene Strahl.

11*

3. Durchgang durch ein krystallinisches Medium.

Wir brauchen auch hier nur den ausserordentlichen Strahl zu verfolgen, und die Lösung der Aufgabe ergiebt sich durch Combination von 1. und 2. Eine erhebliche Vereinfachung tritt ein, wenn das einaxige Medium die Form einer planparallelen Platte hat, und beiderseits sich dasselbe isotrope Medium befindet.

Haben wir die unter 1. gegebene Construction ausgeführt, so verlängern wir den gefundenen ausserordentlichen Strahl bis zum

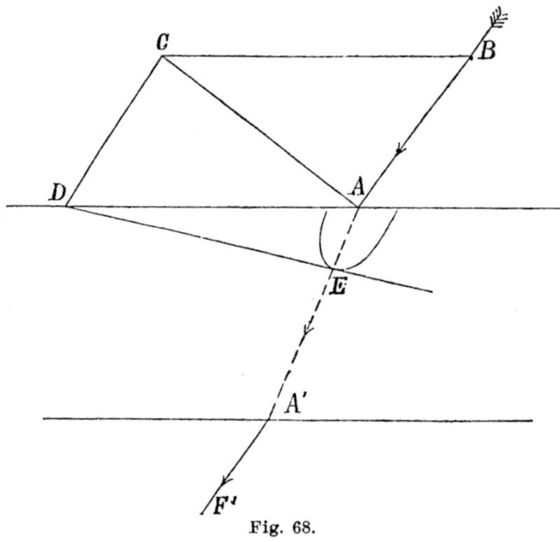

Fig. 68.

Durchschnitt mit der zweiten Grenzfläche in A'. Den austretenden Strahl $A'F''$ erhalten wir sofort als Parallele zu BA durch A'. ($A'F$ ist der Ebene der Zeichnung parallel, liegt aber im Allgemeinen nicht in derselben.)

4. Innere Reflexion.

Der einfallende Strahl BA sei ein ordentlicher. Wir legen um A die Wellenfläche, die Kugel schneide BA in β. Wir ziehen

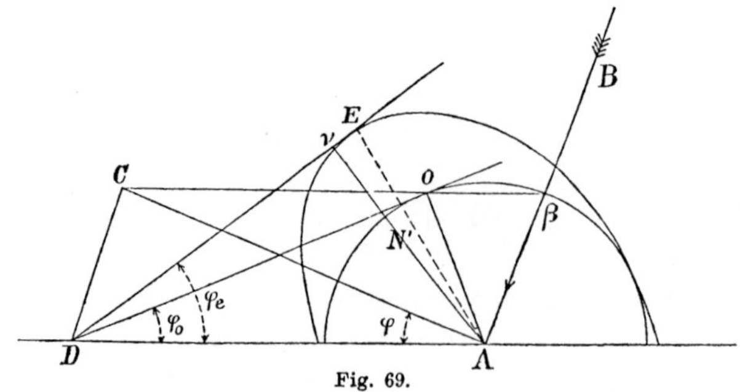

Fig. 69.

$\beta C \parallel$ der Grenze, $AC \perp \beta A$, $CD \parallel \beta A$. Von D legen wir Tangentenebenen an Kugel und Ellipsoid DO und DE, so sind dies die re-
flectirten Wellenebenen, AO und AE die reflectirten Strahlen. Die
Figur ergiebt sofort

$$\varphi_0{}' = \varphi, \quad \frac{\sin \varphi_e{}'}{N'} = \frac{\sin \varphi}{V}.$$

Ist hingegen der einfallende Strahl BA ein ausserordentlicher,
so möge das Ellipsoid der um A construirten Wellenfläche denselben

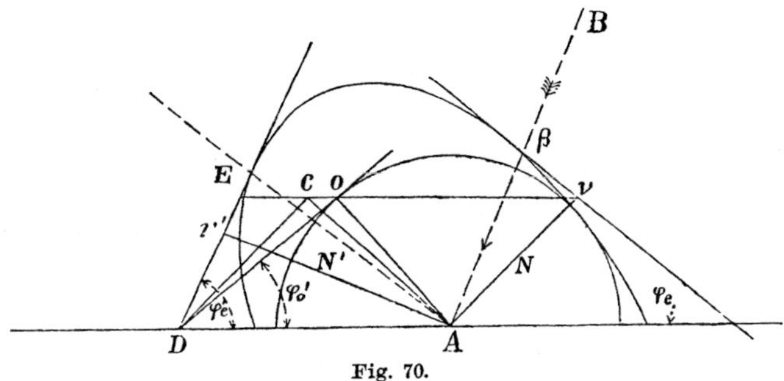

Fig. 70.

in β schneiden. In β legen wir eine Tangentenebene an das Ellipsoid
und ziehen die darauf senkrechte Wellennormale $A\nu$. Wir bestimmen
C als Durchschnitt einer Senkrechten zu $A\nu$ in A und einer Parallelen zur Grenze durch ν, und machen $CD \parallel A\nu$. Die durch D an
Kugel und Ellipsoid gelegten Tangentenebenen DO und DE sind die
reflectirten Wellenebenen, AO und AE die Strahlen, endlich können
wir noch die reflectirte Wellennormale $A\nu' = N'$ als Senkrechte auf
DE ziehen.

Es erhellt aus der Zeichnung, dass:

$$\frac{\sin \varphi_e}{N} = \frac{\sin \varphi'_0}{a} = \frac{\sin \varphi_e{}'}{N'}.$$

Wir gehen nun zur Entwickelung
der zur vollständigen Lösung der Aufgaben erforderlichen Formeln über.

Die Untersuchung zerfällt in zwei
Theile, nämlich in die Frage: 1) nach
der Wellennormale, 2) nach dem zugehörigen Strahl. Wie schon bemerkt,
liegen optische Axe, Wellennormale und
Strahl in einer Ebene.

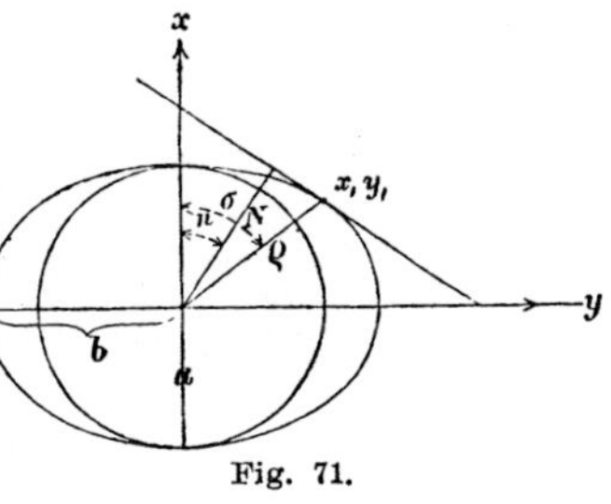

Fig. 71.

Es sei die Gleichung der erzeugenden Ellipse des Rotations-
ellipsoides:

$$(1) \qquad \frac{x^2}{a^2} + \frac{y^2}{b^2} = 1,$$

so geht dieselbe durch Einführung von Polarcoordinaten über in:

$$(2) \qquad \frac{\cos^2 \sigma}{a^2} + \frac{\sin^2 \sigma}{b^2} = \frac{1}{\varrho^2},$$

eine Relation, welche die Fortpflanzungsgeschwindigkeit ϱ des Strahles durch den Winkel σ ausdrücken lehrt, welchen derselbe mit der optischen Axe einschliesst.

Die Tangente an die Ellipse in dem Punkte $x_1 y_1$ hat die Gleichung:

$$\frac{x x_1}{a^2} + \frac{y y_1}{b^2} = 1$$

und schneidet demnach von den Axen die Stücke ab

$$\frac{a^2}{x_1}, \quad \frac{b^2}{y_1}.$$

Nennen wir also n den Winkel zwischen der Wellennormale N und der optischen Axe x, so folgt:

$$\cos n = \frac{N x_1}{a^2}, \qquad \sin n = \frac{N y_1}{b^2},$$

welche Gleichungen wir in die Form setzen:

$$a \cos n = \frac{N x_1}{a}, \quad b \sin n = \frac{N y_1}{b}.$$

Quadriren und addiren wir, so erhalten wir mit Berücksichtigung von

$$\frac{x_1{}^2}{a^2} + \frac{y_1{}^2}{b^2} = 1$$

die wichtige Gleichung

$$(3) \qquad N^2 = a^2 \cos^2 n + b^2 \sin^2 n,$$

welche den Werth der Wellennormale (= Fortpflanzungsgeschwindigkeit der Welle) als Function ihrer Neigung gegen die optische Axe giebt.

Ferner ist

$$\tan \sigma = \frac{y_1}{x_1}$$

oder

$$(4) \qquad \tan \sigma = \frac{b^2}{a^2} \tan n,$$

und diese Gleichung gestattet, aus der Lage der Wellennormale die Lage des zugehörigen Strahles zu berechnen, woraus wir dann weiter nach (2) auch seine Fortpflanzungsgeschwindigkeit erhalten.

Wir behandeln zunächst die Brechung in einem natürlichen
Kalkspathbruchstück, wenn die Einfallsebene mit dem Hauptschnitt zusammenfällt.

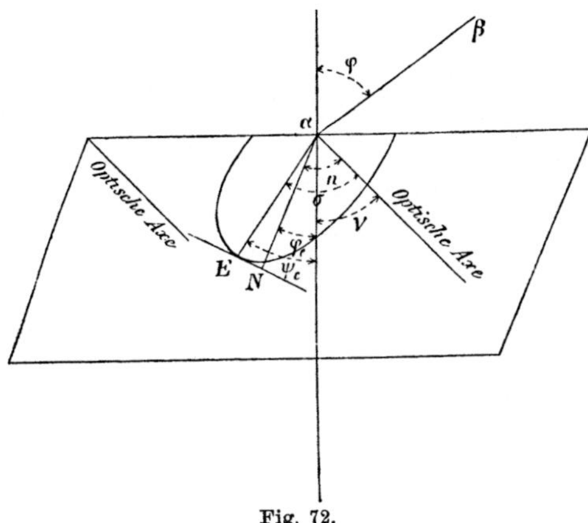

Fig. 72.

In der Einfallsebene liegt sodann die optische Axe, folglich auch
der gebrochene Strahl.

Es schliesse die optische Axe mit dem Einfallsloth einen Winkel v
($= 44^0\ 36\frac{1}{2}'$) ein, mit der Wellennormale n, mit dem gebrochenen
Strahl σ. Sei ferner φ der Einfallswinkel, φ_e der $\measuredangle$ zwischen Einfallsloth und gebrochener Wellennormale, ψ_e zwischen Einfallsloth
und gebrochenem Strahl.

Wir haben nun:

$$\frac{\sin \varphi}{V} = \frac{\sin \varphi_e}{N},$$

$$N^2 = a^2 \cos^2 n + b^2 \sin^2 n,$$

oder, da $n = \varphi_e + v$:

$$N^2 = a^2 \cos^2 (\varphi_e + v) + b^2 \sin^2 (\varphi_e + v),$$

und durch Combination mit der Gleichung des Brechungsgesetzes:

$$\sin^2 \varphi_e = \frac{\sin^2 \varphi}{V^2} \left[a^2 \cos^2 (\varphi_e + v) + b^2 \sin^2 (\varphi_e + v) \right].$$

Indem wir rechts die trigonometrischen Functionen auflösen und
mit $\cos^2 \varphi_e$ dividiren, erhalten wir eine quadratische Gleichung für
$\tan \varphi_e$. Dieselbe besitzt (cf. weiter unten) eine positive und eine
negative Wurzel, von denen wir nach der Bedeutung von φ_e hier
die erstere zu wählen haben.

Ist φ_e bestimmt, so folgt, da $\sigma = \psi_e + v$, die Lage des Strahles aus:

$$\tan \sigma = \tan (\psi_e + v) = \frac{b^2}{a^2} \tan (\varphi_e + v).$$

Ist noch specieller der Einfallswinkel $= 0$, so ist auch $\varphi_e = 0$ und

$$\tan(\psi_e + v) = \frac{b^2}{a^2}\tan v$$

oder:

$$\frac{\tan\psi_e + \tan v}{1 - \tan\psi_e\,\tan v} = \frac{b^2}{a^2}\tan v,$$

woraus

$$(5)\qquad \tan\psi_e = \frac{(b^2 - a^2)\tan v}{a^2 + b^2\tan^2 v}.$$

Setzen wir hierin $a = 0{,}602955$, $b = 0{,}672789$, $v = 44^0\ 36{,}5'$, so folgt $\psi_e = 6^0\ 14'$.

Eine angenäherte Bestimmung des Verhältnisses $\frac{b}{a}$ erhalten wir durch folgendes einfache Verfahren: Wir legen unter ein Kalkspathbruchstück einen Massstab und sehen senkrecht darauf. Ist das ausserordentliche Bild um s Scalentheile gegen das ordentliche verschoben und beträgt die Dicke des Bruchstückes D Scalentheile, so ist

$$\tan\psi_e = \frac{s}{D},$$

und wir können nach (5) $\frac{b}{a}$ berechnen.

In dem allgemeinen Falle der Brechung coincidirt die Einfallsebene nicht mehr mit dem Hauptschnitt.

Wir führen zur besseren Uebersicht des Zusammenhanges eine Construction auf einer Kugelfläche aus, indem wir zu allen Linien Parallelen durch das Kugelcentrum legen.

Gegeben ist das Einfallsloth L, die optische Axe A und der einfallende Strahl φ. Weiter wissen wir, dass die gebrochene Wellennormale φ_e in der Einfallsebene, also dem grössten Kreise φL, und der gebrochene Strahl ψ_e in dem grössten Kreise $A\varphi_e$ liegt.

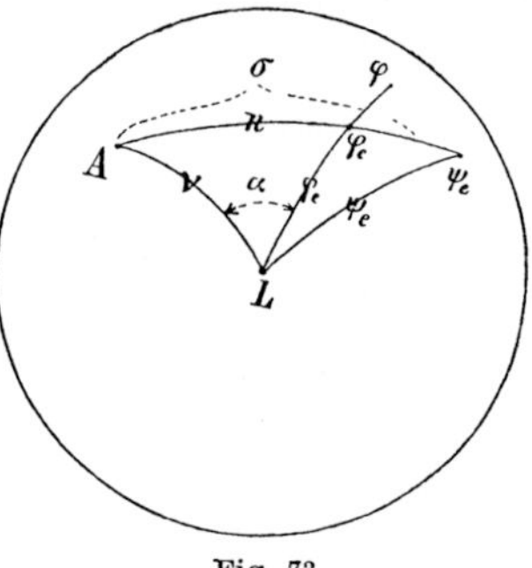

Fig. 73.

Es ist nun:

$$\frac{\sin\varphi}{V} = \frac{\sin\varphi_e}{N},$$

$$N^2 = a^2\cos^2 n + b^2\sin^2 n = b^2 + (a^2 - b^2)\cos^2 n,$$

Ferner folgt aus $\triangle\,AL\varphi_e$:

$$(6)\qquad \cos n = \cos v\,\cos\varphi_e + \sin v\,\sin\varphi_e\,\cos\alpha,$$

also

$$\sin^2\varphi_e = \frac{\sin^2\varphi}{V^2}\left\{b^2 + (a^2 - b^2)(\cos\nu\cos\varphi_e + \sin\nu\sin\varphi_e\cos\alpha)^2\right\},$$

oder indem wir mit $\cos^2\varphi_e$ dividiren:

$$(7)\ \tan^2\varphi_e = \frac{\sin^2\varphi}{V^2}\left\{b^2(1+\tan^2\varphi_e)+(a^2-b^2)(\cos\nu+\sin\nu\cos\alpha\tan\varphi_e)^2\right\}.$$

Aus dieser Gleichung ist $\tan\varphi_e$ zu bestimmen. Zur Orientirung über die Lage der Wurzeln denken wir uns Alles auf die linke Seite geschrieben, so wird dieselbe für

$$\tan\varphi_e = -\infty : +$$
$$0 : -$$
$$+\infty : +$$

woraus hervorgeht, dass wir für $\tan\varphi_e$ eine positive und eine negative Wurzel erhalten. Da aber φ_e positiv und $< \frac{\pi}{2}$ sein muss, ist nur die positive Wurzel brauchbar.

Dass überhaupt zwei Wurzeln auftreten, rührt daher, dass wir die Normale auf die Tangentenebene bestimmen, welche durch eine gegebene Linie an ein Ellipsoid gelegt wird. Solcher Tangentenebenen und Normalen giebt es zwei, von denen aber der Natur der Aufgabe nach nur diejenige zulässig ist, welche in das krystallinische Medium selbst fällt.

Die Auflösung von (7) geschieht am besten durch successive Näherung, indem wir mit dem aus $\sin\varphi_e = \sin\varphi\,\frac{b}{V}$ folgenden Werthe von φ_e in die rechte Seite von (7) hineingehen und so einen verbesserten Werth von φ_e erhalten u. s. f.

Aus (7) folgt φ_e, dann. aus (6) n und nun haben wir zur Bestimmung des gebrochenen Strahls, der in dem grössten Kreise $A\,\varphi_e$ liegt

$$\tan\sigma = \frac{b^2}{a^2}\tan n.$$

Diese Gleichung zeigt, dass, falls $b > a$ wie beim Kalkspath, ψ_e die gezeichnete Lage ausserhalb φ_e von A aus hat, während es für $b < a$ umgekehrt zwischen A und φ_e gelegen ist.

Endlich können wir noch den Winkel ψ_e zwischen Einfallsloth und gebrochenem Strahl berechnen. Zunächst ergiebt das $\triangle LA\varphi_e$:

$$(8) \qquad\qquad \sin A = \frac{\sin\varphi_e\,\sin\alpha}{\sin n},$$

ferner:

$$(9) \qquad \cos \psi_e = \cos \nu \cos \sigma + \sin \nu \sin \sigma \cos A,$$

worin rechter Hand Alles bekannt ist.

Wir untersuchen jetzt die Brechung in einem Prisma aus einem optisch einaxigen Krystall, eine Aufgabe, welche für die experimentelle Bestimmung der optischen Constanten solcher Krystalle wichtig ist.

Durch Beobachtung des Minimums der Ablenkung des ordentlichen Strahles erhalten wir sofort a als reciproken Werth des betreffenden Brechungscoefficienten. Eine besondere Betrachtung erfordert der ausserordentliche Strahl.

Es werde durch das Prisma ein Gegenstand betrachtet in einer Entfernung, welche gross genug ist, um alle nach ihm gezogenen Linien als parallel ansehen zu können.[1])

Der einfallende Strahl liege in einer Ebene senkrecht zur brechenden Kante, so ist auch der austretende Strahl zu dieser Ebene parallel, obwohl er im Allgemeinen nicht in dieselbe fällt.

Wir brauchen nur die Richtung des austretenden Strahles, und da diese nur von der Wellennormale im Prisma abhängt, so können

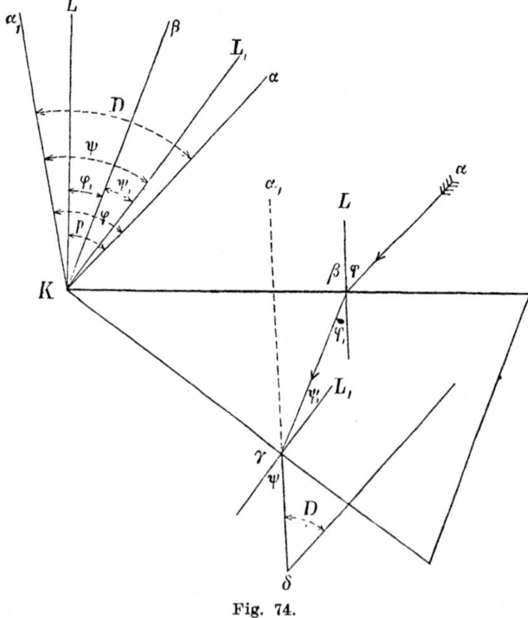

Fig. 74.

---

1) Die Anwendung eines Spectrometers mit Spalt und Collimator kommt auf dasselbe heraus.

wir uns auf die Untersuchung dieser Letzteren beschränken und den Strahl ganz bei Seite lassen.

Wir entwerfen daher auch die Zeichnung gleich so, dass wir die Wellennormale bis zur zweiten Fläche verlängern und dort den austretenden Strahl construiren, was auf die allein erforderliche Richtung ohne Einfluss ist.

Es sei $\alpha\beta$ der einfallende Strahl, $\beta\gamma$ die gebrochene Wellennormale, $\gamma\delta$ entspreche dem austretenden Strahle. Gemessen wird der Winkel D, welchen $\gamma\delta$ (oder $\delta\alpha_1$) mit einer Parallelen zum einfallenden Strahle einschliesst.

Es seien L und L_1 die Normalen auf den beiden Prismenflächen, p der brechende Winkel.

Wir legen durch K Parallelen zu sämmtlichen Linien der Figur und ersehen, dass

$$(10) \qquad D = \varphi + \psi - p.$$

Ferner ist

$$(11) \qquad \frac{\sin \varphi}{V} = \frac{\sin \varphi_1}{N},$$

$$(12) \qquad N^2 = a^2 \cos^2 n + b^2 \sin^2 n,$$

$$(13) \qquad \psi_1 = p - \varphi_1,$$

$$(14) \qquad \frac{\sin \psi_1}{N} = \frac{\sin \psi}{V}.$$

Die Lage der optischen Axe muss gegeben sein; aus beistehender Darstellung auf der Kugeloberfläche ergiebt sich noch die Gleichung:

$$(15) \quad \cos n = \cos v \cos \varphi_1 + \sin v \sin \varphi_1 \cos \alpha.$$

Um für eine gegebene Lage des Prismas die Ablenkung zu bestimmen, haben wir aus (11) (12) (15) φ_1 und mit Hülfe desselben N ebenso zu berechnen, wie vorhin, und erhalten dann ψ aus der Relation:

$$\frac{\sin (p - \varphi_1)}{N} = \frac{\sin \psi}{V}.$$

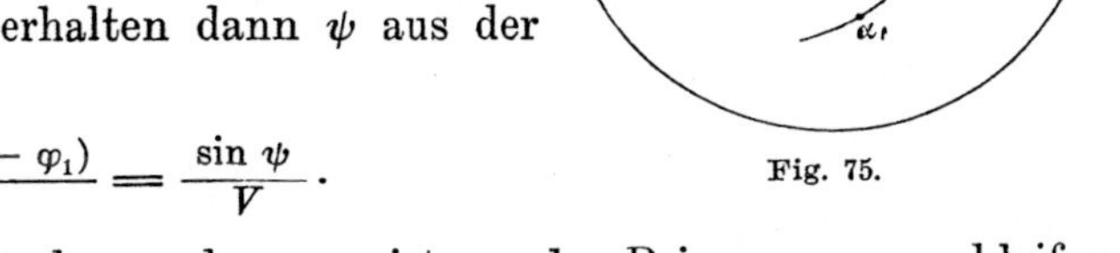

Fig. 75.

Für die Beobachtung bequem ist es, das Prisma so zu schleifen, dass die brechende Kante der optischen Axe parallel ist.

Dann sind beide Einfallslothe und der einfallende Strahl gegen die optische Axe senkrecht, demnach auch die gebrochene Wellennormale, d. h. $\sphericalangle\, n = 90^0$. Wegen (12) wird $N = b$, also constant, und wir können auch hier das Minimum der Ablenkung beobachten. Ist dasselbe D, so haben wir

$$\frac{1}{b} = \frac{\sin \dfrac{D+p}{2}}{\sin \dfrac{p}{2}}.$$

Ob die Bedingung des Parallelismus der optischen Axe mit der Kante erfüllt ist, ist leicht daran zu erkennen, dass dann das ausserordentliche Bild mit dem direct gesehenen und dem ordentlichen in eine Ebene fallen muss. Es ist dies unmittelbar aus der Construction klar, da der Strahl mit der Wellennormale zusammenfällt, wenn letztere gegen die optische Axe senkrecht steht.

Wir geben schliesslich noch die Formeln für die innere Reflexion.

Der einfallende Strahl ψ sei ein gewöhnlicher.

Der gewöhnliche reflectirte Strahl φ_1 liegt in der Einfallsebene gegen das Einfallsloth L gleich geneigt.

Für die ausserordentliche reflectirte Wellennormale haben wir

$$\frac{\sin \psi}{a} = -\frac{\sin \varphi_2}{N},$$

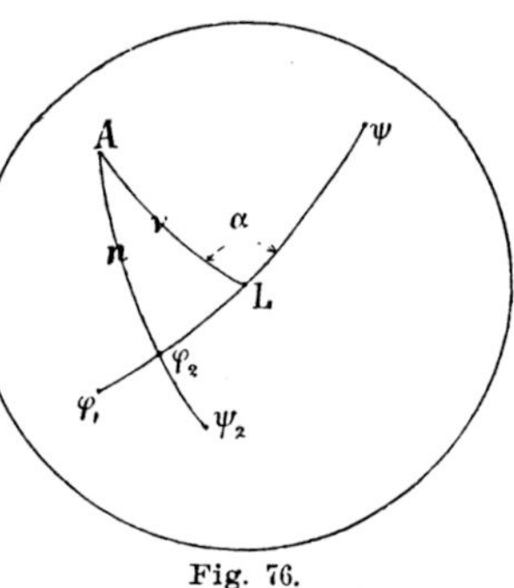

Fig. 76.

wo das negative Zeichen die Lage auf der anderen Seite von L andeutet, ferner:

$$N^2 = a^2 \cos^2 n + b^2 \sin^2 n,$$

$$\cos n = \cos \varphi_2 \cos v + \sin \varphi_2 \sin v \cos \alpha.$$

Ebenso wie früher finden wir hieraus für φ_2 die Gleichung:

$$\tan^2 \varphi_2 = \frac{\sin^2 \psi}{a^2}\left\{ b^2\,(1+\tan^2 \varphi_2) + (a^2 - b^2)(\cos v + \sin v \cos \alpha \tan \varphi_2)^2 \right\},$$

von der hier aber die negative Wurzel zu nehmen ist, und erhalten auch leicht den in $A\varphi_2$ gelegenen Strahl.

Ist dagegen der einfallende Strahl ψ ein ausserordentlicher, so bestimmen wir zunächst die zugehörige Wellennormale nach

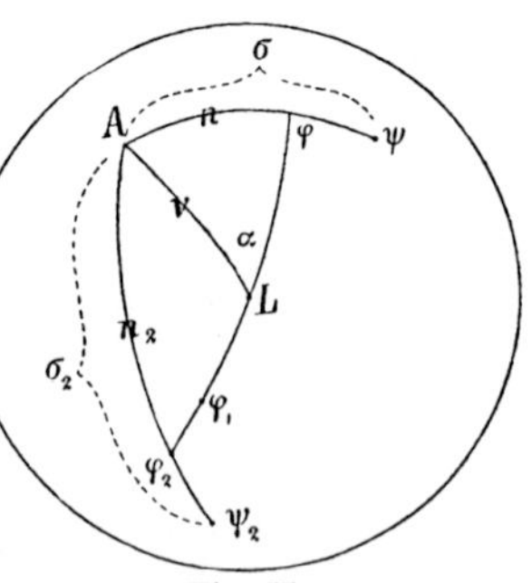

Fig. 77.

$$\tan \sigma = \frac{b^2}{a^2}\tan n,$$

und ihre Fortpflanzungsgeschwindigkeit nach

$$N^2 = a^2 \cos^2 n + b^2 \sin^2 n.$$

Die gewöhnliche reflectirte Wellennormale φ_1, die mit dem zugehörigen Strahl zusammenfällt, folgt aus

$$\frac{\sin \varphi}{N} = - \frac{\sin \varphi_1}{a},$$

für die ausserordentliche φ_2 haben wir die Relationen:

$$\frac{\sin \varphi}{N} = - \frac{\sin \varphi_2}{N_2},$$

$$N_2{}^2 = a^2 \cos^2 n_2 + b^2 \sin^2 n_2,$$

$$\cos n_2 = \cos \varphi_2 \cos v + \sin \varphi_2 \sin v \cos \alpha,$$

welche ebenso wie früher zur Kenntniss von φ_2 führen. Der zugehörige Strahl ψ_2 ergiebt sich auch sofort nach den alten Methoden.

Problem der Reflexion und Refraction für optisch einaxige Krystalle.

Wir machen die analogen Voraussetzungen wie bei der Behandlung derselben Aufgabe für isotrope Medien. Die Componenten der Verrückungen der Grenztheilchen des oberen Mediums sollen gleich sein denen der Grenztheilchen des unteren, ferner nehmen wir die Media „vollkommen durchsichtig" an, d. h. es soll im Acte der Reflexion und Brechung kein Licht verloren gehen.

Wir setzen die Gesetze der Doppelbrechung als bekannt voraus, soweit sie die Richtung des reflectirten und der gebrochenen Strahlen und die Lage der Polarisationsebene der Letzteren betreffen.

Es sei L das Loth der brechenden Fläche, A die optische Axe, a der einfallende Strahl, φ der Einfallswinkel, φ_1 die gewöhnliche Wellennormale (zugleich Strahl), φ_2 die ausserordentliche, Σ der zugehörige Strahl, D_1 die Richtung der Bewegung von φ_1 (in $A\varphi_1$ von φ_1 um 90^0 entfernt), D_2 die Richtung der Bewegung von φ_2 ($\varphi_2 D_2 \perp A\varphi_2$ und $\varphi_2 D_2 = 90^0$), σ die Durchschnittslinie der Einfallsebene mit der brechenden Fläche (also $L\sigma = 90^0$), $\varPi$ die Normale der Einfallsebene (also $L\varPi = 90^0$). Es seien ferner S und P die Amplituden der Componenten des einfallenden Lichtes nach der Einfallsebene und senkrecht dagegen, so fällt die Bewegungsrichtung von P in $\varPi$, die Bewegungsrichtung von S werde durch S bezeichnet ($Sa = 90^0$).

In der Einfallsebene La liegen φ_1, φ_2, σ_1, S; die Bedeutung der noch nicht erklärten Winkel x_1, x_2, ψ erhellt sofort aus der Figur.

Die Amplituden der reflectirten Strahlen seien R_p (schwingt nach Π) und R_s, dessen Bewegungsrichtung ebenfalls mit R_s bezeichnet sei.

Nennen wir endlich D_1 und D_2 die Amplituden des gewöhnlichen und ungewöhnlichen Strahles, so ergeben sich die Componenten sämmtlicher Bewegungen nach den drei aufeinander senkrechten Richtungen L, σ, Π:

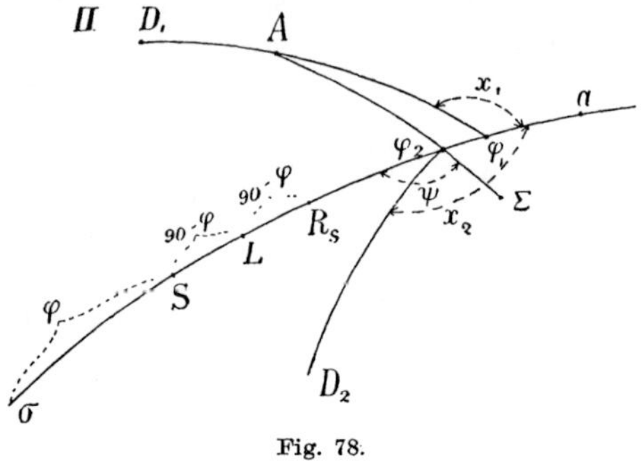

Fig. 78.

	L	σ	Π
Einf. Strahl:	$S \sin\varphi$	$S \cos\varphi$	P
Refl. Strahl:	$R_s \sin\varphi$	$- R_s \cos\varphi$	R_p
Gew. Strahl:	$- D_1 \sin\varphi_1 \cos x_1$	$- D_1 \cos\varphi_1 \cos x_1$	$D_1 \sin x_1$
A. o. Strahl:	$- D_2 \sin\varphi_2 \cos x_2$	$- D_2 \cos\varphi_2 \cos x_2$	$- D_2 \sin x_2.$[1]

(16)

Die Gleichheit der Verrückungen der Grenztheilchen fordert:

$$(17) \quad (S + R_s) \sin\varphi = - D_1 \sin\varphi_1 \cos x_1 - D_2 \sin\varphi_2 \cos x_2,$$

$$(18) \quad (S - R_s) \cos\varphi = - D_1 \cos\varphi_1 \cos x_1 - D_2 \cos\varphi_2 \cos x_2,$$

$$(19) \quad P + R_p = D_1 \sin x_1 - D_2 \sin x_2.$$

Wir bilden nun der zweiten Voraussetzung gemäss die Gleichung der Erhaltung der lebendigen Kraft, wobei wir mit Neumann die Dichtigkeit des Aethers in beiden Medien gleich annehmen.

Wir schneiden aus der einfallenden Lichtwelle ein Stück heraus mit rechteckiger Grundfläche, von der die eine Seite im Durchschnitt der Wellenebene und Einfallsebene, die andere in der Wellenebene liegt. Die Höhe des Stückes sei $\dfrac{\lambda}{m}$, wo m eine beliebige grosse Zahl bedeutet.

Die gesammte in diesem Raume enthaltene Bewegung wird sich nach Verlauf einiger Zeit in drei getrennten Räumen befinden, entsprechend der reflectirten und den beiden gebrochenen Wellen.

Die Volumina des einfallenden, des reflectirten und des gewöhnlich gebrochenen Stückes können wir nach der Vorl. IX sofort hin-

---

1) Die Coefficienten sind die Cos. zwischen der Bewegungsrichtung und den Richtungen L, σ, Π; sie folgen leicht aus sphärischen Dreiecken, die man durch Vervollständigung der Figur erhält.

schreiben; eine besondere Erörterung verlangt aber das ausserordentlich gebrochene Stück.

Seine Höhe ist $\frac{\lambda_2}{m}$, wo λ_2 die ausserordentliche Wellenlänge.
Schneiden die durch die Begrenzung des ursprünglichen Volumens
gelegten Lichtstrahlen aus der Grenz-
fläche der beiden Medien ein Rechteck
mit den Seiten AB und BB_1 heraus,
so würden die correspondirenden gebrochenen Wellennormalen in der gebrochenen Welle ein Rechteck BNB_1N_1
bestimmen, dessen Seiten BB_1 und

$$BN = AB \cos \varphi_2$$

sind.

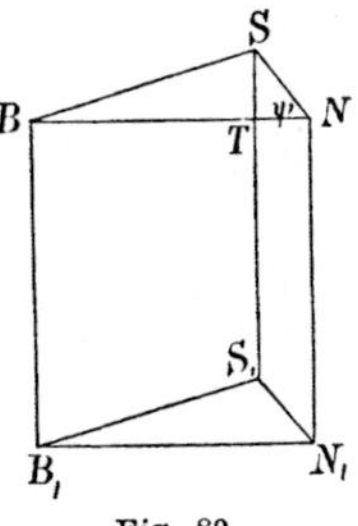

Fig. 79.

Dieses Rechteck ist aber noch nicht
die gesuchte Grundfläche des Volumens, vielmehr ist diese begrenzt
durch die den Punkten A, A_1, B, B_1 entsprechenden Strahlen, welche
in der gebrochenen Wellenebene ein Parallelogramm $BB_1 SS_1$ markiren.
(S. Fig. 80).

Die Höhe desselben ist

$$BT = BN - TN,$$

worin zunächst $BN = AB \cos \varphi_2$. Um auch TN
auszudrücken, sei q_2 der Winkel zwischen Strahl und
Wellennormale (die ganze Figur 80 liegt in einer
Ebene), so wird

$$SN = AN \tan q_2 = AB \sin \varphi_2 \tan q_2,$$

und wenn $\sphericalangle BNS = \psi$ (vgl. die Darstellung auf
der Kugelfläche):

$$TN = SN \cos \psi = AB \sin \varphi_2 \tan q_2 \cos \psi.$$

Also wird

$$BT = AB \, (\cos \varphi_2 - \sin \varphi_2 \tan q_2 \cos \psi),$$

und das gesuchte ungewöhnlich gebrochene Volumen:

$$(20) \qquad AB \cdot BB_1 \, (\cos \varphi_2 - \sin \varphi_2 \tan q_2 \cos \psi) \, \frac{\lambda_2}{m},$$

während das einfallende und reflectirte:

$$AB \cdot BB_1 \cos \varphi \, \frac{\lambda}{m}$$

und das gewöhnlich gebrochene

$$AB \cdot BB_1 \cos \varphi_1 \, \frac{\lambda_1}{m}$$

wird.

Da nun die lebendige Kraft (bei gleicher Dichte) proportional ist dem Volumen in das Quadrat der Amplitude, so haben wir nach Fortlassung gemeinsamer Factoren:

$$(P^2 + S^2)\,\lambda \cos \varphi = (R_p{}^2 + R_s{}^2)\,\lambda \cos \varphi + D_1{}^2\,\lambda_1 \cos \varphi_1$$
$$+ D_2{}^2 \lambda_2 \,(\cos \varphi_2 - \sin \varphi_2 \tan q_2 \cos \psi),$$

oder mit Rücksicht auf:

$$\lambda : \lambda_1 : \lambda_2 = \sin \varphi : \sin \varphi_1 : \sin \varphi_2 :$$

$$(21) \quad (P^2 + S^2) \cos \varphi \sin \varphi = (R_p{}^2 + R_s{}^2) \cos \varphi \sin \varphi + D_1{}^2 \cos \varphi_1 \sin \varphi_1$$
$$+ D_2{}^2 (\cos \varphi_2 - \sin \varphi_2 \tan q_2 \cos \psi) \sin \varphi_2.$$

Wir werden jetzt zeigen, dass die Gleichung der lebendigen Kraft sich mit Hülfe der früher erhaltenen Relationen auf eine lineäre reduciren lässt.

Mit Einführung von $\psi = x_2 - 90^0$ (vgl. Darstellung auf der Kugelfläche) wird (21):

$$(P^2 + S^2 - R_p{}^2 - R_s{}^2) \sin \varphi \cos \varphi = D_1{}^2 \sin \varphi_1 \cos \varphi_1$$
$$+ D_2{}^2 (\sin \varphi_2 \cos \varphi_2 - \sin \varphi_2{}^2 \tan q_2 \sin x_2).$$

Subtrahiren wir hievon das Product der Gleichungen (17) und (18), nämlich:

$$(S^2 - R_s{}^2) \sin \varphi \cos \varphi = D_1{}^2 \sin \varphi_1 \cos \varphi_1 \cos^2 x_1 + D_2{}^2 \sin \varphi_2 \cos \varphi_2 \cos^2 x_2$$
$$+ D_1 D_2 \cos x_1 \cos x_2 \sin (\varphi_1 + \varphi_2),$$

so ergiebt sich:

$$(P^2 - R_p{}^2) \sin \varphi \cos \varphi = D_1{}^2 \sin \varphi_1 \cos \varphi_1 \sin^2 x_1$$
$$+ D_2{}^2 (\sin \varphi_2 \cos \varphi_2 \sin^2 x_2 - \sin^2 \varphi_2 \tan q_2 \sin x_2)$$
$$- D_1 D_2 \cos x_1 \cos x_2 \sin (\varphi_1 + \varphi_2).$$

Hierin ist nun die Gleichung (19) als Factor enthalten, was wir durch folgende etwas längere Betrachtung nachweisen:

Sei der andere Factor der Form

$$(P - R_p) \sin \varphi \cos \varphi = D_1 \alpha + D_2 \beta,$$

so folgt zunächst durch Vergleichung der Terme mit $D_1{}^2$ und $D_2{}^2$:

$$\alpha = \sin \varphi_1 \cos \varphi_1 \sin x_1, \quad \beta = - (\sin \varphi_2 \cos \varphi_2 \sin x_2 - \sin^2 \varphi_2 \tan q_2),$$

sodass also die vierte, mit (17) (18) (19) zu combinirende Gleichung werden würde:

$$(22) \quad (P - R_p) \sin \varphi \cos \varphi = D_1 \sin \varphi_1 \cos \varphi_1 \sin x_1$$
$$- D_2 (\sin \varphi_2 \cos \varphi_2 \sin x_2 - \sin^2 \varphi \tan q_2).$$

Die Uebereinstimmung der Coefficienten von $D_1 D_2$ erfordert aber noch

$$\cos x_1 \cos x_2 \sin (\varphi_1 + \varphi_2) = \sin x_1 \sin x_2 (\sin \varphi_1 \cos \varphi_1 + \sin \varphi_2 \cos \varphi_2)$$
$$ - \sin^2 \varphi_2 \tan q_2 \sin x_1.$$

Mit Einführung von

$$\sin \varphi_1 \cos \varphi_1 + \sin \varphi_2 \cos \varphi_2 = \sin (\varphi_1 + \varphi_2) \cos (\varphi_1 - \varphi_2)$$

wird die zu verificirende Gleichung:

$$(23) \qquad \sin (\varphi_1 + \varphi_2) (\sin x_1 \sin x_2 \cos (\varphi_1 - \varphi_2) - \cos x_1 \cos x_2)$$
$$= \sin^2 \varphi_2 \tan q_2 \sin x_1.$$

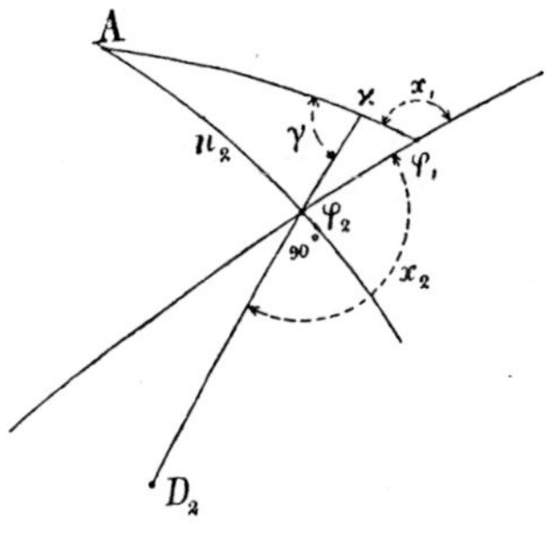

Fig. 81.

Wir verlängern den auf $A\varphi_2$ senkrechten grössten Kreis $D_2\varphi_2$ bis zum Durchschnitt mit $A\varphi_1$ in x und bezeichnen mit γ den $\sphericalangle Ax\varphi_2$. Es folgt aus $\triangle x\varphi_1\varphi_2$:

$$- \cos \gamma = - \cos x_1 \cos x_2$$
$$+ \sin x_1 \sin x_2 \cos (\varphi_1 - \varphi_2),$$

und (23) geht über in:

$$(24) \qquad - \sin (\varphi_1 + \varphi_2) \cos \gamma = \sin^2 \varphi_2 \tan q_2 \sin x_1.$$

Der Winkel zwischen der optischen Axe und dem ausserordentlichen Strahl ist $n_2 + q_2$, somit:

$$\tan (n_2 + q_2) = \frac{b^2}{a^2} \tan n_2,$$

woraus

$$\tan q_2 = \frac{(b^2 - a^2) \sin n_2 \cos n_2}{a^2 \cos^2 n_2 + b^2 \sin^2 n_2},$$

und hiefür können wir wegen:

$$a^2 \cos^2 n_2 + b^2 \sin^2 n_2 = N_2{}^2 = \frac{\sin^2 \varphi_2}{\sin^2 \varphi} \quad {}^{1)}$$

noch schreiben:

$$\tan q_2 = (b^2 - a^2) \sin n_2 \cos n_2 \frac{\sin^2 \varphi}{\sin^2 \varphi_2}.$$

Die Formel (24) reducirt sich also auf

$$(25) \qquad - \sin (\varphi_1 + \varphi_2) \cos \gamma = (b^2 - a^2) \sin^2 \varphi \sin n_2 \cos n_2 \sin x_1.$$

Durch Subtraction der beiden Gleichungen

$$\sin^2 \varphi_1 = \sin^2 \varphi \, a^2$$
$$\sin^2 \varphi_2 = \sin^2 \varphi \, (a^2 \cos^2 n_2 + b^2 \sin^2 n_2)$$

---

1) V ist hier $= 1$ gesetzt.

ergiebt sich nach einer kleinen Umformung:

$$\sin (\varphi_1 + \varphi_2)\, \sin (\varphi_1 - \varphi_2) = - \sin^2 \varphi \, \sin^2 n_2 \,(b^2 - a^2),$$

und mit Einführung des hieraus folgenden Werthes von $\sin^2 \varphi \, \sin n_2$ $(b^2 - a^2)$ in (25):

$$(26) \qquad \cos \gamma = \sin (\varphi_1 - \varphi_2)\, \frac{\cos n_2}{\sin n_2} \, \sin x_1.$$

Diese Relation ist aber leicht als richtig nachzuweisen. Aus $\triangle A \varphi_2 \varkappa$ ergiebt sich nämlich:

$$\cos \gamma = \sin A \, \cos n_2$$

und andererseits aus $\triangle A \varphi_1 \varphi_2$:

$$\sin A = \frac{\sin (\varphi_1 - \varphi_2)\, \sin x_1}{\sin n_2}.$$

Mit der so geschehenen Verification von (26) ist der Nachweis, dass die Gleichung der lebendigen Kraft sich auf die lineäre Gleichung (22) reduciren lässt, geführt.

Die Auflösung der vier lineären Gleichungen giebt ein Resultat der Form

$$(27) \qquad \begin{aligned} R_p &= pP + s'S, \\ R_s &= p'P + sS, \\ D_1 &= \pi_1 P + \sigma_1 S, \\ D_2 &= \pi_2 P + \sigma_2 S, \end{aligned}$$

worin, wenn zur Abkürzung:

$$N = \sin (\varphi + \varphi_1)\, \sin (\varphi + \varphi_2)\, [\cos (\varphi - \varphi_1)\, \sin x_1 \, \cos x_2$$
$$+ \cos (\varphi - \varphi_2)\, \sin x_2 \, \cos x_1] - \sin (\varphi + \varphi_1)\, \cos x_1 \, \sin^2 \varphi \, \tan q_2$$

gesetzt wird:

$$\begin{aligned} Np = \quad & \cos x_1 \, \sin x_2 \, \sin (\varphi + \varphi_1)\, \sin (\varphi - \varphi_2)\, \cos (\varphi + \varphi_2) \\ + \quad & \cos x_2 \, \sin x_1 \, \sin (\varphi + \varphi_2)\, \sin (\varphi - \varphi_1)\, \cos (\varphi + \varphi_1) \\ + \quad & \sin (\varphi + \varphi_1)\, \cos x_1 \, \sin^2 \varphi \, \tan q_2, \end{aligned}$$

$$Ns' = \quad \sin 2\varphi \,[\sin x_1 \, \sin x_2 \, \sin (\varphi_1 - \varphi_2)\, \cos (\varphi_1 + \varphi_2) + \sin^2 \varphi \, \tan q_2],$$

$$Np' = - \sin 2\varphi \, \sin (\varphi_1 - \varphi_2)\, \cos x_1 \, \cos x_2,$$

$$\begin{aligned} Ns = - \,& [\cos x_1 \, \sin (\varphi - \varphi_1)\,\{\sin (\varphi + \varphi_2)\, \cos (\varphi - \varphi_2)\, \sin x_2 - \sin^2 \varphi \, \tan q_2\} \\ + \,& \cos x_2 \, \sin (\varphi - \varphi_2)\, \sin (\varphi + \varphi_1)\, \cos (\varphi - \varphi_1)\, \sin x_1], \end{aligned}$$

$$N\pi_1 = \quad \sin 2\varphi \, \sin (\varphi + \varphi_2)\, \cos x_2,$$

$$N\sigma_1 = - \sin 2\varphi \,[\sin (\varphi + \varphi_2)\, \cos (\varphi - \varphi_2)\, \sin x_2 - \sin^2 \varphi \, \tan q_2],$$

$$N\pi_2 = - \sin 2\varphi \, \sin (\varphi + \varphi_1)\, \cos x_1,$$

$$N\sigma_2 = - \sin 2\varphi \, \sin (\varphi + \varphi_1)\, \cos (\varphi - \varphi_1)\, \sin x_1.^{[1]}$$

---

1) Neumann giebt die Formeln in einer etwas anderen Gestalt, indem er x_1, x_2, q_2 anders ausdrückt Vgl. Abh. d. Berl. Akad. 1835, pag. 29.

Aus diesen Formeln wollen wir einige Schlüsse ziehen.

Ist das einfallende Licht vollständig nach der Einfallsebene polarisirt, also $P = 0$, so wird

$$R_p = s'S,$$
$$R_s = sS,$$

und das reflectirte Licht ist zwar geradlinig, aber nicht nach der Einfallsebene polarisirt; vielmehr unter dem Azimuth β, welcher aus

$$\tan \beta = \frac{s'}{s}$$

folgt.

Die Definition des Polarisationswinkels konnte bei einem unkrystallinischen Medium in verschiedener Weise gegeben werden. Wir wollen nun sehen, welche von diesen Definitionen einer Erweiterung auf krystallinische Media fähig ist.

Ungeeignet ist die Definition, dass kein Licht reflectirt werden soll, wenn unter dem Polarisationswinkel senkrecht zur Einfallsebene polarisirtes Licht einfällt. Vielmehr wird, wenn $S = 0$, unter jedem Winkel Licht reflectirt, denn die Intensität desselben wird $R_p{}^2 + R_s{}^2 = P^2 (p^2 + p'^2)$, und wir können mit Hülfe der einen Variabelen φ nicht die Coefficienten p und p' gleichzeitig zum Verschwinden bringen.

Ebenso wenig dürfen wir fordern, dass, wenn natürliches Licht einfällt, alles reflectirte Licht nach der Einfallsebene polarisirt sei.

Die einzige mögliche Definition ist, dass, wenn natürliches Licht unter dem Polarisationswinkel einfällt, die ganze reflectirte Lichtmenge überhaupt polarisirt ist.

Fällt geradlinig unter dem Azimuth α polarisirtes Licht der Amplitude J ein, so sind die Componenten nach der Einfallsebene

$$S = J \cos \alpha, \quad P = J \sin \alpha,$$

die Componenten der reflectirten Amplitude

$$R_p = J (p \sin \alpha + s' \cos \alpha),$$
$$R_s = J (p' \sin \alpha + s \cos \alpha),$$

und das Azimuth der reflectirten Polarisationsebene:

$$\tan \beta = \frac{R_p}{R_s} = \frac{p \sin \alpha + s' \cos \alpha}{p' \sin \alpha + s \cos \alpha}.$$

Natürliches Licht ist aufzufassen als solches, welches seine Schwingungen in kurzer Zeit unter allen möglichen Azimuthen ausführt. Soll das reflectirte Licht vollständig polarisirt bleiben, so muss sein Polarisationsazimuth von α unabhängig sein. Hiefür ist die nothwendige und hinreichende Bedingung

$$(28) \qquad \frac{p}{p'} = \frac{s'}{s}$$

und wenn dieselbe erfüllt ist, wird

$$(29) \qquad \tan \beta = \frac{p}{p'} = \frac{s'}{s}.$$

Aus der Gleichung (28) folgt ein bestimmter Werth des Einfallswinkels und mit Benutzung desselben erhalten wir das Azimuth β des reflectirten Strahles.

β wird gross werden können, wenn sich die beiden Medien in Beziehung auf das Brechungsvermögen wenig unterscheiden. Denn in s werden dann die Factoren $\sin(\varphi - \varphi_1)$ und $\sin(\varphi - \varphi_2)$ klein.

Vorlesung XI.

Doppelbrechung in optisch zweiaxigen Krystallen.

Die Existenz der optisch zweiaxigen Krystalle ist entdeckt von Brewster.[1]) Es gehören zu denselben die Krystalle des isoklinen, monoklinen und triklinen Systems.

Die Gesetze für die Doppelbrechung in denselben sind aufgefunden von Fresnel[2]) auf Grund einer theoretischen Betrachtung, deren Resultate durch die Beobachtung bestätigt sind, wenn auch die Herleitung nicht als einwurfsfrei gelten kann.

Auch hier hängen sämmtliche Erscheinungen ab von der Wellenfläche, auf welcher sich nach der Zeiteinheit die von einem Punkte ausgegangene Erschütterung befindet.

Die Wellenfläche ist eine Oberfläche vierter Ordnung à deux nappes. Die beiden Nappen haben vier Punkte gemein, doch lassen sie sich nicht mehr, wie im Falle der optisch einaxigen Media, voneinander trennen.

Eine vom Centrum der Wellenfläche aus gezogene Gerade schneidet dieselbe in zwei Punkten; die beiden Radienvectoren stellen die beiden möglichen Fortpflanzungsgeschwindigkeiten des Strahls in der gegebenen Richtung dar. Dieselben sind hier beide variabel, während bei den einaxigen Krystallen die eine constant war.

Die Tangentenebene im Endpunkte eines Radiusvectors ist die zugehörige Wellenebene und ihre Fortpflanzungsgeschwindigkeit ist

---

1) Phil. Transact. 1818.
2) Oeuvres compl. II, pag. 479.

bestimmt durch die Wellennormale, d. h. das vom Centrum auf dieselbe gefällte Perpendikel.

Die Betrachtung wird auch hier ausserordentlich vereinfacht durch das Huyghens'sche Princip.

Nach demselben ist zunächst die fortgepflanzte Wellenebene die Enveloppe der sämmtlichen Wellenflächen, welche wir — in einer der verflossenen Zeit entsprechenden Grösse — um sämmtliche Punkte der ursprünglichen Wellenebene construiren. Hierauf beruht die oben mitgetheilte Bestimmung der Fortpflanzungsgeschwindigkeit der Wellenebene.

Von besonderer Wichtigkeit ist aber hier die sofort einleuchtende Umkehrung: die Wellenfläche ist die Enveloppe der sämmtlichen Wellenebenen, welche wir erhalten, wenn wir für sämmtliche durch einen Punkt gelegten Wellenebenen die Lage nach Verlauf der Zeiteinheit fixiren.

Die Theorie der Elasticität[1]) führt nämlich zunächst auf die Fortpflanzungsgeschwindigkeit der Wellenebene und die Richtung der Bewegung in derselben, und daraus müssen dann alle übrigen Resultate abgeleitet werden.

Wir stellen uns in dieser Vorlesung auf den Standpunkt, dass wir die Gesetze für die Fortpflanzungsgeschwindigkeit der Wellenebene als bekannt voraussetzen.

Wir geben für dieselben zunächst eine von Fresnel herrührende geometrische Construction, mit Hülfe einer Fläche, die wir Ovaloid nennen wollen (Fresnel bezeichnete sie als Elasticitätsfläche).

Bilde der Radiusvector ϱ des Ovaloids mit den Coordinatenaxen x, y, z die Winkel α, β, γ, so ist seine Gleichung

$$1) \qquad \varrho^2 = a^2 \cos^2 \alpha + b^2 \cos^2 \beta + c^2 \cos^2 \gamma,$$

welche der eines Ellipsoides ähnlich ist, nur dass alle Längen reciprok sind. Diese Bemerkung wird uns später eine Uebertragung der für eine der beiden Flächen gefundenen Sätze auf die andere ermöglichen.

Die in x, y, z fallenden Hauptaxen des Ovaloids sind a, b, c.

Um die Fortpflanzungsgeschwindigkeit einer Wellenebene zu bestimmen, legen wir parallel derselben eine Ebene durch das Centrum des Ovaloids und suchen den grössten und kleinsten Radiusvector

---

1) Vgl. Neumann, Pogg. Ann. 25, pag. 418. 1832. Mac Cullagh, Transact. of the Irish Acad. Vol. 21. Lamé, Théorie de l'élasticité Leç. 17. 1852. W. Voigt, Wied. Ann. 19, pag. 873. 1883.

ϱ_1 und ϱ_2 des erhaltenen Ovalschnittes. Diese tragen wir im Centrum senkrecht zur Ebene auf, so stellen sie die Geschwindigkeiten dar, mit welchen eine Welle sich in der betreffenden Richtung fortpflanzen kann.

Die Schwingungsrichtung liegt immer in der Wellenebene — wir haben also nur transversale Wellen — und einer der Hauptaxen des Ovalschnittes parallel. Schwingt die Welle parallel ϱ_1, so ist ihre Fortpflanzungsgeschwindigkeit ϱ_2 und umgekehrt.

Es wird sich ergeben, dass unter den unendlich vielen Ovalschnitten auch zwei kreisförmige sich befinden, deren Hauptaxen also untereinander gleich sind. Wellen, die diesen Schnitten parallel sind, besitzen daher nur eine Fortpflanzungsgeschwindigkeit, und die auf diesen Wellen senkrechten Linien sind die sogen. optischen Axen.

Weitere Voraussetzungen brauchen wir nicht zu machen.

Wir wollen zunächst für obige Construction eine analytische Darstellung geben.

Es war die Gleichung des Ovaloides

$$(1) \qquad \varrho^2 = a^2 \cos^2 \alpha + b^2 \cos^2 \beta + c^2 \cos^2 \gamma,$$

und es sei die Gleichung der durch seinen Mittelpunkt der Welle parallel gelegten Ebene

$$(2) \qquad \mu x + v y + \pi z = 0.$$

Es sei $\mu^2 + v^2 + \pi^2 = 1$, dann sind μ, v, π die Richtungscosinus der Wellennormale. Gesucht ist das Max. und Min. von ϱ im Schnitte von (1) und (2).

Die Coordinaten des Endpunktes von ϱ: $\varrho \cos \alpha$, $\varrho \cos \beta$, $\varrho \cos \gamma$ müssen in der Ebene (2) liegen, also

$$(3) \qquad \mu \cos \alpha + v \cos \beta + \pi \cos \gamma = 0,$$

ferner sind α, β, γ der Bedingung unterworfen:

$$(4) \qquad \cos^2 \alpha + \cos^2 \beta + \cos^2 \gamma - 1 = 0.$$

Nach bekannten Regeln der Differentialrechnung addiren wir die mit Lagrange'schen Multiplicatoren $2L$ resp. L_1 multiplicirten Bedingungsgleichungen (3) und (4) zu (1) und erhalten, indem wir die Differentialquotienten nach $\cos \alpha$, $\cos \beta$, $\cos \gamma$ gleich 0 setzen:

$$(5) \qquad \begin{aligned} (a^2 + L_1) \cos \alpha + L \mu &= 0, \\ (b^2 + L_1) \cos \beta + L v &= 0, \\ (c^2 + L_1) \cos \gamma + L \pi &= 0. \end{aligned}$$

Multipliciren wir die Gleichungen (5) mit $\cos \alpha$, $\cos \beta$, $\cos \gamma$ und summiren, so folgt

$$(6) \qquad L_1 = -\varrho^2,$$

und nun ergiebt die Anwendung der Factoren $\dfrac{\mu}{a^2-\varrho^2}$, $\dfrac{\nu}{b^2-\varrho^2}$, $\dfrac{\pi}{c^2-\varrho^2}$ nach Weglassung von L

$$(7) \qquad \frac{\mu^2}{a^2-\varrho^2} + \frac{\nu^2}{b^2-\varrho^2} + \frac{\pi^2}{c^2-\varrho^2} = 0.$$

Die Wurzeln dieser in ϱ^2 quadratischen Gleichung sind die Hauptaxen des Ovalschnittes, durch welche die Fortpflanzungsgeschwindigkeit der Wellenebene bestimmt war.

Um auch die Richtung dieser Hauptaxen zu finden, schreiben wir die Gleichungen (5) mit Benutzung von (6):

$$\cos\alpha = -\frac{L\mu}{a^2-\varrho^2} \quad \text{etc.}$$

und haben durch Quadriren und Addiren

$$1 = L^2\left[\left(\frac{\mu}{a^2-\varrho^2}\right)^2 + \left(\frac{\nu}{b^2-\varrho^2}\right)^2 + \left(\frac{\pi}{c^2-\varrho^2}\right)^2\right].$$

Wir setzen

$$(8) \qquad G = \sqrt{\left(\frac{\mu}{a^2-\varrho^2}\right)^2 + \left(\frac{\nu}{b^2-\varrho^2}\right)^2 + \left(\frac{\pi}{c^2-\varrho^2}\right)^2},$$

und erhalten, indem wir $L = -\dfrac{1}{G}$ wählen,

$$\cos\alpha = \frac{\mu}{(a^2-\varrho^2)G},$$

$$(9) \qquad \cos\beta = \frac{\nu}{(b^2-\varrho^2)G},$$

$$\cos\gamma = \frac{\pi}{(c^2-\varrho^2)G},$$

worin für ϱ eine der beiden Wurzeln von (7) einzuführen ist.

Es ist wichtig einzusehen, dass die beiden Axen des Ovalschnittes senkrecht gegeneinander sind. Seien o und e die beiden Werthe von ϱ, und mögen ihnen entsprechen $\alpha_o, \beta_o, \gamma_o$ resp. $\alpha_e, \beta_e, \gamma_e$, so haben wir nachzuweisen:

$$\cos\alpha_o \cos\alpha_e + \cos\beta_o \cos\beta_e + \cos\gamma_o \cos\gamma_e = 0$$

oder:

$$\frac{\mu^2}{(a^2-o^2)(a^2-e^2)} + \frac{\nu^2}{(b^2-o^2)(b^2-e^2)} + \frac{\pi^2}{(c^2-o^2)(c^2-e^2)} = 0.$$

Die linke Seite ist aber

$$\frac{1}{o^2-e^2}\left[\frac{\mu^2}{a^2-o^2} + \frac{\nu^2}{b^2-o^2} + \frac{\pi^2}{c^2-o^2}\right.$$
$$\left. - \frac{\mu^2}{a^2-e^2} - \frac{\nu^2}{b^2-e^2} - \frac{\pi^2}{c^2-e^2}\right]$$

und ist in der That $= 0$, da o und e beide die Gleichung (7) befriedigen.

Wir wollen jetzt noch die Gleichung (7) discutiren.

Dieselbe besitzt stets **zwei reelle Wurzeln**, von denen, wenn $a^2 < b^2 < c^2$, eine zwischen a^2 und b^2, die andere zwischen b^2 und c^2 liegt.[1])

Die Wurzeln können also nur dann gleich werden, wenn beide den Werth b^2 haben. Machen wir die Gleichung (7) rational, so sehen wir, dass $\nu^2 = 0$ sein muss, damit überhaupt eine Wurzel $= b^2$ werde; soll auch die zweite denselben Werth annehmen, so muss auch

$$(10) \qquad \frac{\mu^2}{a^2 - b^2} + \frac{\pi^2}{c^2 - b^2} = 0$$

sein. Die Bedingung $\nu = 0$ hat die Bedeutung, dass die Wellenebene durch die y-Axe geht, ihre Normale also in der xz-Ebene liegt. Sei der Winkel zwischen der Normale des kreisförmigen Ovalschnittes und der z-Axe ω, so ist $\pi = \cos \omega$, $\mu = \sin \omega$ und es wird nach (10),

$$(11) \qquad \begin{aligned} \sin^2 \omega &= \frac{b^2 - a^2}{c^2 - a^2}, \\[4pt] \cos^2 \omega &= \frac{c^2 - b^2}{c^2 - a^2}. \end{aligned}$$

Die beiden hiedurch definirten Richtungen sind diejenigen, in welchen es nur eine **Fortpflanzungsgeschwindigkeit der Wellenebene** giebt. Man nennt sie die **optischen Axen**; sie liegen in der durch die grösste und kleinste Ovaloidaxe, a und c, gelegten Ebene. Wir hatten bisher $a^2 < b^2 < c^2$ angenommen. Wesentlich war nur, dass b^2 die mittlere Axe bedeutet, und wir wollen von nun an festsetzen, dass c^2 diejenige Axe sein soll, welche die spitzen Winkel zwischen den optischen Axen halbirt. Es kann c die grösste wie die kleinste Axe sein.

---

1) Eine geometrische Darstellung der linken Seite von (7) als Function von ϱ^2 ergiebt beistehende Figur, woraus sofort die Richtigkeit der Behauptung erhellt.

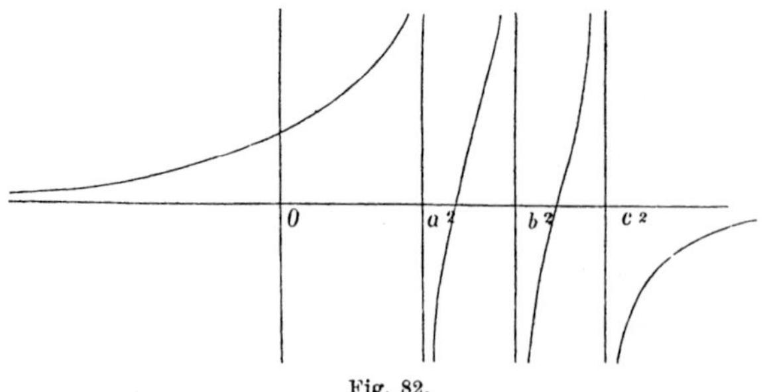

Fig. 82.

Wir wollen jetzt die Lage einer beliebigen Wellennormale bestimmt denken durch die beiden Winkel u und v, welche sie mit den optischen Axen bildet. Es lassen sich dann die entsprechenden Wurzeln der Gleichung (7) getrennt und ohne Wurzelzeichen angeben.[1])

Zu dem Ende multipliciren wir (7) mit $\varrho^2 - b^2$:

$$\frac{\mu^2(\varrho^2 - b^2)}{\varrho^2 - a^2} + v^2 + \frac{\pi^2(\varrho^2 - b^2)}{\varrho^2 - c^2} = 0,$$

und subtrahiren hievon $\mu^2 + v^2 + \pi^2 = 1$, so wird

$$\frac{\mu^2(a^2 - b^2)}{\varrho^2 - a^2} + \frac{\pi^2(c^2 - b^2)}{\varrho^2 - c^2} = -1$$

oder

$$\frac{\mu^2\left(\dfrac{a^2 - b^2}{a^2 - c^2}\right)}{\left(\dfrac{\varrho^2 - a^2}{a^2 - c^2}\right)} + \frac{\pi^2\left(\dfrac{c^2 - b^2}{a^2 - c^2}\right)}{\left(\dfrac{\varrho^2 - c^2}{a^2 - c^2}\right)} = -1.$$

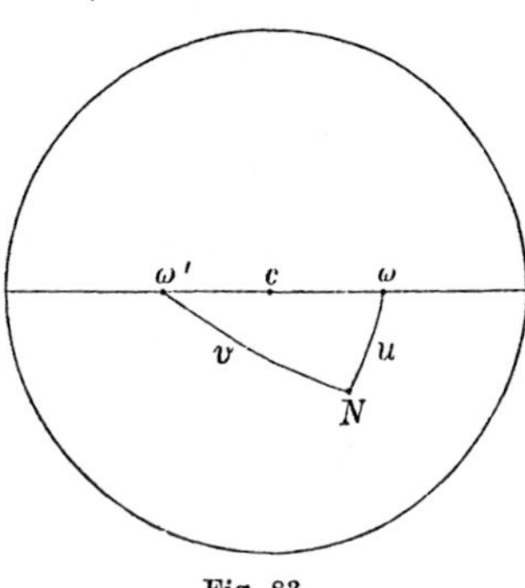

Fig. 83.

Benutzen wir nun (11), setzen $\dfrac{\varrho^2 - a^2}{c^2 - a^2} = x$ und demgemäss $\dfrac{\varrho^2 - c^2}{a^2 - c^2} = 1 - x$, so erhalten wir

$$(12) \qquad \frac{\mu^2 \sin^2 \omega}{x} + \frac{\pi^2 \cos^2 \omega}{1 - x} = 1.$$

Um u und v einzuführen, stellen wir zunächst folgendes Täfelchen der Richtungscosinus zusammen:

	x	y	z
ω	$\sin \omega$	0	$\cos \omega$
ω'	$-\sin \omega$	0	$\cos \omega$
N	μ	ν	π.

Es wird demnach:

$$\cos u = \cos (N, \omega) = \mu \sin \omega + \pi \cos \omega,$$

$$\cos v = \cos (N, \omega') = -\mu \sin \omega + \pi \cos \omega,$$

$$\tfrac{1}{2}(\cos u + \cos v) = \cos \frac{v + u}{2} \cos \frac{v - u}{2} = \pi \cos \omega,$$

$$\tfrac{1}{2}(\cos u - \cos v) = \sin \frac{v + u}{2} \sin \frac{v - u}{2} = \pi \sin \omega$$

und mit Einführung dieser Werthe in (12):

$$\frac{\sin^2 \dfrac{v - u}{2} \sin^2 \dfrac{v + u}{2}}{x} + \frac{\left(1 - \sin^2 \dfrac{v - u}{2}\right)\left(1 - \sin^2 \dfrac{v + u}{2}\right)}{1 - x} = 1.$$

---

1) Neumann, Pogg. Ann. 33, pag. 257. 1834.

Die Wurzeln dieser Gleichung sind:

$$x = \frac{\varrho^2 - a^2}{c^2 - a^2} = \sin^2 \frac{v + u}{2}$$

und

$$= \sin^2 \frac{v - u}{2},$$

woraus die zugehörigen Werthe von ϱ^2:

$$a^2 + (c^2 - a^2) \sin^2 \frac{v - u}{2} \quad \text{und} \quad a^2 + (c^2 - a^2) \sin^2 \frac{v + u}{2}.$$

Wir wollen dieselben mit o^2 und e^2 bezeichnen, womit angedeutet werden soll, dass wenn das zweiaxige Medium in ein einaxiges überginge, also $\omega = 0$ würde, o eine constante, e eine variable Fortpflanzungsgeschwindigkeit darstellt. Wir schreiben:

$$(13) \quad \begin{aligned} o^2 &= a^2 + (c^2 - a^2) \sin^2 \frac{v - u}{2} = \frac{a^2 + c^2}{2} + \frac{a^2 - c^2}{2} \cos (v - u), \\ e^2 &= a^2 + (c^2 - a^2) \sin^2 \frac{v + u}{2} = \frac{a^2 + c^2}{2} + \frac{a^2 - c^2}{2} \cos (v + u), \end{aligned}$$

und wir haben die Wurzeln thatsächlich richtig unterschieden, denn für $\omega = 0$, $v = u$ wird $o^2 = a^2$, $e^2 = a^2 \cos^2 u + c^2 \sin^2 u$, welche Formel die in der vorigen Vorlesung gegebene $N^2 = a^2 \cos^2 n + b^2 \sin^2 n$ nur mit anderer Bezeichnung ist.

Die Formeln (13) wollen wir noch auf einige specielle Fälle anwenden.

Liegt N in der Ebene bc, so wird $v = u$, $o = a$ constant, e variabel. Liegt N auf ab, so ist $u + v = \pi$, also $e = c$ constant, o variabel. Für die dritte Coordinatenebene ac müssen wir unterscheiden, ob N innerhalb oder ausserhalb der optischen Axe liegt. Innerhalb derselben haben wir $u + v = 2\omega$, also $e = b$ constant, o variabel, während ausserhalb $v - u = 2\omega$ ist, d. h. $o = b$, e variabel. Hier vertauschen also o und e ihre Rollen.

Wir gehen jetzt dazu über, die Gleichung der Wellenfläche abzuleiten.

Eine Wellenebene, welche zur Zeit 0 durch einen bestimmten Punkt ging, befindet sich zur Zeit 1 an einer Stelle, welche von ihrer Richtung abhängig ist, und nach dem oben Auseinandergesetzten haben wir die Enveloppe dieser sämmtlichen Ebenen zu suchen.

Fresnel vermochte diese Aufgabe nicht zu lösen, und erst Ampère, der dieselbe wieder aufnahm, gelangte zum Ziele, freilich auf einem wenig übersichtlichen Wege. Nachstehende elegante Ableitung rührt von Dr. Senf her.[1]

---

1) S. Neumann, Abh. d. Berl. Akad. 1835, § 15, pag. 90.

Durch den Mittelpunkt des Ovaloids sei eine Wellenebene gelegt

$$\mu x + \nu y + \pi z = 0,$$

so wird sich dieselbe während der Zeit 1 um ϱ entfernt haben und ihre Gleichung geworden sein

$$(14) \qquad \mu x + \nu y + \pi z - \varrho = 0,$$

wo ϱ eine Wurzel der Gleichung ist

$$(15) \qquad \frac{\mu^2}{a^2 - \varrho^2} + \frac{\nu^2}{b^2 - \varrho^2} + \frac{\pi^2}{c^2 - \varrho^2} = 0.$$

Die Richtungscosinus der Wellennormale μ, ν, π genügen noch der Gleichung:

$$(16) \qquad \mu^2 + \nu^2 + \pi^2 - 1 = 0.$$

Betrachten wir nun drei derartige Ebenen, so werden sich dieselben in einem Punkte schneiden und jede von ihnen wird die Wellenfläche in einem Punkte berühren. Lassen wir nun die Ebenen sich einer und derselben Grenzlage nähern, so rücken die drei Berührungspunkte dem Schnittpunkt immer näher, d. h. der Letztere wird ein Punkt der Wellenfläche.

Die erste der Ebenen sei (14), die zweite entstehe daraus, wenn bei ungeändertem ν μ um $d\mu$ wächst, und die dritte, indem ν um $d\nu$ vermehrt wird, während μ constant bleibt. π und ϱ fassen wir dabei durch (16) und (15) als Functionen von μ und ν gegeben auf.[1])

Subtrahiren wir von der Gleichung der zweiten Ebene (14) und dividiren durch $d\mu$, so kommt

$$x + \frac{\partial \pi}{\partial \mu} z = \frac{\partial \varrho}{\partial \mu},$$

und analog erhalten wir

$$y + \frac{\partial \pi}{\partial \nu} z = \frac{\partial \varrho}{\partial \nu}.$$

Aus (16) folgt

$$\frac{\partial \pi}{\partial \mu} = - \frac{\mu}{\pi}, \quad \frac{\partial \pi}{\partial \nu} = - \frac{\nu}{\pi},$$

sodass die beiden vorigen Gleichungen übergehen in:

$$(17) \qquad x - \frac{\mu}{\pi} z = \frac{\partial \varrho}{\partial \mu}, \quad y - \frac{\nu}{\pi} z = \frac{\partial \varrho}{\partial \nu}.$$

---

1) In symmetrischer Form können wir diese Eliminationsaufgabe so lösen. Seien f, φ, ψ die linken Seiten der Gleichungen (14), (15), (16), L und L_1 Lagrange'sche Multiplicatoren, ferner $F = f + \frac{1}{2} L \varphi + \frac{1}{2} L_1 \psi$, so setzen wir $\frac{\partial F}{\partial \mu} = 0$, $\frac{\partial F}{\partial \nu} = 0$, $\frac{\partial F}{\partial \pi} = 0$, $\frac{\partial F}{\partial \varrho} = 0$, und combiniren die erhaltenen Gleichungen mit (14), (15), (16). Die weitere Behandlung ist einfach.

Durch Differentiation von (15) nach μ folgt:

$$\frac{\mu}{\varrho^2 - a^2} + \frac{\pi\,\dfrac{\partial \pi}{\partial \mu}}{\varrho^2 - c^2} = \varrho\,\frac{\partial \varrho}{\partial \mu}\,G^2,$$

wo G die unter (8) angegebene Bedeutung hat, und wir erhalten hieraus

$$(18) \qquad \frac{\partial \varrho}{\partial \mu} = \frac{\mu}{G^2 \varrho}\left(\frac{1}{\varrho^2 - a^2} - \frac{1}{\varrho^2 - c^2}\right) \quad \text{und ebenso}$$

$$\frac{\partial \varrho}{\partial \nu} = \frac{\nu}{G^2 \varrho}\left(\frac{1}{\varrho^2 - b^2} - \frac{1}{\varrho^2 - c^2}\right).$$

Multipliciren wir die durch Combination von (17) und (18) folgenden Gleichungen

$$x - \frac{\mu}{\pi}\,z = \frac{\mu}{G^2 \varrho}\left\{\frac{1}{\varrho^2 - a^2} - \frac{1}{\varrho^2 - c^2}\right\},$$

$$y - \frac{\nu}{\pi}\,z = \frac{\nu}{G^2 \varrho}\left\{\frac{1}{\varrho^2 - b^2} - \frac{1}{\varrho^2 - c^2}\right\} \quad \text{und}$$

$$z - z = 0$$

mit μ, ν, π und addiren, so erhalten wir wegen (14) und (15):

$$\varrho - \frac{z}{\pi} = -\frac{1}{G^2 \varrho}\,\frac{1}{\varrho^2 - c^2}.$$

Indem wir diese Gleichung und die beiden analogen etwas anders ordnen, wird

$$x = \mu\left(\varrho + \frac{1}{\varrho^2 - a^2}\,\frac{1}{G^2 \varrho}\right),$$

$$(19) \qquad y = \nu\left(\varrho + \frac{1}{\varrho^2 - b^2}\,\frac{1}{G^2 \varrho}\right),$$

$$z = \pi\left(\varrho + \frac{1}{\varrho^2 - c^2}\,\frac{1}{G^2 \varrho}\right),$$

Dies sind die Coordinaten des Durchschnittspunktes der drei Ebenen. Durch Quadriren und Addiren dieser Formeln unter Berücksichtigung von (15) und der Definition von G erhalten wir noch

$$(20) \qquad \sigma^2 = x^2 + y^2 + z^2 = \varrho^2 + \frac{1}{G^2 \varrho^2}.$$

Die Bedeutung der Formeln (19) und (20) ist die, dass wir zu einer gegebenen Wellennormale (definirt durch μ, ν, π, (ϱ)) den zugehörigen Strahl gefunden haben. Seine Fortpflanzungsgeschwindigkeit ist σ.

Um nun weiter zur Gleichung der Wellenfläche zu gelangen, müssen wir durch Elimination von μ, ν, π, ϱ eine x, y, z allein enthaltende Gleichung bilden. Dazu schreiben wir die erste Formel (19)

$$x = \frac{\mu\,[\varrho^2(\varrho^2 - a^2)\,G^2 + 1]}{(\varrho^2 - a^2)\,G^2 \varrho},$$

und combiniren damit die aus (20) sich leicht ergebende:

$$\sigma^2 - a^2 = \frac{\varrho^2(\varrho^2 - a^2)G^2 + 1}{G^2\varrho^2},$$

woraus durch Division:

$$\frac{x}{\sigma^2 - a^2} = \frac{\mu\varrho}{\varrho^2 - a^2}, \quad \text{und ebenso}$$

$$\frac{y}{\sigma^2 - b^2} = \frac{\nu\varrho}{\varrho^2 - b^2},$$

$$\frac{z}{\sigma^2 - c^2} = \frac{\pi\varrho}{\varrho^2 - c^2}.$$

Wir multipliciren links mit x, y, z, rechts mit ihren Werthen (19):

$$\frac{x^2}{\sigma^2 - a^2} = \frac{\mu^2\varrho}{\varrho^2 - a^2}\left\{\varrho + \frac{1}{(\varrho^2 - a^2)G^2\varrho}\right\},$$

$$\frac{y^2}{\sigma^2 - b^2} = \frac{\nu^2\varrho}{\varrho^2 - b^2}\left\{\varrho + \frac{1}{(\varrho^2 - b^2)G^2\varrho}\right\},$$

$$\frac{z^2}{\sigma^2 - c^2} = \frac{\pi^2\varrho}{\varrho^2 - c^2}\left\{\varrho + \frac{1}{(\varrho^2 - c^2)G^2\varrho}\right\},$$

addiren und finden, indem wir uns der Gleichung (15) sowie der Bedeutung von G erinnern

$$(21) \qquad \frac{x^2}{\sigma^2 - a^2} + \frac{y^2}{\sigma^2 - b^2} + \frac{z^2}{\sigma^2 - c^2} = 1.$$

Diese Gleichung transformiren wir, indem wir links mit σ^2, rechts mit seinem Werthe $x^2 + y^2 + z^2$ multipliciren und Alles auf die linke Seite schreiben. Es wird dann:

$$(22) \qquad \frac{a^2 x^2}{\sigma^2 - a^2} + \frac{b^2 y^2}{\sigma^2 - b^2} + \frac{c^2 z^2}{\sigma^2 - c^2} = 0.$$

Fresnel giebt für die Wellenfläche folgende Construction.

Man lege durch den Mittelpunkt des Ellipsoides

$$\frac{1}{\sigma^2} = \frac{\cos^2 \alpha}{a^2} + \frac{\cos^2 \beta}{b^2} + \frac{\cos^2 \gamma}{c^2}$$

eine Ebene

$$mx + ny + pz = 0$$

und trage die Hauptaxen der Schnittellipse im Centrum senkrecht gegen die Ebene auf. Die erhaltenen Punkte sind sodann Punkte der Wellenfläche.

Diejenige Gleichung, deren Wurzeln die Hauptaxen der Ellipse sind, erhalten wir sofort aus (7) durch Einführung der reciproken Längen:

$$\frac{m^2}{\dfrac{1}{a^2} - \dfrac{1}{\sigma^2}} + \frac{n^2}{\dfrac{1}{b^2} - \dfrac{1}{\sigma^2}} + \frac{p^2}{\dfrac{1}{c^2} - \dfrac{1}{\sigma^2}} = 0.$$

Die Coordinaten der Endpunkte der aufgetragenen Senkrechten sind

$$x = m\sigma, \quad y = n\sigma, \quad z = p\sigma,$$

und wenn wir hieraus m, n, p in die vorige Gleichung einsetzen, folgt sofort die Wellenfläche in der Form (22):

Unter den Schnitten des Ellipsoides werden sich auch zwei Kreisschnitte befinden. In den zu denselben senkrechten Richtungen — den sog. Strahlenaxen — besitzen beide Strahlen gleiche Fortpflanzungsgeschwindigkeit. Ist s der Winkel, welchen die Strahlenaxen mit der Axe c des Ellipsoides einschliessen, so ist

$$(23) \quad \sin^2 s = \frac{\dfrac{1}{b^2} - \dfrac{1}{a^2}}{\dfrac{1}{c^2} - \dfrac{1}{a^2}} = \frac{c^2}{b^2} \cdot \frac{b^2 - a^2}{c^2 - a^2} = \frac{c^2}{b^2} \sin^2 \omega.$$

$$\cos^2 \sigma = \frac{\dfrac{1}{c^2} - \dfrac{1}{b^2}}{\dfrac{1}{c^2} - \dfrac{1}{a^2}} = \frac{a^2}{b^2} \cdot \frac{c^2 - b^2}{c^2 - a^2} = \frac{a^2}{b^2} \cos^2 \omega.$$

Die Strahlenaxen liegen, wie die optischen Axen, in der Ebene ac, d. h. der durch die grösste und kleinste Axe bestimmten, und es ist $s \gtrless \omega$, je nachdem $a^2 \lessgtr b^2 \lessgtr c^2$. Die Enden der Strahlenaxen sind die gemeinsamen Punkte der beiden Nappen der Wellenfläche.

Um von der Gestalt der Wellenfläche eine Vorstellung zu gewinnen, zeichnen wir ihre Schnitte mit den Coordinatenebenen.

Es sei $a < b < c$, und die Stellung des Ellipsoides die beifolgend angedeutete.

Legen wir die sämmtlichen Schnittebenen des Ellipsoides durch die Axe a, so ergiebt sich der Durchschnitt der Wellenfläche mit der yz-Ebene. Alle diese Schnittellipsen haben die kleine Halbaxe a, somit bilden die zugehörigen Normalen einen Kreis mit dem Halbmesser a. Die grossen Halbaxen der Schnittellipsen sind Radienvectoren der Ellipse bc. Diese entsprechenden Normalen ergeben wieder eine Ellipse mit den Halbaxen b und c, doch fällt b in die Richtung z und c in y.

Ferner legen wir die Ebenen durch c, was uns den Schnitt xy der Wellenfläche liefert. Die grosse Hauptaxe aller Schnittellipsen ist c, die kleine der Radiusvector der Ellipse ab und wir erhalten daher zunächst einen Kreis mit dem Radius c, und eine Ellipse ab, wo aber wieder a in y, b in x fällt.

Die durch b gelegten Ebenen führen uns auf den Schnitt xy, und zwar wird derselbe ein Kreis mit dem Halbmesser b, und eine Ellipse, deren Halbaxen a und c nach z resp. x gerichtet sind.

Kreis und Ellipse schneiden sich in denjenigen Punkten, welche den Strahlenaxen entsprechen. Die Wellenfläche ist symmetrisch zu

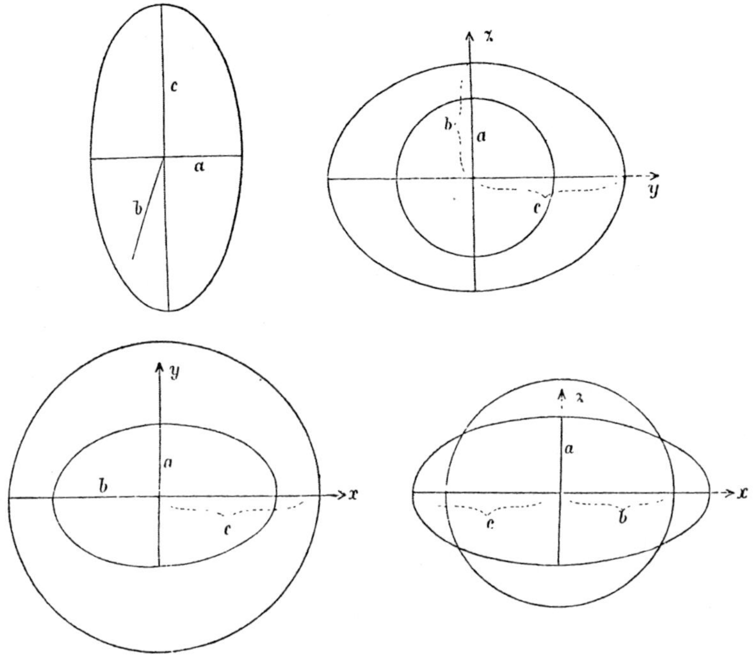

Fig. 84.

den drei Coordinatenebenen. Wenn in Beziehung auf eine Ebene die Krystallform symmetrisch ist, so muss dasselbe in Bezug auf die optischen Eigenschaften stattfinden. Das isokline System besitzt drei aufeinander senkrechte Symmetrieebenen, hiedurch sind die Coordinatenebenen für die Wellenfläche vollkommen bestimmt, und die optischen Axen und Strahlenaxen liegen in einer derselben.

Die eine im monoklinen System vorhandene Symmetrieebene, ist es auch für die Wellenfläche, und die Ebene der optischen Axen liegt in derselben oder senkrecht dagegen. Das trikline System entbehrt ganz der Symmetrie, und die Lage der Wellenfläche kann nur empirisch ermittelt werden.

Die Aufgabe, zu einer gegebenen Wellennormale den zugehörigen Strahl zu finden, ist zwar bereits durch die Formeln (19) und (20) gelöst, doch sind dieselben zur weiteren Anwendung nicht geeignet. Wir wollen jetzt eine Bestimmungsweise des Strahles geben, welche sich an die der Wellennormale mit Hülfe der ∢ u und v gegen die optischen Axen anschliesst.

Es seien wie früher μ, ν, π die Richtungscosinus der Wellennormale, die beiden Ovalaxen o und e, und die denselben entsprechenden Werthe von G (vgl. (8)) O und E. Dann sind nach (9) die Richtungscosinus der beiden Ovalaxen

$$(24) \qquad \cos \alpha_o = \frac{\mu}{(a^2 - o^2)O}, \qquad \cos \alpha_e = \frac{\mu}{(a^2 - e^2)E}.$$

Die Determinanten der zu o und e gehörigen Strahlen σ_o und σ_e ergeben sich nach (19) so:

$$(25) \quad \frac{x_o}{\sigma_o} = \frac{\mu}{\sigma_o}\left(o - \frac{1}{(a^2 - o^2)O^2 o}\right), \quad \frac{x_e}{\sigma_e} = \frac{\mu}{\sigma_e}\left(e - \frac{1}{(a^2 - e^2)E^2 e}\right)$$

Der Winkel zwischen der Ovalaxe e und σ_o wird hienach bestimmt durch

$$\cos(e, \sigma_o) = - \frac{1}{O^2 o \, \sigma_o E}\left[\frac{\mu^2}{(a^2 - o^2)(a^2 - e^2)} + \frac{\nu^2}{(b^2 - o^2)(b^2 - e^2)} + \frac{\pi^2}{(c^2 - o^2)(c^2 - e^2)}\right].$$

Dass aber die Parenthese verschwindet, wurde schon früher bewiesen, also steht σ_o auf e senkrecht, e war aber die Richtung der Schwingungen der mit der Geschwindigkeit O fortschreitenden Welle, somit ist die Richtung e der Schwingungen senkrecht sowohl zur Wellennormale wie zum Strahl σ_o. Ebenso folgt $\sigma_e \perp$ zur Ovalaxe o.

Hiedurch ist eine Ebene bestimmt, in welcher σ_o liegt, nämlich die gegen die Ovalaxe e senkrechte. In dieser Ebene liegen aber auch die Ovalaxe o und die Richtung der Wellennormale N, also liegt σ_o in der durch N und o gelegten Ebene und ebenso σ_e in der Ebene Ne.

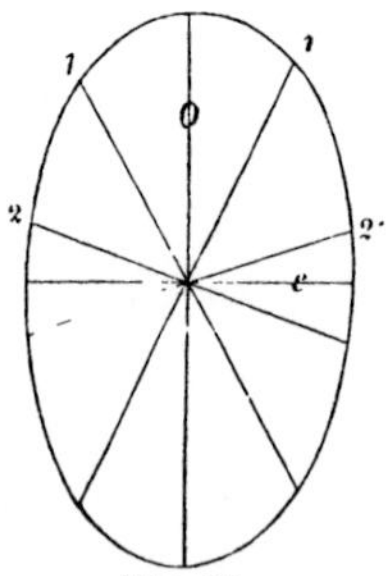

Um dies Resultat verwerthen zu können, müssen wir die Richtung der beiden Ovalaxen einfach zu ermitteln suchen. Die Kreisschnitte des Ovaloids schneiden das Oval in gleichen Radienvectoren (1 und 1'), die Halbirungslinien der von denselben gebildeten Winkel sind also die Ovalaxen.

Weiter sind die Radienvectoren 1 und 1' gegen die durch die Wellennormale N und je eine optische Axe ω, ω' gelegte Ebene senkrecht, denn sie gehören ja dem Ovalschnitt und je einem (zur optischen Axe senkrechten) Kreisschnitt gleichzeitig an.

Fig. 85.

Diese Ebenen schneiden das Oval in Linien 2,2′, welche zu 1, 1′ senkrecht sind, und die Ovalaxen halbiren auch die Winkel zwischen diesen neuen Schnittlinien, d. h. sie liegen in denjenigen Ebenen, welche die Winkel zwischen den Ebenen $N\omega$ und $N\omega'$ halbiren.

Da die Ovalaxen mit N einen rechten Winkel einschliessen, so sind sie dadurch vollkommen bestimmt.

In der Darstellung auf der Kugelfläche haben wir den Winkel $\omega N\omega'$ und seinen Nebenwinkel durch die grössten Kreise (3) und (4) zu halbiren und Ne sowie $No = 90^0$ zu machen.

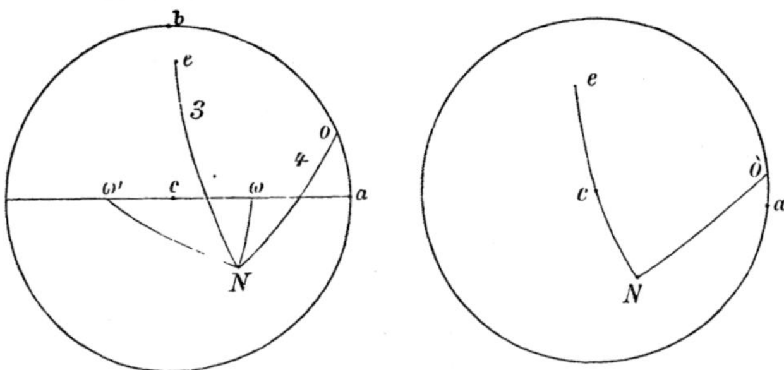

Fig. 86.

Dass e in (3), o in (4) liegen muss, ist leicht einzusehen, wenn wir ω und ω' zusammenfallen lassen, also $a = b$ machen, wodurch der Krystall in einen einaxigen übergeht. o fällt sodann stets in die Ebene ab und ist constant $= a$, wie es unserer früheren Festsetzung über o und e entspricht.

In den Halbirungsebenen (3) und (4) liegen auch σ_e und σ_o, sodass wir nur noch einen Winkel zu bestimmen haben.

Nun ist

$$\tan N, \sigma_o = \frac{\sqrt{\sigma_o{}^2 - o^2}}{o},$$

ferner wegen (20):

$$\sigma_o{}^2 = o^2 + \frac{1}{O^2 o^2},$$

sodass

(26)
$$\tan N, \sigma_o = \frac{1}{o^2 O},$$

worin wir noch O geeignet ausdrücken.

Die Gleichungen (24) schreiben wir:

$$\frac{1}{O} = \frac{(a^2 - o^2)\cos\alpha_0}{\mu},$$

$$\frac{1}{O} = \frac{(b^2 - o^2)\cos\beta_0}{\nu},$$

$$\frac{1}{O} = \frac{(c^2 - o^2)\cos\gamma_0}{\pi},$$

multipliciren mit μ^2, ν^2, π^2 und addiren. Von der so sich ergebenden Gleichung

$$\frac{1}{O} = (a^2 - o^2)\,\mu \cos \alpha_0 + (b^2 - o^2)\,\nu \cos \beta_0 + (c^2 - o^2)\,\pi \cos \gamma_0$$

subtrahiren wir die mit $(b^2 - o^2)$ multiplicirte

$$0 = \mu \cos \alpha_0 + \nu \cos \beta_0 + \pi \cos \gamma_0$$

und erhalten:

$$\frac{1}{O} = (a^2 - b^2)\,\mu \cos \alpha_0 + (c^2 - b^2)\,\pi \cos \gamma_0,$$

oder, indem wir durch (11) den Winkel ω einführen:

$$\frac{1}{O} = (a^2 - c^2)\,[\mu \cos \alpha_0 \sin^2 \omega + \pi \cos \gamma_0 \cos^2 \omega].$$

Um hierin μ, π, $\cos \alpha_0$, $\cos \gamma_0$ durch u, v zu ersetzen, stellen wir zunächst folgendes Täfelchen der Richtungscosinus auf:

	x	y	z
ω	$\sin \omega$	o	$\cos \omega$
ω'	$-\sin \omega$	o	$\cos \omega$
N	μ	ν	π
o	$\cos \alpha_0$	$\cos \beta_0$	$\cos \gamma_0$

und ziehen aus demselben:

$$(27) \quad \cos u \;\; = \cos (N, \omega) = \;\; \mu \sin \omega + \pi \cos \omega,$$
$$(28) \quad \cos v \;\; = \cos (N, \omega') = - \mu \sin \omega + \pi \cos \omega,$$
$$\cos (o, \omega) = \qquad\qquad \sin \omega \cos \alpha_0 + \cos \omega \cos \gamma_0,$$
$$\cos (o, \omega') = \qquad\qquad - \sin \omega \cos \alpha_0 + \cos \omega \cos \gamma_0.$$

Ferner liefert $\triangle\, No\omega$ und $\triangle\, No\omega'$, worin $No = 90^0$:

$$\cos(o\,\omega) = \quad \sin u \sin \frac{i}{2},$$

$$\cos(o\,\omega') = - \sin v \sin \frac{i}{2}.$$

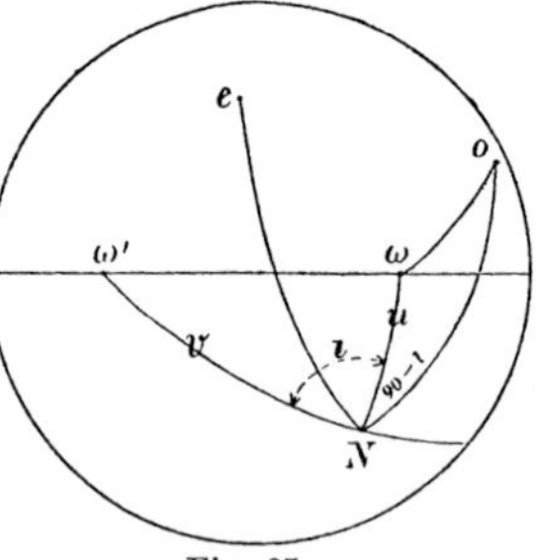

Fig. 87.

$\measuredangle\, i$ ist als bekannt anzusehen, da er durch ω, u, v ausdrückbar ist.

Folglich

$$(29) \qquad \sin u \sin \frac{i}{2}$$

$$= \sin \omega \cos \alpha_0 + \cos \omega \cos \gamma_0,$$

$$(30) \qquad - \sin v \sin \frac{i}{2} = - \sin \omega \cos \alpha_0 + \cos \omega \cos \gamma_0.$$

Bilden wir nun $(27) \times (30) + (28) \times (29)$ und kehren das Zeichen um, so wird

$$\frac{1}{2} \sin \frac{i}{2} \sin (v - u) = \mu \sin^2 \omega \cos \alpha_0 - \pi \cos^2 \omega \cos \gamma_0,$$

und wir erhalten zur Bestimmung von $\sphericalangle\, N,\, \sigma_0$:

$$(31) \qquad \tan (N,\, \sigma_0) = \frac{a^2 - c^2}{2\,o^2} \sin (v - u) \sin \frac{i}{2}.$$

Analog finden wir, wenn wir $\cos (e\omega)$ und $\cos (e\omega')$ doppelt ausdrücken

$$(29)' \qquad \sin u \cos \frac{i}{2} = \sin \omega \cos \alpha_e + \cos \omega \cos \gamma_e,$$

$$(30)' \qquad \sin v \cos \frac{i}{2} = -\sin \omega \cos \alpha_e + \cos \omega \cos \gamma_e,$$

und indem wir $(27) \times (30)' + (28) \times (29)'$ nehmen

$$-\frac{1}{2} \cos \frac{i}{2} \sin (v + u) = \mu \sin^2 \omega \cos \alpha_e - \pi \cos^2 \omega \cos \gamma_e.$$

Die (31) entsprechende Gleichung für den ausserordentlichen Strahl wird also:

$$(31)' \qquad \tan (N,\, \sigma_e) = -\frac{a^2 - c^2}{2\,e^2} \sin (v + u) \cos \frac{i}{2}.$$

Es bleibt noch zu untersuchen, nach welcher Seite von N aus σ_o und σ_e liegen. Hiezu betrachten wir die relative Lage von σ_o und σ_e gegen N in den drei Hauptschnitten, indem wir zugleich die Resultate von pag. 186 bezüglich der Werthe von o und e benutzen.

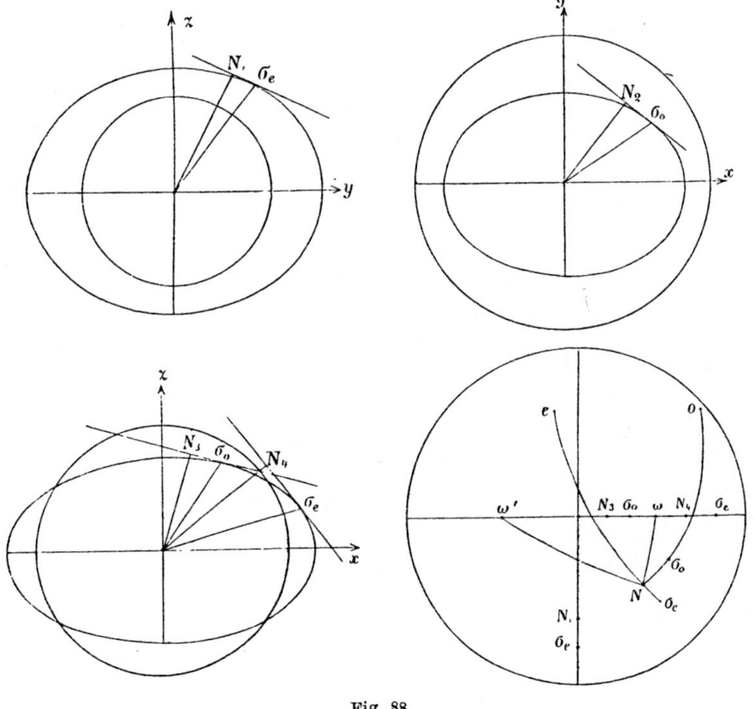

Fig. 88.

13*

Die Figuren auf pag. 195 beziehen sich auf den Fall, dass c die grösste der Axen ist. Wir ersehen aus denselben Folgendes:

Schnitt $bc(=yz)$: o const., e var., N_1 in bc, σ_e zwischen N_1 und b,

„ $ab(=xy)$: e const., o var., N_2 in ab, σ_o zwischen N_2 und a,

„ $ac(=xz)$ zwischen den optischen Axen:

e const., o var., N_3 in ac, σ_o zwischen N_3 und a,

ausserhalb der optischen Axen:

o const., e var., N_4 in ac, σ_e zwischen N_4 und a.

Wir vereinigen diese Resultate in einer Zeichnung auf der Kugelfläche, und erkennen mit Rücksicht auf die Continuität, dass σ_e ausserhalb eN, σ_o dagegen innerhalb oN gelegen ist. Die entgegengesetzte Annahme würde zu Widersprüchen führen, wenn wir N wandern lassen.

Ist c die **kleinste** Axe, so liegt gerade umgekehrt σ_e zwischen e und N, σ_o ausserhalb oN.

Eintritt in ein optisch zweiaxiges Medium.

Aus der einfallenden Welle AB ist nach Ablauf der Zeit 1 eine gebrochene CD entstanden, deren Normale N, wie aus der Huyghensschen Construction folgt (vgl. pag. 108), in der Einfallsebene liegt. Ist φ der Einfallswinkel, φ_1 der Brechungswinkel, V die Fortpflanzungsgeschwindigkeit im unkrystallinischen Medium, so haben wir:

$$\frac{\sin\varphi}{V} = \frac{\sin\varphi_1}{N}$$

oder, wenn wir $V=1$ setzen, einfach

$$(32) \qquad \sin\varphi_1 = \sin\varphi\, N.$$

In der Construction auf der Kugelfläche sei L das Einfallsloth, φ der einfallende Strahl, $\sphericalangle L\varphi = \varphi$, φ_1 die gebrochene Wellennormale, $\sphericalangle L\varphi_1 = \varphi_1$. Die Lage der brechenden Fläche zum Krystalle sei gegeben durch die Winkel U, V, welche L mit den optischen Axen bildet.

Wir suchen zunächst die gebrochene Wellennormale, der zugehörige Strahl ergiebt sich dann nach dem Früheren.

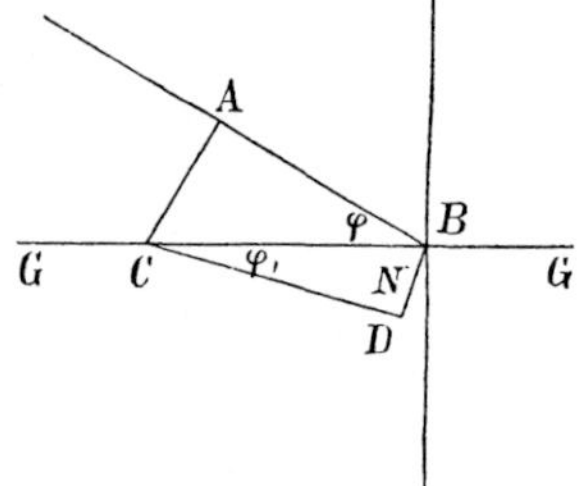

Fig. 89.

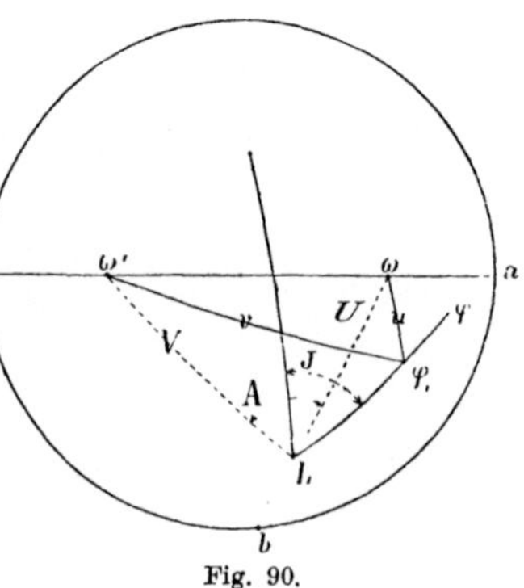

Fig. 90.

Es sei die gebrochene Wellennormale zunächst die ordentliche, also $N = o$. Wir haben dann:

$$(33) \qquad \sin \varphi_1 = \sin \varphi \cdot o,$$

ferner nach (13):

$$(34) \qquad o^2 = \frac{a^2 + c^2}{2} + \frac{a^2 - c^2}{2} \cos (v - u),$$

woraus:

$$(35) \qquad \sin^2 \varphi_1 = \sin^2 \varphi \left[\frac{a^2 + c^2}{2} + \frac{a^2 - c^2}{2} \cos (v - u) \right].$$

Wir müssen nun suchen, u und v durch U und V auszudrücken. Rechnen wir das Azimuth der Einfallsebene, J, von derjenigen Ebene aus, welche den Winkel $\omega L \omega' = A$ halbirt, so erhalten wir aus $\triangle L \varphi_1 \omega$

$$(36) \qquad \cos u = \cos U \cos \varphi_1 + \sin U \sin \varphi_1 \cos \left(J - \frac{A}{2} \right)$$

und aus $\triangle L \varphi_1 \omega'$

$$(37) \qquad \cos v = \cos V \cos \varphi_1 + \sin V \sin \varphi_1 \cos \left(J + \frac{A}{2} \right).$$

Hierin sind A und J als bekannt anzusehen, da sie durch die gegebene Lage des Einfallslothes und des einfallenden Strahles mit bestimmt sind.

Das Einsetzen der aus (36) und (37) entnommenen Werthe in (35) würde eine Gleichung mit der einzigen Unbekannten φ_1 ergeben,

Bequemer ist jedoch ein Näherungsverfahren, welches darauf beruht, dass $a^2 - c^2$ meistens gegen a^2 klein ist. Wir berechnen aus (35) mit Vernachlässigung von $a^2 - c^2$ einen ersten Näherungswerth von φ_1 und gehen mit diesem in die rechten Seiten von (36) und (37) hinein. Mit Hülfe der so gefundenen u und v erhalten wir einen verbesserten Werth von φ_1 aus (35) und könnten dies Verfahren beliebig oft fortsetzen. Indessen genügt selbst bei Krystallen mit starker Doppelbrechung, wie Aragonit, die zweite Näherung.

Um zur gebrochenen ordentlichen Wellennormale den zugehörigen Strahl nach

$$\tan (N, \sigma_o) = \frac{a^2 - c^2}{2 o^2} \sin (v - u) \sin \frac{i}{2}$$

berechnen zu können, brauchen wir den Winkel i d. h. $\omega \varphi_1 \omega'$. Dieser aber folgt sofort aus u und v.

Die Behandlung der ausserordentlichen Wellennormale ist ganz analog; wir haben nur in (34) und (35) statt $v - u : v + u$ zu setzen.

Innere konische Refraction.

Die auseinandergesetzte Methode, zu einer gegebenen Wellennormale den zugehörigen Strahl zu finden, wird unanwendbar, wenn die Wellennormale in eine der optischen Axen fällt.

Sowohl bei der Bestimmung der Ebenen (3) und (4), in denen der Strahl lag, wie auch zur Berechnung seiner Neigung gegen die Wellennormale nach (31) und (31)′ brauchten wir den Winkel $i = \omega N \omega'$. Dieser verliert aber seine Bedeutung, wenn N mit ω oder ω' zusammenfällt.

Es tritt hier eine eigenthümliche Erscheinung auf. Fällt ein Lichtstrahl so ein, dass die gebrochene Wellennormale die Richtung von einer der optischen Axen hat, so bilden die zugehörigen Strahlen im Krystall einen Kegelmantel mit der Spitze im Eintrittspunkt und die correspondirenden austretenden Strahlen einen Cylindermantel. Diese sogen. innere konische Refraction wurde erst beobachtet, nachdem Hamilton dieselbe theoretisch als nothwendig nachgewiesen hatte.[1]

Gehen wir in unseren Formeln zurück, so erkennen wir, dass die Unbestimmtheit schon an einer früheren Stelle eintritt, nämlich in (vgl. pag. 189)

$$(38)\qquad \begin{aligned} \frac{x}{\sigma^2 - a^2} &= \frac{\varrho\mu}{\varrho^2 - a^2}, \\[1ex] \frac{y}{\sigma^2 - b^2} &= \frac{\varrho\nu}{\varrho^2 - b^2}, \\[1ex] \frac{z}{\sigma^2 - c^2} &= \frac{\varrho\pi}{\varrho^2 - c^2}. \end{aligned}$$

In einigen Fällen ist diese **Unbestimmtheit nur scheinbar.**

Sei zunächst $\mu = 0$, d. h. die Wellenebene sei durch x gelegt, die Wellennormale liege also im Hauptschnitt yz. Eine Axe des Ovalschnittes wird sodann a, ein Werth von ϱ ist a, und für diesen wird die rechte Seite der ersten Gleichung $0/0$.

Um den wahren Werth zu erhalten, nehmen wir das Verhältniss der Differentialquotienten: $\dfrac{\varrho}{2\varrho\,\dfrac{\partial\varrho}{\partial\mu}}$ indem wir μ und ν als unabhängige Variabeln ansehen.

Wir schreiben die Gleichung (7) für ϱ in die Form

$$(39)\qquad \begin{aligned} &\varrho^4 - \varrho^2\left[\mu^2\,(b^2 + c^2) + \nu^2\,(c^2 + a^2) + \pi^2\,(a^2 + b^2)\right] \\ &\quad + \mu^2 b^2 c^2 + \nu^2 c^2 a^2 + \pi^2 a^2 b^2 = 0, \end{aligned}$$

---

[1] Hamilton, Transact. of the Irish Ac. XV, XVI. Vgl. Lloyd, Pogg. Ann. 28, pag. 91 und 104. 1833.

und drücken π als Function von μ und v aus durch

$$\mu^2 + v^2 + \pi^2 = 1,$$

woraus

$$\frac{\partial \pi}{\partial \mu} = - \frac{\mu}{\pi} \quad \text{folgt.}$$

Wir erhalten durch Differentiation von (39):

$$(40) \qquad \varrho \, \frac{\partial \varrho}{\partial \mu} = \frac{\mu \, (\varrho^2 - b^2) \, (c^2 - a^2)}{2\varrho^2 - \mu^2 \, (b^2 + c^2) - v^2 \, (c^2 + a^2) - \pi^2 \, (a^2 + b^2)} \, .$$

Für $\mu = 0$ wird die quadratische Gleichung (39)

$$\varrho^4 - \varrho^2 \, [a^2 + v^2 c^2 + \pi^2 b^2] + a^2 \, [v^2 c^2 + \pi^2 b^2] = 0$$

und ihre Wurzeln

$$o^2 = a^2, \, e^2 = v^2 c^2 + \pi^2 b^2$$

und zwar ist stets $e^2 > a^2$.

Setzen wir nun in (40) $\mu = 0$ und zugleich $\varrho^2 = a^2$, so wird der Zähler 0, der Nenner $a^2 - (v^2 c^2 + \pi^2 b^2)$ also stets $\gtrless 0$. Es wird daher der wahre Werth von $\frac{x}{\sigma^2 - a^2} = \infty$ d. h. $\sigma^2 = a^2$, und wenn wir demgemäss in den beiden letzten Formeln (38) gleichzeitig $\cdot \varrho^2$ und $\sigma^2 = a^2$ machen, so erhalten wir

$$y = av, \, z = a\pi$$

und durch Vergleichung mit $\sigma^2 = x^2 + y^2 + z^2$ wegen $\mu = 0$ sofort $x = 0$.

Strahl und Wellennormale fallen daher zusammen, was bereits durch die Zeichnungen der Hauptschnitte wahrscheinlich gemacht war.

Aehnlich verhält es sich, wenn $\pi = 0$, die Wellennormale also in xy lag.

Die Wurzeln der quadratischen Gleichung sind dann c^2 und $v^2 a^2 + \mu^2 b^2$ und ebenfalls stets voneinander verschieden, $\sigma^2 = c^2$, $x = c\mu, \, y = cv, z = 0$, und der Strahl wird auch hier mit der Wellennormale identisch.

Endlich gehen wir zu dem dritten Falle über, dass $v = 0$ ist und die Wellennormale in der xz-Ebene liegt.

Die quadratische Gleichung wird für $v = 0$:

$$\varrho^4 - \varrho^2 \, [b^2 + \mu^2 c^2 + \pi^2 a^2] + b^2 \, [\mu^2 c^2 + \pi^2 a^2] = 0,$$

und ihre Wurzeln sind b^2 und $\mu^2 c^2 + \pi^2 a^2$.

Statt der zweiten Gleichung (38)

$$\frac{y}{\sigma^2 - b^2} = \frac{\varrho v}{\varrho^2 - b^2}$$

haben wir, da die rechte Seite 0/0, zu betrachten

$$\frac{y}{\sigma^2 - b^2} = \frac{\varrho}{2\varrho\,\dfrac{\partial\varrho}{\partial\nu}},$$

worin

$$\varrho\,\frac{\partial\varrho}{\partial\nu} = \frac{\nu\,(\varrho^2 - a^2)\,(c^2 - b^2)}{2\varrho^2 - \mu^2\,(b^2 + c^2) - \nu^2\,(a^2 + c^2) - \pi^2\,(a^2 + b^2)}.$$

Für $\nu = 0$ wird der Nenner dieser Grösse

$$2\varrho^2 - b^2 - \mu^2 c^2 - \pi^2 a^2.$$

Im Allgemeinen wird nun für $\varrho^2 = b^2$ dieser Nenner nicht $= 0$ sein und $\dfrac{\partial\varrho}{\partial\nu}$ verschwinden, sodass den ersten beiden Fällen entsprechend $\dfrac{y}{\sigma^2 - b^2} = \infty$, $\sigma^2 = b^2$, $y = 0$, $x = b\mu$, $z = b\pi$ wird, d. h. Strahl und Wellennormale zusammenfallen.

Werden aber beide Wurzeln gleich, d. h. $b^2 = \mu^2 c^2 + \pi^2 a^2$, so verschwindet für $\nu = 0$ der Nenner von $\varrho\,\dfrac{d\varrho}{d\nu}$ und diese Grösse wird 0/0. In diesem Falle bleibt der Quotient thatsächlich unbestimmt, da Zähler und Nenner unabhängig voneinander $= 0$ werden.[1]

Diejenigen Werthe von μ und π, wofür dies eintritt, folgen aus $b^2 = \mu^2 c^2 + \pi^2 a^2$ und $1 = \mu^2 + \pi^2$ als

$$\mu^2 = \frac{b^2 - a^2}{c^2 - a^2},\quad \pi^2 = \frac{c^2 - b^2}{c^2 - a^2},$$

und sind die uns schon bekannten Richtungscosinus der optischen Axen.

Die Grösse

$$\frac{y}{\sigma^2 - b^2} = \frac{\varrho\nu}{\varrho^2 - b^2}$$

bleibt also thatsächlich unbestimmt, und der Endpunkt des Strahles ist nur den beiden Bedingungen

$$\frac{x}{\sigma^2 - a^2} = \frac{\varrho\mu}{\varrho^2 - a^2},\quad \frac{z}{\sigma^2 - c^2} = \frac{\varrho\pi}{\varrho^2 - c^2}$$

unterworfen. Diese bestimmen eine Curve und jeder Punkt derselben giebt, mit dem Centrum verbunden, einen Strahl, sodass wir einen Strahlenkegel erhalten.

---

[1] Der Zähler verschwindet, indem wir die eine der als unabhängige Variabeln gewählten Grössen μ und ν, nämlich $\nu = 0$ werden lassen. Im Nenner kommt aber auch die andere unabhängige Variabele μ vor.

Um die Curve zu untersuchen, führen wir für ϱ, μ, π ihre Werthe ein und erhalten:

$$(41) \qquad \frac{x}{\sigma^2 - a^2} = \frac{b\sqrt{\dfrac{b^2 - a^2}{c^2 - a^2}}}{b^2 - a^2} = \frac{b}{(c^2 - a^2)\sin\omega},$$

$$\frac{z}{\sigma^2 - c^2} = \frac{b\sqrt{\dfrac{c^2 - b^2}{c^2 - a^2}}}{b^2 - c^2} = -\frac{b}{(c^2 - a^2)\cos\omega},$$

oder:

$$(42) \qquad x = \frac{(x^2 + y^2 + z^2 - a^2)\,b}{(c^2 - a^2)\sin\omega},$$

$$z = -\frac{(x^2 + y^2 + z^2 - c^2)\,b}{(c^2 - a^2)\cos\omega}.$$

Die Curve ist eine ebene, denn die Factoren $\sin\omega$ und $\cos\omega$ geben nach Addition

$$(43) \qquad x \sin\omega + z \cos\omega = b.$$

Wir führen ein neues Coordinatensystem ein mit demselben Anfangspunkte, dessen η-Axe mit y zusammenfällt, während ζ die Richtung der optischen Axe hat, setzen also:

$$x = \xi \cos\omega + \zeta \sin\omega,$$
$$y = \eta,$$
$$z = -\xi \sin\omega + \zeta \cos\omega.$$

Die Gleichung der Ebene (43) geht über in

$$(44) \qquad \zeta = b$$

d. h. die Ebene der Curve steht senkrecht zur optischen Axe und geht durch ihren Endpunkt.

Unter Benutzung von $\zeta = b$ wird die erste Gleichung (42) im neuen Coordinatensystem nach leichten Reductionen:

$$(45) \qquad \xi^2 - \xi \sin\omega \cos\omega \, \frac{c^2 - a^2}{b} + \eta^2 = 0.$$

Dies ist aber ein Kreis, welcher durch den Punkt $\xi = 0$, $\eta = 0$, $\zeta = b$, d. h. den Endpunkt der optischen Axe geht, sein Radius ist

$$(46) \qquad r = \sin 2\omega \, \frac{c^2 - a^2}{4b} = \frac{\sqrt{b^2 - a^2}\,\sqrt{c^2 - b^2}}{2b}$$

und die Mittelpunktscoordinaten:

$$(47) \qquad \xi = r, \quad \eta = 0, \quad \zeta = b.$$

Der Kreis ist symmetrisch in Beziehung auf die $\xi\zeta$-Ebene, somit steht die optische Axe senkrecht auf dem in dieser gelegenen Durchmesser.

Hiemit besitzen wir alle Data zur Construction des Kreises. Die vom Coordinatenanfang nach seiner Peripherie gezogenen Geraden geben den elliptischen Strahlenkegel.

Die Endpunkte der sämmtlichen Strahlen liegen auf der Wellenfläche, demnach berührt eine auf der optischen Axe in ihrem Endpunkt senkrechte Ebene die Wellenfläche in dem oben discutirten Kreise.

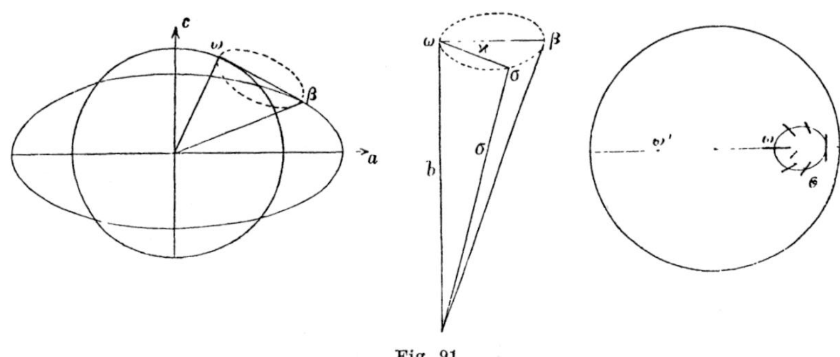

Fig. 91.

Mit Hülfe der Wellenfläche lässt sich derselbe leicht so construiren: im Schnitt derselben mit ac lege man die gemeinsame Tangente an Kreis und Ellipse und beschreibe um die Verbindungslinie der Berührungspunkte als Durchmesser einen zu ac senkrechten Kreis.

Eine durch einen Strahl σ und die optische Axe gelegte Ebene sei gegen die xz-Ebene unter dem Winkel $\varkappa$ geneigt, so ist

$$(48) \qquad \tan(\omega,\sigma) = \frac{\omega\sigma}{b} = \frac{2r\cos\varkappa}{b} = \frac{c^2 - a^2}{2b^2}\sin 2\omega\cos\varkappa.$$

Diese Formel, in welcher nur $\varkappa$ variirt, ist besonders geeignet für die Construction auf der Kugelfläche, deren Durchschnitt mit dem Strahlenkegel eine sphärische Ellipse ist.

Zu der eben angegebenen Formel können wir kürzer auf folgendem Wege gelangen.

Es falle N noch nicht in die optische Axe. Wir lassen nun N auf dem grössten Kreise $N\omega\,N'$ bis ω wandern

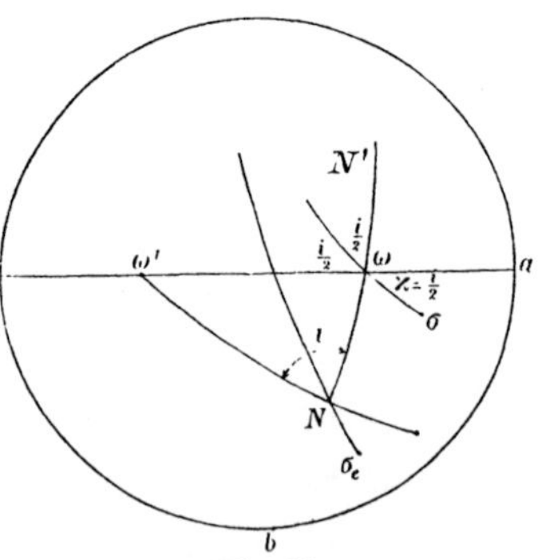

Fig. 92.

und bestimmen die Grenzlage des zugehörigen Strahls. Es sei N eine ausserordentliche Wellennormale (diese Annahme schliesst sich besser an unsere frühere Zeichnung an), so lag σ_e auf der Halbirenden von $\omega N \omega'$ und es war nach $(31)'$

$$\tan (N, \sigma_e) = \frac{c^2 - a^2}{2\,e^2} \sin (v + u) \tan \frac{i}{2}.$$

Im Grenzfalle wird $e = b$, $v + u = 2\omega$, der Winkel i geht in $\omega' \omega N'$ über, σ_e liegt auf seiner Halbirenden und der früher mit $\varkappa$ bezeichnete Winkel wird $= \frac{i}{2}$, sodass wir in der That erhalten

$$\tan (\omega, \sigma) = \frac{c^2 - a^2}{2\,b^2} \sin 2\omega \tan \varkappa.$$

Bewerkstelligen wir die Annäherung auf allen möglichen durch ω gehenden grössten Kreisen, so ergiebt sich der ganze Strahlenkegel.[1])

Zur Beobachtung der inneren konischen Refraction eignet sich besonders der Aragonit. Die Axe c ist den Säulenkanten parallel, senkrecht zu c sei der Krystall eben abgeschliffen.

Damit die gebrochene Wellennormale die Richtung der optischen Axe annimmt, muss die Einfallsebene mit ac coincidiren und der Einfallswinkel φ der Gleichung

$$\frac{\sin \varphi}{V} = \frac{\sin \omega}{b}$$

bestimmt sein. Die gebrochenen Strahlen bilden den oben discutirten Kegelmantel und treten dann parallel dem einfallenden Strahle aus als ein enger elliptischer Cylinder.

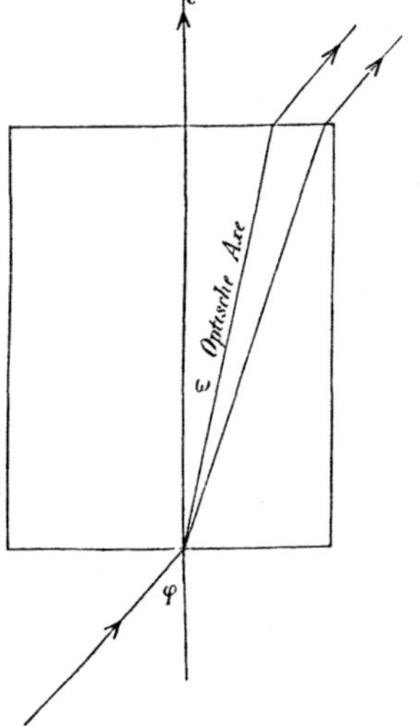

Fig. 93.

Aufsuchung der zu einem gegebenen Strahl gehörigen Wellennormale.

Bei dieser Aufgabe handelt es sich darum, wenn x, y, z, σ $\left(\text{resp. } \frac{x}{\sigma}, \frac{y}{\sigma}, \frac{z}{\sigma}\right)$ gegeben sind, μ, v, π, ϱ zu finden.

---

1) Diese Betrachtung gewährt zugleich den Vortheil, die Schwingungsrichtung der einzelnen Strahlen des Kegels einfach bestimmen zu lassen. Dieselbe ist nach pag. 192 senkrecht gegen N und σ, also hier speciell gegen $\omega \sigma$. Bezeichnen wir als Polarisationsebene eines jeden Strahles die durch ihn und die Schwingungsrichtung gelegte Ebene, so erhalten wir für dieselbe die durch die kurzen Striche in Figur 91 angedeuteten Lagen. Während also der Strahl einen Halbkreis durchläuft, ändert sich die Polarisationsebene um 90^0.

Es war

$$(49) \quad \frac{x}{\sigma^2 - a^2} = \frac{\varrho\,\mu}{\varrho^2 - a^2}, \quad \frac{y}{\sigma^2 - b^2} = \frac{\varrho\,\nu}{\varrho^2 - b^2}, \quad \frac{z}{\sigma^2 - c^2} = \frac{\varrho\,\pi}{\varrho^2 - c^2}.$$

Durch Quadriren und Addiren wird

$$(50) \quad F^2 = \left(\frac{x}{\sigma^2 - a^2}\right)^2 + \left(\frac{y}{\sigma^2 - b^2}\right)^2 + \left(\frac{z}{\sigma^2 - c^2}\right)^2 = \varrho^2 G^2,$$

worin G dieselbe Bedeutung wie in (8) hat. F enthält übrigens nur gegebene Grössen. Es war nach (20):

$$\sigma^2 = \varrho^2 + \frac{1}{\varrho^2 G^2}.$$

also mit Berücksichtigung von (50):

$$(51) \quad \varrho^2 = \sigma^2 - \frac{1}{F^2},$$

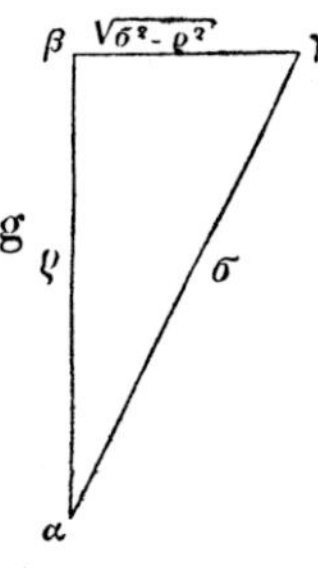

und hieraus erkennen wir die geometrische Bedeutung von F als $\dfrac{1}{\sqrt{\sigma^2 - \varrho^2}} = \dfrac{1}{\beta\gamma}$ in beistehender Figur.

Ferner war (19):

$$x = \mu\left[\varrho + \frac{1}{(\varrho^2 - a^2)\,\varrho\,G^2}\right],$$
$$\dots\dots$$

woraus wegen (49) und (50):

$$x = \mu\varrho + \frac{x}{\sigma^2 - a^2}\,\frac{1}{F^2},$$
$$\dots\dots$$

und

$$\mu\varrho = x\left[1 - \frac{1}{(\sigma^2 - a^2)\,F^2}\right],$$

$$(52) \quad \nu\varrho = y\left[1 - \frac{1}{(\sigma^2 - b^2)\,F^2}\right],$$

$$\pi\varrho = z\left[1 - \frac{1}{(\sigma^2 - c^2)\,F^2}\right].$$

Unter Hinzuziehung von (51) folgen hieraus μ, ν, π.

Diese Lösung besitzt noch nicht eine für den Gebrauch geeignete Form. Um eine solche zu erhalten, führen wir die in (23) definirten Strahlenaxen ein, auf die wir nun alle Linien beziehen.

Der Strahl sei definirt durch seine Richtungscosinus mnp, also:

$$x = m\sigma, \quad y = n\sigma, \quad z = p\sigma,$$

so wird aus (52):

$$(53) \quad \mu\varrho = m\sigma\left(1 - \frac{1}{(\sigma^2 - a^2)\,F^2}\right).$$
$$\dots\dots\dots$$

Die Hauptaxen des Ellipsenschnittes, welche die Fortpflanzungsgeschwindigkeiten des Strahles senkrecht zur Schnittebene geben
(vgl. pag. 189), mögen die Winkel $\mathfrak{A}$, $\mathfrak{B}$, $\mathfrak{C}$ mit den Coordinatenaxen
einschliessen, so erhalten wir zur Bestimmung derselben nach dem
Princip der reciproken Längen aus (9):

$$(54)\quad \cos\mathfrak{A} = \frac{m}{\left(\frac{1}{\sigma^2} - \frac{1}{a^2}\right)K}, \ \cos\mathfrak{B} = \frac{n}{\left(\frac{1}{\sigma^2} - \frac{1}{b^2}\right)K}, \ \cos\mathfrak{C} = \frac{p}{\left(\frac{1}{\sigma^2} - \frac{1}{c^2}\right)K}$$

wo

$$K^2 = \left(\frac{m}{\frac{1}{\sigma^2} - \frac{1}{a^2}}\right)^2 + \left(\frac{n}{\frac{1}{\sigma^2} - \frac{1}{b^2}}\right)^2 + \left(\frac{p}{\frac{1}{\sigma^2} - \frac{1}{c^2}}\right)^2.$$

Diese Grösse gestattet noch eine Transformation, welche dieselbe
mit F^2 in Verbindung bringt. Es ist

$$K^2 = \sigma^4 \left[\frac{a^4 m^2}{(\sigma^2 - a^2)^2} + \frac{b^4 n^2}{(\sigma^2 - b^2)^2} + \frac{c^4 p^2}{(\sigma^2 - c^2)^2}\right],$$

$$F^2 = \frac{m^2 \sigma^2}{(\sigma^2 - a^2)^2} + \frac{n^2 \sigma^2}{(\sigma^2 - b^2)^2} + \frac{p^2 \sigma^2}{(\sigma^2 - c^2)^2},$$

folglich:

$$\sigma^2 F^2 - \frac{K^2}{\sigma^4} = \frac{m^2 (\sigma^2 + a^2)}{\sigma^2 - a^2} + \frac{n^2 (\sigma^2 + b^2)}{\sigma^2 - b^2} + \frac{p^2 (\sigma^2 + c^2)}{\sigma^2 - c^2},$$

$$= 1 + 2\left[\frac{m^2 a^2}{\sigma^2 - a^2} + \frac{n^2 b^2}{\sigma^2 - b^2} + \frac{p^2 c^2}{\sigma^2 - c^2}\right].$$

Die Parenthese verschwindet mit Rücksicht auf die Gleichung
der Wellenfläche (22) und wir haben:

$$(55)\qquad K^2 = \sigma^4 (\sigma^2 F^2 - 1) = \sigma^4 \varrho^2 F^2,$$

sodass nun

$$(56)\quad \cos\mathfrak{A} = \frac{m a^2}{\sigma^2 - a^2}\frac{1}{\sqrt{\sigma^2 F^2 - 1}}, \ \cos\mathfrak{B} = \frac{n b^2}{\sigma^2 - b^2}\frac{1}{\sqrt{\sigma^2 F^2 - 1}},$$

$$\cos\mathfrak{C} = \frac{p c^2}{(\sigma^2 - c^2)\sqrt{\sigma^2 F^2 - 1}}.$$

Es möge nun der ordentliche und ausserordentliche Strahl σ_o und
σ_e unterschieden, und auch $\mathfrak{A}$, $\mathfrak{B}$, $\mathfrak{C}$ mit den Indices o und e versehen werden.

Wir wollen zeigen, dass die zu σ_o gehörige Wellennormale in
einer Ebene liegt mit dem Strahl σ_o und derjenigen Ellipsenaxe S_o,
welche seine Fortpflanzungsgeschwindigkeit bestimmt oder was dasselbe
ist, die Wellennormale senkrecht ist zur andern Ellipsenaxe S_e.

Es wird:

$$\cos(N_o, S_e) = \mu_o \cos\mathfrak{A}_e + \nu_o \cos\mathfrak{B}_e + \pi_o \cos\mathfrak{C}_e$$

$$= \sum \frac{m \sigma_o}{o}\left[1 - \frac{1}{(\sigma_o^2 - a^2) F_o^2}\right]\frac{m a^2}{\sigma_e^2 - a^2}\frac{1}{\sqrt{\sigma_e^2 F_e^2 - 1}},$$

wo Σ andeutet, dass die Summe der drei ähnlich gebauten Terme genommen werden soll.

Wegen der Gleichung der Wellenfläche verschwindet die Summe der drei dem ersten entsprechenden Glieder, die andern werden

$$\frac{\sigma_0}{o\,F_0{}^2}\,\sqrt{\sigma_e{}^2 F_e{}^2 - 1}\left[\frac{m^2 a^2}{(\sigma_0{}^2 - a^2)(\sigma_e{}^2 - a^2)} + \frac{n^2 b^2}{(\sigma_0{}^2 - b^2)(\sigma_e{}^2 - b^2)} + \frac{p^2 c^2}{(\sigma_0{}^2 - c^2)(\sigma_e{}^2 - c^2)}\right].$$

Die Parenthese können wir aber schreiben

$$\frac{1}{\sigma_e{}^2 - \sigma_0{}^2}\left\{\Sigma\,\frac{m^2 a^2}{\sigma_0{}^2 - a^2} - \Sigma\,\frac{m^2 a^2}{\sigma_e{}^2 - a^2}\right\}$$

und ersehen, dass dieselbe ebenfalls $= 0$ wird.

Hiemit ist bewiesen, dass $\cos(N_o, S_e) = 0$, also der verlangte Nachweis geführt.

Eine analoge geometrische Betrachtung wie beim Ovaloid (vgl. pag. 192) zeigt, dass wir S_o und S_e finden, indem wir den Winkel $s\sigma s'$ und seinen Nebenwinkel halbiren und auf den so erhaltenen grössten Kreisen σS_o und $\sigma S_e = 90^0$ machen.

s und s' bedeuten hier die Strahlenaxen, deren Neigung gegen die Axe c definirt war durch (23):

$$\sin^2 s = \frac{c^2}{b^2}\,\sin^2\omega.$$

N_o liegt auf dem grössten Kreise $S_o\sigma$, N_e ebenso auf $S_e\sigma$; über die relative Lage von Strahl und Wellennormale haben wir uns bereits orientirt (vgl. pag. 195).

Beistehende Figur bezieht sich auf den Fall, dass c^2 die grösste Axe ist.

Construiren wir nach dem Früheren zu N_o die Ovaloidaxe E, so fällt diese mit S_e zusammen. Denn sowohl E wie S_e sind senkrecht gegen N_o und σ.

Ebenso coincidirt das zu N_e construirte O mit S_o.

Endlich bestimmen wir den letzten zur vollständigen Festlegung von N_o und N_e erforderlichen Winkel.

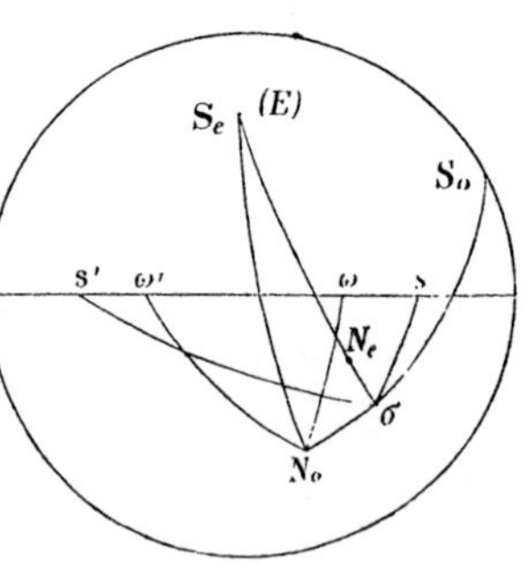

Fig. 95.

Wir haben, da hier $\varrho = o$ (vgl. Fig. 94):

$$\tan(N_o, \sigma_o) = \frac{\beta\gamma}{o} = \frac{1}{o\,F_o} = \frac{1}{\sqrt{\sigma_o{}^2 F_o{}^2 - 1}}.$$

Um diese letzte Grösse geeignet auszudrücken, entnehmen wir
aus (56):

$$\frac{1}{\sqrt{\sigma_o{}^2 F_o{}^2 - 1}} = \frac{\cos \mathfrak{A}_o \,(\sigma_o{}^2 - a^2)}{m\,a^2},$$

$$\frac{1}{\sqrt{\sigma_o{}^2 F_o{}^2 - 1}} = \frac{\cos \mathfrak{B}_o \,(\sigma_o{}^2 - b^2)}{n\,b^2},$$

$$\frac{1}{\sqrt{\sigma_o{}^2 F_o{}^2 - 1}} = \frac{\cos \mathfrak{C}_o \,(\sigma_o{}^2 - c^2)}{p\,c^2},$$

multipliciren diese Gleichungen mit m^2, n^2, p^2, addiren und erhalten
mit Benutzung von

$$m \cos \mathfrak{A}_o + n \cos \mathfrak{B}_o + p \cos \mathfrak{C}_o = 0$$

zunächst

$$\frac{1}{\sqrt{\sigma_o{}^2 F_o{}^2 - 1}} = \sigma_o{}^2 \left[\frac{m \cos \mathfrak{A}_o}{a^2} + \frac{n \cos \mathfrak{B}_o}{b^2} + \frac{p \cos \mathfrak{C}_o}{c^2} \right],$$

und indem wir dieselbe Gleichung noch einmal anwenden:

$$\frac{1}{\sqrt{\sigma_o{}^2 F_o{}^2 - 1}} = \sigma_o{}^2 \left[m \cos \mathfrak{A}_o \left(\frac{1}{a^2} - \frac{1}{b^2} \right) + p \cos \mathfrak{C}_o \left(\frac{1}{c^2} - \frac{1}{b^2} \right) \right]$$

$$= \sigma_o{}^2 \left(\frac{1}{a^2} - \frac{1}{c^2} \right) [m \cos \mathfrak{A}_o \sin^2 s - p \cos \mathfrak{C}_o \cos^2 s].$$

Drücken wir analog dem Verfahren pag. 194 ff. die Parenthese
durch die Winkel $\overline{u} = s\sigma, \overline{v} = s'\sigma, \overline{i} = s\sigma s'$ aus, so wird:

$$(57) \qquad \tan (N_o, \sigma) = \frac{1}{2} \frac{\left(\dfrac{1}{a^2} - \dfrac{1}{c^2} \right)}{\dfrac{1}{\sigma_o{}^2}} \sin (\overline{v} - \overline{u}) \sin \frac{\overline{i}}{2},$$

und ebenso:

$$(58) \qquad \tan (N_e, \sigma) = - \frac{1}{2} \frac{\left(\dfrac{1}{a^2} - \dfrac{1}{c^2} \right)}{\dfrac{1}{\sigma_e{}^2}} \sin (\overline{v} + \overline{u}) \cos \frac{\overline{i}}{2}. \quad {}^{1)}$$

Die hierin noch vorkommenden $\sigma_o{}^2$ und $\sigma_e{}^2$ erhalten wir nach dem
Princip der reciproken Längen sofort aus (13) in der Form:

$$(59) \qquad \frac{1}{\sigma_o{}^2} = \frac{1}{2} \left(\frac{1}{a^2} + \frac{1}{c^2} \right) + \frac{1}{2} \left(\frac{1}{a^2} - \frac{1}{c^2} \right) \cos (\overline{v} - \overline{u}),$$

$$(60) \qquad \frac{1}{\sigma_e{}^2} = \frac{1}{2} \left(\frac{1}{a^2} + \frac{1}{c^2} \right) + \frac{1}{2} \left(\frac{1}{a^2} - \frac{1}{c^2} \right) \cos (\overline{v} + \overline{u}).$$

---

1) Das — Zeichen können wir hier ebensogut weglassen, da wir den Sinn,
in dem dieser Winkel zu nehmen ist, unabhängig bestimmt haben.

Aeussere konische Refraction.

Diese Formeln lassen uns im Stich, wenn der Strahl mit einer der Strahlenaxen zusammenfällt, da dann der Winkel $\bar{i}$ unbestimmt wird.

Wir beschränken uns hier auf die einfache Betrachtung, welche diesen Fall als Grenzfall auffasst.

Wir lassen σ auf dem grössten Kreise $\sigma s \sigma'$ nach s wandern.

Da $\sigma_o = \sigma_e = b,\, \bar{u} = 0,\, v = 2s$, so gehen die Formeln (57) und (58) über in:

$$\tan (N_o, s) = \frac{1}{2} \frac{\left(\dfrac{1}{a^2} - \dfrac{1}{c^2} \right)}{\dfrac{1}{b^2}} \sin 2s \sin \frac{\bar{i}}{2}$$

$$\tan (N_e, s) = - \frac{1}{2} \frac{\left(\dfrac{1}{a^2} - \dfrac{1}{c^2} \right)}{\dfrac{1}{b^2}} \sin 2s \cos \frac{\bar{i}}{2} \cdot$$

$\bar{i}$ wird zuletzt der Winkel zwischen $s\sigma'$ und ss', N_e liegt auf seiner Halbirungslinie, N_o auf derjenigen seines Nebenwinkels.

Nennen wir $\varkappa$ den Winkel zwischen ss' und sN_o resp. sN_e, so geben beide Formeln übereinstimmend[1]):

$$(61) \qquad \tan (N, s) = \frac{1}{2} \frac{\left(\dfrac{1}{a^2} - \dfrac{1}{c^2} \right)}{\dfrac{1}{b^2}} \sin 2s \cos \varkappa.$$

Da wir einen beliebigen grössten Kreis zur Annäherung an s benutzen können, erhalten wir eine sphärische Ellipse für den Schnitt der Kugel mit den zu s als Strahl gehörigen Wellennormalen. Diese bilden daher einen Kegel.

Der Schnitt dieses Kegels mit einer durch den Endpunkt der Strahlenaxe $\perp$ zu derselben gelegten Ebene ist ein Kreis. Sei nämlich in Figur 96 $\alpha\beta$ der Schnitt mit der Ebene ac, so ist $\sphericalangle\, \alpha\beta\gamma = \varkappa$ und nach (61):

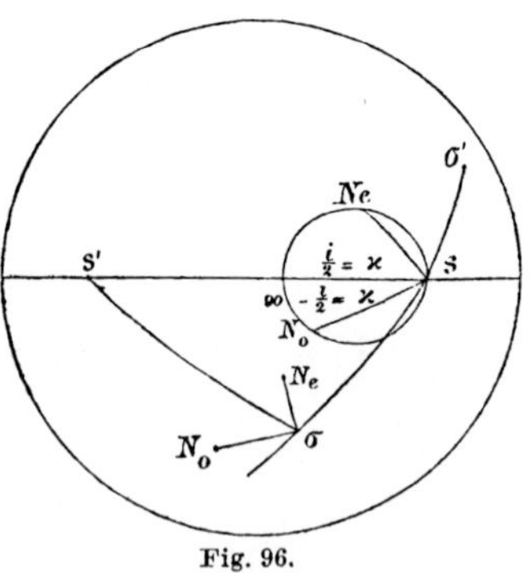

Fig. 96.

---

1) Bis auf das unwesentliche Vorzeichen.

$$\frac{\alpha\beta}{b} = \frac{1}{2}\frac{\left(\dfrac{1}{a^2} - \dfrac{1}{c^2}\right)\sin 2s}{\dfrac{1}{b^2}},$$

$$\frac{\beta\gamma}{b} = \frac{1}{2}\frac{\left(\dfrac{1}{a^2} - \dfrac{1}{c^2}\right)}{\dfrac{1}{b^2}}\sin 2s \cos \varkappa,$$

also

$$\frac{\beta\gamma}{\alpha\beta} = \cos \varkappa,$$

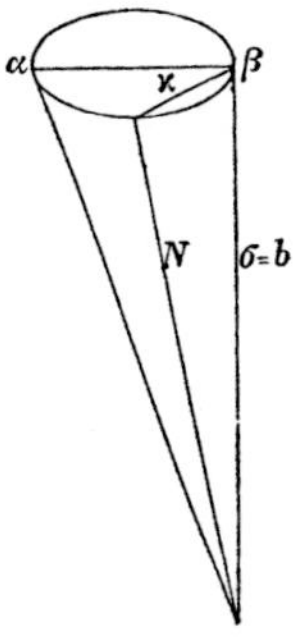

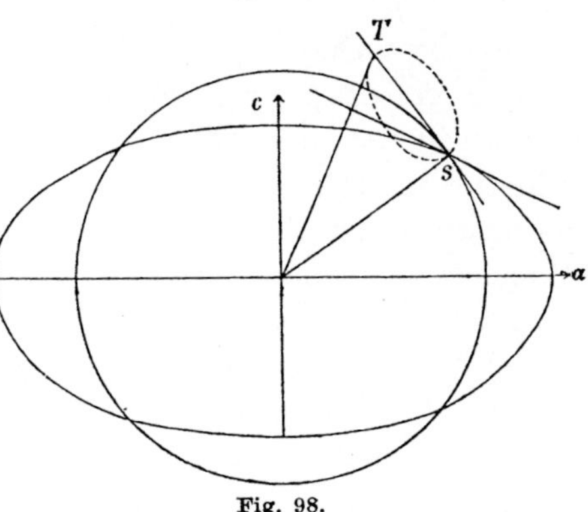

Fig. 97.

d. h. $\alpha\gamma\beta = 90^0$ und die Curve ein Kreis mit dem Durchmesser $\alpha\beta$.

Uebrigens ist der Kegel der Wellennormalen symmetrisch zur Ebene ac.

Jede der Wellennormalen muss senkrecht sein zu einer durch den Endpunkt der Strahlenaxe an die Wellenfläche gelegten Tangentenebene.

Die Wellenfläche hat also an dieser Stelle einen **Tangentenkegel**.

Der Kegel der Wellennormalen lässt sich leicht construiren mit Hülfe des Schnittes xz der Wellenfläche. Wir legen durch den Schnittpunkt s von Kreis und Ellipse die Tangenten an beide Curven, ziehen die Normale auf die Ellipsentangente und verlängern dieselbe bis zum Durchschnitt mit der Kreistangente in T. Um TS als Durchmesser beschreiben wir in der auf der Strahlenaxe senkrechten Ebene einen Kreis, so ergeben die vom Centrum der Wellenfläche nach seiner Peripherie gezogenen Radienvectoren den Kegel der Wellennormalen.

Fig. 98.

Fällt ein Strahl so auf ein zweiaxiges Medium, dass der gebrochene Strahl die Richtung einer Strahlenaxe hat, so gehören zu demselben ∞ viele Wellennormalen und zu jeder derselben ein austretender Strahl. Die sämmtlichen austretenden Strahlen werden sodann einen Kegel bilden, dessen Spitze an der Austrittsstelle liegt.

Der Versuch pflegt mit Arragonit in folgender Weise angestellt

zu werden. Man bedeckt die untere Fläche mit einem undurchsichtigen Blättchen mit einer feinen Oeffnung. Die durch ihren Ort s_1
gelegte Strahlenaxe schneide die gegenüberliegende Fläche in s_2, so
concentrirt man in s_2 mit Hülfe einer Linse von kurzer Brennweite
die Strahlen einer entfernten Lichtquelle. Von den einfallenden
Strahlen liefern die auf einem Kegel gelegenen
solche gebrochene, welche längs $s_2 s_1$ verlaufen;
nur diese können austreten und geben den austretenden Strahlenkegel.

Zur näheren Bestimmung des austretenden
Strahlenkegels führt folgende Betrachtung. Sei
L das Loth der Austrittsfläche, das wir beliebig
gelegen annehmen.

Damit die äussere konische Refraction zu
Stande kommt, muss der gebrochene Strahl s
sein, und die zugehörigen Wellennormalen bilden
die kleine Curve, von der ein Punkt q sei. Der
zu q gehörige austretende Strahl liegt in dem
grössten Kreise Lq, und sein Ort ist dadurch
vollkommen bestimmt, dass

$$\frac{\sin (Lq)}{N_q} = \frac{\sin (LQ)}{V}.$$

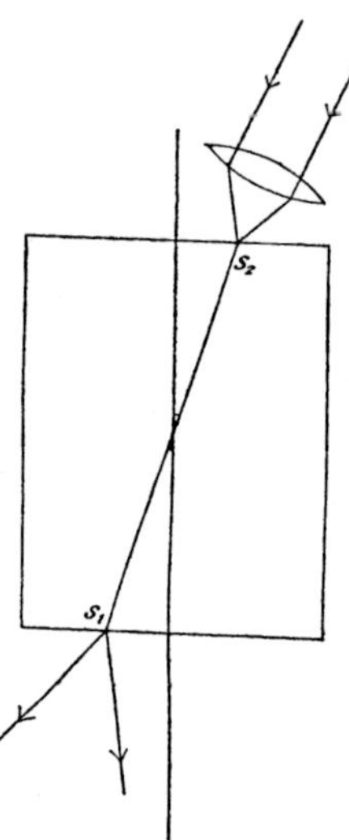

Fig. 99.

N_q ist bekannt, da wir zu jeder
Stelle q die zugehörige Fortpflanzungsgeschwindigkeit der Wellennormale berechnen können. Weil die Curve der q
Dimensionen der Ordnung $a^2 - c^2$ hat,
so können wir, wenn wir zweite Potenzen
dieser Grösse fortlassen wollen, in obiger
Formel für N_q: b setzen, welches der mit
s zusammenfallenden Wellennormale entspricht, und einfach rechnen nach

$$\sin (LQ) = \frac{V}{b} \sin (Lq).$$

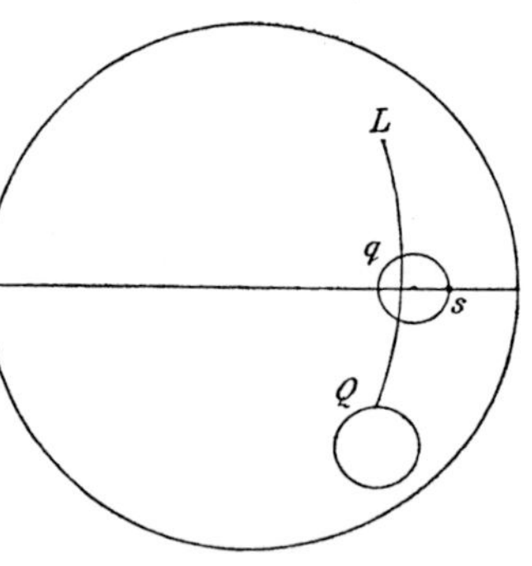

Fig. 100.

Anm. Die Schwingungsrichtung ergiebt sich auch für die äussere konische
Refraction durch die Bemerkung, dass dieselbe für jede Wellennormale senkrecht zu ihr selbst wie zum zugehörigen Strahl ist. Nennen wir hier Ebene der
Polarisation die durch die Schwingungsrichtung und die Wellennormale bestimmte, so ergiebt sich dieselbe in der Weise, wie durch die kurzen Striche
in Fig. 101 angedeutet. Die entsprechende Beobachtung ist gemacht von Lloyd
s. a. a. O. S. 98.

Wir behandeln noch die Brechung durch ein Prisma aus einem optisch zweiaxigen Medium, eine Aufgabe, deren Lösung für die experimentelle Ermittelung der optischen Constanten der Krystalle wichtig ist.

Der brechende Winkel p sei mit Hülfe eines Spectrometers gemessen; wir beobachten ferner das Minimum der Ablenkung eines Lichtstrahles.

Zu allen Linien legen wir Parallelen durch die brechende Kante. Es sei L das Loth der ersten, L_1 das der zweiten Prismenfläche, S der einfallende Strahl,

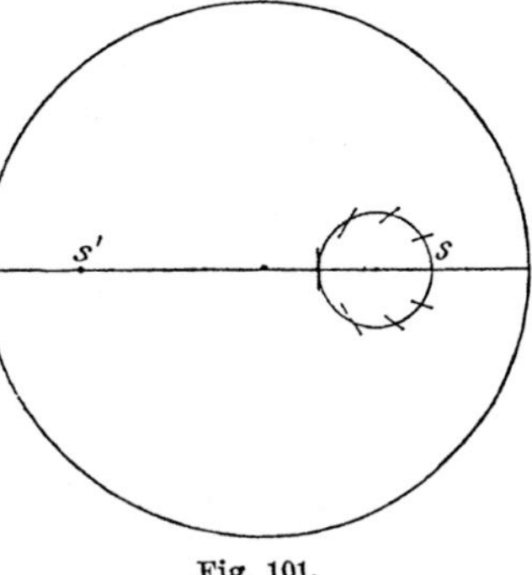

Fig. 101.

N die gebrochene Wellennormale, S_1 der austretende Strahl, ferner $\measuredangle\,(SL) = i,\ \measuredangle\,(LN) = \psi,\ \measuredangle\,(S_1 L_1) = i_1,\ \measuredangle\,(SS_1) = D.$

S sei gegen die brechende Kante senkrecht, so gilt dasselbe von N und S_1; S_1 wird freilich im Allgemeinen über oder unter der ersten Einfallsebene liegen.

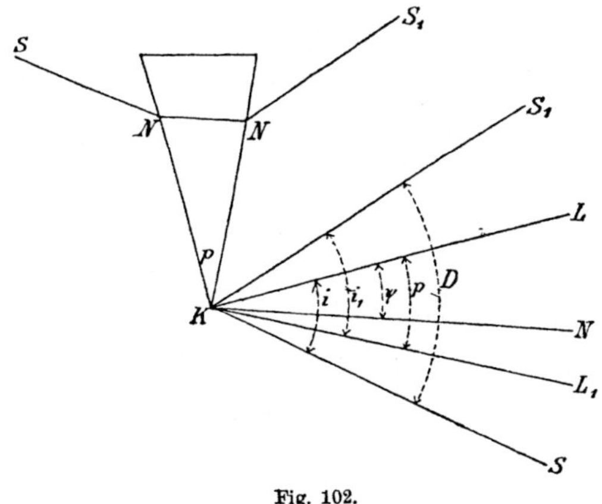

Fig. 102.

Die Ablenkung ist

$$(62) \qquad\qquad D = i + i_1 - p,$$

ferner haben wir nach dem Brechungsgesetz

$$(63) \qquad\qquad \sin \psi = \varrho \sin i,$$

$$(64) \qquad\qquad \sin (p - \psi) = \varrho \sin i_1,$$

wenn wir mit ϱ die Fortpflanzungsgeschwindigkeit der Welle in der Richtung N bezeichnen.

Augenscheinlich sind alle Grössen durch den Winkel ψ bestimmt,

14*

mit welchem ϱ direct durch die Formeln der Doppelbrechung in Verbindung steht; wir sehen daher ψ als unabhängige Variabele an.

Da die Ablenkung D ein Min. sein soll, folgt aus (62)

$$(65) \qquad di + di_1 = 0,$$

ferner durch Differentiation von (63) und (64):

$$(66) \qquad \left(\cos \psi - \sin i \frac{d\varrho}{d\psi}\right) d\psi = \varrho \cos i \, di$$

$$(67) \qquad -\left(\cos (p - \psi) + \sin i_1 \frac{d\varrho}{d\psi}\right) d\psi = \varrho \cos i_1 \, di_1$$

und mit Benutzung der Factoren $\cos i_1$ und $\cos i$:

$$(68) \qquad \cos \psi \cos i_1 - \cos (p - \psi) \cos i = \sin (i + i_1) \frac{d\varrho}{d\psi}.$$

Hiemit combiniren wir die aus (63) und (64) leicht sich ergebende Gleichung:

$$\sin \psi \sin i_1 - \sin (p - \psi) \sin i = 0,$$

und erhalten durch Subtraction und Addition:

$$\cos (\psi + i_1) - \cos (p - \psi + i) = \sin (i + i_1) \frac{d\varrho}{d\psi},$$

$$\cos (\psi - i_1) - \cos (p - \psi - i) = \sin (i + i_1) \frac{d\varrho}{d\psi},$$

oder, wenn wir die Differenzen der cos. in Producte umsetzen

$$(69) \qquad \sin \left(\frac{p}{2} - \psi + \frac{i - i_1}{2}\right) = \frac{\sin (i + i_1) \dfrac{d\varrho}{d\psi}}{2 \sin \dfrac{p + i + i_1}{2}},$$

$$(70) \qquad \sin \left(\frac{p}{2} - \psi - \frac{i - i_1}{2}\right) = \frac{\sin (i + i_1) \dfrac{d\varrho}{d\psi}}{2 \sin \dfrac{p - i - i_1}{2}}.$$

Wäre das Medium **unkrystallinisch**, also $\dfrac{d\varrho}{d\psi} = 0$, so folgte aus diesen Gleichungen:

$$\frac{p}{2} - \psi + \frac{i - i_1}{2} = 0,$$

$$\frac{p}{2} - \psi - \frac{i - i_1}{2} = 0,$$

also

$$i = i_1, \quad \psi = \frac{p}{2} \quad \text{und} \quad D + p = 2i,$$

woher dann

$$\varrho = \frac{\sin \psi}{\sin i} = \frac{\sin \dfrac{p}{2}}{\sin \dfrac{D + p}{2}}.$$

Da $\dfrac{d\varrho}{d\psi}$ für unkrystallinische Medien verschwindet, so ist es für krystallinische der Ordnung $a - c$, und von derselben Ordnung werden die Argumente der in (69) und (70) links stehenden sin.

Mit Vernachlässigung 3ter Potenzen von $a - c$ dürfen wir also den sin. durch den Bogen ersetzen und erhalten durch Summation bis $(a - c)^2$ incl. richtig:

$$\frac{p}{2} - \psi = \frac{\sin (i + i_1)}{4} \frac{d\varrho}{d\psi} \left[\frac{1}{\sin \dfrac{p + i + i_1}{2}} + \frac{1}{\sin \dfrac{p - i - i_1}{2}} \right].$$

Nach (62) schreiben wir hierin für $i + i_1 : D + p$ und erhalten:

$$(71) \qquad \psi = \frac{p}{2} + \frac{1}{2} \frac{\sin (D + p) \sin \dfrac{p}{2} \cos \dfrac{D + p}{2}}{\sin \left(\dfrac{1}{2} D + p\right) \sin \dfrac{D}{2}} \frac{d\varrho}{d\psi}.$$

Aehnlich folgt durch Subtraction von (69) und (70)

$$\frac{i - i_1}{2} = \frac{\sin i + i_1}{4} \frac{d\varrho}{d\psi} \left[\frac{1}{\sin \dfrac{p + i + i_1}{2}} - \frac{1}{\sin \dfrac{p - i - i_1}{2}} \right].$$

Wir nehmen hiemit dieselbe Transformation vor und addiren noch $\frac{1}{2} (i + i_1) = \frac{1}{2} (D + p)$, so wird

$$(72) \qquad i = \frac{D + p}{2} + \frac{1}{2} \frac{\sin (D + p) \cos \dfrac{p}{2} \sin \dfrac{D + p}{2}}{\sin \left(\dfrac{1}{2} D + p\right) \sin \dfrac{D}{2}} \frac{d\varrho}{d\psi}.$$

Die Formeln (71) und (72) deuten wir kurz an durch

$$\psi = \frac{p}{2} + \alpha,$$

$$i = \frac{D + p}{2} + \beta,$$

worin, um es noch einmal hervorzuheben, α und β erster Ordnung in $a - c$, aber bis auf $(a - c)^2$ incl. genau durch die Formeln (71) und (72) bestimmt sind.

Wegen (63) haben wir:

$$(73) \qquad \varrho = \frac{\sin \psi}{\sin i} = \frac{\sin \left(\dfrac{p}{2} + \alpha\right)}{\sin \left(\dfrac{D + p}{2} + \beta\right)},$$

oder durch Entwickelung nach Potenzen von α und β mit Fortlassung der Quadrate:

$$(74) \qquad \varrho = \frac{\sin \dfrac{p}{2}}{\sin \dfrac{D + p}{2}} \left[1 + \frac{\cos \dfrac{p}{2}}{\sin \dfrac{p}{2}} \alpha - \frac{\cos \dfrac{D + p}{2}}{\sin \dfrac{D + p}{2}} \beta \right].$$

Nach Einführung der Werthe von α und β verschwinden aber die Glieder erster Ordnung und wir sehen, dass die für unkrystallinische Media geltende Formel

$$(75) \qquad \varrho = \frac{\sin \frac{p}{2}}{\sin \frac{D + p}{2}}$$

richtig bleibt bis auf Terme der Ordnung $(a - c)^2$ excl.

Es ist ferner leicht, für ϱ eine Formel aufzustellen, welche die Glieder zweiter Ordnung noch berücksichtigt. Es wird

$$\varrho = \frac{\sin \frac{p}{2} \left[1 - \frac{\alpha^2}{2} + \frac{\cos \frac{p}{2}}{\sin \frac{p}{2}} \alpha \right]}{\sin \frac{D + p}{2} \left[1 - \frac{\beta^2}{2} + \frac{\cos \frac{D + p}{2}}{\sin \frac{D + p}{2}} \beta \right]}$$

und, wenn wir die verschwindenden Glieder erster Ordnung gleich fortlassen

$$\varrho = \frac{\sin \frac{p}{2}}{\sin \frac{D + p}{2}} \left[1 - \frac{\alpha^2}{2} - \frac{\cos \frac{p}{2} \cos \frac{D + p}{2}}{\sin \frac{p}{2} \sin \frac{D + p}{2}} \alpha \beta + \frac{\beta^2}{2} + \frac{\cos^2 \frac{D + p}{2}}{\sin^2 \frac{D + p}{2}} \beta^2 \right],$$

endlich nach einigen Reductionen:

$$(76) \qquad \varrho = \frac{\sin \frac{p}{2}}{\sin \frac{D + p}{2}} \left[1 + \frac{1}{8} \left(\frac{d\varrho}{d\psi} \right)^2 \frac{\sin^2 (D + p)}{\sin \left(\frac{1}{2} D + p \right) \sin \frac{D}{2}} \right]$$

und zwar richtig bis $(a - c)^2$ incl.

Im Allgemeinen werden wir zwei austretende Strahlen S_1 beobachten, dem ordentlichen und ausserordentlichen gebrochenen entsprechend, und wir haben für ϱ: o resp. e zu nehmen. Es war nun

$$(77) \qquad \begin{aligned} o^2 &= \frac{a^2 + c^2}{2} + \frac{a^2 - c^2}{2} \cos (u - v), \\[2mm] e^2 &= \frac{a^2 + c^2}{2} + \frac{a^2 - c^2}{2} \cos (u + v), \end{aligned}$$

und durch Differentiation folgt zur Bestimmung von $\dfrac{d\varrho}{d\psi}$

$$(78) \qquad \begin{aligned} 2o \, \frac{do}{d\psi} &= - \frac{a^2 - c^2}{2} \sin (u - v) \frac{d(u - v)}{d\psi}, \\[2mm] 2e \, \frac{de}{d\psi} &= - \frac{a^2 - c^2}{2} \sin (u + v) \frac{d(u + v)}{d\psi}. \end{aligned}$$

u und v sind zu entnehmen aus:

$$\cos u = \cos U \cos \psi + \sin U \sin \psi \cos \varepsilon$$
$$\cos v = \cos V \cos \psi + \sin V \sin \psi \cos \zeta,$$

wo U, V, ε, ζ als bekannt anzusehen sind, wenn die Lage der Prismenflächen zu den optischen Axen gegeben ist; für ψ ist in erster Näherung $\frac{p}{2}$ zu setzen.

Natürlich werden wir für wirklich auszuführende Messungen die Prismen so schleifen, dass L und L_1 in möglichst einfacher Beziehung zu den optischen Axen stehen.

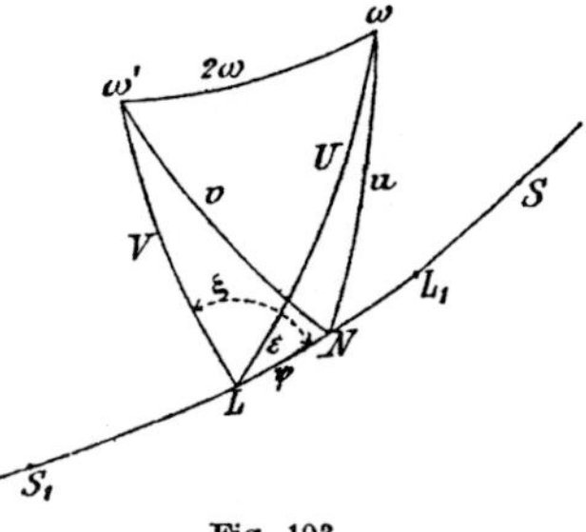

Fig. 103.

Vorlesung XII.

Farbenerscheinungen krystallinischer Media.

Die Farbenerscheinungen krystallinischer Media wurden entdeckt von Arago[1]) und zwar zunächst bei Glimmer und Gyps. Biot untersuchte dieselben näher experimentell; seine Resultate sind niedergelegt in seinem Traité de physique.

Die Theorie der Erscheinungen rührt im Wesentlichen von Fresnel[2]) her. Es versuchte zwar schon vor ihm Th. Young eine Erklärung mit Hülfe des Princips der Interferenz, doch ohne Erfolg, da ihm die Gesetze für die Interferenz des polarisirten Lichtes unbekannt waren.

Wir werden hier die Gesetze für einaxige wie für zweiaxige Media entwickeln, und knüpfen unsere Betrachtungen zunächst an den krystallisirten Gyps, das sog. Marienglas.

Derselbe ist monoklin, besitzt somit eine symmetrisch theilende Ebene. Dieser parallel ist ein sehr vollkommener Blätterdurchgang, zwei andere sind senkrecht dagegen (s. Fig. 104). I bricht mit Geräusch, besitzt ein muscheliges Ansehen und Glasglanz; II bricht geräuschlos, sieht faserig aus und zeigt Seidenglanz. Eine der Fresnel'schen Elasticitäts-axen (Axen des Ovaloids und der Wellenfläche) steht nothwendig gegen die Symmetrieebene senkrecht, die beiden andern liegen in ihr. Eine nähere Bestimmung ist aus der Krystallform nicht mehr möglich, sondern erfordert optische Beobachtungen. Die Ebene der optischen

---

1) Oeuvres complètes, T. X, pag. 36. Das Jahr der Entdeckung ist 1811.
2) Oeuvres compl., Tome I, pag. 427.

Axe könnten in die Symmetrieebene fallen oder gegen dieselbe senkrecht stehen. Ersteres ist thatsächlich der Fall. Die den spitzen Winkel zwischen denselben halbirende Elasticitätsaxe c stumpft den stumpfen Winkel zwischen I und II ab und ist gegen I unter etwa 16^0 geneigt. c ist die grösste Axe; man pflegt die Richtung von c als Mittellinie zu bezeichnen. Die optischen Axen bilden mit der Mittellinie einen Winkel von etwa 30^0, doch ist derselbe stark mit der Temperatur veränderlich. Bei etwa 70^0 fallen die optischen Axen zusammen und gehen bei noch weiterer Temperaturerhöhung auseinander in einer zur ersten senkrechten Ebene. Auch der Winkel zwischen der Mittellinie und I variirt erheblich mit der Temperatur.

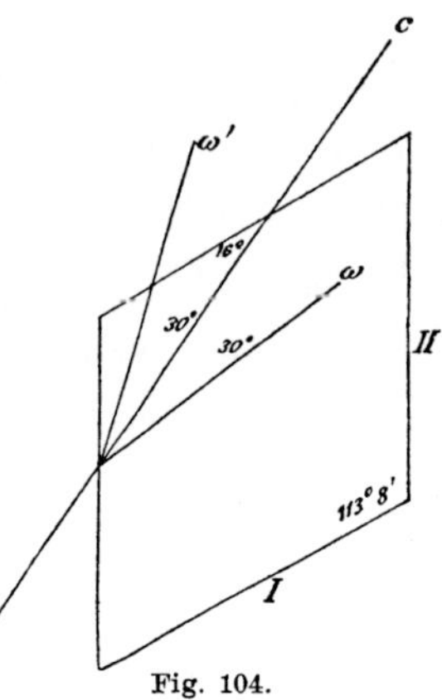

Fig. 104.

Ein Gypsblättchen erscheint im natürlichen Lichte farblos, ebenso im polarisirten. Damit Farben auftreten, ist erforderlich, dass polarisirtes Licht einfällt und das durch den Krystall gegangene mit Hülfe eines zweiten Polarisationsapparates (Nicol, Turmalin) analysirt werde.

Die ursprüngliche und analysirende Polarisationsebene seien parallel. Drehen wir das Blättchen in seiner Ebene, so verschwindet die Farbe für vier Stellungen, nämlich dann, wenn die Mittellinie mit der ursprünglichen Polarisationsebene zusammenfällt oder senkrecht dagegen steht, und zwar ist das Gesichtsfeld weiss. Nach jedem Verschwinden tritt wieder dieselbe Farbe auf, sie ist zuerst schwach, erreicht ein Max. für 45^0 und nimmt wieder ab.

Sind die Polarisationsebenen gegen einander senkrecht, so erhalten wir bei Anwendung desselben Blättchens die zur vorigen complementäre Farbe. Farblos — und zwar jetzt schwarz — erscheint das Gesichtsfeld für dieselben Stellungen wie oben.

Bilden die Polarisationsebenen einen andern Winkel α untereinander, so giebt es acht Azimuthe, für welche die Farbe verschwindet, nämlich 0, α, 90, $90 + \alpha$, 180, $180 + \alpha$, 270, $270 + \alpha$, die dadurch characterisirt sind, dass die Mittellinie mit einer der Polarisationsebenen zusammenfällt oder senkrecht gegen dieselbe steht. Nach jedem Verschwinden geht die Farbe in die complementäre über.

Befindet sich die Platte in einer Lage, wo sie lebhafte Farben zeigt, und drehen wir den analysirenden Nicol, so verschwindet die

Farbe für einen ganzen Umgang viermal, nämlich wieder, wenn die Polarisationsebene mit der Mittellinie den Winkel 0 oder 90 bildet. Nach jedem Verschwinden ist die Farbe complementär.

Die Farben selbst hängen von der Dicke des Blättchens ab und folgen mit wachsender Dicke aufeinander wie die Farben der Newton'schen Ringe. Bei gekreuzten Polarisationsebenen stehen die den dunkelsten Stellen entsprechenden Dicken im Verhältniss $0:2:4\cdots$, die den hellsten entsprechenden im Verhältniss $1:3:5\cdots$

Die Dicken sind indessen für Gyps etwa 240 mal grösser als bei den Newton'schen Ringen, und lassen sich daher noch direct mit dem Sphärometer messen.

Operiren wir mit homogenem Lichte, so wechselt nur hell und dunkel, und zwar sind für verschiedene Farben die Dicken den Wellenlängen proportional.

Schneiden wir planparallele Platten in verschiedenen Richtungen aus demselben Krystall, so hängen die Dicken, für welche eine gleiche Farbe auftritt, von der Orientirung der Platte ab. Biot fand, dass wenn die Normale der Platte mit den optischen Axen die Winkel u und v einschliesst, die Farbe gleich ist für Dicken

$$(1) \qquad\qquad \varDelta = \frac{K}{\sin u\, \sin v},$$

wo K von der Natur des Mediums abhängt.

In dem besprochenen Falle eines natürlichen Gypsblättchens war $u = 90$, $v = 90$, somit

$$\varDelta = K.$$

Wir geben nun die Theorie der Erscheinungen für senkrecht einfallendes Licht.

Aus einem senkrecht einfallenden Strahl AB entsteht im Krystall ein gebrochener ordentlicher Strahl $B\sigma_o$ und ein ausserordentlicher $B\sigma_e$. Dieselben durchlaufen die planparallele Platte auf verschiedenen Wegen und liefern zwei getrennt (senkrecht zur Platte) austretende Strahlen $\sigma_o D$ und $\sigma_e C$ Lassen wir eine ebene Welle einfallen, deren verschiedene Theile gleiche Phase besitzen, so können wir immer zwei Strahlen derart combiniren, dass der gebrochene gewöhnliche des einen mit dem ungewöhnlichen des andern zusammenfällt. Diese Strahlen besitzen eine relative Verzögerung und werden daher interferiren können.

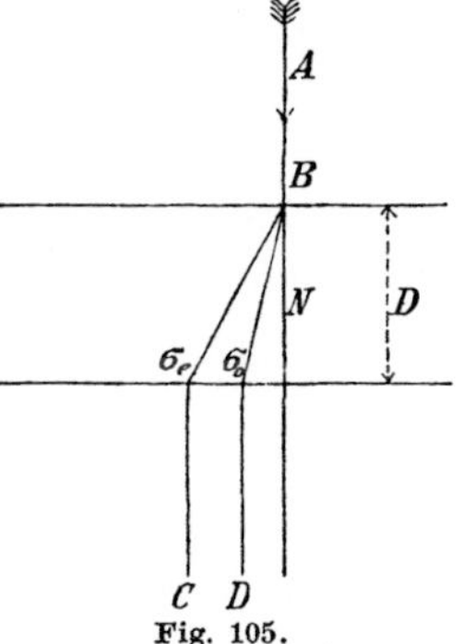

Fig. 105.

Im Krystall haben die beiden Strahlen die Wege

$$B\sigma_o = \frac{D}{\cos(\sigma_o,\,N)} \quad \text{und} \quad B\sigma_e = \frac{D}{\cos(\sigma_e,\,N)}$$

mit den Geschwindigkeiten σ_o und σ_e durchlaufen, demnach ist die relative Verzögerung

$$D\left[\frac{1}{\sigma_o\cos(\sigma_o,\,N)} - \frac{1}{\sigma_e\cos(\sigma_e,\,N)}\right].$$

N ist hier zugleich die gebrochene Wellennormale, welche ja bei senkrechtem Einfall auch zur brechenden Fläche senkrecht sein muss, also ist

$$\sigma_o\cos(\sigma_o,\,N) = o, \qquad \sigma_e\cos(\sigma_e,\,N) = e,$$

wo o und e die Geschwindigkeiten beider Wellennormalen bedeuten, und für die Verzögerung ergiebt sich:

$$D\left[\frac{1}{o} - \frac{1}{e}\right] = D\left[\frac{e^2 - o^2}{oe(o+e)}\right].$$

Sind aber u und v die Winkel zwischen der gebrochenen Wellennormale (welche hier mit dem Einfallsloth identisch ist), so war (Vorl. XI, Formel 13)

$$o^2 = \frac{a^2 + c^2}{2} + \frac{a^2 - c^2}{2}\cos(v - u),$$

$$e^2 = \frac{a^2 + c^2}{2} + \frac{a^2 - c^2}{2}\cos(v + u),$$

also:

$$e^2 - o^2 = (c^2 - a^2)\sin u \sin v,$$

und die Verzögerung

$$(2) \qquad D\,\frac{e^2 - o^2}{oe(o+e)} = \frac{D(c^2 - a^2)\sin u \sin v}{oe(o+e)}.$$

Je nachdem diese $2m\dfrac{T}{2}$ oder $(2m+1)\dfrac{T}{2}$ ist, wird die grösstmögliche Verstärkung oder Schwächung eintreten. T bedeutet hier die Schwingungsdauer.

In (2) wollen wir nun noch 2te Potenzen von $c - a$ fortlassen. Dann können wir o und e im Nenner durch $\frac{1}{2}(a^2 + c^2)$ ersetzen und finden für die Maxima und Minima:

$$\frac{D\left(\dfrac{c^2 - a^2}{2}\right)\sin u \sin v}{\left(\dfrac{c^2 + a^2}{2}\right)^{3/2}} = \left\{\begin{array}{c} 2m\dfrac{T}{2} \\[2ex] (2m+1)\dfrac{T}{2} \end{array}\right\}.$$

Multipliciren wir noch beiderseits mit V, der Geschwindigkeit im umgebenden Medium, und lösen nach D auf, so wird

$$(3) \qquad D = \frac{\left\{ \begin{matrix} 2m \\ 2m+1 \end{matrix} \right\} \dfrac{\lambda}{2} \left(\dfrac{c^2 + a}{2} \right)^{3/2}}{V \left(\dfrac{c^2 - a^2}{2} \right) \sin u \, \sin v}.$$

Diese Formel enthält die sämmtlichen Gesetze über die Dicken, insbesondere auch das in Gleichung (1) ausgesprochene, und die dort eingeführte Constante K ist durch die optischen Constanten des Mediums ausgedrückt.

Hiemit ist die Erscheinung aber noch lange nicht vollständig erklärt. Es bleibt nachzuweisen, warum polarisirtes Licht einfallen und wir unser Auge mit einem Polarisationsapparate bewaffnen mussten, um überhaupt Farben zu sehen.

Den Schlüssel hiezu geben die Fresnel'schen Gesetze über die Interferenz des polarisirten Lichtes.

Senkrecht gegeneinander polarisirte Strahlen — und durch Doppelbrechung erhalten wir stets solche — interferiren nur, wenn schon das einfallende Licht polarisirt war, und zuletzt eine Zurückführung auf eine gemeinsame Polarisationsebene stattfindet.

Im speciellen Falle eines Gypsplättchens hat die Wellennormale die Richtung b, der ordentliche Strahl schwingt nach c (d. h. der Mittellinie), der ausserordentliche senkrecht dagegen. Ist folglich die Mittellinie der ursprünglichen Polarisationsebene parallel oder senkrecht gegen dieselbe, so geht nur ein Strahl durch den Krystall; bei der entsprechenden Beziehung zur analysirenden Polarisationsebene gelangt nur ein Strahl ins Auge, und in beiden Fällen kann keine Interferenz zu Stande kommen. Hiemit ist der Einfluss der Mittellinie erklärt.

Wir entwickeln nun die vollständige Theorie (unter Voraussetzung senkrecht einfallenden Lichtes).

Es sei U die ursprüngliche, T die analysirende Polarisationsebene, O die Polarisationsebene des ordentlichen, E die dagegen senkrechte des ausserordentlichen Strahls.

Der einfallende nach U polarisirte Strahl

$$B \cos \left(\frac{t}{T} - \frac{x}{\lambda} \right) 2\pi$$

ergiebt die Compenenten nach O und E:

$$B \cos i \cos \left(\frac{t}{T} - \frac{x}{\lambda} \right) 2\pi,$$

$$B \sin i \cos \left(\frac{t}{T} - \frac{x}{\lambda} \right) 2\pi.$$

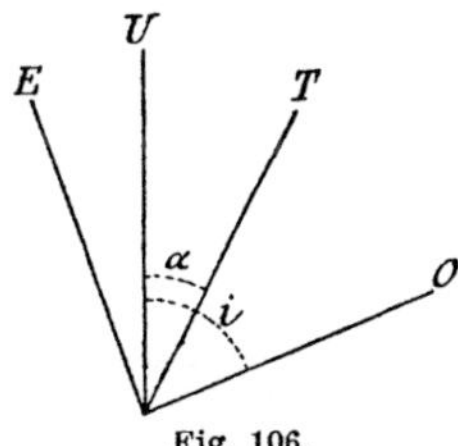

Fig. 106.

Diese werden nach dem Austritt aus der Platte

$$B \cos i \cos \left(\frac{t}{T} - \frac{x}{\lambda} - \frac{D}{oT}\right) 2\pi,$$

$$B \sin i \cos \left(\frac{t}{T} - \frac{x}{\lambda} - \frac{D}{eT}\right) 2\pi$$

(die Berechnung der Verzögerungen s. oben), und erleiden auf ihrem weiteren Wege keine relative Verzögerung mehr.

Ins Auge gelangen die Componenten nach T, somit:

$$B \cos (i - \alpha) \cos i \cos \left(\frac{t}{T} - \frac{x + y}{\lambda} - \frac{D}{oT}\right) 2\pi,$$

$$B \sin (i - \alpha) \sin i \cos \left(\frac{t}{T} - \frac{x + y}{\lambda} - \frac{D}{eT}\right) 2\pi,$$

wo y sich auf den Weg hinter der Platte bezieht.

Diese Strahlen setzen wir zu einem zusammen, dessen Intensität

$$A^2 = B^2 \Big[\cos^2 (i - \alpha) \cos^2 i + \sin^2 (i - \alpha) \sin^2 i$$

$$(4) \qquad + 2 \sin i \cos i \sin (i - \alpha) \cos (i - \alpha) \cos \frac{D}{T} \left(\frac{1}{o} - \frac{1}{e}\right) 2\pi \Big]$$

$$= B^2 \Big[\cos^2 \alpha - \sin 2i \sin 2 (i - \alpha) \sin^2 \frac{D}{T} \left(\frac{1}{o} - \frac{1}{e}\right) \pi \Big].$$

Diese Formel gilt für homogenes Licht. Fällt weisses Licht ein, so haben wir die Newton'sche Summe zu nehmen:

$$(5)\ J^2 = \cos^2 \alpha \, \Sigma B_\lambda^2 - \sin 2i \sin 2 (i - \alpha) \Sigma B_\lambda^2 \sin^2 \frac{DV}{\lambda} \left(\frac{1}{o} - \frac{1}{e}\right) \pi.$$

ΣB_λ^2 ist das einfallende weisse Licht, somit ergiebt der erste Term keine Farbe.

Diese Formeln enthalten, wenn wir noch aus (2) resp. (3) den Werth der Verzögerung einführen, sämmtliche Gesetze.

Die Farbe wird 0 sein, wenn das zweite Glied in (5) verschwindet. $\sin 2i = 0$ hat die Bedeutung, dass O (beim Gyps die Mittellinie) oder E mit der ursprünglichen Polarisationsebene U zusammenfällt, $\sin 2(i - \alpha)$ wird $= 0$, wenn O oder E mit der analysirenden Polarisationsebene T coincidirt.

Die Farbe erreicht ihre grösste Intensität für

$$\sin 2i = 1, \quad \sin 2 (i - \alpha) = 1,$$

d. h.

$$i = 45^0, \quad \alpha = 0^0,\ 90^0 \ldots.$$

Wir lassen diese Bedingungen eintreten und haben, falls $\alpha = 0$:

$$J^2 = \Sigma B_\lambda^2 - \Sigma B_\lambda^2 \sin^2 \frac{DV}{\lambda} \left(\frac{1}{o} - \frac{1}{e} \right) \pi$$

$$= \Sigma B_\lambda^2 \cos^2 \frac{DV}{\lambda} \left(\frac{1}{o} - \frac{1}{e} \right) \pi,$$

hingegen für $\alpha = 90^0$

$$J^2 = \Sigma B_\lambda^2 \sin^2 \frac{DV}{\lambda} \left(\frac{1}{o} - \frac{1}{e} \right) \pi.$$

Die Farben sind also complementär.

Ueberhaupt geht die Farbe in die complementäre über, sobald das Farbenglied sein Zeichen ändert, woraus sofort alle Erscheinungen sich erklären, welche bei Drehung des Blättchens auftreten.

In erster Näherung hatten wir für die Newton'schen Farbenringe:

reflectirt: $\qquad A^2 = \Sigma 4 B_\lambda^2 r^2 \sin^2 \frac{\varDelta}{\lambda} 2\pi,$

durchgehend: $\quad A^2 = \Sigma B_\lambda^2 \left(1 - 4 r^2 \sin^2 \frac{\varDelta}{\lambda} 2\pi \right);$

r war ein ziemlich kleiner Factor.

Es entspricht somit $\alpha = 90^0$ den reflectirten, $\alpha = 0$ den durchgehenden Newton'schen Ringen, nur ist im letzteren Falle bei Anwendung einer Krystallplatte die Farbe weit gesättigter, da nicht eine solche Menge Weiss beigemischt ist. Damit Gleichheit der Farbe vorhanden sei, muss sein, wenn wir gleich für die relative Verzögerung ihren Näherungswerth setzen:

$$\frac{D \left(\dfrac{c^2 - a^2}{2} \right) \sin u \sin v}{V \left(\dfrac{c^2 + a^2}{2} \right)^{3/2}} = 2\varDelta,$$

$$(6) \qquad D = \frac{2\varDelta \left(\dfrac{c^2 + a^2}{2} \right)^{3/2}}{V \left(\dfrac{c^2 - a^2}{2} \right) \sin u \sin v},$$

woraus hervorgeht, dass D sehr viel grösser ist als $\varDelta$.

Wir könnten diese Formel zu einer Bestimmung von $c^2 - a^2$ verwerthen, doch wäre dies Verfahren nicht praktisch wegen der Unsicherheit, ob man sich in der Mitte oder an der Grenze der Newton'schen Farbe befindet.

Von der Formel (4) für senkrecht einfallendes Licht

$$(4) \quad A^2 = \cos^2 \alpha \, \Sigma B_\lambda^2 - \sin 2i \sin 2(i - \alpha) \Sigma B_\lambda^2 \sin^2 \frac{DV}{\lambda} \left(\frac{1}{o} - \frac{1}{e} \right) \pi$$

machen wir Anwendung zur Herleitung einer angenäherten Theorie

der Erscheinungen, welche eine senkrecht zur optischen Axe geschliffene Kalkspathplatte im convergenten Lichte zeigt.

Ist die analysirende Polarisationsebene zur ursprünglichen senkrecht, so erscheint ein System von Ringen, die im homogenen Lichte

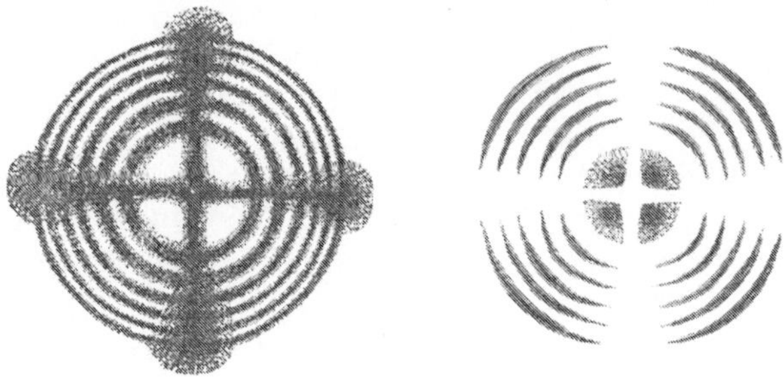

Fig. 107.

hell und dunkel, im weissen farbig sind, durchschnitten von einem
schwarzen Kreuz, dessen Balken den beiden Polarisationsebenen entsprechen.

Bei parallelen Polarisationsebenen sind die Ringe zu den vorigen
complementär und das Kreuz weiss.

Sind die Polarisationsebenen gegeneinander geneigt — etwa unter
45^0 — so sind vier Durchmesser, entsprechend den Polarisationsebenen
und den Senkrechten auf ihnen, farblos; nach dem Passiren einer
jeden farblosen Linie geht die Farbe der Ringe in die complementäre
über, sodass man den Eindruck erhält, als wäre die Fortsetzung der
Ringe verschoben.

Statt in einer ebenen Platte nehmen wir den Kalkspath in Form
einer Kugelschale geschnitten an, in deren Centrum M sich das

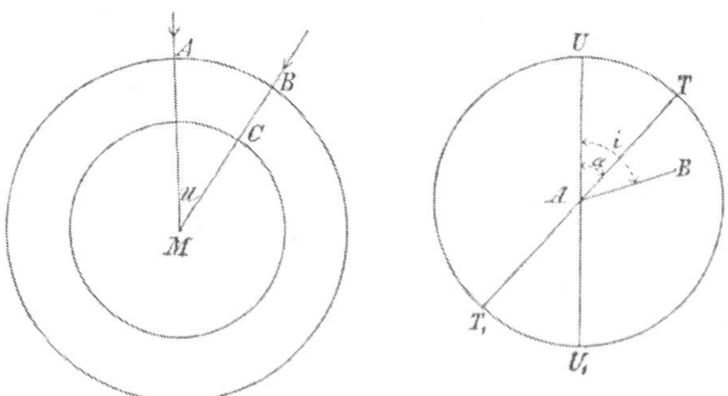

Fig. 108.

Auge des Beobachters befinde. Das Licht falle convergent senkrecht
zur äusseren Grenze der Schale ein.

AM sei die optische Axe, BCM irgend ein anderer Strahl; seine Neigung gegen AM sei u. Die zweite Zeichnung ist auf der Kugeloberfläche entworfen. Die grössten Kreise UU_1 und TT_1 deuten die ursprüngliche und analysirende Polarisationsebene an, A ist die Axe, B ein Strahl. Die Polarisationsebene des aus B entstehenden ordentlichen Strahles ist AB, demnach ist $\measuredangle\, UAB = i$.

i und u können zugleich als Bestimmungsstücke des Strahles angesehen werden.

Für die Verzögerungsphase setzen wir ihren Näherungswerth, indem wir, da der Kalkspath einaxig, $u = v$ haben und erhalten:

$$(7)\quad A^2 = \cos^2\alpha\,\Sigma B_\lambda^2 - \sin 2i\,\sin 2(i-\alpha)\,\Sigma B_\lambda^2\,\sin^2\frac{DV}{\lambda}\,\pi\left(\frac{\frac{c^2-a^2}{2}\sin^2 u}{\left(\frac{c^2+a^2}{2}\right)^{3/2}}\right).$$

Ist $\alpha = 0$, so verschwindet das Farbenglied für $i = 0^0$ und 90^0: dies ist das weisse Kreuz bei parallelen Polarisationsebenen. Ebenso giebt $\alpha = 90^0$, $i = 0^0$ oder 90^0 das schwarze Kreuz, welches sich zeigte, wenn dieselben aufeinander senkrecht waren.

Unter den beiden gemachten Annahmen $\alpha = 0^0$ resp. 90^0 ändert das Farbenglied sein Zeichen nicht. Da die Farbe nur von $\sin^2 u$ abhängig ist, so werden concentrische Kreise entstehen, von einem weissen resp. schwarzen Kreuz durchschnitten.

Schliessen T und U einen anderen Winkel α ein, so ergiebt $\sin 2i = 0$ ein farbloses Kreuz und $\sin 2(i-\alpha) = 0$ noch eines. Der Factor $\sin 2i\,\sin 2(i-\alpha)$ hat in zwei aneinandergrenzenden Sectoren entgegengesetztes Zeichen; daher erscheint die geometrische Fortsetzung eines Ringes über eine farblose Linie complementär.

Wir betrachten nun eine ebene, senkrecht zur optischen Axe geschnittene Platte eines einaxigen Krystalles unter der Annahme schief einfallenden Lichtes.

Das Auge befinde sich in O. In der Richtung BO tritt aus der ordentliche Strahl, welcher von dem einfallenden FC herrührt und der aus GD entstandene ausserordentliche. Da die optische Axe mit dem Einfallsloth zusammenfällt, so liegt auch GD in der durch OL und OB bestimmten Ebene.

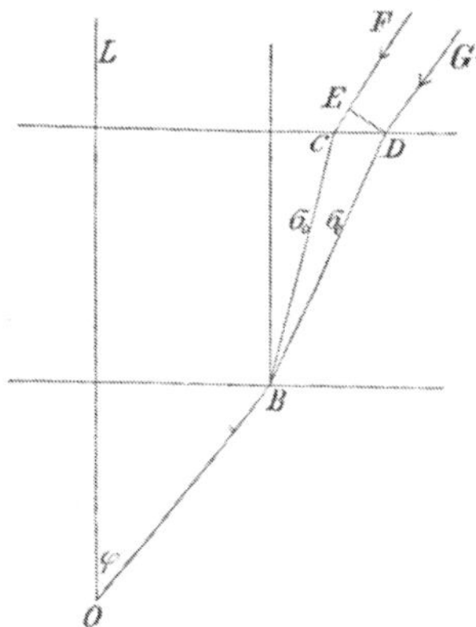

Fig. 109.

Wir betrachten nun die Verzögerungsphase. Da von der Wellenebene DE aus die beiden Strahlen die Wege $EC + CB$ und DB mit den Geschwindigkeiten V und σ_0 resp. σ_e durchlaufen haben, so wird die Phasendifferenz:

$$\delta = \frac{2\pi}{T}\left\{\frac{EC}{V} + \frac{CB}{\sigma_0} - \frac{DB}{\sigma_e}\right\}.$$

Bilden die beiden Strahlen mit dem Einfallslothe die Winkel ψ_0 und ψ_e, und ist D die Dicke der Platte, so haben wir:

$$CD = D(\tan\psi_e - \tan\psi_0),$$
$$CE = D\sin\varphi\,(\tan\psi_e - \tan\psi_0),$$
$$CB = \frac{D}{\cos\psi_0},$$
$$DB = \frac{D}{\cos\psi_e},$$

also

$$\delta = \frac{2\pi D}{T}\left[\frac{(\tan\psi_e - \tan\psi_0)\sin\varphi}{V} + \frac{1}{\sigma_0\cos\psi_0} - \frac{1}{\sigma_e\cos\psi_e}\right]$$
$$= \frac{2\pi D}{T}\left[\frac{1}{\cos\psi_0}\left(\frac{1}{\sigma_0} - \frac{\sin\psi_0\sin\varphi}{V}\right) - \frac{1}{\cos\psi_e}\left(\frac{1}{\sigma_e} - \frac{\sin\psi_e\sin\varphi}{V}\right)\right].$$

Für den gewöhnlichen Strahl ist nun bei einem einaxigen Krystall $\sigma_0 = a$, ferner fällt derselbe mit seiner Wellennormale zusammen, sodass

$$\frac{\sin\varphi}{V} = \frac{\sin\varphi_0}{a} = \frac{\sin\psi_0}{a}.$$

Ist die Wellennormale des ausserordentlichen Strahles gegen das Einfallsloth geneigt unter φ_e, und ist ihre Fortpflanzungsgeschwindigkeit e, so ist

$$\frac{\sin\varphi_e}{e} = \frac{\sin\varphi}{V},$$

ferner, da der Winkel zwischen Strahl und Wellennormale $\psi_e - \varphi_e$ ist

$$e = \sigma_e\cos(\psi_e - \varphi_e).$$

Mit Einsetzen dieser Werthe erhalten wir:

$$\delta = \frac{2\pi D}{T}\left[\frac{1}{\cos\varphi_0}\left(\frac{1}{a} - \frac{\sin^2\varphi_0}{a}\right) - \frac{1}{\cos\psi_e}\left(\frac{\cos(\psi_e - \varphi_e)}{e} - \frac{\sin\psi_e\sin\varphi_e}{e}\right)\right]$$
$$(8)$$
$$= \frac{2\pi D}{T}\left[\frac{\cos\varphi_0}{a} - \frac{\cos\varphi_e}{e}\right].$$

Diesen Werth der Verzögerungsphase transformiren wir noch. Wir multipliciren und dividiren mit V und benutzen

$$\frac{V}{a} = \frac{\sin\varphi}{\sin\varphi_0},\qquad \frac{V}{e} = \frac{\sin\varphi}{\sin\varphi_e},$$

so wird

$$\delta = \frac{2\pi D}{\lambda} \frac{\sin\varphi \sin(\varphi_e - \varphi_o)}{\sin\varphi_o \sin\varphi_e}.$$

Weiter ist

$$\sin^2\varphi_e = \sin^2\varphi \frac{e^2}{V^2} = \frac{\sin^2\varphi}{V^2}\left(a^2 + (c^2 - a^2)\sin^2\varphi_e\right),$$

$$\sin^2\varphi_o = \sin^2\varphi \frac{a^2}{V^2},$$

$$\sin(\varphi_e - \varphi_o) = \frac{\sin^2\varphi_e - \sin^2\varphi_o}{\sin(\varphi_e + \varphi_o)} = \frac{(c^2 - a^2)\sin^2\varphi \sin^2\varphi_e}{V^2 \sin(\varphi_e + \varphi_o)},$$

sodass die Verzögerungsphase die Gestalt annimmt

$$(9) \qquad \delta = \frac{2\pi D}{\lambda V^2} \frac{(c^2 - a^2)\sin^3\varphi \sin\varphi_e}{\sin\varphi_o \sin(\varphi_o + \varphi_e)}.$$

Damit das in der Richtung OB sehende Auge (homogenes Licht vorausgesetzt) ein Max. oder Min. der Helligkeit erblickt, muss dies $2m\pi$ resp. $(2m + 1)\pi$ sein.

Zum Zwecke einer Anwendung lösen wir diese Gleichung nach $c^2 - a^2$ auf und erhalten noch streng

$$(10) \qquad c^2 - a^2 = \begin{Bmatrix} 2m \\ 2m + 1 \end{Bmatrix} \frac{\lambda}{2} \frac{V^2}{D} \frac{\sin\varphi_o \sin(\varphi_o + \varphi_e)}{\sin^3\varphi \sin\varphi_e}.$$

Nun wollen wir eine Näherung eintreten lassen, indem wir in der Verzögerungsphase $(c - a)^2$ vernachlässigen. Dann können wir φ_e durch φ_o ersetzen, wodurch

$$\delta = \frac{2\pi D}{\lambda V^2} \frac{(c^2 - a^2)\sin^3\varphi}{2\sin\varphi_o \cos\varphi_o},$$

oder mit Benutzung von $\sin\varphi_o = \sin\varphi \frac{a}{V}$:

$$\delta = \frac{\pi D}{\lambda a V} \frac{(c^2 - a^2)\sin^2\varphi}{\sqrt{1 - \frac{a^2}{V^2}\sin^2\varphi}}.$$

Beschränken wir uns auf kleine Einfallswinkel, so dürfen wir hiefür schreiben:

$$(11) \qquad \delta = \frac{\pi D}{\lambda a V}(c^2 - a^2)\sin^2\varphi,$$

und die (10) entsprechende Näherungsformel für $c^2 - a^2$ wird:

$$(12) \qquad c^2 - a^2 = \begin{pmatrix} 2m \\ 2m + 1 \end{pmatrix} \frac{\lambda a V}{D \sin^2\varphi}.$$

Die Durchmesser der dunkeln Ringe verhalten sich also nahe wie $\sqrt{0} : \sqrt{2} : \sqrt{4} \ldots$, die der hellen wie $\sqrt{1} : \sqrt{3} : \sqrt{5} \ldots$

Die Durchmesser der Kalkspathringe (2φ) für homogenes Licht lassen sich leicht genau messen. Hat man also durch eine Prismenbeobachtung a erhalten, so liefert nun die Formel (12) $c^2 - a^2$ angenähert. Genügte diese erste Näherung nicht, so könnte man unter Benutzung von (10) weiter gehen, indem φ_e sich mit Hülfe des ersten Näherungswerthes von c^2 berechnen lässt.

Die Formel (11) wollen wir noch vergleichen mit der unter Voraussetzung einer Kugelschale erhaltenen. Die Verzögerungsphase war dort (vgl. (7)):

$$\frac{\pi D V}{\lambda}\, \frac{(c^2 - a^2)\sin^2 u}{\left(\dfrac{c^2 + a^2}{2}\right)^{3/2}},$$

oder wenn wir noch $\left(\dfrac{c^2 + a^2}{2}\right)^{3/2}$ durch a^3 ersetzen

$$\delta = \frac{\pi D V}{\lambda}\, \frac{(c^2 - a^2)\sin^2 u}{a^3}.$$

Drücken wir andererseits in der Formel für eine ebene Platte (11) φ durch φ_0 aus vermöge der Gleichung $\sin\varphi = \sin\varphi_0\,\dfrac{V}{a}$, so wird

$$\delta = \frac{\pi D V}{\lambda}\, \frac{(c^2 - a^2)\sin^2\varphi_0}{a^3}.$$

φ_0 war der Winkel zwischen der optischen Axe und der gebrochenen ordentlichen Wellennormale, und dieselbe Bedeutung hatte u für die Kugelschale, somit ist die Uebereinstimmung nachgewiesen, wenn wir für u diese Auffassung festhalten. (Da bei der Kugelschale beim Austritt keine weitere Brechung erfolgte, so war u auch der Winkel zwischen der optischen Axe und dem ins Auge gelangenden Strahl, dem φ bei der ebenen Platte entsprechend.)

Combination zweier paralleler Krystallplatten für senkrecht einfallendes Licht.

Es sei:

AU die ursprüngliche Polarisationsebene,

AM_1 die Polarisationsebene des ordentlichen Strahles im ersten Blättchen,

AM_2 dieselbe für das zweite Blättchen,

$AS_1 \perp AM_1,\ AS_2 \perp AM_2,$

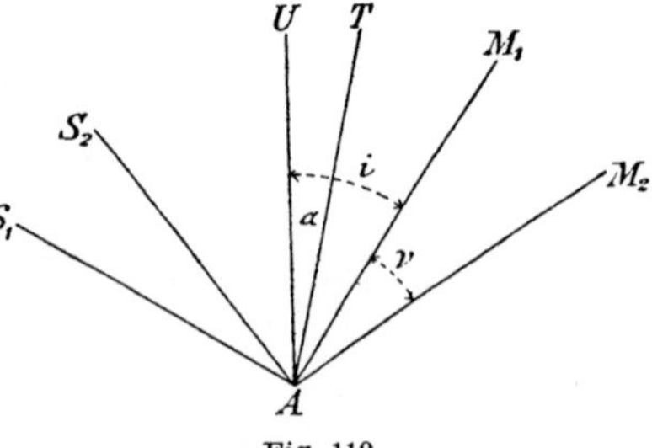

Fig. 110.

AT die Polarisationsebene des Analysators.

Den einfallenden Strahl

$$B \cos \frac{t}{T} 2\pi$$

$\left(\dfrac{x}{\lambda}\right.$ lassen wir fort, da es ja doch nur auf die Phasendifferenz ankommt$\left.\right)$ zerlegen wir in die Componenten nach M_1 und S_1

$$M_1) \qquad B \cos i \cos \frac{t}{T} 2\pi,$$

$$S_1) \qquad B \sin i \cos \frac{t}{T} 2\pi.$$

Dieselben durchlaufen mit sehr geringer Schwächung (durch Reflexion an der Vorder- und Hinterfläche) den ersten Krystall und sind beim Austritt

$$M_1) \qquad B \cos i \cos \left(\frac{t}{T} - \frac{D}{o\,T}\right) 2\pi,$$

$$S_1) \qquad B \sin i \cos \left(\frac{t}{T} - \frac{D}{e\,T}\right) 2\pi,$$

wo D die Dicke, o und e die Geschwindigkeiten der beiden Wellennormalen für die erste Platte bedeuten.

Hievon nehmen wir die Componenten nach M_2 und S_2:

$$M_2) \quad B \cos i \cos v \cos \left(\frac{t}{T} - \frac{D}{o\,T}\right) 2\pi - B \sin i \sin v \cos \left(\frac{t}{T} - \frac{D}{e\,T}\right) 2\pi,$$

$$S_2) \quad B \cos i \sin v \cos \left(\frac{t}{T} - \frac{D}{o\,T}\right) 2\pi + B \sin i \cos v \cos \left(\frac{t}{T} - \frac{D}{e\,T}\right) 2\pi.$$

Diese Componenten treten ohne erhebliche Schwächung in die zweite Platte und gehen durch dieselbe als ordentlicher resp. ausserordentlicher Strahl. Im Momente des Austretens haben wir:

$$M_2) \quad B \cos i \cos v \cos \left(\frac{t}{T} - \frac{D}{o\,T} - \frac{D_1}{o_1\,T}\right) 2\pi$$

$$- B \sin i \sin v \cos \left(\frac{t}{T} - \frac{D}{e\,T} - \frac{D_1}{o_1\,T}\right) 2\pi,$$

$$S_2) \quad B \cos i \sin v \cos \left(\frac{t}{T} - \frac{D}{o\,T} - \frac{D_1}{e_1\,T}\right) 2\pi$$

$$+ B \sin i \cos v \cos \left(\frac{t}{T} - \frac{D}{e\,T} - \frac{D_1}{e_1\,T}\right) 2\pi.$$

Ins Auge gelangen hievon die Componenten nach T. Wir haben also die erste Grösse mit $\cos(i + v - \alpha)$, die zweite mit $\sin(i + v - \alpha)$ zu multipliciren und die beiden so erhaltenen Strahlen zu einem resultirenden zusammenzusetzen. Um die Intensität desselben zu finden, bringen wir die Summe der Componenten auf die Form

$$X \cos \frac{t}{T} 2\pi + Y \sin \frac{t}{T} 2\pi.$$

Die Intensität ist dann $A^2 = X^2 + Y^2$. Nach einigen Reductionen wird:

$$
\begin{aligned}
A^2 = B^2 \Big\{ & \cos^2 \alpha \\
& + \cos 2(i + v - \alpha) \sin 2i \sin 2v \sin^2 \left(\frac{D}{e} - \frac{D}{o} \right) \frac{\pi}{T} \\
& - \sin 2(i + v - \alpha) \cos 2i \sin 2v \sin^2 \left(\frac{D_1}{e_1} - \frac{D_1}{o_1} \right) \frac{\pi}{T} \\
& - \sin 2(i + v - \alpha) \sin 2i \cos^2 v \sin^2 \left[D \left(\frac{1}{e} - \frac{1}{o} \right) \right. \\
& \qquad\qquad \left. + D_1 \left(\frac{1}{e_1} - \frac{1}{o_1} \right) \right] \frac{\pi}{T} \\
& + \sin 2(i + v - \alpha) \sin 2i \sin^2 v \sin^2 \left[D \left(\frac{1}{e} - \frac{1}{o} \right) \right. \\
& \qquad\qquad \left. - D_1 \left(\frac{1}{e_1} - \frac{1}{o_1} \right) \right] \frac{\pi}{T} \Big\}.
\end{aligned}
$$

(13)

Diese Formel bezieht sich auf homogenes einfallendes Licht. Wäre dieses weiss, so hätten wir statt B: B_λ zu setzen und die Newton'sche Summe zu nehmen, wobei das erste Glied wieder Weiss, die andern Terme aber Farben repräsentiren.

Wir lassen nun specielle Voraussetzungen eintreten.

Es sei $i = 0^0$ oder 90^0, d. h. U falle mit M_1 oder S_1 zusammen, so bleibt nur

$$
J^2 = \cos^2 \alpha \, \Sigma B_\lambda{}^2 - \sin 2(v - \alpha) \sin 2v \, \Sigma B_\lambda{}^2 \sin^2 \left(\frac{D_1}{e_1} - \frac{D_1}{o_1} \right) \frac{\pi}{T}
$$

und eine Vergleichung mit (5) zeigt, dass es sich ebenso verhält, als wäre die erste Platte gar nicht vorhanden. Dies leuchtet auch unmittelbar ein, da unter der gemachten Annahme das **ganze** einfallende Licht die erste Platte als ordentlicher resp. ausserordentlicher Strahl durchsetzt.

Ist andererseits $i + v - \alpha = 0^0$ oder 90^0, coincidirt also T mit M_2 oder S_2, so kommt

$$
J^2 = \cos^2 \alpha \, \Sigma B_\lambda{}^2 - \sin 2i \sin 2(i - \alpha) \Sigma B_\lambda{}^2 \sin^2 \left(\frac{D}{e} - \frac{D}{o} \right) \frac{\pi}{T},
$$

sodass also nun die ganze Erscheinung nur vom ersten Blättchen abhängt.

Lassen wir M_1 und M_2 zusammenfallen, also $v = 0$ werden, so erhalten wir

$$
J^2 = \cos^2 \alpha \, \Sigma B_\lambda{}^2 - \sin 2i \sin 2(i - \alpha) \Sigma B_\lambda{}^2 \sin^2 \left[D \left(\frac{1}{e} - \frac{1}{o} \right) \right.
$$
$$
\left. + D_1 \left(\frac{1}{e_1} - \frac{1}{o_1} \right) \right] \frac{\pi}{T},
$$

und endlich führt die Annahme $\nu = 90^0$ (d. h. $M_1 \perp M_2$) auf:

$$J^2 = \cos^2 \alpha \, \Sigma B_\lambda^2 - \sin 2i \sin 2(i - \alpha) \, \Sigma B_\lambda^2 \sin^2 \left[D \left(\frac{1}{e} - \frac{1}{o} \right) \right.$$
$$\left. - D_1 \left(\frac{1}{e_1} - \frac{1}{o_1} \right) \right] \frac{\pi}{T} \, .$$

Sind beide Platten von demselben Krystall entsprechend geschnitten, so wirken sie wie eine Platte, deren Dicke im ersten Falle gleich ist der Summe $D + D_1$, im zweiten gleich der Differenz $D - D_1$[1]).

Gehören die Platten verschiedenen Krystallen an, so kommt es darauf an, ob $\left(\frac{1}{e} - \frac{1}{o} \right)$ und $\left(\frac{1}{e_1} - \frac{1}{o_1} \right)$ dasselbe oder das entgegengesetzte Vorzeichen besitzen.

Zunächst ist einzusehen, dass bei einem und demselben Krystall dieses Vorzeichen ungeändert bleibt. Es war

$$o^2 = \frac{a^2 + c^2}{2} + \frac{a^2 - c^2}{2} \cos (v - u),$$

$$e^2 = \frac{a^2 + c^2}{2} + \frac{a^2 - c^2}{2} \cos (v + u),$$

und immer $\cos (v + u) < \cos (v - u)$. c bedeutete diejenige Elasticitätsaxe, welche den spitzen Winkel zwischen den optischen Axen halbirt. Ist nun $a > c$ (c also die kleinste Axe), so ist stets $o^2 > e^2$, und ähnlich wie bei einaxigen Medien nennt man den Krystall positiv oder attractiv, während man Krystalle, für welche $a < c$ und demzufolge $o^2 < e^2$ ist, als negativ oder repulsiv bezeichnet.

In der Combination einer Platte einer zu untersuchenden Substanz mit einer bekannten haben wir also ein einfaches Mittel um zu entscheiden, ob erstere positiv oder negativ ist.

Wir wollen mit Hülfe der Formel (13) uns noch einen ungefähren Ueberblick über die Erscheinung verschaffen, welche eine senkrecht zur Axe geschnittene Kalkspathplatte in Verbindung mit einem Gypsblättchen zeigt. (Die Formel ist nicht mehr streng anwendbar, da sie senkrecht einfallendes Licht voraussetzt.)

Es werde gleich der specielle Fall betrachtet, dass $\alpha = 90^0$, $i = 45^0$, d. h. dass die analysirende Polarisationsebene gegen die ursprüngliche senkrecht ist und die Mittellinie des Gypsblättchens gegen beide gleich geneigt. v bedeutet denjenigen Winkel, welchen der

---

1) Diese Bemerkung ist praktisch wichtig, um Erscheinungen hervorzurufen, die man mit einer Platte schwer erhalten kann, da sie zu dünn sein müsste, z. B. die Hyperbeln in Kalkspath $\parallel$ der Axe.

Hauptschnitt der jedesmal betrachteten Stelle mit der Mittellinie einschliesst.

Die Formel wird:

$$J^2 = \Sigma B_\lambda^2 \left\{ \begin{array}{l} \sin^2 2\nu \, \sin^2\left(\dfrac{D}{e} - \dfrac{D}{o}\right)\dfrac{\pi}{T} \\[2ex] + \cos 2\nu \, \cos^2\nu \, \sin^2\left[D\left(\dfrac{1}{e} - \dfrac{1}{o}\right) + D_1\left(\dfrac{1}{e_1} - \dfrac{1}{o_1}\right)\right]\dfrac{\pi}{T} \\[2ex] - \cos 2\nu \, \sin^2\nu \, \sin^2\left[D\left(\dfrac{1}{e} - \dfrac{1}{o}\right) - D_1\left(\dfrac{1}{e_1} - \dfrac{1}{o_1}\right)\right]\dfrac{\pi}{T} \end{array} \right\}.$$

Ist $\nu = \pm\, 45^0$ (dies entspricht den Lagen der beiden Polarisationsebenen), so verschwinden die beiden letzten Glieder und es bleibt:

$$J^2 = \Sigma B_\lambda^2 \, \sin^2 D\left(\frac{1}{e} - \frac{1}{o}\right)\frac{\pi}{T},$$

d. h. statt des schwarzen Kreuzes entsteht ein farbiges von der Farbe des Blättchens für gekreuzte Polarisationsebenen.

In der Ebene $\nu = 0$ bleibt nur das zweite Glied, d. h. es treten Farben auf, welche einer grösseren Dicke entsprechen[1]), also engere Ringe geben; umgekehrt bleibt für $\nu = 90^0$ nur das dritte Glied und die Ringe erscheinen erweitert.

Der Totaleindruck wird der eines Oblongum mit gekrümmten Seiten sein, und zwar steht die längere Seite auf der Mittellinie senkrecht. Wäre statt des Kalkspathes ein positiver Krystall genommen, so verhielte es sich gerade umgekehrt.

Durch Compression in einer Richtung erlangt ein Glaswürfel die Eigenschaften eines optisch einaxigen Krystalls, dessen Axe durch die Druckrichtung bestimmt ist. Setzen wir einen solchen Würfel vor eine Kalkspathplatte, so werden die Ringe kleiner, also ist das comprimirte Glas ebenso wie der Kalkspath negativ. Dies führt zu dem Schluss, dass die Moleküle des Kalkspathes in der Richtung der Axe einander näher gerückt sind.

Schiefer Durchgang durch eine beliebige Krystallplatte.[2])

Die Grösse der Verzögerung, welche den Gegenstand der Beobachtungen und Messungen bildet, soll streng berechnet werden, während wir die Bestimmung der Intensität nur angenähert, nämlich mit Vernachlässigung der Differenzen der Elasticitätsaxen durchführen wollen.

---

1) Kalkspath und Gyps sind beide negativ.
2) Neumann, Pogg. Ann. 33, pag. 257. 1834.

Sei $C_2'D'$ die einfallende Wellenebene, $C_1'B$ derjenige ordentliche
Strahl, welcher in der Richtung BA austritt, $C_2'B$ der ausserordentliche. BC_1' und BC_2' liegen hier nicht
mehr in der Einfallsebene.

Bezeichnet σ_1 und σ_2 die Fortpflanzungsgeschwindigkeit des ordentlichen oder ausserordentlichen Strahles,
so wird die Verzögerungsphase

$$\left\{ \frac{C_1'D'}{V} + \frac{C_1'B}{\sigma_1} - \frac{C_2'B}{\sigma_2} \right\} \frac{2\pi}{D}.$$

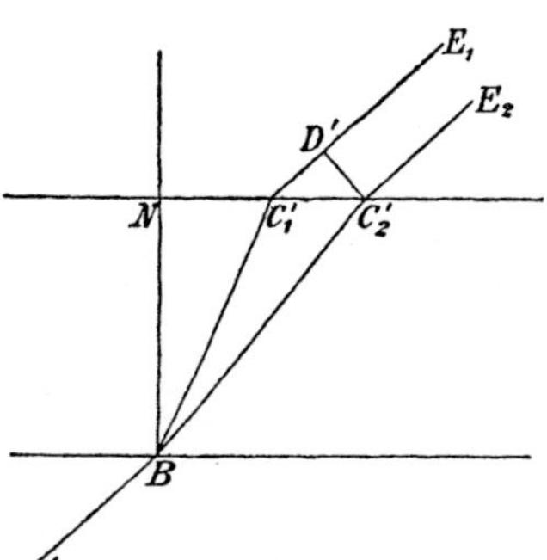

Fig. 111.

Beistehende Zeichnung (Fig. 112) ist
in der oberen Fläche der Platte entworfen,
PN ist der Durchschnitt derselben mit
der Einfallsebene, C_1 und C_2 seien die Fusspunkte der Lothe von $C_1'C_2'$
auf PN, D' ist der Fusspunkt einer von C_1' auf die einfallende
Wellenebene gefällten Senkrechten;
ziehen wir von C_1 auf dieselbe eine
andere Senkrechte C_1D, so ist C_1D
$= C_1'D'$.

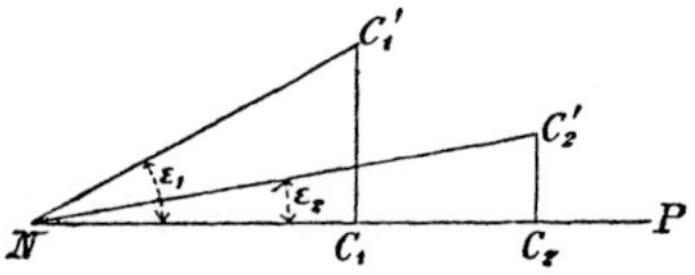

φ sei der Einfallswinkel, ψ_1 und
ψ_2 die Winkel zwischen den Strahlen

Fig. 112.

und dem Lothe der brechenden Fläche. Ebenen, welche wir durch
Letzteres und die Strahlen legen, mögen mit der Einfallsebene
die Winkel ε_1 und ε_2 bilden. Ist noch D die Dicke der Platte, so
haben wir:

$$NC_1' = D \tan \psi_1,$$
$$NC_2' = D \tan \psi_2,$$
$$NC_1 = D \tan \psi_1 \cos \varepsilon_1,$$
$$NC_2 = D \tan \psi_2 \cos \varepsilon_2,$$
$$C_1C_2 = D [\tan \psi_2 \cos \varepsilon_2 - \tan \psi_1 \cos \varepsilon_1],$$
$$C_1'D' = C_1D = C_1C_2 \sin \varphi = D \sin \varphi [\tan \psi_2 \cos \varepsilon_2 - \tan \psi_1 \cos \varepsilon_1],$$
$$BC_1' = \frac{D}{\cos \psi_1},$$
$$BC_2' = \frac{D}{\cos \psi_2},$$

und die Verzögerungsphase wird:

$$\delta = \frac{2\pi D}{T} \left\{ \frac{[\tan \psi_2 \cos \varepsilon_2 - \tan \psi_1 \cos \varepsilon_1] \sin \varphi}{V} + \frac{1}{\sigma_1 \cos \psi_1} - \frac{1}{\sigma_2 \cos \psi_2} \right\}$$

$$= \frac{2\pi D}{T} \left\{ \frac{1}{\cos \psi_1} \left(\frac{1}{\sigma_1} - \frac{\sin \psi_1 \cos \varepsilon_1 \sin \varphi}{V} \right) \right.$$
$$\left. - \frac{1}{\cos \psi_2} \left(\frac{1}{\sigma_2} - \frac{\sin \psi_2 \cos \varepsilon_2 \sin \varphi}{V} \right) \right\}.$$

Wenn φ_1 und φ_2 die Winkel zwischen dem Loth der brechenden Fläche und den beiden Wellennormalen sind, o und e die Geschwindigkeiten der beiden Wellen, so giebt das Brechungsgesetz:

$$\frac{\sin \varphi}{V} = \frac{\sin \varphi_1}{o} = \frac{\sin \varphi_2}{e}.$$

Wir entwerfen nun eine Zeichnung auf der Kugelfläche. Es folgt aus $\triangle\, N N_1 C_1'$:

$$\cos (\sigma_1 N_1) = \cos \psi_1 \cos \varphi_1$$
$$+ \cos \varepsilon_1 \sin \psi_1 \sin \varphi_1,$$

demnach

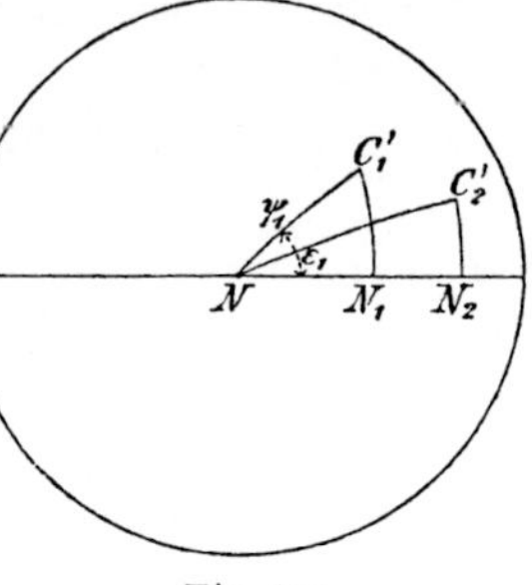

Fig. 113.

$$\frac{1}{\sigma_1} - \frac{\sin \psi_1 \cos \varepsilon_1 \sin \varphi}{V} = \frac{1}{\sigma_1} - \frac{\sin \psi_1 \cos \varepsilon_1 \sin \varphi_1}{o}$$
$$= \frac{1}{\sigma_1} - \frac{\cos (\sigma_1 N_1) - \cos \varphi_1 \cos \psi_1}{o}.$$

Da $\sigma_1 \cos (\sigma_1 N_1) = o$, so reducirt sich dies auf

$$\frac{\cos \varphi_1 \cos \psi_1}{o},$$

und ebenso wird

$$\frac{1}{\sigma_2} - \frac{\sin \psi_2 \cos \varepsilon_2 \sin \varphi}{V} = \frac{\cos \varphi_2 \cos \psi_2}{e}.$$

Die Verzögerungsphase nimmt also die einfache Gestalt an

$$\delta = \frac{2\pi D}{T} \left[\frac{\cos \varphi_1}{o} - \frac{\cos \varphi_2}{e} \right],$$

in welcher nur die Bestimmungsstücke der **Wellennormalen** vorkommen.[1]

Die Formel gilt für alle Krystalle.

Wir transformiren die Verzögerungsphase noch, indem wir schreiben:

$$\delta = \frac{2\pi D}{\lambda} \left[\frac{V}{o} \cos \varphi_1 - \frac{V}{e} \cos \varphi_2 \right] = \frac{2\pi D}{\lambda} \left[\frac{\sin \varphi \cos \varphi_1}{\sin \varphi_1} - \frac{\sin \varphi \cos \varphi_2}{\sin \varphi_2} \right]$$
$$= \frac{2\pi D}{\lambda} \frac{\sin (\varphi_2 - \varphi_1) \sin \varphi}{\sin \varphi_1 \sin \varphi_2}.$$

---

1) Diese Formel hätten wir direct erhalten, wenn wir nicht die Verzögerung der Strahlen, sondern die der Wellen betrachtet hätten.

Nun ist

$$\sin^2 \varphi_1 = \sin^2 \varphi \, \frac{o^2}{V^2} = \left(\frac{a^2 + c^2}{2} + \frac{a^2 - c^2}{2} \cos(v - u)\right) \frac{\sin^2 \varphi}{V^2},$$

$$\sin^2 \varphi_2 = \sin^2 \varphi \, \frac{e^2}{V^2} = \left(\frac{a^2 + c^2}{2} + \frac{a^2 - c^2}{2} \cos(v + u)\right) \frac{\sin^2 \varphi}{V^2},$$

also:

$$\sin(\varphi_2 - \varphi_1) = \frac{\sin^2 \varphi_2 - \sin^2 \varphi_1}{\sin(\varphi_2 + \varphi_1)} = \frac{(c^2 - a^2) \sin u \sin v \sin^2 \varphi}{V^2 \sin(\varphi_2 + \varphi_1)},$$

und die Verzögerungsphase (noch streng):

$$(14) \qquad \delta = \frac{2\pi D}{\lambda} \, \frac{\sin^3 \varphi}{V^2} \, \frac{(c^2 - a^2) \sin u \sin v}{\sin \varphi_1 \sin \varphi_2 \sin(\varphi_1 + \varphi_2)}.$$

Mit Vernachlässigung von $(c - a)^2$ können wir φ_2 durch φ_1 ersetzen und haben:

$$\delta = \frac{2\pi D}{\lambda} \, \frac{\sin^3 \varphi \left(\dfrac{c^2 - a^2}{2}\right) \sin u \sin v}{\sin^3 \varphi_1 \cos \varphi_1},$$

oder, indem wir die bis auf $c - a$ geltende Formel

$$\frac{\sin \varphi}{V} = \frac{\sin \varphi_1}{\sqrt{\dfrac{c^2 + a^2}{2}}}$$

benutzen

$$(15) \qquad \delta = \frac{2\pi D V}{\lambda} \, \frac{\dfrac{c^2 - a^2}{2}}{\left(\dfrac{c^2 + a^2}{2}\right)^{3/2}} \, \frac{\sin u \sin v}{\sqrt{1 - \dfrac{c^2 + a^2}{2 V^2} \sin^2 \varphi}},$$

worin wir für die Wurzel noch angenähert 1 setzen können.

An die strenge Formel (14) wollen wir noch eine Bemerkung knüpfen. Die Mittelpunkte der Lemniscaten, die eine senkrecht zu c geschnittene Platte von Arragonit oder Salpeter zeigt, entsprechen $\delta = 0$, also $u = 0$ und $v = 0$, d. h. den optischen Axen, und nicht den Strahlenaxen, wie man früher fälschlich annahm.

Wir gehen nun über zur Berechnung der Amplitude.

Es lässt sich diese Aufgabe streng lösen auf Grundlage derselben Principien, die wir bei unkrystallinischen und optisch einaxigen Medien angewendet haben[1]); hier soll nur eine Näherung gegeben werden, welche die Differenzen $b - a$ und $c - a$ vernachlässigt.

Der Grundgedanke der Behandlung ist folgender: Wenn a und $c = b$ werden, das Medium also in ein unkrystallinisches übergeht, so können wir die Formeln anwenden, welche für einen unter einem beliebigen Azimuthe polarisirten einfallenden Strahl die Componenten

---

1) Vgl. Neumann, Abh. d. Berl. Ak. 1835, § 15 ff.

der eindringenden Amplitude nach der Einfallsebene und senkrecht dagegen geben.

Im Krystalle ist die Polarisationsebene des gewöhnlichen und ausserordentlichen Strahles bestimmt. Nehmen wir die Componenten ihrer Amplituden nach der Einfallsebene und senkrecht dagegen, so müssen diese mit unsern oben erwähnten Formeln übereinstimmen bis auf Grössen der Ordnung $b - a$ und $c - a$. Umgekehrt werden wir die Amplituden des ordentlichen und ausserordentlichen Strahles erhalten, wenn wir die Componenten der nach der Einfallsebene und senkrecht dagegen polarisirten Strahlen nach den betreffenden Polarisationsebenen nehmen. Eigentlich sind auch die Brechungswinkel der beiden Strahlen etwas verschieden, doch vernachlässigen wir in unserer Annäherung ihre Differenz.

Es sei die ursprüngliche Polarisationsebene U gegen die Einfallsebene S geneigt unter p, und die Amplitude des einfallenden Strahles B, so werden die Componenten nach S und P $(\perp S)$ die Amplituden haben:

$$S = B \cos p,$$
$$P = B \sin p,$$

und aus ihnen würden in einem unkrystallinischen Medium die eindringenden Amplituden entstehen (Vorl. IX (6) und (14))

$$D_s = B \cos p \, \frac{\sin 2\varphi}{\sin (\varphi + \varphi_1)},$$
$$D_p = B \sin p \, \frac{\sin 2\varphi}{\sin (\varphi + \varphi_1) \cos (\varphi - \varphi_1)}.$$

Nebenstehende Zeichnung ist entworfen in einer zum eindringenden Strahl senkrechten Ebene. O und E bedeuten die Polarisationsebenen des ordentlichen und ausserordentlichen Strahles.

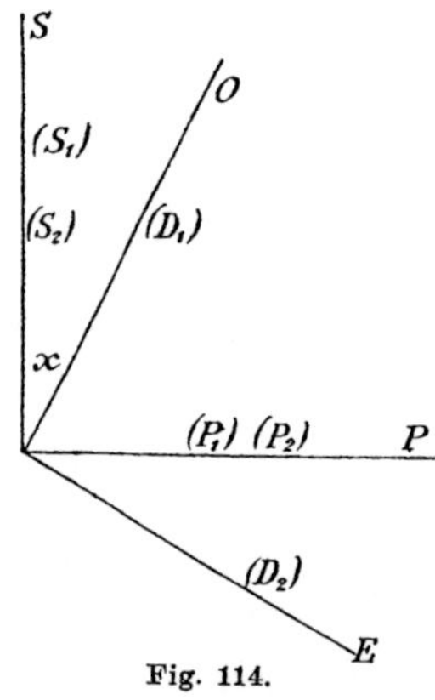

Fig. 114.

Die Amplituden derselben werden sein

$$D_1 = \quad D_s \cos x + D_p \sin x = \frac{B \sin 2\varphi}{\sin (\varphi + \varphi_1)} \left[\cos p \cos x + \frac{\sin p \sin x}{\cos (\varphi - \varphi_1)} \right],$$
$$D_2 = - D_s \sin x + D_p \cos x = \frac{B \sin 2\varphi}{\sin (\varphi + \varphi_1)} \left[- \cos p \sin x + \frac{\sin p \cos x}{\cos (\varphi - \varphi_1)} \right].$$

Um den Vorgang an der zweiten Fläche zu verfolgen, zerlegen wir D_1 sowie D_2 nach S und P und erhalten für die austretenden Amplituden (da φ und φ_1 hier ihre Rolle vertauschen):

$$S_1 = D_1 \frac{\cos x \sin 2\varphi_1}{\sin(\varphi + \varphi_1)}$$

$$= \frac{B \cos x \sin 2\varphi \sin 2\varphi_1}{\sin^2(\varphi + \varphi_1)}\left[\cos p \cos x + \frac{\sin p \sin x}{\cos(\varphi - \varphi_1)}\right],$$

$$P_1 = D_1 \frac{\sin x \sin 2\varphi_1}{\sin(\varphi + \varphi_1)\cos(\varphi - \varphi_1)}$$

$$(16) \qquad = \frac{B \sin x \sin 2\varphi \sin 2\varphi_1}{\sin^2(\varphi + \varphi_1)\cos(\varphi - \varphi_1)}\left[\cos p \cos x + \frac{\sin p \sin x}{\cos(\varphi - \varphi_1)}\right],$$

$$S_2 = - D_2 \frac{\sin x \sin 2\varphi_1}{\sin(\varphi + \varphi_1)}$$

$$= - \frac{B \sin x \sin 2\varphi \sin 2\varphi_1}{\sin^2(\varphi + \varphi_1)}\left[- \cos p \sin x + \frac{\sin p \cos x}{\cos(\varphi - \varphi_1)}\right],$$

$$P_2 = D_2 \frac{\cos x \sin 2\varphi_1}{\sin(\varphi + \varphi_1)\cos(\varphi - \varphi_1)}$$

$$= \frac{B \cos x \sin 2\varphi \sin 2\varphi_1}{\sin^2(\varphi + \varphi_1)\cos(\varphi - \varphi_1)}\left[- \cos p \sin x + \frac{\sin p \cos x}{\cos(\varphi - \varphi_1)}\right].$$

Deuten wir der Kürze wegen den einfallenden Strahl an durch

$$B \cos \vartheta$$

und die Verzögerungen des ordentlichen und ausserordentlichen Strahles durch ξ und η, so haben wir nach dem Durchgang durch den Krystall die Componenten nach S:

$$S_1 \cos(\vartheta - \xi) + S_2 \cos(\vartheta - \eta),$$

und nach P:

$$P_1 \cos(\vartheta - \xi) + P_2 \cos(\vartheta - \eta).$$

Bildet demnach die analysirende Polarisationsebene mit der Einfallsebene einen Winkel q, so wird der ins Auge gelangende Strahl sein:

$$A \cos(\vartheta - \varDelta) = (S_1 \cos q + P_1 \sin q)\cos(\vartheta - \xi)$$
$$+ (S_2 \cos q + P_2 \sin q)\cos(\vartheta - \eta),$$

und seine Intensität ist bestimmt durch:

$$A^2 = (S_1 \cos q + P_1 \sin q)^2 + (S_2 \cos q + P_2 \sin q)^2$$
$$+ 2(S_1 \cos q + P_2 \sin q)(S_2 \cos q + P_2 \sin q)\cos(\xi - \eta)$$
$$= [(S_1 \cos q + P_1 \sin q) + (S_2 \cos q + P_2 \sin q)]^2$$
$$- 4(S_1 \cos q + P_1 \sin q)(S_2 \cos q + P_2 \sin q)\sin^2\frac{\xi - \eta}{2}.$$

Hierin sind für S_1, P_1, S_2, P_2 ihre Werthe aus (16) einzuführen. Setzen wir zur Abkürzung

$$(17) \qquad K = B \frac{\sin 2\varphi \sin 2\varphi_1}{\sin^2(\varphi + \varphi_1)},$$

so wird:

$$A^2 = K^2\bigg[\bigg(\cos p \cos q + \frac{\sin p \sin q}{\cos^2 (\varphi - \varphi_1)}\bigg)^2$$

(18)
$$- 4 \bigg(\cos p \cos x + \frac{\sin p \sin x}{\cos (\varphi - \varphi_1)}\bigg)\bigg(\cos q \cos x + \frac{\sin q \sin x}{\cos (\varphi - \varphi_1)}\bigg)\times$$

$$\bigg(\cos p \sin x - \frac{\sin p \cos x}{\cos (\varphi - \varphi_1)}\bigg)\bigg(\cos q \sin x - \frac{\sin q \cos x}{\cos (\varphi - \varphi_1)}\bigg)\times$$

$$\sin^2 \frac{\xi - \eta}{2}\bigg].$$

Die hierin vorkommende relative Verzögerung der beiden Strahlen $\xi - \eta = \delta$ haben wir in aller Strenge berechnet. (Vgl. (14).)

Die Formel (18) wenden wir zunächst an auf senkrecht einfallendes Licht, wo $\varphi = \varphi_1 = 0$.

K nimmt die unbestimmte Form $\%_0$ an, doch erhalten wir unter Benutzung der angenäherten Formel

$$\frac{\sin \varphi}{V} = \frac{\sin \varphi_1}{b} \quad \text{leicht}$$

(19)
$$K = B \frac{b}{V} \frac{4}{\bigg(1 + \dfrac{b}{V}\bigg)^2} \quad \text{und}$$

$$A^2 = K^2 \bigg[\cos^2 (p - q) - \sin 2 (x - p) \sin 2 (x - q) \sin^2 \frac{\delta}{2}\bigg].$$

Dies ist aber genau unsere alte Formel (4), nur dass wir hier den Factor K^2 bestimmt haben, während wir denselben dort $= 1$ setzten. Es ist nämlich $q - p = \alpha$, $x - p = i$, $x - q = i - \alpha$.

Wir kehren zur allgemeinen Formel (18) zurück, und vereinfachen dieselbe noch, indem wir $\cos (\varphi - \varphi_1) = 1$ setzen. Die Berechtigung hiezu liegt darin, dass gewöhnlich nur die dem Einfallslothe benachbarten Theile der Erscheinung beobachtet werden.

Indem wir gleichzeitig noch für die Verzögerungsphase ihren Näherungswerth (15) einführen, wird für weisses einfallendes Licht:

(20)
$$J^2 = \frac{b^2}{V^2}\bigg(\frac{2}{1 + \dfrac{b}{V}}\bigg)^4 \Sigma B_\lambda{}^2 \bigg[\cos^2 (p - q)$$

$$- \sin 2 (x - p) \sin 2 (x - q) \sin^2\bigg\{\frac{\dfrac{\pi D V}{\lambda} \dfrac{c^2 - a^2}{2} \sin u \sin v}{\bigg(\dfrac{c^2 + a^2}{2}\bigg)^{3/2}}\bigg\}\bigg].$$

Der erste Term giebt weisses Licht, der zweite Farben.

Im homogenen Lichte werden Curven maximaler resp. minimaler Helligkeit definirt sein dadurch, dass das Argument des $\sin^2$: $(2m+1)\frac{\pi}{2}$ resp. $2m\frac{\pi}{2}$ wird, also:

$$(21)\qquad \frac{\pi D V \left(\dfrac{c^2-a^2}{2}\right)\sin u \sin v}{\lambda \left(\dfrac{c^2+a^2}{2}\right)^{3/2}} = \binom{2m+1}{2m}\frac{\pi}{2}.$$

Für weisses Licht ist auf den so bestimmten Stellen das Mischungsverhältniss der verschiedenen Farben dasselbe, da der Factor $\sin 2\,(x-p)\sin 2\,(x-q)$ von λ merklich unabhängig ist. Wir erhalten also durch (21) die isochromatischen Linien.

Die Orte ohne Farbe sind dadurch charakterisirt, dass $\sin 2\,(x-p)\sin 2\,(x-q)$ verschwindet, d. h. $x-p=0^0$ oder 90^0 oder $x-q=0^0$ oder 90^0 wird.

Die Bedeutung dieser Bedingungen ist, dass die Polarisationsebene des ordentlichen oder ausserordentlichen Strahles mit der ursprünglichen oder analysirenden zusammenfällt.

Die Formel (20) wollen wir für die wichtigsten Fälle discutiren.

Bilden die optischen Axen einen kleinen Winkel untereinander, so schneidet man die Platten senkrecht zur Axe c, welche denselben halbirt. Die Beobachtung ergiebt für die isochromatischen Linien (resp. Max.- und Min.-Curven) Lemniscaten. Es mag die analysirende Polarisationsebene zur ursprünglichen senkrecht sein, so sind die Lemniscaten durchschnitten von dunkeln Hyperbeln, deren Asymptoten die beiden Polarisationsebenen sind. Fällt eine der Polarisationsebenen mit der Ebene der optischen Axen zusammen, so gehen die Hyperbeln in ein rechtwinkliges Kreuz über.

Ist die ursprüngliche Polarisationsebene der analysirenden parallel, so sind die Hyperbeln weiss.

Nach (21) hat die Gleichung der isochromatischen Curven die Form

$$\sin u \sin v = \varkappa,$$

wo $\varkappa$ eine Constante. Hiefür können wir, wenn u und v klein sind, näherungsweise schreiben

$$uv = \varkappa,$$

und dies sind in der That Lemniscaten, deren Brennpunkte $u=0$, $v=0$, d. h. die beiden optischen Axen.

Dies wäre die Erscheinung, wenn die Strahlen in derselben Richtung unser Auge träfen, in welcher sie den Krystall durchsetzen.

Durch die Brechung beim Austritt wird die Erscheinung aber wesentlich modificirt.

Als scheinbare optische Axen bezeichnet man diejenigen Richtungen, in denen man die Mittelpunkte der Lemniscaten erblickt. Dieselben sind für die Beobachtung gut markirt, und eine Messung des Winkels der scheinbaren optischen Axen bietet ein gutes Mittel, um das Verhältniss $\dfrac{b^2 - a^2}{c^2 - a^2}$ mit grosser Schärfe zu bestimmen.

In der Figur 115 deuten $\omega\,\omega'$ die wirklichen optischen Axen an, die Linien AB und AB' die scheinbaren, ihre Neigung gegen c möge mit Ω bezeichnet werden.

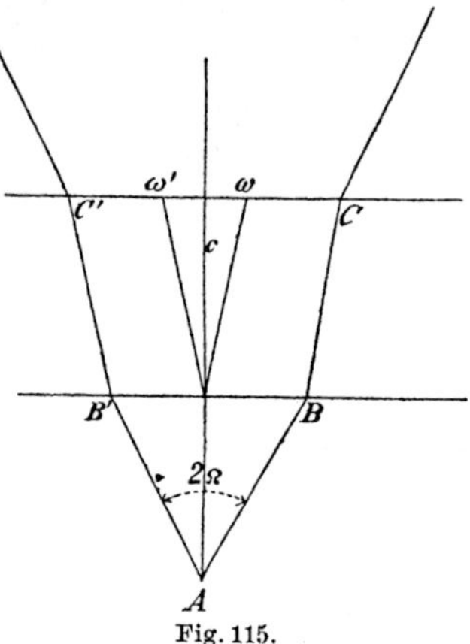

Fig. 115.

Um den Winkel 2Ω der scheinbaren optischen Axen zu messen, kann man so verfahren.

Die Strahlen einer homogenen Lichtquelle — etwa einer Spirituslampe, deren Docht stark mit Kochsalz eingerieben ist — werden durch einen Turmalin U polarisirt, gehen dann durch den auf der Axe eines Goniometers in geeigneter Lage befestigten Krystall K, den Analysator T und gelangen endlich durch ein kleines Fernrohr mit Fadenkreuz ins Auge des Beobachters. Vor dem Aufsetzen des Krystalls werden die beiden Polarisationsebenen U und T senkrecht gegeneinander gestellt, dann wird der Krystall an seine Stelle gebracht, das Goniometer gedreht, bis der eine Mittelpunkt der Lemniscaten auf dem Fadenkreuz erscheint, und der Winkel bestimmt, durch den man weiter drehen muss, um den andern Mittelpunkt zu sehen. Dieser Winkel ist 2Ω.

Da

$$\frac{\sin \Omega}{V} = \frac{\sin \omega}{b},$$

so ist (und zwar streng):

$$\sin^2 \omega = \frac{b^2 - a^2}{c^2 - a^2} = \left(\frac{b}{V}\sin \Omega\right)^2.$$

Um die isochromatischen Curven zu untersuchen, wie sie sich dem Auge wirklich darbieten, beziehen wir Alles auf die scheinbaren optischen Axen.

Wir entwerfen eine Zeichnung auf einer Kugelfläche, in deren Centrum das Auge sich befinde. $\omega\,\omega'$ seien die wirklichen, $\Omega\,\Omega'$ die scheinbaren optischen Axen, φ sei der (dem einfallenden parallele) austretende Strahl, φ_1 die gebrochene Wellennormale. Das Einfalls-loth falle mit der Axe c zusammen; φ_1 liegt dann in der Ebene φc.

Es folgt sofort aus der Figur:

$$\sin u = \frac{\sin \varphi_1 \sin y}{\sin z},$$

$$\sin U = \frac{\sin \varphi \sin y}{\sin Z},$$

somit

$$\sin u = \sin U \frac{\sin \varphi_1}{\sin \varphi} \frac{\sin Z}{\sin z}.$$

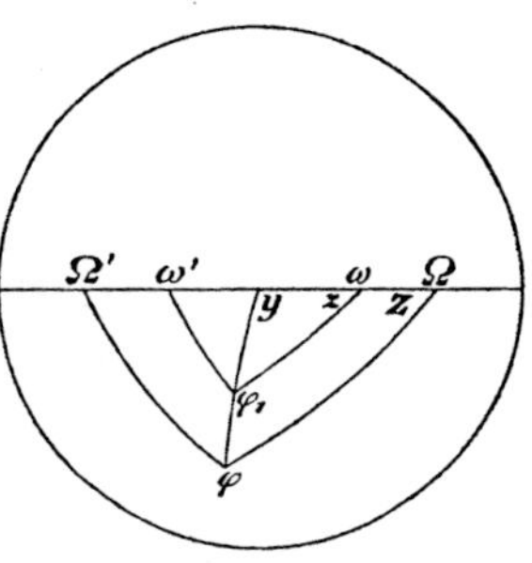

Fig. 116.

Vernachlässigen wir zweite Potenzen von φ gegen 1, so können wir innerhalb der Grenzen unserer Annäherung $\sin Z/\sin z = 1$ setzen[1]), also:

$$\sin u = \sin U \frac{\sin \varphi_1}{\sin \varphi},$$

und ebenso

$$\sin v = \sin V \frac{\sin \varphi_1}{\sin \varphi}.$$

Es wird daher das Argument des $\sin^2$ im Farbengliede:

$$\frac{\pi D V}{\lambda} \frac{\left(\dfrac{c^2 - a^2}{2}\right)}{\left(\dfrac{c^2 + a^2}{2}\right)^{3/2}} \sin U \sin V \left(\frac{\sin \varphi_1}{\sin \varphi}\right)^2.$$

---

1) Die Formel

$$\tan z = \frac{\sin \varphi_1 \sin y}{\cos \varphi_1 \sin \omega - \cos \omega \cos y \sin \varphi_1}$$

geht mit Vernachlässigung der Terme zweiter Ordnung in ω und φ_1 über in

$$\tan z = \frac{\varphi_1 \sin y}{\omega - \varphi_1 \cos y} \quad \text{woraus} \quad \sin z = \frac{\varphi_1 \sin y}{\sqrt{\varphi_1{}^2 + \omega^2 - 2\omega\varphi_1 \cos y}},$$

und ebenso erhalten wir bis auf zweite Potenzen von Ω und φ:

$$\sin Z = \frac{\varphi \sin y}{\sqrt{\varphi^2 + \Omega^2 - 2\Omega\varphi \cos y}}.$$

Mit Vernachlässigung von $c - a$ ist aber:

$$\frac{\sin \Omega}{\sin \omega} = \frac{\sin \varphi}{\sin \varphi_1},$$

woraus bis auf Grössen zweiter Ordnung in Ω, ω, φ, φ_1:

$$\frac{\Omega}{\varphi} = \frac{\omega}{\varphi_1}$$

und dies führt sofort auf $\sin z = \sin Z$.

Uebrigens kommt die Vernachlässigung von φ^2 darauf hinaus, dass wir die Figur als eben ansehen.

Da in dieser Formel $(c - a)^2$ nicht mehr berücksichtigt war, können wir noch setzen

$$\left(\frac{\sin \varphi_1}{\sin \varphi}\right)^2 = \frac{\left(\dfrac{c^2 + a^2}{2}\right)}{V^2},$$

wodurch dieselbe übergeht in:

$$(22) \qquad \frac{\pi D}{\lambda V} \, \frac{c^2 - a^2}{2} \Big/ \left(\frac{c^2 + a^2}{2}\right)^{1/2} \, \sin U \sin V.$$

Im homogenen Lichte sind die Curven maximaler und minimaler Helligkeit dadurch definirt, dass diese Grösse $2m \frac{\pi}{2}$ resp. $(2m + 1) \frac{\pi}{2}$ wird. Es ergeben sich so Lemniscaten — ähnliche Curven. (Siehe Fig. 117 und 118.)

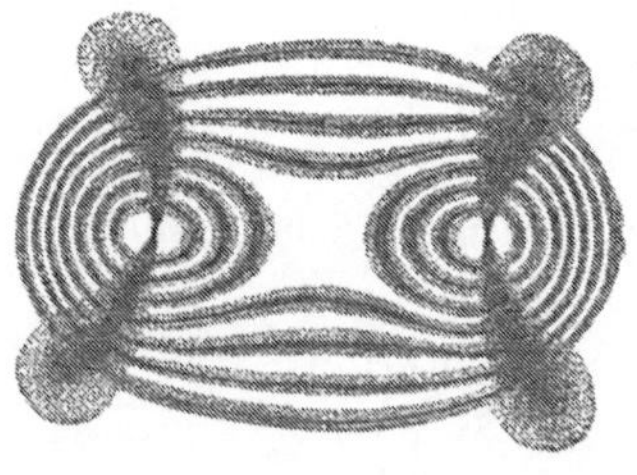 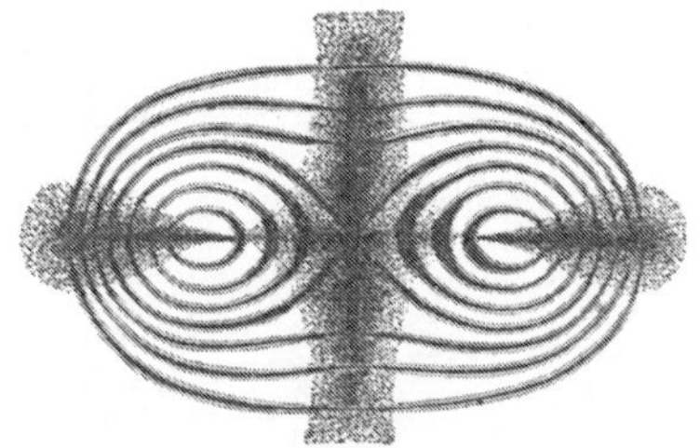

Fig. 117.   Fig. 118.

Es soll nun der Factor vor dem Farbengliede in (20) untersucht werden, wobei wir uns auf die Fälle beschränken, dass

$$q - p = 0^0 \text{ oder } 90^0$$

ist, d. h. die ursprüngliche und analysirende Polarisationsebene parallel oder senkrecht aufeinander sind.

Wir übersehen sofort, dass die Erscheinung in diesen beiden Fällen complementär wird, denn die Formeln geben addirt bis auf einen constanten Factor ΣB_λ^2, d. h. Weiss. Es genügt also, lediglich $q - p = 90^0$ zu verfolgen. Dann wird der Factor vor dem Farbengliede:

$$\sin^2 2\,(x - p)$$

und die Discussion von $\sin^2 2\,(x - p) = 0$ muss die Hyperbeln geben, welche das System der Lemniscaten durchschneiden.

Wir vernachlässigen wieder Grössen der Ordnung φ^2, d. h. betrachten die Figur als eben.

Es sei $U_1 U_2$ die ursprüngliche Polarisationsebene. Wir wissen, dass die Polarisationsebene des ordentlichen Strahles den Winkel $\omega \varphi_1 \omega'$ halbirt. Innerhalb unserer Annäherung ist aber die Halbirende H von $\Omega \varphi \Omega'$ hiemit parallel. p war der Winkel zwischen

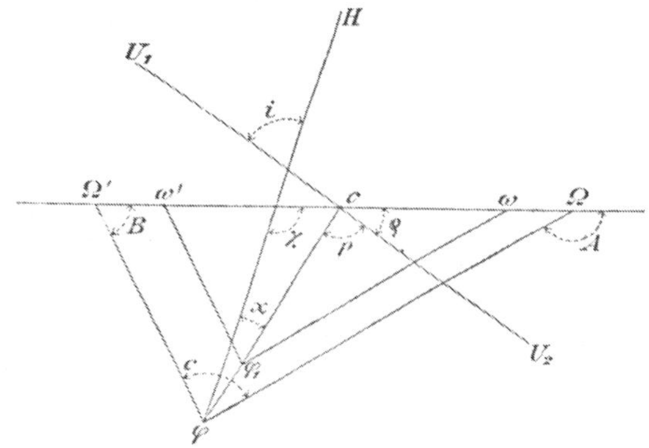

Fig. 119.

der Einfallsebene φc und der ursprünglichen Polarisationsebene, x der Winkel zwischen der Einfallsebene und der Polarisationsebene des ordentlichen Strahles.

Aus der Figur folgt nun

$$i = p - x,$$
$$\chi = i + \varrho,$$
$$\chi = B + \frac{C}{2},$$
$$\underline{\chi + \frac{C}{2} = A,}$$
$$2\chi = A + B.$$

Wir führen ein rechtwinkliges Coordinatensystem ein mit dem Anfangspunkt c, dessen ξ-Axe $c\Omega$ und dessen η-Axe nach unten senkrecht dagegen. ξ, η seien die Coordinaten von φ, $c\Omega = \gamma$, so ist

$$\tan A = \frac{\eta}{\xi - \gamma}, \ \tan B = \frac{\eta}{\xi + \gamma},$$
$$\tan 2\chi = \frac{\tan A + \tan B}{1 - \tan A \tan B} = \frac{2\xi\eta}{\xi^2 - \eta^2 - \gamma^2}.$$

Damit $\sin^2 2(p - x) = 0$, muss $p - x = i$: 0^0 oder 90^0 werden, also $\chi = \varrho$ resp. $\varrho + \frac{\pi}{2}$ und in beiden Fällen:

$$\tan 2\chi = \tan 2\varrho.$$

Wir haben also:

$$\tan 2\varrho = \frac{2\xi\eta}{\xi^2 - \eta^2 - \gamma^2} \quad \text{oder:}$$

$$\xi^2 - \eta^2 - \frac{2\xi\eta}{\tan 2\varrho} = \gamma^2,$$

d. h. eine Hyperbel. Die Zweige derselben gehen durch die scheinbaren optischen Axen Ω und Ω', denn setzen wir $\eta = 0$, so wird $\xi = \pm \gamma$.

Durch Einführung von

$$\xi = \xi' \cos\varrho + \eta' \sin\varrho,$$
$$\eta = \xi' \sin\varrho - \eta' \cos\varrho$$

verwandelt sich die Gleichung in

$$\frac{2\xi'\eta'}{\sin 2\varrho} = \gamma^2.$$

Die neuen Axen ξ' und η', d. h. die ursprüngliche und analysirende Polarisationsebene sind demnach Asymptoten der Hyperbel.

Für $\varrho = 0^0$ oder 90^0 geht die Hyperbelgleichung über in

$$\xi'\eta' = 0,$$

d. h. ein Linienpaar, die Verbindungslinie der optischen Axen und die dagegen senkrechte.

Ist andererseits der Winkel zwischen den optischen Axen gross, so schneiden wir die Platte senkrecht zu einer der optischen Axen.

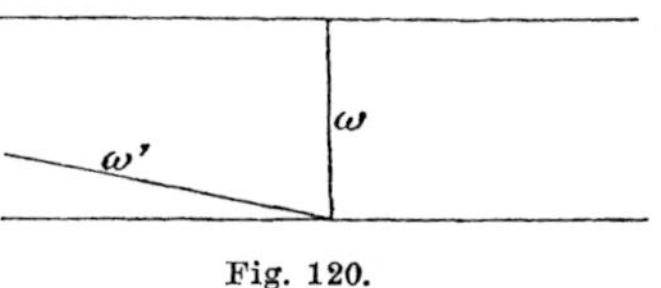

Fig. 120.

Die Polarisationsebenen seien gekreuzt, also $p - q = 90^0$, so ist die zu discutirende Formel:

$$J^2 = \frac{b^2}{V^2}\left(\frac{2}{1+\frac{b}{V}}\right)^4 \sin^2 2(x-p)\, \Sigma B_\lambda^2 \sin^2\left(\frac{\pi D V}{\lambda}\frac{\frac{c^2 - a^2}{2}}{\left(\frac{c^2+a^2}{2}\right)^{3/2}} \sin u \sin v\right).$$

Gehen wir mit einem constanten kleinen u um ω herum, so wird v nur sehr geringe Aenderungen erleiden, sodass wir mit Vernachlässigung von $(c - a)\,u^2$ einfach $v = 2\omega$ setzen können. Lassen wir ferner gleich für $\sin u$

$$\sin U \frac{\sin\varphi_1}{\sin\varphi} = \sin U \frac{\sqrt{\frac{a^2 + c^2}{2}}}{V}$$

eintreten, so wird das Argument des $\sin^2$:

$$\frac{\pi D}{\lambda}\frac{c^2 - a^2}{c^2 + a^2}\sin 2\omega \sin U.$$

Die Curven grösster und kleinster Helligkeit für homogenes Licht werden K r e i s e definirt durch

$$\sin U = \binom{2m+1}{2m} \frac{\lambda}{2D} \frac{c^2 + a^2}{c^2 - a^2} \frac{1}{\sin 2\omega}.$$

Ihre Durchmesser befolgen aber ein anderes Gesetz als die Ringe bei einaxigen Krystallen, indem sie sich nahe wie die ungeraden und geraden Zahlen selbst verhalten.

Ferner waren die Ringe der optisch einaxigen Krystalle durchschnitten von einem dunkeln, bei Drehung des Krystalles stehen bleibenden Kreuz. Die senkrecht gegen eine optische Axe geschnittenen einaxigen zeigen nur eine dunkle Linie, deren Lage von derjenigen des Krystalles abhängig ist.

Dieselbe folgt aus $\sin^2 2\,(x - p) = 0$.

Wir entwerfen eine Zeichnung auf der Kugeloberfläche, die wir dann als eben ansehen. Wir betrachten alle nach der andern optischen Axe ω' gezogenen Linien als parallel.

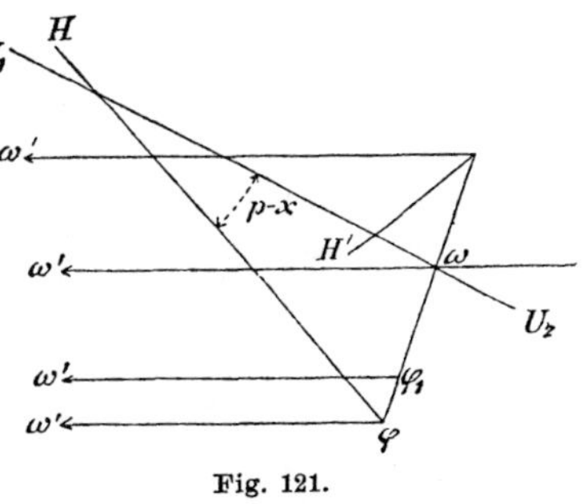

Fig. 121.

Das Einfallsloth ist hier ω, ist φ der einfallende Strahl, so liegt die zugehörige gebrochene Wellennormale φ_1 auf $\omega\varphi$. Wir erhalten die Polarisationsebene des gebrochenen ordentlichen Strahls als Halbirende H von $\omega\varphi_1\omega'$ oder, was hier auf dasselbe herauskommt, von $\omega\varphi\omega'$. Sie hat demnach dieselbe Lage für alle Strahlen φ, welche dieselbe Einfallsebene besitzen und auf der gleichen Seite von ω liegen. Für die auf der andern Seite von ω gelegenen φ ergiebt die Construction eine zur vorigen senkrechte Lage der Polarisationsebene H'.

Es sei $U_1 U_2$ die ursprüngliche Polarisationsebene, $\sphericalangle \omega'\omega U_1 = \varrho$, so erhalten wir die Punkte, für welche Dunkelheit eintritt, indem wir durch ω eine Linie $D_1 D_2$ ziehen, die mit $U_1 U_2$ den $\sphericalangle \varrho$ bildet, aber auf der andern Seite liegt.

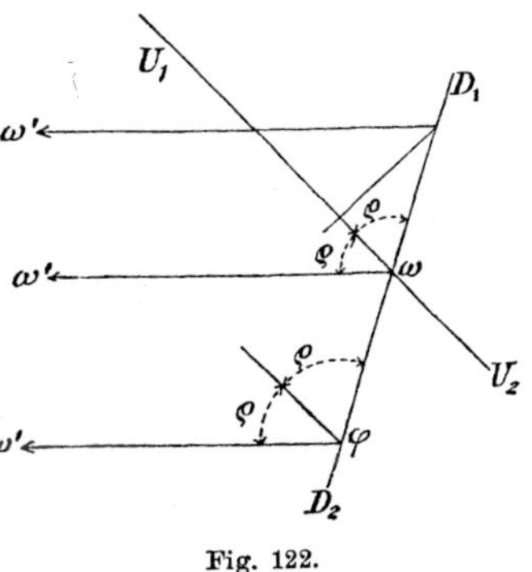

Fig. 122.

Die Punkte auf ωD_2 geben nach obiger Construction eine zu $U_1 U_2$ parallele Polarisationsebene des ordentlichen Strahles, die auf

ωD, eine zu $U_1 U_2$ senkrechte, d. h. auf ωD_2 wird $x - p = 0^0$, auf $\omega D_1 = 90^0$.

Drehen wir den Krystall, so rotirt auch die dunkle Linie um gleiche Winkel, aber nach der entgegengesetzten Seite.

Vorlesung XIII.

Erscheinungen, welche senkrecht zur Axe geschnittene Quarzplatten zeigen.

Der Bergkrystall ist hexagonal, seine gewöhnliche Form ist eine sechsseitige Säule mit aufgesetztem Grunddiexaeder. Er sollte also dieselben Erscheinungen zeigen, wie der Kalkspath, und in der That hat Rudberg[1]) die Brechungserscheinungen in Uebereinstimmung mit der Huyghens'schen Construction gefunden.

Senkrecht zur optischen Axe geschnittene Platten ergeben aber im polarisirten Lichte abweichende Erscheinungen.

Es sei die analysirende Polarisationsebene zur ursprünglichen senkrecht. Kalkspath zeigte dann ein Ringsystem durchschnitten von einem schwarzen Kreuz, und zwar war das Centrum stets dunkel. Beim Bergkrystalle ist das Centrum für weisses einfallendes Licht nie dunkel, sondern stets gefärbt. Die Farben der übrigen Ringe entsprechen etwa denen der Newton'schen, wenn man von der Farbe des Centrums ausgeht. Von dem dunkeln Kreuze zeigen sich als Reste in den späteren Ringen dunkle Büschel.

Wir betrachten zunächst die Farbe des Centrums, welche schon von Biot[2]) untersucht ist.

Bei gleicher Neigung der Polarisationsebenen sind die Farben „proportional der Dicke des Krystalles", d. h. die Dicken, bei denen sie auftreten, verhalten sich wie diejenigen Dicken, bei denen sie in den Newton'schen Ringen sich zeigen.

Es möge ferner bei parallelen Nicols eine bestimmte Platte eingeschaltet sein. Drehen wir den Analysator im Sinne des Uhrzeigers, so ändert sich die Farbe, und zwar ist bei einigen Krystallen die Reihenfolge roth, gelb, grün ... (sie steigt in Newtons Ringen, d. h. rückt dem Centrum näher) bei andern ist sie die umgekehrte. Erstere Krystalle nennt man rechte, letztere linke.

Biot untersuchte die Erscheinung auch im homogenen Lichte.

---

1) Pogg. Ann. Bd. 14 pag. 45.
2) Mémoires de l'institut 1817.

Für gekreuzte Polarisationsebenen war auch hier nicht Dunkelheit vorhanden, vielmehr musste der Analysator gedreht werden, um das Licht auszulöschen, und zwar bei rechten Krystallen mit dem Uhrzeiger, bei linken entgegengesetzt. Bei derselben Farbe ist die Drehung proportional der Dicke, für verschiedene Farben glaubte Biot dieselbe mit λ^2 umgekehrt proportional setzen zu können, doch gilt dies nur in roher Näherung.[1]

Herschel bemerkte, dass die Eigenschaft, rechts und links zu drehen, mit der Krystallform in Zusammenhang steht.

Die Ecken zwischen der Säule und Diexaederfläche wird gerade abgestumpft durch die Rhombenfläche s, die Ecken zwischen dieser und der Säule noch einmal durch die Trapezfläche x: diese erscheint aber immer nur auf einer Seite. Man sehe nun eine Säulenfläche an: liegt die Trapezfläche rechts, so ist der Krystall ein rechter und dreht rechts, liegt sie links, so ist der Krystall ein linker und dreht links. Ist auch das zweite Ende des Krystalles ausgebildet, so liegen die Flächen so, dass man den Krystall umkehren kann, ohne dass sich sein Charakter als rechter oder linker ändert.

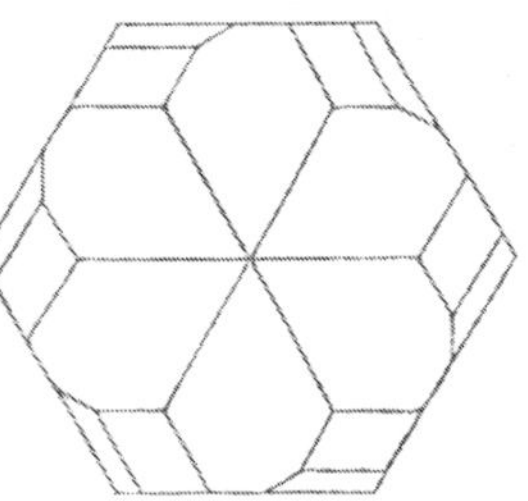

Fig. 123.

Wir beschreiben jetzt noch einige Erscheinungen, welche zuerst von Airy[2] beobachtet sind.

Bei parallelen und gekreuzten Nicols zeigten sich kreisförmige Ringe, im letzteren Falle noch dunkle Büschel in etwas grösserer Entfernung vom Centrum.

Zwischen parallelen Nicols befinde sich eine dünne Platte eines rechten Krystalles. Drehen wir den Analysator mit dem Uhrzeiger, so tritt ein blaues kurzarmiges Kreuz im centralen Gesichtsfelde auf, das bei weiterer Drehung im Centrum violett wird und sich endlich in vier Flecken auflöst. Gleichzeitig gehen die äusseren

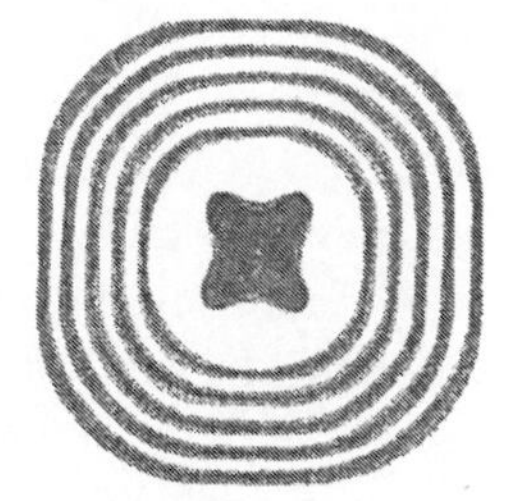

Fig. 124.

Kreise in Vierecke mit gekrümmten Seiten über. Bei Drehung der analysirenden Polarisationsebene mit dem Uhrzeiger wachsen die Ringdurchmesser (immer ein rechter Krystall vorausgesetzt).

---

1) Eine Platte von 1 mm ergiebt für

die Linie B C D E F G

eine Drehung von   15,30°   17,24°   21,67°   27,46°   32,50°   42,20°.

2) Airy, Cambridge Phil. Transact. Bd. IV.

Linke Krystalle zeigen die analogen Erscheinungen bei umgekehrter Drehung der Polarisationsebene.

Es möge nun circular polarisirtes Licht einfallen. Wir können dasselbe uns verschaffen durch totale Reflexion in einem Fresnel'schen Parallelepipedon, oder mit Hülfe eines circular polarisirenden Glimmerblättchens oder endlich einer comprimirten Glasplatte. Die Wirksamkeit der beiden letzteren Apparate beruht darauf, dass der gewöhnliche und ungewöhnliche Strahl eine relative Verzögerung um $\lambda/4$ erlangen, sodass aus einem gegen den „Hauptschnitt" unter 45^0 geradlinig polarisirten in der That ein circular polarisirter entsteht. Zwischen gekreuzten Nicols geben diese circular polarisirenden Apparate bläulich weiss.

Fig. 125.

Das Centrum erscheint bläulich weiss, in einiger Entfernung von demselben beginnt eine ineinandergewundene Doppelspirale. Dieselbe ist für rechte Krystalle eine linke und umgekehrt. Ob rechts oder links rotirendes Licht einfiel, ist für den Sinn der Spirale gleichgültig, nur der Anfang hat eine andere Lage.

Fällt geradlinig polarisirtes Licht auf eine Combination einer rechten mit einer gleich dicken linken Platte, so erhalten wir (die analysirende Polarisationsebene senkrecht zur ursprünglichen vorausgesetzt) eine vierfache von einem schwarzen Centrum ausgehende Spirale. Dieselbe ist eine rechte, wenn das Licht zuerst auf den rechten Krystall traf, im andern Fall eine linke. Diese Erscheinung ist ein Unicum, da es sonst gleichgültig ist, von welcher Seite das Licht eintritt.

Fig. 126.

Die Farbe des Centrums führte bereits Biot auf die Abhängigkeit der Drehung der Polarisationsebene von der Wellenlänge zurück.

Nach Biots angenähertem Gesetz ist die Drehung der Polarisationsebene durch einen Krystall von der Dicke D: $\delta = \dfrac{CD}{\lambda^2}$, wo C eine Constante bedeutet.

Bildet also die analysirende Polarisationsebene T mit der ursprünglichen U einen Winkel α, so wird sie mit der gedrehten $\alpha - \delta$ einschliessen, und von der einfallenden Intensität a^2 wird ins Auge gelangen

$$a^2 \cos^2 (\alpha - \delta) = a^2 \cos^2 \left(\alpha - \frac{CD}{\lambda^2} \right)$$

resp. für weisses Licht

$$\Sigma a_\lambda^2 \cos^2 \left(\alpha - \frac{CD}{\lambda^2} \right).$$

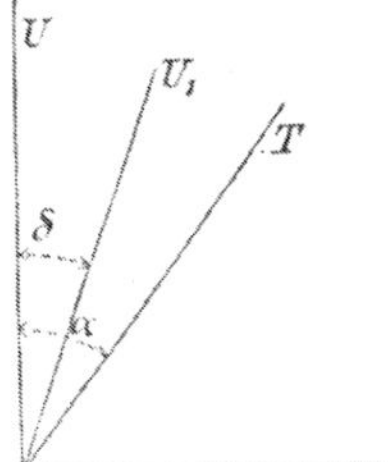

Fig. 127.

Biot hat vielfach diese Newton'sche Summation ausgeführt und mit der Beobachtung hinreichend übereinstimmende Resultate erhalten.

Die Untersuchungen von Fresnel[1]) verbreiteten über diesen Gegenstand ein neues Licht.

Da die Farben Interferenzerscheinungen sind, so muss sich beim Bergkrystall der einfallende Strahl in zwei Theile getheilt haben, welche sich auch parallel der optischen Axe mit verschiedener Fortpflanzungsgeschwindigkeit bewegen. Wollen wir dies mit Rudbergs genauen Beobachtungen vereinigen, so müssen wir annehmen, dass Kugel und Ellipsoid der Wellenfläche sich nicht genau berühren, vielmehr die Kugel das Ellipsoid einschliesst, dass die Differenz des Kugelradius und der grossen Halbaxe des Ellipsoides aber so gering ist, dass Refractionsbeobachtungen unter gewöhnlichen Umständen dieselben nicht wahrnehmen lassen, während ihr Einfluss sich bei den weit empfindlicheren Farbenerscheinungen geltend macht.

Fresnel bestätigte diese Vermuthung durch den experimentellen Nachweis der Doppelbrechung für Strahlen parallel der Axe.

Er combinirte in der angedeuteten Weise zwei aus einem rechten Krystall geschnittene Prismen mit dem brechenden Winkel p und ein Prisma vom Winkel $2p$ aus einem linken Krystall.

Die optischen Axen aller drei Stücke hatten gleiche Richtung und standen auf den Endflächen der Combination senkrecht. Der einfallende Strahl AB theilt sich in l und r, die verschiedene Fortpflanzungsgeschwindigkeit besitzen. Der Unterschied zwischen rechten und linken Krystallen ist der, dass l und r ihre Rollen

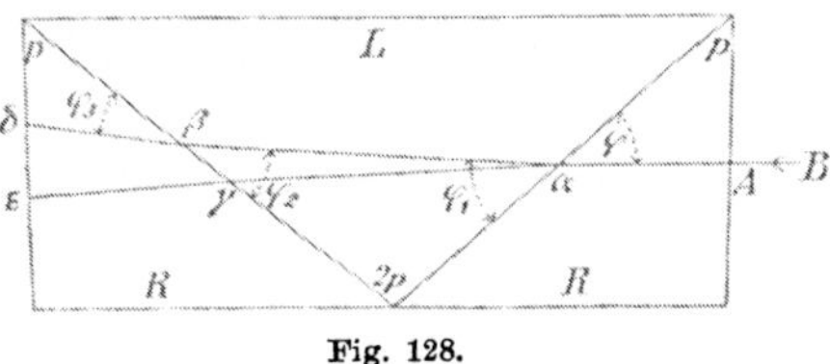

Fig. 128.

<hr>

1) Oeuvres compl. I, 719. 731.

vertauschen; wenn also ein Strahl in R die Geschwindigkeit r hatte, so ist sie in $L = l$ und umgekehrt. Ist $r > l$, so wird bei α eine Brechung von r nach oben erfolgen, denn es findet ein Uebergang in ein Medium mit geringerer Fortpflanzungsgeschwindigkeit also stärkerer Brechung statt. Umgekehrt wird in $\alpha\, l$ nach unten abgelenkt. Der Uebergang ins dritte Prisma vergrössert noch die Divergenz.

Die Brechung folgt leicht aus den Formeln:

$$\underbrace{\quad}_{r} \qquad\qquad \underbrace{\quad}_{l}$$

$$\frac{\cos \varphi}{r} = \frac{\cos \varphi_1}{l}, \qquad \frac{\cos \psi}{l} = \frac{\cos \psi_1}{r},$$

$$\frac{\cos \varphi_2}{l} = \frac{\cos \varphi_3}{r}, \qquad \frac{\cos \psi_2}{r} = \frac{\cos \psi_3}{l}.$$

Hierin ist $\varphi = \psi$. Wir suchen $\varphi_3 - \psi_3$ d. h. die Divergenz der Strahlen.

Nun ist:

$$\varphi = 90 - p,$$
$$\varphi_1 = 90 - p + \varDelta\varphi_1,$$
$$\varphi_2 = 90 - p - \varDelta\varphi_1 \ (\text{denn } \varphi_1 + \varphi_2 = 180 - 2p),$$
$$\varphi_3 = 90 - p - \varDelta\varphi_3,$$

also mit Fortlassung zweiter Potenzen der $\varDelta$:

$$\frac{\sin p}{r} = \frac{\sin p}{l} - \frac{\cos p\, \varDelta\varphi_1}{l},$$

$$\frac{\sin p}{l} + \frac{\cos p\, \varDelta\varphi_1}{l} = \frac{\sin p}{r} + \frac{\cos p\, \varDelta\varphi_3}{r},$$

woraus:

$$\varDelta\varphi_3 = 2\tan p\, r \left\{ \frac{1}{l} - \frac{1}{r} \right\} = 2\tan p\, \frac{r - l}{l}$$

und ebenso

$$\varDelta\psi_3 = 2\tan p\, l \left\{ \frac{1}{r} - \frac{1}{l} \right\} = 2\tan p\, \frac{l - r}{r}.$$

Schreiben wir im Nenner der zweiten Formel rechts l für r, so wird:

$$(1) \qquad\qquad \varDelta\varphi_3 - \varDelta\psi_3 = 4\tan p\, \frac{r - l}{l}.$$

Durch Anwendung eines hinreichend grossen p kann hienach die Abweichung merklich gemacht werden.

Es würde hiezu schon ein Prisma mit einem sehr stumpfen Winkel genügen, aber durch ein solches geht Licht nicht hindurch, und die seitlichen Ansatzstücke sind nöthig, um den Austritt des Strahles zu ermöglichen.

Dasselbe Princip benutzte Fresnel[1]) um zu zeigen, dass Glas durch Compression doppelbrechend wird. Die angewandte Combination ist aus der Figur leicht verständlich; die Prismen mit den Kanten nach unten ragten über den andern hervor und konnten einem Druck unterworfen werden.

Fresnel analysirte die beiden aus dem Bergkrystall austretenden Strahlen. Durch einen Kalkspath betrachtet gab jeder zwei gleich helle Bilder, somit konnten die Strahlen nicht geradlinig polarisirt sein. Ebensowenig war aber das Licht natürliches, denn es traten Farbenerscheinungen

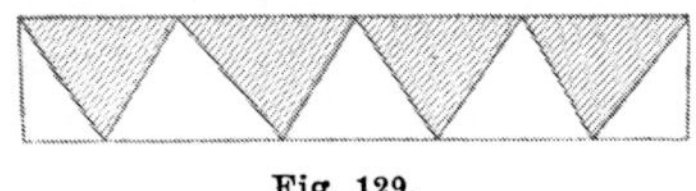

Fig. 129.

auf, wenn dasselbe noch durch ein Gypsblättchen und einen Analysator ging. Endlich wandte Fresnel das nach ihm benannte Parallelepipedon an und fand, dass nach zweimaliger totaler Reflexion unter $54\frac{1}{2}^0$ beide Strahlen sich in geradlinig polarisirte verwandelt hatten, von denen der eine unter $+\ 45^0$, der andere unter $-\ 45^0$ gegen die Einfallsebene polarisirt war.

Hieraus folgt, dass die beiden Strahlen entgegengesetzt rotirende circularpolarisirte waren.

Tritt also ein geradlinig polarisirter Strahl parallel der Axe in einen Bergkrystall ein, so verwandelt sich derselbe in zwei circularpolarisirte in entgegengesetzter Richtung rotirende Strahlen, welche auf ihrem Wege durch den Krystall eine relative Verzögerung erleiden.

Der einfallende nach $U(=\xi)$ polarisirte Strahl sei

$$\xi = a \cos \left(\frac{t}{T} - \frac{x}{\lambda}\right) 2\pi.$$

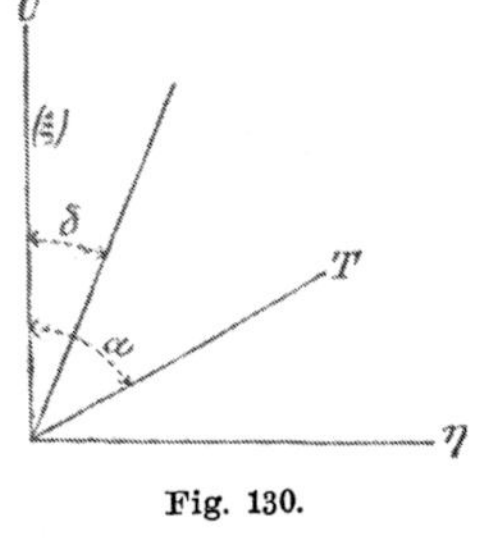

Fig. 130.

Wir zerlegen denselben in zwei entgegengesetzt rotirende circulare

<table>
<tr><td align="center">links rotirend</td><td align="center">rechts rotirend</td></tr>
</table>

$$\xi_1 = A \cos \left(\frac{t}{T} - \frac{x}{\lambda}\right) 2\pi, \qquad \xi_2 = B \cos \left(\frac{t}{T} - \frac{x}{\lambda}\right) 2\pi,$$

$$\eta_1 = - A \sin \left(\frac{t}{T} - \frac{x}{\lambda}\right) 2\pi, \qquad \eta_2 = B \sin \left(\frac{t}{T} - \frac{x}{\lambda}\right) 2\pi,$$

so muss sein

$$\xi = \xi_1 + \xi_2, \qquad \eta = \eta_1 + \eta_2,$$

d. h. $A = B = \dfrac{a}{2}$·

---

1) Oeuvres compl. I, pag. 713.

Dieselben durchlaufen mit der Geschwindigkeit l resp. r die Platte der Dicke D und sind daher beim Austritt aus derselben:

$$\xi_1 = \frac{a}{2}\cos\left(\frac{t}{T} - \frac{x}{\lambda} - \frac{D}{lT}\right)2\pi, \qquad \xi_2 = \frac{a}{2}\cos\left(\frac{t}{T} - \frac{x}{\lambda} - \frac{D}{rT}\right)2\pi,$$

$$\eta_1 = -\frac{a}{2}\sin\left(\frac{t}{T} - \frac{x}{\lambda} - \frac{D}{lT}\right)2\pi, \qquad \eta_2 = \frac{a}{2}\sin\left(\frac{t}{T} - \frac{x}{\lambda} - \frac{D}{rT}\right)2\pi,$$

Wir vereinigen nun ξ_1 mit ξ_2 und η_1 mit η_2 zu einem resultirenden Strahle und erhalten:

$$\bar{\xi} = \xi_1 + \xi_2 = a\cos\left(\frac{1}{r} - \frac{1}{l}\right)\frac{D\pi}{T}\cos\left(\frac{t}{T} - \frac{x}{\lambda} - \frac{D}{2T}\left(\frac{1}{r} + \frac{1}{l}\right)\right)2\pi,$$

$$\bar{\eta} = \eta_1 + \eta_2 = a\sin\left(\frac{1}{r} - \frac{1}{l}\right)\frac{D\pi}{T}\cos\left(\frac{t}{T} - \frac{x}{\lambda} - \frac{D}{2T}\left(\frac{1}{r} + \frac{1}{l}\right)\right)2\pi.$$

Da diese Strahlen gleiche Phase besitzen, können wir sie zu einem geradlinigen zusammensetzen, dessen Amplitude a ist und dessen Polarisationsebene mit $U(=\xi)$ einen Winkel

$$(2) \qquad\qquad \delta = \left(\frac{1}{l} - \frac{1}{r}\right)\frac{D\pi}{T}$$

einschliesst.

Dieser so definirte Winkel ist die Drehung der Polarisationsebene. Ist $r > l$, so wird $\delta > 0$ und der Krystall dreht die Polarisationsebene nach rechts, umgekehrt, wenn $r < l$ nach links.

Bildet die analysirende Polarisationsebene mit der einfallenden einen Winkel α, so wird durch dieselbe ein Strahl der Amplitude $a\cos(\alpha - \delta)$ gehen.

Wir wollen uns nun von dem Betrage der Differenz $r - l$ eine Vorstellung verschaffen. Wir schreiben (2):

$$\delta = \left(\frac{r - l}{l}\right)\frac{V}{r}\frac{D\pi}{\lambda}.$$

Für $D = 1$ mm und mittleres Roth ($\lambda = 0{,}00064$ mm) fand Biot δ etwa 19^0. V/r ist der Brechungscoefficient $1{,}55$, somit

$$\frac{r - l}{l} = \frac{\delta\lambda}{D\pi\left(\dfrac{V}{r}\right)} = \frac{19 \cdot 0{,}00064}{1 \cdot 180 \cdot 1{,}55} = 0{,}000044.$$

Rudbergs Messungen sind aber bereits in der fünften Decimale unsicher, und so musste ihm diese kleine Differenz entgehen.

Es möge nun ein Strahl AB einen Bergkrystall nahe parallel der Axe durchlaufen, in B von einer Folie reflectirt werden und nahe seinem ersten Wege auf BC zurückkehren. Es fragt sich, ob der austretende Strahl eine zweimal so grosse Drehung erfahren hat wie nach einfachem Durchlaufen oder gar keine.

Der Krystall sei ein rechts drehender. Denken wir die Reflexion etwas ausserhalb des Krystalles erfolgend, so hat nach einmaligem Durchgange die Polarisationsebene eine Drehung nach rechts erlitten. Bei der Rückkehr erfolgt wieder eine Drehung nach rechts in Beziehung auf die Richtung des Strahles, also in absolutem Sinne, wenn wir den ersten Standpunkt festhalten, nach links. Der austretende Strahl hat also gar keine Drehung der Polarisationsebene erfahren.

Anders verhält es sich bei Boraxglas, um welches ein electrischer Strom herumgeleitet wird. Dieses dreht nämlich die Polarisationsebene immer im Sinne des positiven Stromes, somit beim Durchgang des Strahles in einer Richtung nach rechts, in der entgegengesetzten nach links. Hier wird also die Drehung der Polarisationsebene verdoppelt.

Wir betrachten nun auch solche Strahlen, welche nicht mehr streng parallel der Axe durch den Bergkrystall gehen.

Die von Airy[1]) gegebene Theorie beruht auf folgenden Hypothesen.

1. Der gewöhnliche Strahl wie der ausserordentliche ist elliptisch polarisirt. Die grosse Axe der Bahnellipse liegt bei dem ordentlichen Strahl im Hauptschnitt, bei dem ausserordentlichen senkrecht gegen denselben.

2. Die Rotationsrichtungen in beiden Ellipsen sind entgegengesetzt.

3. Das Axenverhältniss ist für beide Ellipsen dasselbe. Bei Strahlen parallel der Axe ist dasselbe $= 1$, indem beide circular werden, senkrecht zur Axe wird dasselbe 0. In rechten Krystallen rotirt der gewöhnliche schnellere Strahl rechts.

4. Die Brechungsgesetze sind nach Huyghens Construction zu finden.

Es mag hier die Bemerkung Platz finden, dass Lichtwellen der Art, wie sie im Bergkrystall vorkommen, nicht hervorgerufen werden können durch Kräfte, welche in der Richtung der Verbindungslinie der Theilchen wirken.

Ein geradlinig polarisirter Strahl falle senkrecht auf eine schief zur Axe geschnittene Platte.

Der nach U geradlinig polarisirte einfallende Strahl sei

$$(3) \qquad U = A \cos\left(\frac{t}{T} - \frac{x}{\lambda}\right) 2\pi = A \cos \vartheta,$$

---

1) Cambridge Phil. Transact. Vol. 4.

so zerlegen wir denselben in zwei elliptisch polarisirte mit den Axen-
verhältnissen $\varkappa_1$ und $\varkappa_2$ (wo $\varkappa_1 \varkappa_2 = 1$)

rechts rotirend   links rotirend

$$(4) \qquad \xi_1 = a_1 \cos(\vartheta + d_1), \qquad \xi_2 = a_2 \cos(\vartheta + d_2),$$
$$\eta_1 = \varkappa_1 a_1 \sin(\vartheta + d_1), \qquad \eta_2 = - \varkappa_2 a_2 \sin(\vartheta + d_2).$$

Die Componenten von U nach ξ und η sind

$$\xi = A \cos i \cos \vartheta, \qquad \eta = - A \sin i \cos \vartheta;$$

setzen wir

$$\xi = \xi_1 + \xi_2, \qquad \eta = \eta_1 + \eta_2,$$

so folgt aus der Gleichheit der Coefficienten
von $\cos \vartheta$ und $\sin \vartheta$

$$A \cos i = a_1 \cos d_1 + a_2 \cos d_2,$$
$$0 = a_1 \sin d_1 + a_2 \sin d_2,$$
$$- A \sin i = \varkappa_1 a_1 \sin d_1 - \varkappa_2 a_2 \sin d_2,$$
$$0 = \varkappa_1 a_1 \cos d_1 - \varkappa_2 a_2 \cos d_2,$$

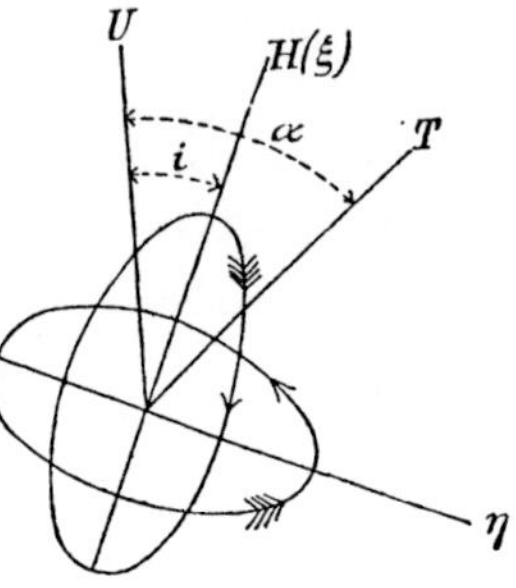

Fig. 131.

und durch Auflösung dieser Gleichungen:

$$a_1 \cos d_1 = \frac{\varkappa_2}{\varkappa_1 + \varkappa_2} A \cos i,$$
$$a_2 \cos d_2 = \frac{\varkappa_1}{\varkappa_1 + \varkappa_2} A \cos i,$$
$$a_1 \sin d_1 = - \frac{1}{\varkappa_1 + \varkappa_2} A \sin i,$$
$$a_2 \sin d_2 = + \frac{1}{\varkappa_1 + \varkappa_2} A \sin i.$$

Setzen wir diese Werthe in ξ_1, η_1, ξ_2, η_2 und berücksichtigen
$\varkappa_1 \varkappa_2 = 1$, so wird

$$(5) \quad
\begin{aligned}
\xi_1 &= \frac{A}{\varkappa_1 + \varkappa_2} [\varkappa_2 \cos i \cos \vartheta + \sin i \sin \vartheta], \\
\eta_1 &= - \frac{A}{\varkappa_1 + \varkappa_2} [\varkappa_1 \sin i \cos \vartheta - \cos i \sin \vartheta], \\
\xi_2 &= \frac{A}{\varkappa_1 + \varkappa_2} [\varkappa_1 \cos i \cos \vartheta - \sin i \sin \vartheta], \\
\eta_2 &= - \frac{A}{\varkappa_1 + \varkappa_2} [\varkappa_2 \sin i \cos \vartheta + \cos i \sin \vartheta].
\end{aligned}$$

Der elliptisch polarisirte Strahl ξ_1, η_1 erleide beim Durchgang
durch die Platte eine Verzögerung R, ξ_2, η_2 eine Verzögerung L.
Endlich gehen beide durch den analysirenden Polarisationsapparat,
der mit U einen Winkel α bilde.

Der resultirende geradlinig polarisirte Strahl wird

$$(\xi_1 + \xi_2)\cos(\alpha - i) + (\eta_1 + \eta_2)\sin(\alpha - i)$$

$$= \frac{A}{\varkappa_1 + \varkappa_2}\left\{\begin{bmatrix} \varkappa_2 \cos i \cos(\vartheta - R) + \sin i \sin(\vartheta - R) \\ + \varkappa_1 \cos i \cos(\vartheta - L) - \sin i \sin(\vartheta - L) \end{bmatrix}\cos(\alpha - i) \\ -\begin{bmatrix} \varkappa_1 \sin i \cos(\vartheta - R) - \cos i \sin(\vartheta - R) \\ + \varkappa_2 \sin i \cos(\vartheta - L) + \cos i \sin(\vartheta - L) \end{bmatrix}\sin(\alpha - i)\right\}.$$

Um die Intensität zu berechnen, bringen wir dies auf die Form:

$$P \cos \vartheta + Q \sin \vartheta,$$

so wird

$$P = \frac{A}{\varkappa_1 + \varkappa_2}\left\{\begin{matrix} [\varkappa_2 \cos i \cos(\alpha - i) - \varkappa_1 \sin i \sin(\alpha - i)]\cos R \\ + [\varkappa_1 \cos i \cos(\alpha - i) - \varkappa_2 \sin i \sin(\alpha - i)]\cos L \\ - \sin \alpha\, [\sin R - \sin L] \end{matrix}\right\},$$

$$Q = \frac{A}{\varkappa_1 + \varkappa_2}\left\{\begin{matrix} [\varkappa_2 \cos i \cos(\alpha - i) - \varkappa_1 \sin i \sin(\alpha - i)]\sin R \\ + [\varkappa_1 \cos i \cos(\alpha - i) - \varkappa_2 \sin i \sin(\alpha - i)]\sin L \\ + \sin \alpha\, [\cos R - \cos L] \end{matrix}\right\}.$$

Die resultirende Intensität wird nach einigen Reductionen:

$$J^2 = P^2 + Q^2$$

$$= \frac{A^2}{(\varkappa_1 + \varkappa_2)^2}\left\{\begin{matrix} (\varkappa_1 + \varkappa_2)^2 \cos^2 \alpha \cos^2 \dfrac{L - R}{2} \\ + [(\varkappa_1 - \varkappa_2)^2 \cos^2(\alpha - 2i) + 4\sin^2 \alpha]\sin^2 \dfrac{L - R}{2} \\ + 4(\varkappa_1 + \varkappa_2)\sin \alpha \cos \alpha \sin \dfrac{L - R}{2}\cos \dfrac{L - R}{2} \end{matrix}\right\}$$

$$(6)$$

$$= A^2\left\{\left[\cos \alpha \cos \frac{L - R}{2} + \frac{2\varkappa_1}{1 + \varkappa_1^2}\sin \alpha \sin \frac{L - R}{2}\right]^2 \\ + \left(\frac{1 - \varkappa_1^2}{1 + \varkappa_1^2}\right)^2 \cos^2(\alpha - 2i)\sin^2 \frac{L - R}{2}\right\}$$

Diese Formel übertragen wir nun auf den schiefen Durchgang durch eine senkrecht zur Axe geschnittene Platte.

In F befinde sich das Auge; in dasselbe gelangt der von AB herrührende ausserordentliche Strahl BC und der aus DE entstehende ordentliche EC.

Da die in Betracht kommenden Einfallswinkel klein sind, so wird die Componente des einfallenden Strahles nach der

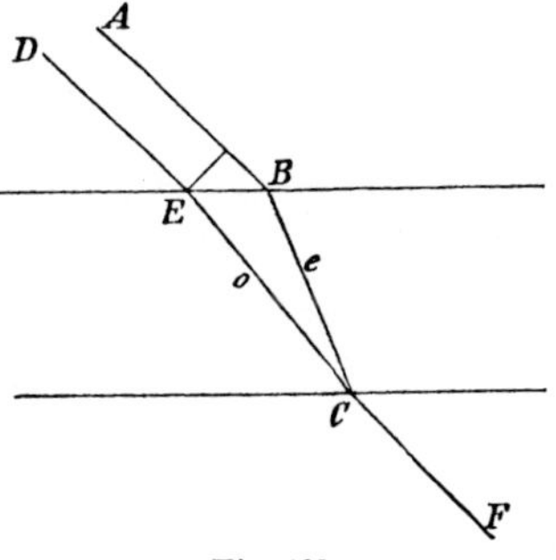

Fig. 132.

Einfallsebene und senkrecht gegen dieselbe fast eine gleiche Schwächung erleiden, und die vorgenommene Zerlegung des durch den
Quarz gegangenen Lichtes in die beiden elliptisch polarisirten Strahlen
gültig bleiben.   Streng genommen liegen BC und EC nicht in derselben Richtung, aber bei der schwachen Doppelbrechung nahe genug, um für beide dasselbe $\varkappa$ benutzen zu können.

Wir könnten unser Verfahren auch in der Weise rechtfertigen,
dass wir den Bergkrystall zunächst in Form einer Kugelschale geschnitten denken, deren Centrum das Auge ist, und dann für einen
kleinen der **Axe** benachbarten Theil der Kugelschale eine ebene Platte
substituiren.

Unsere nächste Aufgabe ist, die **Verzögerungsphase** $L - R$
zu finden.   Für diese Aufgabe hatten wir (pag. 224 u. 225) eine allgemeine Lösung gefunden, welche nur an die Gültigkeit der Huyghens'-
schen Construction für die gebrochene Wellennormale und den gebrochenen Strahl geknüpft war.

Bezeichnen wir mit r und l die Geschwindigkeiten der rechts
und links rotirenden Welle, mit φ den Einfallswinkel, mit φ_1 und φ_2
die Winkel ihrer Normalen mit dem Einfallslothe, so haben wir

$$(7) \quad L - R = \frac{2\pi D}{T}\left[\frac{\cos\varphi_2}{l} - \frac{\cos\varphi_1}{r}\right] = \frac{2\pi D}{T}\frac{\sin\varphi}{V}\frac{\sin(\varphi_1 - \varphi_2)}{\sin\varphi_1 \sin\varphi_2},$$

ferner:

$$\sin\varphi_1 = \frac{r}{V}\sin\varphi, \qquad \sin\varphi_2 = \frac{l}{V}\sin\varphi.$$

Aus den beiden letzten Formeln ziehen wir, indem wir quadriren und
subtrahiren:

$$\sin(\varphi_1 - \varphi_2) = \frac{(r^2 - l^2)\sin^2\varphi}{V^2 \sin(\varphi_1 + \varphi_2)},$$

und mit Einsetzen in (7) den (noch strengen) Werth der Phasendifferenz:

$$(8) \qquad L - R = \frac{2\pi D(r^2 - l^2)\sin^3\varphi}{T V^3 \sin(\varphi_1 + \varphi_2)\sin\varphi_1 \sin\varphi_2}.$$

Ist nun der Krystall ein **rechter**, so entspricht r dem ordentlichen schnelleren Strahl, l dem ausserordentlichen.   Da die Kugel
das Ellipsoid nicht genau berührt, setzen wir $r^2 = a^2 + \varepsilon$, wo ε eine
kleine Grösse, andererseits ist: $l^2 = a^2 - (a^2 - c^2)\sin^2\varphi_2$, also:

$$(9) \qquad r^2 - l^2 = (a^2 - c^2)\sin^2\varphi_2 + \varepsilon$$

und

$$(10) \qquad L - R = \frac{2\pi D[(a^2 - c^2)\sin^2\varphi_2 + \varepsilon]\sin^3\varphi}{T V^3 \sin(\varphi_1 + \varphi_2)\sin\varphi_1 \sin\varphi_2}.$$

Hierin lassen wir nun Näherungen eintreten. Wir verwechseln φ_2 mit φ_1, führen $\sin\varphi/\sin\varphi_1 = V/a$ (eigentlich $V/\sqrt{a^2+\varepsilon}$) ein und erhalten:

$$(11) \qquad L - R = \frac{\pi D\varepsilon}{Ta^3\cos\varphi} + \frac{\pi D(a^2 - c^2)\sin^2\varphi}{T V^2 a\cos\varphi},$$

oder indem wir schliesslich noch $\varepsilon\varphi^2$ und φ^4 vernachlässigen:

$$(12) \qquad \Theta = \frac{L-R}{2} = \frac{\pi D\varepsilon}{2Ta^3} + \frac{\pi D(a^2 - c^2)\varphi^2}{2\lambda a V}.$$

Den ersten Term können wir mit Benutzung von Biot's Resultaten anders ausdrücken. Für $\varphi = 0$ war die Drehung der Polarisationsebene δ gleich der halben Phasendifferenz, also gerade $= \Theta$. Da nun nahe

$$\delta = \frac{CD}{\lambda^2},$$

so ist:

$$(13) \qquad \Theta = \frac{CD}{\lambda^2} + \frac{\pi D(a^2 - c^2)\varphi^2}{2\lambda a V}.$$

Wäre der Krystall ein linker, so hätten wir nur die Werthe von r und l zu vertauschen gehabt, und die Phasendifferenz Θ wäre durch dieselbe Formel nur mit entgegengesetztem Zeichen dargestellt.

Schreiben wir in der Formel (6) für $\dfrac{L-R}{2}$: Θ, so haben wir zu discutiren:

$$(14) \qquad J^2 = A^2 \left\{ \begin{aligned} &\left[\cos\alpha\cos\Theta + \frac{2\varkappa_1}{1+\varkappa_1^2}\sin\alpha\sin\Theta\right]^2 \\ &+ \left(\frac{1-\varkappa_1^2}{1+\varkappa_1^2}\right)^2\cos^2(\alpha - 2i)\sin^2\Theta \end{aligned} \right\}.$$

Die Intensität erscheint als Summe von zwei Quadraten, und da diese im Allgemeinen nicht durch das eine Argument φ zum Verschwinden zu bringen sind, werden wir im Allgemeinen auch keine Kreise erhalten.

Zunächst behandeln wir einige specielle Fälle.

1. Es sei $\alpha = 0^0$ oder 90^0. Wir erhalten:

$$(15) \qquad J_{90}^2 = A^2\left[\left(\frac{2\varkappa_1}{1+\varkappa_1^2}\right)^2 + \left(\frac{1-\varkappa_1^2}{1+\varkappa_1^2}\right)^2\sin^2 2i\right]\sin^2\Theta,$$

$$(15)' \qquad \begin{aligned} J_0^2 &= A^2\left[\cos^2\Theta + \left(\frac{1-\varkappa_1^2}{1+\varkappa_1^2}\right)^2\cos^2 2i\sin^2\Theta\right] \\ &= A^2\left[1 - \left\{\left(\frac{2\varkappa_1}{1+\varkappa_1^2}\right)^2 + \left(\frac{1-\varkappa_1^2}{1+\varkappa_1^2}\right)^2\sin^2 2i\right\}\sin^2\Theta\right]. \end{aligned}$$

Die Erscheinungen sind hienach complementär. J_{90}^2 verschwindet, wenn $\Theta = m\pi$, folglich werden wir für homogenes Licht schwarze **Kreise** mit hellen Zwischenräumen erhalten. Im **Centrum**, wo $\varkappa_1 = 1$, ist **unter allen Azimuthen die Helligkeit dieselbe**; je weiter wir uns aber vom Centrum entfernen, einen um so merklicheren Werth erlangt der zweite Term der Parenthese. Da derselbe für $i = 0^0$, 90^0, 180^0, 270^0 verschwindet, so werden diesen Stellen Minima entsprechen, und dies sind die oben erwähnten schwarzen Büschel in den entfernten Theilen des Gesichtsfeldes.

2. **Die Platte sei sehr dick.** Da im zweiten Term der Formel (13) $D\varphi^2$ im Zähler steht, so erhellt, dass die Ringe nahe bei einander sein werden, und wir bei einem kleinen Einfallswinkel viele derselben überblicken. Solange aber der Einfallswinkel klein ist, können wir $\varkappa_1 = 1$ setzen und erhalten

$$J^2 = A^2 \cos^2 (\alpha - \Theta).$$

Dies sind immer **Kreise**, definirt durch

$$(16) \quad \alpha - \Theta = \alpha - \frac{L - R}{2} = \alpha - \left[\frac{CD}{\lambda^2} + \frac{\pi D (a^2 - c^2) \varphi^2}{2 \lambda a V} \right] = \text{const.}$$

Lassen wir α wachsen, d. h. drehen den Analysator mit dem Uhrzeiger, und verfolgen denselben Kreis, welcher durch einen bestimmten Werth der Constanten definirt ist, so muss auch Θ, somit φ wachsen. Wenn also, wie vorausgesetzt, der Krystall ein **rechter** ist, so nehmen die Ringdurchmesser mit wachsendem α zu.

Für einen linken Krystall hat der zweite Theil der Formel (16) das entgegengesetzte Vorzeichen, also nehmen mit wachsendem α die Ringdurchmesser ab.

3. **Die Platte sei sehr dünn.** Wir setzen dann (16) in die Form:

$$(17) \quad J^2 = A^2 \left\{ \left[\cos (\alpha - \Theta) - \frac{(1 - \varkappa_1)^2}{1 + \varkappa_1^2} \sin \alpha \sin \Theta \right]^2 + \left(\frac{1 - \varkappa_1^2}{1 + \varkappa_1^2} \right)^2 \cos^2 (\alpha - 2i) \sin^2 \Theta \right\}.$$

Es erscheint hier ein grosses centrales Gesichtsfeld. Das einfallende Licht sei homogen und der Analysator so gedreht, dass das Centrum dunkel erscheint, d. h. es sei

$$\alpha = \frac{\pi}{2} + \Theta_0 = \frac{\pi}{2} + \delta.$$

Das erste Glied wird auch an den dem Centrum benachbarten Stellen einen kleinen Werth besitzen, denn mit Rücksicht auf die geringe Dicke ändert sich Θ langsam, der zweite Theil enthält $(1 - \varkappa_1)^2$, und das Ganze ist aufs Quadrat erhoben. Die Intensität wird also im Wesentlichen dargestellt durch das zweite Glied:

$$J^2 = A^2 \left(\frac{1 - \varkappa_1{}^2}{1 + \varkappa_1{}^2}\right)^2 \cos^2(\alpha - 2i) \sin^2 \Theta.$$

Dieser letzte Theil wird 0, wenn $\cos(\alpha - 2i) = 0$, also:

$$i = \frac{\alpha}{2} - \frac{\pi}{4}, \quad \frac{\alpha}{2} - \frac{3\pi}{4} \cdots$$

oder da $\alpha = \frac{\pi}{2} + \delta$, wenn

$$i = \frac{\delta}{2}, \quad \frac{\delta}{2} - \frac{\pi}{2}, \quad \frac{\delta}{2} - \pi, \quad \frac{\delta}{2} - \frac{3\pi}{2}.$$

Es wird somit ein rechtwinkliges schwarzes Kreuz entstehen, von welchem ein Arm den Winkel zwischen der ursprünglichen und analysirenden Polarisationsebene halbirt.

Endlich behandeln wir den allgemeinen Fall. Mit Einführung von $\zeta = 2\Theta$ geht (14) über in:

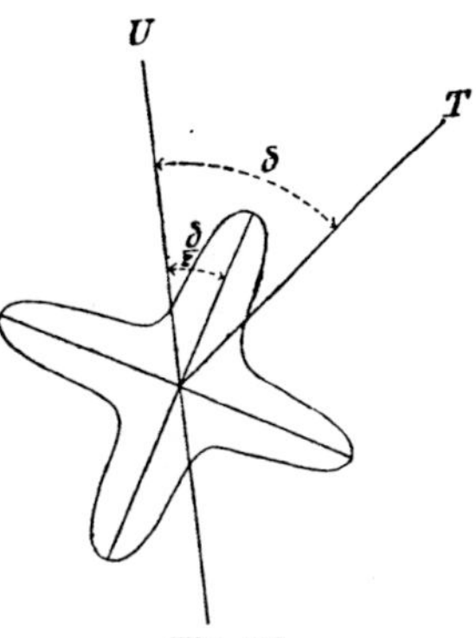

Fig. 132.

$$J^2 = \frac{A^2}{2} \left\{ \cos^2 \alpha + \left(\frac{2\varkappa_1}{1 + \varkappa_1{}^2}\right)^2 \sin^2 \alpha + \left(\frac{1 - \varkappa_1{}^2}{1 + \varkappa_1{}^2}\right)^2 \cos^2(\alpha - 2i) \right.$$

$$(18) \quad + \left[\cos^2 \alpha - \left(\frac{2\varkappa_1}{1 + \varkappa_1{}^2}\right)^2 \sin^2 \alpha - \left(\frac{1 - \varkappa_1{}^2}{1 + \varkappa_1{}^2}\right)^2 \cos^2(\alpha - 2i) \right] \cos \zeta$$

$$+ \left. \frac{2\varkappa_1}{1 + \varkappa_1{}^2} \sin 2\alpha \sin \zeta \right\}.$$

Wir sehen i und ζ (woraus φ berechenbar) als Bestimmungsstücke eines Punktes des Gesichtsfeldes an, und suchen zunächst die Maxima und Minima in Beziehung auf ζ. Dies ergiebt Maximum- und Minimumcurven, welche sich sehr wohl mit dem Auge verfolgen lassen. J^2 besitzt die Form $Y + N \cos \zeta + Z \sin \zeta$, und aus $\frac{dJ^2}{d\zeta} = 0$ ergiebt sich:

$$(19) \quad \tan \zeta = \frac{Z}{N} = \frac{\dfrac{2\varkappa_1}{1 + \varkappa_1{}^2} \sin 2\alpha}{\cos^2 \alpha - \left(\dfrac{2\varkappa_1}{1 + \varkappa_1{}^2}\right)^2 \sin^2 \alpha - \left(\dfrac{1 - \varkappa_1{}^2}{1 + \varkappa_1{}^2}\right)^2 \cos^2(\alpha - 2i)}.$$

Von den Wurzeln dieser transcendenten Gleichung sind, da Θ und somit auch ζ für den vorausgesetzten Fall eines rechten Krystalles stets positiv sind, nur die positiven zu brauchen.[1]

Wenn ζ_0 die kleinste Wurzel ist, so sind die übrigen $\zeta_0 + \pi$, $\zeta_0 + 2\pi \ldots$

---

1) Für einen linken Krystall umgekehrt nur die negativen.

Um zu entscheiden, ob ein Maximum oder Minimum vorliegt, betrachten wir

$$\frac{d^2 J^2}{d\zeta^2} = -\, N \cos \eta - Z \sin \eta,$$

wofür wir mit Benutzung von (19) schreiben

$$\frac{d^2 J}{d\zeta^2} = -\, \frac{Z}{\sin \zeta}.$$

Nun ist $\sin \zeta_0$ immer $+$, Z für $\alpha < 90$ ebenfalls $+$, also ist in diesem Falle die erste Curve eine grösster Helligkeit, die nächste eine kleinster u. s. f. Für $\alpha > 90^0$ verhält es sich gerade umgekehrt, indem die Curven mit einem Min. beginnen.

Um von der Gestalt der Curven eine Vorstellung zu gewinnen, untersuchen wir die Abhängigkeit der Grösse ζ von i. Die Curve wird den grössten resp. kleinsten Abstand vom Centrum erreichen, wenn ζ also auch $\tan \zeta$ ein Max. oder Min. wird. Dazu muss sein:

$$\frac{d \tan \zeta}{d i} = -\, \frac{Z}{N^2} \frac{d N}{d i} = 0,$$

d. h.:

$$\cos (\alpha - 2i) \sin (\alpha - 2i) = 0$$

und wir haben ein Max. oder Min., je nachdem

$$\frac{d^2 \tan \zeta}{d i^2} = -\, \frac{Z}{N^2} \frac{d^2 N}{d i^2} \lessgtr 0$$

oder (mit Fortlassung positiver Factoren):

$$\sin 2\alpha \left\{ \cos^2 (\alpha - 2i) - \sin^2 (\alpha - 2i) \right\} \gtrless 0.$$

Ist demnach $\alpha < 90^0$, so haben wir ein Max. von $\tan \zeta$ für $\cos^2 (\alpha - 2i) = 1$, ein Min. für $\cos^2 (\alpha - 2i) = 0$; für $\alpha > 90^0$ gerade umgekehrt.

Die Curven haben also, wenn $\alpha < 90^0$:

$$\text{Maxima für } i = \frac{\alpha}{2},\ \frac{\alpha}{2} + \frac{\pi}{2},\ \frac{\alpha}{2} + \pi,\ \frac{\alpha}{2} + \frac{3\pi}{2} \cdots,$$

$$\text{Minima für } i = \frac{\alpha}{2} + \frac{\pi}{4},\ \frac{\alpha}{2} + \frac{3\pi}{4} \cdots,$$

wenn hingegen $\alpha > 90^0$:

$$\text{Maxima für } i = \frac{\alpha}{2} + \frac{\pi}{4} \cdots,$$

$$\text{Minima für } i = \frac{\alpha}{2} \cdots.$$

Stets erscheint also eine „ausspringende Ecke" in der Nähe der ursprünglichen Polarisationsebene auf der rechten Seite.[1]

---

1) Bei linken Krystallen auf der linken.

Auf diesen Maximum- und Minimumcurven wird die **Vertheilung der Lichtstärke** keine gleichmässige sein.

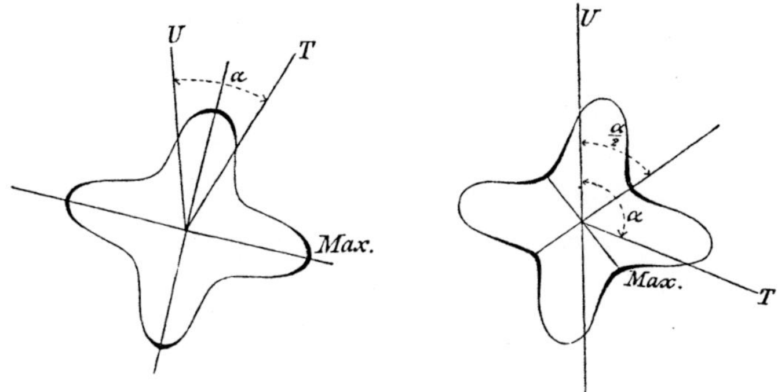

Fig. 133.

Indem wir für $\sin \zeta$ und $\cos \zeta$ ihre Werthe aus (19) berechnen und in (18) einsetzen, wird:

$$J^2 = \frac{A^2}{2} \left\{ \cos^2 \alpha + \left(\frac{2\varkappa_1}{1+\varkappa_1{}^2}\right)^2 \sin^2 \alpha + \left(\frac{1-\varkappa_1{}^2}{1+\varkappa_1{}^2}\right)^2 \cos^2 (\alpha - 2i) \right.$$

$$\left. \pm \sqrt{\left[\cos^2\alpha - \left(\frac{2\varkappa_1}{1+\varkappa_1{}^2}\right)^2 \sin^2\alpha - \left(\frac{1-\varkappa_1{}^2}{1+\varkappa_1{}^2}\right)^2 \cos^2(\alpha-2i)\right]^2 + \left(\frac{2\varkappa_1}{1+\varkappa_1{}^2}\right)^2 \sin^2 2\alpha} \right\}.$$

Das obere Zeichen gehört zu den Maximum-, das untere zu den Minimumcurven.

Indem wir $\frac{dJ^2}{di}$ bilden, erkennen wir, dass diese Grösse nur $= 0$ werden kann für $\cos (\alpha - 2i) = 0$ und $\sin (\alpha - 2i) = 0$, also liegt die grösste und geringste Helligkeit an den Stellen, welche die grösste und kleinste Entfernung vom Centrum haben.

Die Wurzel habe das obere Zeichen, die Curve sei also eine Maximumcurve. Eine directe Vergleichung zeigt, dass der Werth von J^2 für $\cos^2 (\alpha - 2i) = 1$ grösser ausfällt als für $\cos^2 (\alpha - 2i) = 0$. Bei $\alpha < 90^0$ entspricht aber $\cos^2 (\alpha - 2i) = 1$ eine ausspringende Ecke, bei $\alpha > 90^0$ eine einspringende[1]), somit liegt das Max. der Intensität für $\alpha < 90^0$ auf den ausspringenden, für $\alpha > 90^0$ auf den einspringenden Ecken.

Dasselbe gilt auch für die Minimumcurven, die zum unteren Zeichen gehören. Demnach liegen, wenn $\alpha < 90^0$, die Min. der Intensität auf den einspringenden, wenn $\alpha > 90^0$, auf den ausspringenden Ecken.

In unserer Untersuchung haben wir $\varkappa_1$ beim Differenziren nach ζ wie eine Constante behandelt. Die Berechtigung liegt in der relativ

---

1) Es ist hiemit kurz die dem Centrum nächste Stelle bezeichnet.

langsamen Aenderung von x_1, denn wenn φ von 0^0 bis 90^0 geht, variirt x_1 von 1 bis 0, während ζ von einem Ring zum andern um π zunimmt und im Ganzen also einen sehr grossen Werth erreicht.

Es falle jetzt **circularpolarisirtes** Licht auf einen Bergkrystall und werde nach dem Durchgange mit einem Analysator betrachtet.

Der Krystall sei ein rechter.

Der einfallende rechts (links) rotirende Strahl

$$\xi = a \cos \vartheta, \quad \eta = \pm\, a \sin \vartheta$$

ist zu zerlegen in zwei elliptische, deren Axen im Hauptschnitt und senkrecht gegen denselben liegen:

$$\xi_1 = a_1 \cos (\vartheta + d_1), \qquad \xi_2 = a_2 \cos (\vartheta + d_2),$$

$$\eta_1 = x_1 a_1 \sin (\vartheta + d_1), \quad \eta_2 = -\, x_2 a_2 \sin (\vartheta + d_2),$$

worin $x_1 x_2 = 1$.

Indem wir in den Gleichungen

$$\xi = \xi_1 + \xi_2, \quad \eta = \eta_1 + \eta_2$$

die beiderseitigen Coefficienten von $\sin \vartheta$ und $\cos \vartheta$ gleich setzen kommt:

$$a_1 \cos d_1 + a_2 \cos d_2 \qquad = a,$$

$$x_1 a_1 \cos d_1 - x_2 a_2 \cos d_2 = \pm\, a,$$

$$a_1 \sin d_1 + a_2 \sin d_2 \qquad = 0,$$

$$x_1 a_1 \sin d_1 - x_2 a_2 \sin d_2 = 0.$$

Hieraus folgt durch Auflösung

$$a_1 \cos d_1 = \frac{a\,(x_2 \pm 1)}{x_1 + x_2}, \quad a_1 \sin d_1 = 0,$$

$$a_2 \cos d_2 = \frac{a\,(x_1 \mp 1)}{x_1 + x_2}, \quad a_2 \sin d_2 = 0,$$

d. h. $d_1 = d_2 = 0$,

$$a_1 = \frac{a\,(x_2 \pm 1)}{x_1 + x_2}, \quad a_2 = \frac{a\,(x_1 \mp 1)}{x_1 + x_2}.$$

ξ_1, η_1 erleiden eine Verzögerung R, ξ_2, η_2 eine Verzögerung L, und die austretenden Strahlen sind:

$$\xi_1 = \frac{a\,(x_2 \pm 1)}{x_1 + x_2} \cos (\vartheta - R),$$

$$\eta_1 = \frac{x_1\, a\,(x_2 \pm 1)}{x_1 + x_2} \sin (\vartheta - R) = \frac{a\,(1 \pm x_1)}{x_1 + x_2} \sin (\vartheta - R),$$

$$\xi_2 = \frac{a\,(x_1 \pm 1)}{x_1 + x_2} \cos (\vartheta - L),$$

$$\eta_2 = -\frac{x_2\, a\,(x_1 \mp 1)}{x_1 + x_2} \sin (\vartheta - L) = -\frac{a\,(1 \mp x_2)}{x_1 + x_2} \sin (\vartheta - L).$$

Bildet die analysirende Polarisationsebene mit dem Hauptschnitt einen Winkel
α, so gelangt ins Auge:

$$(\xi_1 + \xi_2) \cos \alpha + (\eta_1 + \eta_2) \sin \alpha.$$

Dies schreiben wir

$$P \cos \vartheta + Q \sin \vartheta,$$

worin

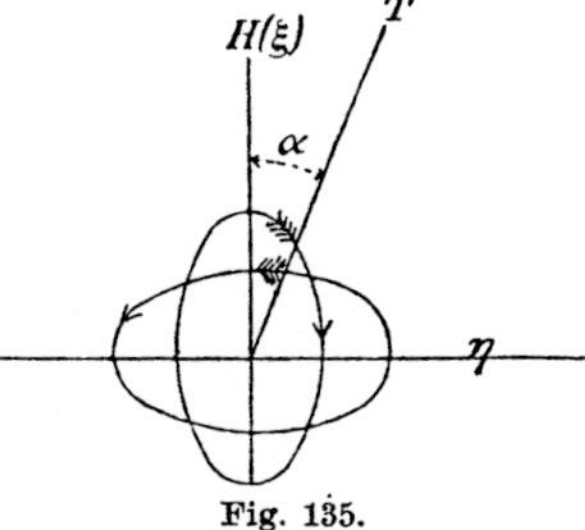

Fig. 135.

$$P = \frac{a}{\varkappa_1 + \varkappa_2} \left\{ \begin{array}{l} \cos \alpha \, [(\varkappa_2 \pm 1) \cos R + (\varkappa_1 \mp 1) \cos L] \\ + \sin \alpha \, [-(1 \pm \varkappa_1) \sin R + (1 \mp \varkappa_2) \sin L] \end{array} \right\},$$

$$Q = \frac{a}{\varkappa_1 + \varkappa_2} \left\{ \begin{array}{l} \cos \alpha \, [(\varkappa_2 \pm 1) \sin R + (\varkappa_1 \mp 1) \sin L] \\ + \sin \alpha \, [(1 \pm \varkappa_1) \cos R - (1 \mp \varkappa_2) \cos L] \end{array} \right\},$$

und finden die Intensität:

$$J^2 = P^2 + Q^2 =$$
$$a^2 \left[1 \pm \frac{2\varkappa_1 (1 - \varkappa_1{}^2)}{(1 + \varkappa_1{}^2)^2} \cos 2\alpha \left(1 - \cos(L - R)\right) \mp \frac{1 - \varkappa_1{}^2}{1 + \varkappa_1{}^2} \sin 2\alpha \sin(L - R) \right].$$

Wir setzen noch (vgl. 13) wie vorhin

$$L - R = \frac{2 CD}{\lambda^2} + \frac{\pi D (a^2 - c^2) \varphi^2}{\lambda a V} = \zeta$$

und bringen die Formel auf die Gestalt:

$$J^2 = a^2 \left[1 \pm \frac{2\varkappa_1 (1 - \varkappa_1{}^2)}{(1 + \varkappa_1{}^2)^2} \left\{ \cos 2\alpha - \cos(\zeta - 2\alpha) - \frac{(1 - \varkappa_1)^2}{2\varkappa_1} \sin 2\alpha \sin \zeta \right\} \right].$$

Den letzten Term der Parenthese vernachlässigen wir, weil dadurch nur ein Fehler vierter Ordnung in $1 - \varkappa_1$ entsteht, sodass nun:

$$(20) \qquad J^2 = a^2 \left[1 \pm \frac{2\varkappa_1 (1 - \varkappa_1{}^2)}{(1 + \varkappa_1{}^2)^2} \left\{ \cos 2\alpha - \cos(\zeta - 2\alpha) \right\} \right].$$

Zur Ableitung dieser Formel ist noch eine ähnliche Bemerkung
zu machen wie oben.

Zunächst ist so gerechnet, als fiele das Licht senkrecht auf eine
schief zur Axe geschnittene Platte; die Berechtigung zur Erweiterung
auf den schiefen Durchgang durch eine senkrecht zur Axe geschnittene
Platte beruht wieder in der geringen Differenz der Bruchtheile, welche
bei kleinen Einfallswinkeln den nach ξ und η polarisirten Strahlen
in der Reflexion verloren gehen.

Der einfallende Strahl rotire rechts, so haben wir in (20) das
obere Zeichen zu nehmen.

Für ein bestimmtes α tritt ein Min. der Intensität ein, wenn
$\cos(\zeta - 2\alpha) = 1$, somit

$$\zeta = 2\alpha, \quad 2\alpha \pm 2\pi, \quad 2\alpha \pm 4\pi \dots.$$

Lassen wir α von einem bestimmten Werthe aus continuirlich wachsen, so wächst gleichzeitig ζ und das dadurch bestimmte φ, sodass sich Minimumcurven ergeben, auf denen die Intensität

$$(21) \qquad J^2{}_{min} = a^2 \left[1 - \frac{4\,\varkappa_1\,(1 - \varkappa_1{}^2)}{(1 + \varkappa_1{}^2)^2}\, \sin^2\alpha \right]$$

also auch variabel ist.

Eine übersichtliche Anschauung dieser Curven gewinnen wir mit Zugrundelegung der Ringe, welche für geradlinig polarisirtes einfallendes Licht bei gekreuzten Nicols auftreten.

Hier erhielten wir dunkle Ringe, wenn

$$\zeta = 2m\pi.$$

Im Centrum war, wenn δ die Drehung der Polarisationsebene durch die Platte:

$$\zeta = 2\,\delta.$$

Ist somit $\delta < \frac{\pi}{2}$ (bei rothem Licht trifft dies bis nahe 5 mm Dicke zu), so wird unter den möglichen Werthen von ζ auch noch $\zeta = \pi$ sich vorfinden.

Wir gehen aus von den Werthen $\alpha = \frac{\pi}{2}$, $\zeta = \pi$, für welche nach (21) die geringste Intensität eintritt, und lassen α wachsen, d. h. bewegen uns mit dem Hauptschnitt gegen den Uhrzeiger[1]). In $\alpha = \pi$ wird das ζ der Minimumcurve geworden sein 2π,

$$\frac{3\pi}{2} \qquad\qquad\qquad\qquad\qquad\qquad 3\pi,$$
$$2\pi \qquad\qquad\qquad\qquad\qquad\qquad 4\pi,$$
$$\cdot\;\cdot\;\cdot\;\cdot \qquad\qquad\qquad\qquad\qquad\qquad \cdot\;\cdot\;\cdot\;\cdot$$

Ferner gehen wir aus von $\alpha = \frac{3\pi}{2}$, $\zeta = \pi$ (nämlich $3\pi - 2\pi$) und haben die correspondirenden Werthe:

$$\alpha = 2\pi, \quad \zeta = 2\pi,$$
$$\alpha = \frac{5\pi}{2}, \quad \zeta = 3\pi.$$
$$\cdot\;\cdot\;\cdot\;\cdot\;\cdot$$

Dies sind aber zwei ineinandergewundene linke Spiralen, deren Anfangspunkte rechts und links von der analysirenden Polarisationsebene liegen.

Rotirt der einfallende Strahl **links**, so ist

$$J^2 = a^2 \left[1 - \frac{2\,\varkappa_1\,(1 - \varkappa_1{}^2)}{(1 + \varkappa_1{}^2)^2}\, \big(\cos 2\alpha - \cos(\zeta - 2\alpha)\big) \right],$$

---

1) Denn α wurde vom Hauptschnitt zur analysirenden Polarisationsebene im Sinne des Uhrzeigers $+$ gerechnet.

und diese Formel geht in die vorige über, wenn wir an Stelle von
$\alpha: \alpha' - \dfrac{\pi}{2}$ setzen. Wir haben demnach die vorige Figur nur um $\dfrac{\pi}{2}$
zu drehen, d. h. die Spiralen nehmen ihren Anfang in der analy-
sirenden Polarisationsebene, bleiben aber linke.

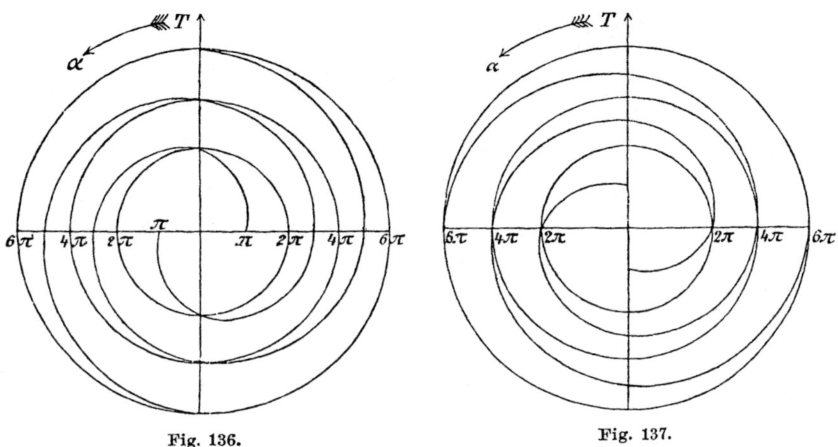

Fig. 136.   Fig. 137.

Ist der Krystall ein **linker**, so erlangt ζ negative Werthe, und
wir müssen α abnehmen lassen, d. h. mit dem Uhrzeiger herumgehen.
Es ergeben sich dann rechte Spiralen.

Zum Schlusse behandeln wir die **Combination einer gleich
dicken rechten und linken Quarzplatte.**

Es falle ein der nach U geradlinig polarisirte Strahl (vgl. Fig. 131)

$$U = A \cos \vartheta$$

und treffe zuerst auf den **rechten** Quarz, in welchem er in einen
rechts und einen links rotirenden Strahl zerfällt. Der links rotirende
wird gegen den rechts rotirenden um $L - R = \zeta$ verzögert. Nehmen
wir in die Formel nur die relative Verzögerung auf und lassen den gemeinsamen Factor $A/(\varkappa_1 + \varkappa_2)$ fort, so erhalten wir aus (5) für die
beiden Strahlen nach dem Durchgange durch den Rechtsquarz:

$$\xi_1 = \varkappa_2 \cos i \cos \vartheta + \sin i \sin \vartheta,$$
$$\eta_1 = -\varkappa_1 \sin i \cos \vartheta + \cos i \sin \vartheta,$$
$$\xi_2 = \varkappa_1 \cos i \cos (\vartheta - \zeta) - \sin i \sin (\vartheta - \zeta),$$
$$\eta_2 = -\varkappa_2 \sin i \cos (\vartheta - \zeta) - \cos i \sin (\vartheta - \zeta).$$

Aus diesen beiden Strahlen wird nun im Linksquarz ein links
rotirender mit dem Axenverhältniss $\varkappa_1$ und ein rechts rotirender mit
dem Axenverhältniss $\varkappa_2$. Diese seien:

$$\text{links} \begin{cases} x_1 = A_1 \cos \vartheta - B_1 \sin \vartheta, \\ y_1 = - \varkappa_1 B_1 \cos \vartheta - \varkappa_1 A_1 \sin \vartheta, \end{cases}$$

$$\text{rechts} \begin{cases} x_2 = A_2 \cos \vartheta - B_2 \sin \vartheta, \\ y_2 = \varkappa_2 B_2 \cos \vartheta + \varkappa_2 A_2 \sin \vartheta, \end{cases}$$

so haben wir zu setzen:

$$x_1 + x_2 = \xi_1 + \xi_2, \quad y_1 + y_2 = \eta_1 + \eta_2.$$

Da hierin die Coefficienten von $\sin \vartheta$ und $\cos \vartheta$ beiderseits gleich sein müssen, folgt:

$$A_1 + A_2 = \varkappa_2 \cos i + \varkappa_1 \cos i \cos \zeta + \sin i \sin \zeta,$$
$$- \varkappa_1 A_1 + \varkappa_2 A_2 = \cos i - \varkappa_2 \sin i \sin \zeta - \cos i \cos \zeta,$$
$$- B_1 - B_2 = \sin i + \varkappa_1 \cos i \sin \zeta - \sin i \cos \zeta,$$
$$- \varkappa_1 B_1 + \varkappa_2 B_2 = - \varkappa_1 \sin i - \varkappa_2 \sin i \cos \zeta + \cos i \sin \zeta,$$

wo rechter Hand noch der Factor $A/(\varkappa_1 + \varkappa_2)$ hinzugedacht werden muss.

Lösen wir diese Gleichungen auf und lassen rechts $A/(\varkappa_1 + \varkappa_2)^2$ fort, so wird:

$$A_1 = \cos i \, (\varkappa_2{}^2 - 1) + 2 \cos i \cos \zeta + 2 \varkappa_2 \sin i \sin \zeta,$$
$$A_2 = 2 \cos i + (\varkappa_1{}^2 - 1) \cos i \cos \zeta + (\varkappa_1 - \varkappa_2) \sin i \sin \zeta,$$
$$B_1 = (\varkappa_1 - \varkappa_2) \sin i - 2 \cos i \sin \zeta + 2 \varkappa_2 \sin i \cos \zeta,$$
$$B_2 = - 2 \varkappa_1 \sin i + (1 - \varkappa_1{}^2) \cos i \sin \zeta + (\varkappa_1 - \varkappa_2) \sin i \cos \zeta.$$

Im linken Krystall besitzt der linke Strahl die grössere Geschwindigkeit, somit erleidet der rechte die relative Verzögerung ζ. Nach dem Durchgang durch den zweiten Krystall sind somit die beiden Strahlen geworden:

$$\text{links rotirend} \begin{cases} x_1 = A_1 \cos \vartheta - B_1 \sin \vartheta, \\ y_1 = - \varkappa_1 B_1 \cos \vartheta - \varkappa_1 A_1 \sin \vartheta, \end{cases}$$

$$\text{rechts rotirend} \begin{cases} x_2 = A_2 \cos (\vartheta - \zeta) - B_2 \sin (\vartheta - \zeta), \\ y_2 = \varkappa_2 B_2 \cos (\vartheta - \zeta) + \varkappa_2 A_2 \sin (\vartheta - \zeta). \end{cases}$$

Um unnütze Complicationen zu vermeiden, wollen wir gleich annehmen, dass die analysirende Polarisationsebene mit der ursprünglichen 90° bilde. Es gelangt sodann von obigen Strahlen ins Auge:

$$(x_1 + x_2) \sin i + (y_1 + y_2) \cos i = P \cos \vartheta + Q \sin \vartheta,$$

wo:

$$P = (A_1 + A_2 \cos \zeta + B_2 \sin \zeta) \sin i$$
$$+ (- \varkappa_1 B_1 + \varkappa_2 B_2 \cos \zeta - \varkappa_2 A_2 \sin \zeta) \cos i,$$
$$Q = (- B_1 + A_2 \sin \zeta - B_2 \cos \zeta) \sin i$$
$$+ (- \varkappa_1 A_1 + \varkappa_2 A_2 \sin \zeta + \varkappa_2 A_2 \cos \zeta) \cos i.$$

Hierin setzen wir für A_1, B_1, A_2, B_2 ihre Werthe ein, fügen den fortgelassenen Factor $A/(\varkappa_1 + \varkappa_2)^2$ hinzu, und erhalten nach einigen Reductionen:

$$P = \frac{2A\,(\varkappa_1 - \varkappa_2)}{(\varkappa_1 + \varkappa_2)^2}\left[2\cos 2i \sin \frac{1}{2}\zeta - (\varkappa_1 + \varkappa_2)\sin 2i \cos \frac{1}{2}\zeta\right]\sin\zeta\sin\frac{1}{2}\zeta,$$

$$Q = \frac{2A\,(\varkappa_1 - \varkappa_2)}{(\varkappa_1 + \varkappa_2)^2}\left[(\varkappa_1 + \varkappa_2)\sin 2i \cos \frac{1}{2}\zeta - 2\cos 2i \sin \frac{1}{2}\zeta\right]\cos\zeta\sin\frac{1}{2}\zeta,$$

und die resultirende Intensität:

$$J^2 = P^2 + Q^2 =$$

$$\frac{4A^2\,(\varkappa_1 - \varkappa_2)^2}{(\varkappa_1 + \varkappa_2)^4}\sin^2\frac{1}{2}\zeta\left[(\varkappa_1 + \varkappa_2)\sin 2i \cos \frac{1}{2}\zeta - 2\cos 2i \sin\frac{1}{2}\zeta\right]^2.$$

Es war $\zeta = 2\Theta$, und

$$\Theta = \frac{CD}{\lambda^2} + \frac{\pi D}{2\lambda a V}(a^2 - c^2)\,\varphi^2.$$

Schreiben wir für $\frac{1}{2}\zeta : \Theta$, so wird die zu discutirende Formel:

$$(22)\quad J^2 = \frac{4A^2\,(\varkappa_1 - \varkappa_2)^2}{(\varkappa_1 + \varkappa_2)^4}\sin^2\Theta\left[(\varkappa_1 + \varkappa_2)\sin 2i \cos \Theta - 2\cos 2i \sin \Theta\right]^2.$$

Wegen des Factors $\varkappa_1 - \varkappa_2$ wird das Centrum immer dunkel, denn dort ist $\varkappa_1 = \varkappa_2 = 1$; $\sin^2\Theta = 0$ giebt dieselben Ringe, wie eine einzelne der angewandten Platten. Die dunkeln Ringe sind bestimmt durch:

$$\Theta = 2m\frac{\pi}{2}.$$

Endlich bleibt noch die Bedeutung von

$$(\varkappa_1 + \varkappa_2)\sin 2i \cos \Theta - 2\cos 2i \sin \Theta = 0$$

zu erörtern. Es folgt daraus

$$(23)\qquad\qquad \tan \Theta = \frac{\varkappa_1 + \varkappa_2}{2}\tan 2i,$$

Zunächst ersehen wir, dass in jedem der vier Quadranten dieselbe Erscheinung auftreten muss, da die rechte Seite ungeändert bleibt, wenn wir i um 90^0 vermehren.

Solange der Einfallswinkel nicht bedeutend wird, können wir in erster Näherung $\frac{1}{2}(\varkappa_1 + \varkappa_2) = 1$ setzen. Dann wird

$$\tan 2i = \tan \Theta,$$

$$\Theta = 2i,\ 2i \pm \pi,\ \ldots$$

Von den hiedurch dargestellten Curven betrachten wir die erste:

$$\Theta = \frac{CD}{\lambda^2} + \frac{\pi D}{2\lambda a V}(a^2 - c^2)\,\varphi^2 = 2i.$$

Es wächst φ mit i, folglich ist die Curve eine rechte Spirale: welche im Centrum ($\varphi = 0$) bei

$$i = \frac{1}{2}\,\frac{C D}{\lambda^2}\,.$$

beginnt. Die strengere Gleichung (23) führt auch auf eine Spirale; dieselbe schneidet den ersten dunkeln Ring ($\Theta = \pi$) in $i = \frac{\pi}{2}$, die folgenden in $i = \pi,\ \frac{3\pi}{2},\ 2\pi \ldots$.

Das Gesammtresultat ist also: ein dunkles Centrum, die dunkeln Ringe der einfachen Platte und vier rechte vom Centrum ausgehende Spiralen, welche die Ringe immer in der ursprünglichen und analysirenden Polarisationsebene schneiden.

Wäre der Strahl zuerst in den linken dann in den rechten Krystall eingetreten, so wäre nur durch die ganze Rechnung das Vorzeichen von $\varkappa_1$ und $\varkappa_2$ um-

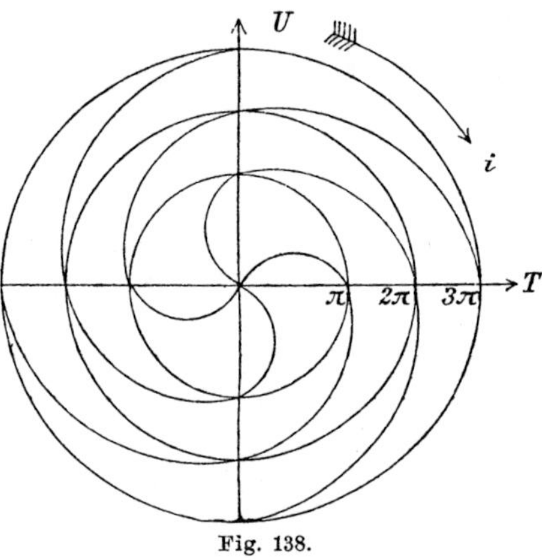

Fig. 138.

zukehren gewesen, denn hiedurch ist die geänderte Rotationsrichtung der elliptisch polarisirten Strahlen ausgedrückt. ·Es wird also endlich

$$\tan \Theta = -\ \frac{\varkappa_1 + \varkappa_2}{2}\,\tan 2i$$

oder nahe $\Theta = -\ 2i$ etc., also linke Spiralen.

Nachträge.

1. Zur Farbenmischung.

Eine nach Newtons Regel ausgeführte Rechnung giebt den Farbenton ziemlich richtig, weniger die Sättigungsverhältnisse, und spätere Untersuchungen[1]) haben gezeigt, dass seine Farbentafel einer Modification bedarf.

J. J. Müller fasst seine Beobachtungen über Mischung von Spectralfarben in folgendem Mischungsgesetze zusammen.

1) Es giebt im Spectrum zwei Gebiete: Roth bis b (gelbgrün) und Violett bis F (blaugrün), innerhalb deren jede Combination von zwei Farben in stetig sich änderndem Verhältnisse ihrer Mengen Mischfarben giebt, die einem stetigen Uebergange der Farbentöne von der einen zur andern Farbe im Spectrum entsprechen.

2) Es giebt im Spectrum Combinationen von zwei Farben, welche für ein stetig sich änderndes Verhältniss ihrer Mengen Mischfarben liefern, die einer stetigen Aenderung der Sättigung der einen und andern Farbe bis zu reinem Weiss entsprechen (Complementärfarben).

3) Alle übrigen Combinationen zweier Farben des Spectrums in allen möglichen Verhältnissen der Mengen geben, wenn die Farben weniger weit voneinander entfernt sind als Complementärfarben, die zwischen ihnen liegenden Farben des Spectrums, wenn sie aber weiter voneinander abstehen als Complementärfarben, die Farben zwischen jeder von ihnen und dem entsprechenden Ende des Spectrums und Purpur — je in variabeler Sättigung.

In einer Farbentafel, welche wie bei Newton die Mischfarben durch eine Schwerpunktsconstruction geben soll, wird also jedenfalls der geometrische Ort aller Farben vom Roth bis zur Linie b und

---

1) Helmholtz, Pogg. Ann. 87, pag. 45, 1852 und Physiologische Optik, pag. 272 und 843, 1867. Maxwell, Phil. Transact. 1860, pag. 57. J. J. Müller, Pogg. Ann. 139, pag. 411, 1870. Ueber die Principien, welche Newtons Verfahren zu Grunde liegen, s. Grassmann, Pogg. Ann. 89, pag. 69, 1853.

ebenso vom Violett bis zur Linie F eine Gerade sein müssen. Diese Geraden sind verbunden an ihren innern Enden durch eine kurze bogenförmig gekrümmte Linie, das Gebiet des Grün, und an ihren äusseren Enden durch eine dritte Gerade, den geometrischen Ort der gesättigten Purpurtöne.

Dieser allgemeine Charakter der Farbencurve muss sich in allen ihren Formen wiederfinden, die noch sehr verschieden ausfallen können. Es ist also ganz unmöglich, der Farbencurve die Kreisform von Newton zu geben, denn diese implicirt, dass zwei endlich voneinander entfernte Farben Mischfarben erzeugen, die weniger gesättigt sind als die zwischenliegenden Töne des Spectrums.

Beifolgende Figur giebt die Farbentafel nach J. J. Müller. Die

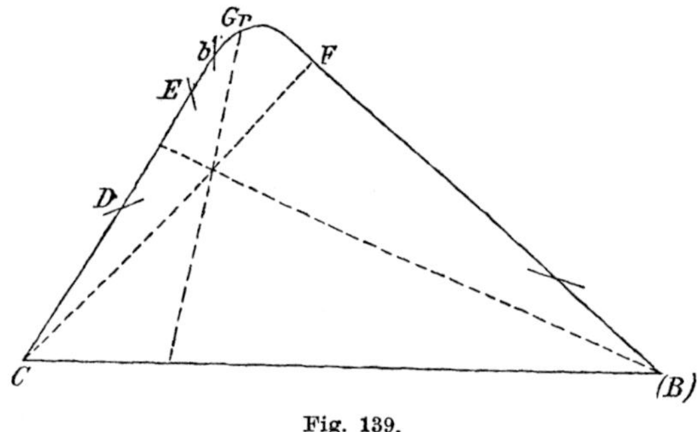

Fig. 139.

dort mit (B) bezeichnete Linie im Violett hat die Wellenlänge 0,0004226 mm.

2. Zur Theorie der Diffractionserscheinungen.

Die im Texte der Vorlesung mitgetheilte Fresnel'sche Theorie der Diffractionserscheinungen ergab durchgängig eine vollkommene Uebereinstimmung der theoretisch berechneten Orte der Maxima und Minima mit den beobachteten.

Die Werthe der Intensitäten an den verschiedenen Stellen des Diffractionsbildes sind aber nur als angenäherte zu betrachten, da bei der Berechnung derselben nicht darauf Rücksicht genommen ist, dass die Intensität des von den leuchtend gedachten Elementen der Oeffnung ausgesandten Lichtes von der Strahlungsrichtung abhängig ist[1]). Das Gesetz hiefür ist aus Fresnels Grundanschauungen von W. Voigt[2]) abgeleitet und durch photometrische Messungen bei ver-

---

1) Vgl. pag. 55.
2) Wied. Ann. 3, pag. 532, 1878.

schiedenen Neigungen eines Beugungsschirmes mit schmalem Spalt geprüft.

Trotz dieser neuen Bestätigung ist die Grundlage der Fresnel'-schen Berechnung der Beugungserscheinungen nicht haltbar.[1]) Um dieselbe noch einmal kurz zu recapituliren, so betrachteten wir die Elemente der Oeffnung des Beugungsschirmes (Fresnel einen von demselben begrenzten Theil einer Wellenfläche) als leuchtend an Stelle des leuchtenden Punktes und berechneten die resultirende Intensität an einer Stelle nach dem Interferenzprincip aus den Bewegungen, welche von allen Elementen der Oeffnung dorthin gelangen.

Wie schon angedeutet wurde, vermögen wir auf diesem Wege die Thatsache, dass eine Wellenoberfläche nach rückwärts keine Bewegungen sendet, nicht zu erklären. Es genügt aber noch nicht, dies als Nebenannahme hinzuzufügen; denn auf die volle Lichtwelle angewandt, führt die Fresnel'sche Betrachtungsweise auf unlösbare Widersprüche bezüglich der Phase. Wir finden dieselbe nämlich um $\frac{\pi}{2}$ (einer Wegdifferenz von $\frac{\lambda}{4}$ entsprechend) verschieden, je nachdem wir die Bewegung an einer Stelle direct vom leuchtenden Punkte oder durch Vermittelung einer zwischenliegenden Wellenfläche ableiten. Da wir diese Operation mehrmals hintereinander vornehmen können, so können wir sogar um beliebige Vielfache von $\frac{\pi}{2}$ verschiedene Werthe der Phase erhalten.

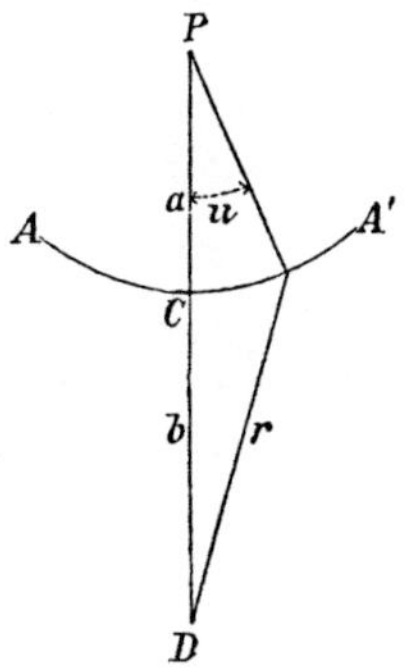

Die Phasendifferenz von $\frac{\pi}{2}$ können wir bereits durch eine etwas weitere Verfolgung der in der Vorlesung IV mitgetheilten Betrachtungen ableiten.

Wenn die Bewegung des leuchtenden Punktes P proportional ist mit $\cos \frac{t}{T} 2\pi$, und derselbe in der Entfernung 1 die Amplitude A erzeugt, so ist die direct nach D gelangende Bewegung:

$$\frac{A}{a+b} \cos \left(\frac{t}{T} - \frac{a+b}{\lambda} \right) 2\pi.$$

Fig. 140.

Andererseits bleibt von der Wirkung der als lichtaussendend substituirten Welle AA' nur der halbe Effect der Centralzone übrig, und um diesen zu berechnen, brauchen wir nur in

---

1) W. Voigt l. c.

der Formel pag. 53 für eine kreisförmige Oeffnung $\bar{r} = b + \dfrac{\lambda}{2}$ zu setzen, da ja dies der Werth des Radiusvectors von D nach dem Rand der Centralzone ist.

Wir erhalten so:

$$K \frac{A\lambda}{a+b} \sin\left(\frac{t}{T} - \frac{a+b}{\lambda}\right) 2\pi.$$

Die Vergleichung der beiden Formeln giebt zunächst die früher schon gezogene Folgerung $K\lambda = 1$, ausserdem zeigt sich aber thatsächlich die Phasendifferenz von $\dfrac{\pi}{2}$.

Voigt giebt folgende strengere Ableitung.

Die vom leuchtenden Punkt P ausgesandten Lichtstrahlen seien transversal, und es mögen die Amplituden und Schwingungsrichtungen derselben mit der Ausstrahlungsrichtung stetig sich ändern. Ist die Letztere durch die Winkel u, v (Abstand vom directen Strahl PD und „Länge") bestimmt, so wird die Amplitude in der Entfernung 1 gegeben sein durch $A F(u, v)$, wo F nebst seinen sämmtlichen Differentialquotienten nach u stetig ist. Im allgemeinsten Falle, wo das ausgesendete Licht elliptisch polarisirt ist, ist dasselbe in zwei aufeinander senkrechte Componenten ξ und η zu zerlegen, von denen die erstere zu einer bestimmten durch PD gelegten Ebene parallel sei. Es kommt dann noch eine Componente der Amplitude $B F_1(u, v)$ hinzu.

Auf der Welle mit dem Radius a sind die Amplituden $\dfrac{A F(u, v)}{a}$ und $\dfrac{B F_1(u, v)}{a}$. Die von einem Flächenelement do derselben nach D fortgepflanzte Amplitude ist nach Fresnel proportional mit $\dfrac{A F(u, v)}{a}$ $\left(\text{resp. } \dfrac{B F_1(u, v)}{a}\right)$ und mit $\dfrac{1}{r}$, ausserdem aber abhängig von den Winkeln v und μ (resp. μ_1), welche r mit der Normale von do und der Schwingungsrichtung bildet. Wir schreiben daher die Amplitude:

$$\frac{A F}{a r} do\varkappa f(v, \mu) \text{ resp. } \frac{B F_1}{b r} do\varkappa f(v, \mu_1),$$

wo $\varkappa$ eine Constante und f das unbekannte Ausstrahlungsgesetz bedeutet. $\varkappa$ sei so gewählt, dass f für $v = 0$ den Werth 1 erhält; für $v = \dfrac{\pi}{2}$ setzt Fresnel $f = 0$. Es sei auch f nebst seinen sämmtlichen Differentialquotienten nach v stetig.

Wenn die Componenten der Schwingung in P proportional waren mit $\cos \frac{t}{T} 2\pi$ und $\cos \frac{t+\tau}{T} 2\pi$, so gelangt über do nach D eine Bewegung:

$$\frac{A \cdot F \cdot f \cdot \varkappa}{ar} \, do \cos \left(\frac{t}{T} - \frac{a+r}{\lambda} \right) 2\pi,$$

resp.

$$\frac{B \cdot F_1 \cdot f_1 \cdot \varkappa}{ar} \, do \cos \left(\frac{t+\tau}{T} - \frac{a+r}{\lambda} \right) 2\pi.$$

Dies gilt für alle Elemente, welche dem Punkte D ihre äussere Seite zukehren, da sich nach Fresnel nach rückwärts keine Bewegung fortpflanzt.

Da alle Verrückungen transversal, also normal zu den betreffenden r sind, so sind die in D ankommenden nicht untereinander parallel.

Wir bilden die Componenten parallel der oben durch PD gelegten festen Ebene, senkrecht dagegen und nach der Richtung PD durch Multiplication mit gewissen trigonometrischen Ausdrücken, die durch c, s; c_1, s_1; c_2, s_2 angedeutet werden mögen.

Durch Summation der parallelen Componenten folgen die der Gesammtbewegung:

$$\begin{aligned}
\Xi = {} &\frac{A\varkappa}{a} \int do \, \frac{F \cdot f \cdot c}{r} \cos \left(\frac{t}{T} - \frac{a+r}{\lambda} \right) 2\pi \qquad \left\{ \begin{array}{l} J_1 \\[1.2em] {} + J_2 \end{array} \right. \\[0.3em]
&+ \frac{B\varkappa}{a} \int do \, \frac{F_1 f_1 s_1}{r} \cos \left(\frac{t+\tau}{T} - \frac{a+r}{\lambda} \right) 2\pi \\[1em]
H = {} &\frac{A\varkappa}{a} \int do \, \frac{F \cdot f \cdot s}{r} \cos \left(\frac{t}{T} - \frac{a+r}{\lambda} \right) 2\pi \qquad \left\{ \begin{array}{l} J_3 \\[1.2em] {} + J_4 \end{array} \right. \\[0.3em]
&+ \frac{B\varkappa}{a} \int do \, \frac{F_1 f_1 c_1}{r} \cos \left(\frac{t}{T} - \frac{a+r}{\lambda} \right) 2\pi
\end{aligned}$$

und ähnlich Z. Ueber die Grössen c, s, etc. brauchen wir nur zu wissen, dass für $u = 0$: $s = s_1 = s_2 = c_2 = 0$, $c = c_1 = 1$ ist, und dass sie nebst allen ihren Differentialquotienten nach φ stetige Funktionen von φ sind.

Es genügt, das Integral J_1

$$J_1 = \frac{A\varkappa}{a} \int do \, \frac{F \cdot f \cdot c}{r} \cos \left(\frac{t}{T} - \frac{a+r}{\lambda} \right) 2\pi$$

weiter zu behandeln, bei welchem die Integration auszudehnen ist über das Stück innerhalb des von D aus construirten Tangentenkegels.

Da $do = a^2 \sin u \, du \, dv$ und

$$r^2 = (a+b)^2 + a^2 - 2a(a+b)\cos u,$$

so ergiebt sich leicht:

$$J_1 = \frac{A\varkappa}{a+b} \int\limits_0^{2\pi} dv \int\limits_b^{\sqrt{b^2+2ab}} dr\, \Phi \cos\left(\frac{t}{T} - \frac{a+r}{\lambda}\right) 2\pi,$$

wo $\Phi = F \cdot f \cdot c$ nebst allen Differentialquotienten im Integrationsgebiete stetig ist.

Hieraus folgt durch partielle Integration:

$$J_1 = \frac{A\varkappa}{a+b} \int\limits_0^{2\pi} dv \left\{ \left[-\frac{\lambda}{2\pi} \Phi \sin\left(\frac{t}{T} - \frac{a+r}{\lambda}\right) \right]_b^{\sqrt{b^2+2ab}} \right.$$

$$\left. + \left[\Phi \left(\frac{\lambda}{2\pi}\right)^2 \cos\left(\frac{t}{T} - \frac{a+r}{\lambda}\right) 2\pi \right]_b^{\sqrt{b^2+2ab}} + \cdots \right\}.$$

Wir ziehen aber mit Fresnel nur solche Entfernungen b in Betracht, gegen welche λ als unendlich klein erster Ordnung angesehen werden kann. Es stellt dann das erste Glied das Resultat mit ausreichender Genauigkeit dar. Für die obere Grenze verschwindet Φ, da die parallel zu einem Flächenelement fortgepflanzte Amplitude $= 0$ war und es bleibt daher:

$$J_1 = \frac{A\varkappa\lambda}{2\pi(a+b)} \int\limits_0^{2\pi} dv\, F(o) \sin\left(\frac{t}{T} - \frac{a+b}{\lambda}\right) 2\pi,$$

indem für die untere Grenze f und $c = 1$ werden.

Die Integration nach v kann noch ausgeführt werden, weil $F(o)$ davon unabhängig ist, sodass

$$J_1 = \frac{A\varkappa\lambda F(o)}{a+b} \sin\left(\frac{t}{T} - \frac{a+b}{\lambda}\right) 2\pi.$$

Wegen der an Stelle von c auftretenden Coefficienten s_1, s, s_2, c_2 verschwinden die Integrale J_2 und J_3, sowie die ganze Componente Z und es ergiebt sich daher schliesslich:

$$\Xi = \frac{A\varkappa\lambda F(o)}{a+b} \sin\left(\frac{t}{T} - \frac{a+b}{\lambda}\right) 2\pi,$$

$$H = \frac{B\varkappa\lambda F_1(o)}{a+b} \sin\left(\frac{t+\tau}{T} - \frac{a+b}{\lambda}\right) 2\pi.$$

Setzen wir nach Fresnel $\varkappa = \frac{1}{\lambda}$, so wird die Amplitude in D $\frac{A F(o)}{a+b}$ resp. $\frac{B F_1(o)}{a+b}$ wie bei directer Fortpflanzung, die Phase erscheint aber um $\frac{\pi}{2}$ verzögert.

Voigt verallgemeinert die Betrachtungen noch auf den Fall einer Ebene und einer beliebigen Fläche, deren Elemente als leuchtend an Stelle des lichtaussendenden Punktes angenommen werden, und zeigt, dass der Verlust einer Viertelwellenlänge von der Form der Fläche sowie von dem angenommenen Ausstrahlungsgesetz unabhängig ist.

Es fragt sich nun, worin der Fehler der Fresnel'schen Behandlungsweise besteht. Das Huyghens'sche Princip ist unzweifelhaft richtig. Es zeigt auch die Elasticitätstheorie in den Fällen, wo die Rechnung sich durchführen lässt (z. B. für ebene und kugelförmige Wellen), dass man den Zustand eines elastischen Mediums nicht nur aus dem Anfangszustande, sondern aus einem beliebigen Zwischenstadium herleiten kann.

Der Fehler liegt vielmehr in einer falschen Berechnungsart der Wirkung einer leuchtenden Fläche oder noch allgemeiner in der Unhaltbarkeit des Principes von der Coëxistenz kleiner Bewegungen in seiner gewöhnlichen Fassung.[1])

Fresnels Schluss ist folgender:

Bringt von n leuchtenden Punkten $x_1 y_1 z_1 \ldots x_n y_n z_n$, die nach den Gesetzen $u_1(t)$, $u_2(t) \ldots u_n(t)$ schwingen, an einer Stelle xyz jeder einzelne für sich allein die Verrückung $U_1(t, x, y, z) \ldots U_n(t, x, y, z)$ hervor, so bewirken sie zugleich schwingend die Bewegung

$$U = \sum_{1}^{n} {}^{h} U_h \cdot$$

Dies ist aber falsch.

Denn damit U_h die vom Punkte $x_h y_h z_h$ fortgepflanzte Bewegung sei, muss es erfüllen 1) die Hauptgleichung der Elasticität (kurz $G(U) = 0$) und 2) die Randbedingung, dass $U_h(t, x_h, y_h, z_h) = u_h(t)$ ist.

Die analogen Bedingungen müsste nun auch U erfüllen und zwar n der Gleichung (2) analoge an allen n-Punkten; — dies ist aber durchaus nicht der Fall, und somit ist es unrichtig, nach dem Princip der Coëxistenz kleiner Bewegungen auch nur die Interferenzen zweier leuchtender Punkte zu berechnen.

Sind die leuchtenden Punkte in endlichen Entfernungen voneinander, so ist der gemachte Fehler gering, da in diesem Falle U an jedem leuchtenden Punkte nicht sehr viel von dem verlangten Werthe abweicht: U_h nimmt nämlich ab indirect proportional mit der Entfernung vom Punkte h, am Punkte k überwiegt also U_k weit

---

1) W. Voigt, Crelle's Journal 89, pag. 322, 1880.

die übrigen Glieder der Summe; — er ist aber äusserst beträchtlich, wenn die Punkte unendlich benachbart sind, also etwa eine sogenannte leuchtende Fläche (z. B. eine Wellenfläche) erfüllen — zumal wenn noch dazu die benachbarten Punkte verschiedene Schwingungszustände haben. Dies erklärt denn vollständig den Widersinn des Fresnel'schen Resultates.

Eine Diffractionsformel, welche bezüglich der Amplitude mit der Fresnel'schen übereinstimmt, den Verlust von $\lambda/4$ aber nicht zeigt, leitet Voigt aus den Gleichungen der Elasticität folgendermassen ab.

Das Licht falle aus grosser Entfernung senkrecht auf die Ebene des Beugungsschirmes, in welchem sich eine kleine Oeffnung A befinde. Das Huyghens'sche Princip gestattet jede beliebige durch die Ränder der Oeffnung A begrenzte Fläche A_1 an Stelle der eigentlichen Lichtquelle als leuchtend einzuführen, wenn ihre Form nur so gewählt wird, dass bis zu ihr hin die Schwingungen der Lichtquelle sich ungehindert ausbreiten können. Den Einfluss der Ränder der Oeffnung ignoriren wir, da die Beobachtung zeigt, dass die Erscheinung von ihrer Beschaffenheit unabhängig ist.

Gesucht wird der Schwingungszustand in einem Punkte O, dessen Entfernung von der Oeffnung gegen ihre Dimensionen sehr gross sei.

Nur die Elemente des Flächenstückes A_1 senden ihre Bewegungen nach O; es kann daher, indem wir den Schirm ganz fortdenken, für das ursprüngliche Problem folgendes substituirt werden: Zu bestimmen ist der Schwingungszustand an einer beliebigen Stelle O eines unbegrenzten Mediums, wenn die Theilchen einer gegen die Entfernung von O sehr kleinen Fläche A_1 in gegebenen Oscillationen erhalten werden. Zur Zeit $t = 0$ seien Verrückung und Geschwindigkeit überall $= 0$.

Die Fläche A_1 werde nun so bestimmt. Um O beschreiben wir eine Kugel, welche die Oeffnung A schneidet und projiciren die Oeffnung A durch die einfallenden Lichtstrahlen auf die Kugelfläche. Als Fläche A_1 nehmen wir nun diese Projection und die Cylinderstückchen, welche ihre Ränder mit denen von A verbinden. Da die Diffractionserscheinungen aber nur in nächster Nähe der Normale von A auftreten, so sind diese Cylinderstückchen zu vernachlässigen, und wir können das Problem weiter dahin modificiren:

Es ist zu bestimmen der Schwingungszustand im Mittelpunkt einer Kugel vom Radius l, wenn derselbe für ihre Oberfläche als Function der Zeit gegeben, und für $t = 0$ im Innern der ganzen Kugel Ruhe ist.

Die Lösung dieser allgemeineren Aufgabe wird nur zu speciali-siren sein für den Fall, dass Bewegung nur auf einem kleinen Theil A_1 der Kugelfläche vorhanden ist.

Auf einen Unterschied des ursprünglichen und des substituirten Problemes möge gleich hier hingewiesen werden. In Wirklichkeit pflanzt sich die nach O gelangte Bewegung durch den gegenüber-liegenden Theil der construirten Kugel fort, ohne Bewegung zurück-zusenden. Indem aber der Zustand der Kugel im substituirten Problem künstlich erhalten gedacht ist, wird die Kugel für auffallende Be-wegungen undurchdringlich, und letztere werden demnach reflectirt. Das substituirte Problem muss daher ausser der direct von A_1 nach O gelangenden Bewegung (welche das eigentliche Problem auch giebt) eine unendliche Anzahl reflectirter geben, welche das eigent-liche Problem nichts angehen.

Es sei nun das Medium — der Lichtäther — incompressibel. Dadurch werden die allgemeinen elastischen Gleichungen für die auf-einander senkrechten Verrückungscomponenten u, v, w, wenn ε die Dichtigkeit, λ und μ die Elasticitätsconstanten bezeichnen:

$$\varepsilon \frac{\partial^2 u}{\partial t^2} = \mu \varDelta u,$$

$$\varepsilon \frac{\partial^2 v}{\partial t^2} = \mu \varDelta v, \quad \left(\varDelta = \frac{\partial^2}{\partial x^2} + \frac{\partial^2}{\partial y^2} + \frac{\partial^2}{\partial z^2} \right),$$

$$\varepsilon \frac{\partial^2 w}{\partial t^2} = \mu \varDelta w.$$

Die Bedingung der Incompressibilität

$$\delta = \frac{\partial u}{\partial x} + \frac{\partial v}{\partial y} + \frac{\partial w}{\partial z} = 0$$

brauchen wir weiter nicht hierin einzuführen, da sich zeigen wird, dass, wenn die Bewegung auf A_1 derselben nicht widerspricht, diese Bedingung von selbst allenthalben erfüllt ist.

Die räumliche Dilatation δ genügt der Differentialgleichung (für ein compressibles Medium)

$$\varepsilon \frac{\partial^2 \delta}{\partial t^2} = (2\mu + \lambda) \varDelta \delta,$$

welche sich ergiebt, wenn wir die allgemeinen elastischen Differential-gleichungen nach x, y, z differenziren und addiren.

Da sämmtliche Differentialgleichungen die nämliche Form be-sitzen, so betrachten wir allgemein eine Function $f(t, x, y, z)$, welche der Gleichung genügt

$$\frac{\partial^2 f}{\partial t^2} = a^2 \varDelta f$$

und auf der Kugelfläche als $\bar{f}(t)$ gegeben ist, endlich für $t = 0$ den Relationen $f = 0$, $\dfrac{\partial f}{\partial t} = 0$ genügt.

Die Einführung von Polarcoordinaten um O giebt:

$$\frac{\partial^2 f}{\partial t^2} = \frac{a^2}{r^2}\left[\frac{\partial r^2 \dfrac{\partial f}{\partial r}}{\partial r} + \frac{1}{\sin \varphi}\frac{\partial \sin \varphi \dfrac{\partial f}{\partial \varphi}}{\partial \varphi} + \frac{1}{\sin^2 \varphi}\frac{\partial^2 f}{\partial \psi^2}\right].$$

Die gesuchte Grösse $f\,(t, r = 0)$, oder kurz f_0, lässt sich aber auffassen als Mittelwerth von f auf einer unendlich kleinen um O beschriebenen Kugel; und es ist zu vermuthen, dass derselbe auch nur vom Mittelwerth der gegebenen Grösse f abhängen wird. Multipliciren wir daher die Hauptgleichung mit $r^2 \sin \varphi \, d\varphi d\psi$ und setzen:

$$\int\limits_{0}^{2\pi}\int\limits_{0}^{\pi} \frac{r^2 \sin \varphi \, d\varphi \, d\psi}{4\pi r^2} \cdot f = M; \quad M_{(r=l)} = \overline{M},$$

so folgt für diesen Mittelwerth die Gleichung:

$$\frac{\partial^2 M}{\partial t^2} = \frac{a^2}{r^2}\frac{\partial r^2 \dfrac{\partial M}{\partial r}}{\partial r} = a^2\left[\frac{\partial^2 M}{\partial r^2} + \frac{2}{r}\frac{\partial M}{\partial r}\right],$$

indem nämlich die Integration des zweiten Terms wegen des Factors $\sin \varphi$, der für 0 und π verschwindet, 0 ergiebt und auch der dritte Term fortfällt, da $\dfrac{\partial f}{\partial \psi}$ für die beiden Grenzen $\psi = 0$ und 2π denselben Werth besitzt.

Setzen wir

$$rM = N, \quad \tau = at,$$

so folgt für N:

$$\frac{\partial^2 N}{\partial \tau^2} = \frac{\partial^2 N}{\partial r^2}$$

und, wenn wir

$$\frac{\tau + r}{\sqrt{2}} = \xi, \quad \frac{\tau - r}{\sqrt{2}} = \eta \,^1)$$

einführen

$$\frac{\partial^2 N}{\partial \xi \, \partial \eta} = 0.$$

Im $r\tau$-Coordinatensystem stellt sich das Problem so dar: N ist gegeben auf einer zur τ-Axe im Abstande $r = l$ gezogenen Parallelen P als Function von τ und ferner auf dem Stück der r-Axe (d. h. für $\tau = 0$) von 0 bis l als Function von r. A sei ein Punkt der τ-Axe entsprechend $\tau = \tau_1$, für welchen der Werth von N gesucht wird.

---

1) Voigt setzt $\dfrac{\tau + r}{2} = \xi$, $\dfrac{\tau - r}{2} = \eta$, doch ist dies für die folgende geometrische Darstellung unbequem.

Die ξ-Axe halbirt den Quadranten
zwischen $+\,\tau$ und $+\,r$, die η-Axe
den zwischen $+\,\tau$ und $-\,r$.

Wir integriren längs einer gebrochenen Geraden und zwar zunächst
von A parallel $-\,\eta$ bis zum Punkte
B auf P, dann parallel $-\,\xi$ bis C
auf der τ-Axe, wieder $\parallel -\,\eta$ bis D
auf P und so fort, bis endlich die
r-Axe irgendwo in K zwischen 0 und
l geschnitten wird. Wir bilden dann
folgende Summe von Integralen,

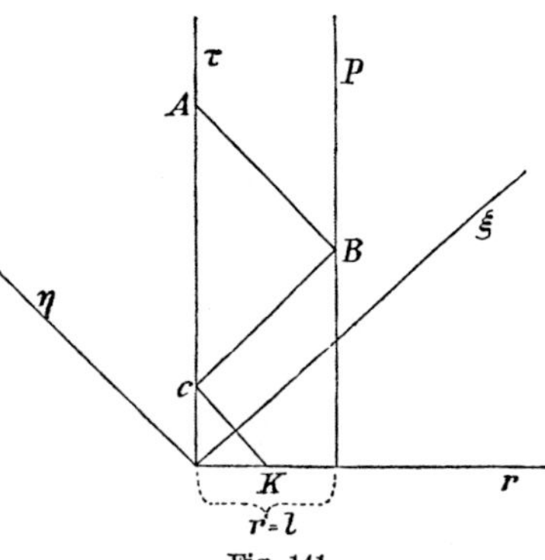

Fig. 141.

welche verschwindet, da jeder einzelne Theil $=0$ ist:

$$0 = \int_B^A \frac{\partial^2 N}{\partial\xi\,\partial\eta}\,d\eta + \int_B^C \frac{\partial^2 N}{\partial\xi\,\partial\eta}\,d\xi + \int_D^C \frac{\partial^2 N}{\partial\xi\,\partial\eta}\,d\eta \cdots \pm \int_K^J \frac{\partial^2 N}{\partial\xi\,\partial\eta}\,dn.$$

Hierin liegen A, C, $E\ldots$ auf der τ-Axe, B, D, $F\ldots$ auf P,
K auf der r-Axe, J je nach Umständen auf der τ-Axe oder P, wonach auch dn durch $d\eta$ oder $d\xi$ zu ersetzen ist. Es sei — was auf
das Resultat ohne Einfluss ist — das erstere der Fall, also $dn = d\eta$,
so giebt die Ausführung der Integration:

$$0 = \left[\frac{\partial N}{\partial\xi}\right]_A - \left[\frac{\partial N}{\partial\xi}\right]_B - \left[\frac{\partial N}{\partial\eta}\right]_B + \left[\frac{\partial N}{\partial\eta}\right]_C$$

$$+ \left[\frac{\partial N}{\partial\xi}\right]_C - \left[\frac{\partial N}{\partial\xi}\right]_D \cdots + \left[\frac{\partial N}{\partial\xi}\right]_J - \left[\frac{\partial N}{\partial\xi}\right]_K.$$

Ersetzen wir die Differentiationen durch solche nach τ und r
(multipliciren mit $\sqrt{2}$) und bedenken, dass für K (d. h. $\tau = 0$) N
und seine Differentialquotienten verschwinden, so wird

$$0 = \left[\frac{\partial N}{\partial\tau} + \frac{\partial N}{\partial r}\right]_A - 2\left[\frac{\partial N}{\partial\tau}\right]_B + 2\left[\frac{\partial N}{\partial\tau}\right]_C - 2\left[\frac{\partial N}{\partial\tau}\right]_D + \cdots 2\left[\frac{\partial N}{\partial\tau}\right]_J.$$

Hierin führen wir für N seinen Werth Mr ein, berücksichtigen,
dass in A, C, $E\ldots r = 0$ ist, und erhalten:

$$0 = M_A - 2\left[\frac{\partial(Mr)}{\partial\tau}\right]_B - 2\left[\frac{\partial(Mr)}{\partial\tau}\right]_D - \cdots$$

oder wegen der Bedeutung der Indices A, B, $D\cdots$:

$$M_{\substack{r=0\\t=t_1}} = \frac{2\,l}{a}\left(\frac{\partial\overline{M}}{\partial t}\right)_{t=t_1} - \frac{l}{a} + \frac{2\,l}{a}\left(\frac{\partial\overline{M}}{\partial t}\right)_{t=t_1-\frac{l}{a}} - \frac{2\,l}{a} + \cdots$$

Augenscheinlich stellt hierin das erste Glied die direct eintretende
Welle, die folgenden die ein- zweimal u. s. w. reflectirten dar.

Nach den obigen Auseinandersetzungen brauchen wir für das Diffractionsproblem nur den ersten Term, also

$$M_{\substack{r=0\\t=t_1}} = \frac{2\,l}{a}\left(\frac{\partial \overline{M}}{\partial t}\right)_{t=t_1-\frac{l}{a}}$$

Zur Anwendung auf die Diffractionserscheinungen haben wir noch $\overline{M}$, d. h. den Mittelwerth von f auf der Kugel vom Radius l zu berechnen.

Das Schwingungsgesetz aller Theilchen in der Ebene der Oeffnung A sei

$$f = m \cos \frac{t}{T}\, 2\pi,$$

dann ist, indem die Fläche A, wenn l gegen ihre Dimensionen sehr gross ist, als eben betrachtet werden kann, in A_1

$$\bar{f} = m \cos \left(\frac{t}{T} - \frac{x \sin \nu}{\lambda}\right) 2\pi,$$

wenn ν den Winkel zwischen den beiden Ebenen und x den Abstand der betrachteten Stelle von ihrer Schnittlinie bedeutet.

Hieraus folgt zunächst

$$\overline{M} = \frac{1}{4\pi l^2}\, m \int d o_1 \cos \left(\frac{t}{T} - \frac{x \sin \nu}{\lambda}\right) 2\pi,$$

wo das Integral über A_1 auszudehnen ist, und

$$f_0 = M_{\substack{r=0\\t=t_1}} = \frac{2\,l\,m}{4\pi l^2 a} \int d o_1\, \frac{d}{d t}\left[\cos \left(\frac{t}{T} - \frac{x \sin \nu}{\lambda}\right) 2\pi\right]_{t=t_1-\frac{l}{a}}$$

$$= -\frac{m}{l\lambda} \int d o_1 \sin \left(\frac{t}{T} - \frac{l + x \sin \nu}{\lambda}\right) 2\pi.$$

$l + x \sin \nu$ ist aber bis auf Glieder zweiter Ordnung in Beziehung auf ν gleich der Entfernung ϱ des Punktes O von dem Elemente $d o$, dessen Projection auf die Kugel $d o_1$ ist, und ebenso genau ist auch $d o = d o_1$. Wir erhalten also

$$f_0 = -\frac{m}{l\lambda} \int d o \sin \left(\frac{t}{T} - \frac{\varrho}{\lambda}\right) 2\pi$$

und dieses ist die Fresnel'sche Diffractionsgleichung, nur dass hier statt cos. richtig: — sin. steht.

3. Zum Fermat'schen Princip.

Das Princip ist in der Vorlesung wie üblich als das Princip der schnellsten Ankunft bezeichnet. Beschränkt man sich aber nicht auf den Fall ebener Trennungsflächen der verschiedenen Medien, so braucht die Zeit

$$\frac{AB}{V_1} + \frac{BC}{V_2} + \cdots \frac{MN}{V_n} = T,$$

während welcher der Strahl von der Lichtquelle A zu dem gegebenen Punkt N sich fortpflanzt, nicht ein Minimum zu sein; sie kann ebensogut ein Maximum oder weder ein Maximum noch Minimum sein. Vielmehr genügt $\delta T = 0$, d. h. die Aenderung der Zeit beim Uebergang zu unendlich benachbarten Wegen muss ∞ klein höherer Ordnung werden.

Fälle, in denen der Lichtstrahl den Weg von längster Dauer wählt, sind häufig. Liegt z. B. der leuchtende Punkt A in Luft, und ist das Medium jenseits der Kugelfläche (Centrum C) GG_1 Glas, so empfängt ein auf der Linie AC gelegener Punkt B sein Licht immer auf der Geraden ASB. Ob diese schneller oder langsamer zurückgelegt wird als die gebrochene

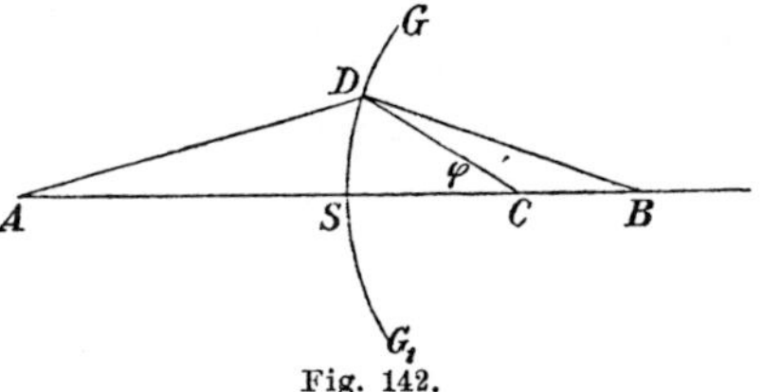

Fig. 142.

Linie ADB, hängt von der Lage von A und B ab. Wenn $AS = a$, $SB = b$, der Kugelradius $= r$ und $\sphericalangle SCD = \varphi$, so ist mit Vernachlässigung höherer Potenzen von φ:

$$AD = a + \frac{1}{2}\frac{(a + R)R}{b}\varphi^2,$$

$$DB = b - \frac{1}{2}\frac{(b - R)R}{a}\varphi^2,$$

und die Differenz der Zeiten:

$$\left(\frac{AD}{V} + \frac{DB}{V_1}\right) - \left(\frac{AS}{V} + \frac{SB}{V_1}\right) = \frac{R\varphi^2}{2}\left[\frac{(a + R)}{aV} - \frac{(b - R)}{bV_1}\right].$$

Diese wird **negativ**, wenn

$$\frac{b - R}{bV_1} > \frac{a + R}{aV},$$

oder mit Einführung der Brechungscoefficienten:

$$\frac{(b - R)n_1}{b} > \frac{(a + R)n}{a},$$

$$\frac{n_1 - n}{R} > \frac{n}{a} + \frac{n_1}{b},$$

was für hinreichend grosse a und b eintritt, und dann haben wir Fortpflanzung auf dem Wege längster Dauer.

Die **Fresnel**'schen Zonen sind hier so zu construiren, dass von jeder folgenden das Licht um eine halbe Undulationsdauer **früher** anlangt.

Besonders wichtig ist der Fall, dass sämmtliche von dem leuchtenden Punkte ausgehenden Strahlen, die innerhalb einer Kegelöffnung liegen, nach den verschiedenen Reflexionen und Brechungen wieder in einem Punkte N vereinigt werden, das Licht also auf unendlich vielen Wegen von A nach N gelangt. Punkte dieser Art nennt man conjugirte Brennpunkte.

Es lässt sich nach dem Vorhergehenden bereits übersehen, dass dies nur eintreten kann, wenn auf sämmtlichen Wegen zwischen A und N das Licht dieselbe Zeit braucht.

Die Fresnel'schen Zonen lassen sich nicht construiren, vielmehr langen alle Strahlen innerhalb des erwähnten Kegels mit derselben Phase in N an und ihre Verrückungen summiren sich dort einfach.

Es ist dies der öfter — z. B. bei der Fresnel'schen Lupe — verwerthete Satz, dass auf den verschiedenen Wegen zwischen conjugirten Brennpunkten die Strahlen keine Phasendifferenz erlangen, diese Wege vielmehr „optisch äquivalent" sind.

Bei der Wichtigkeit dieses Satzes ist vielleicht eine directere Begründung nicht überflüssig.[1]

Die von einem leuchtenden Punkte ausgehende Lichtwelle breitet sich zunächst kugelförmig aus, und die Lichtstrahlen, welche mit den Radien zusammenfallen, stehen senkrecht auf der Wellenfläche. Es treffe die Welle nun auf die Grenze eines andern homogenen (unkrystallinischen) Mediums. Um die Wellenfläche, bis zu der die Lichtstrahlen in einer gegebenen Zeit vorgedrungen sind, zu construiren, haben wir nach Huyghens mit geeigneten Radien um jeden Punkt der Grenze eine Kugel zu construiren und erhalten die Wellenfläche als einhüllende Fläche der sämmtlichen Kugeln.

Die Strahlen sind die Radien jeder Kugel nach ihrem Berührungspunkt mit der Enveloppe, somit stehen die Strahlen auch auf dieser, d. h. der Wellenfläche senkrecht.

Diese Eigenschaft der Wellenfläche, normal zu den Lichtstrahlen zu sein, bleibt, wie eine Wiederholung dieser Betrachtung zeigt, nach allen Brechungen und Reflexionen erhalten. Sollen nun die Strahlen schliesslich wieder in einen Punkt N zusammenlaufen, so müssen im letzten Medium die Wellenflächen Kugelstücke sein, in deren Centrum N liegt.

Hieraus folgt unmittelbar, dass alle Wege von A bis N in der nämlichen Zeit durchlaufen werden.

____

1) Vgl. Verdet, Vorlesungen über die· Wellentheorie des Lichtes, bearb. von K. Exner. pag. 41.

4. Anwendung der prismatischen Zerlegung des Lichtes auf Interferenzerscheinungen.

Wenn weisses Licht einfällt, vermögen wir die Newton'schen Farbenringe nur etwa bis zum siebenten, also bis auf eine Wegdifferenz von sieben Wellenlängen für mittleres Licht zu verfolgen. Obwohl das reflectirte Licht von da an dem Auge weiss erscheint, ist es doch nicht mit dem einfallenden weissen Lichte identisch, vielmehr fehlen diejenigen Strahlengattungen, für welche die Wegdifferenz gleich ist einem ungeraden Vielfachen einer halben Wellenlänge, also:

$$(1) \qquad \delta = (2m + 1)\,\frac{\lambda_m}{2}\,.$$

Lassen wir daher das reflectirte Licht durch ein Spectroscop gehen, so ist das Spectrum von dunkeln Streifen durchzogen an denjenigen Stellen, welche den fehlenden Strahlen entsprechen.

Aehnlich können wir bei dem Fresnel'schen Spiegelversuch und anderen Interferenzerscheinungen verfahren, wenn die relative Verzögerung der beiden weissen Strahlen zu gross ist, um eine bemerkbare Färbung durch die Interferenz hervortreten zu lassen.

Die Formel (1) zeigt zunächst, dass die dunkeln Streifen um so näher aneinander liegen, je grösser die Wegdifferenz wird. Für zwei aufeinanderfolgende Streifen haben wir nämlich

$$\delta = (2m + 1)\,\frac{\lambda_m}{2} = (2m + 3)\,\frac{\lambda_{m+1}}{2},$$

$$\lambda_m - \lambda_{m+1} = \frac{4\,\delta}{(2m + 1)\,(2m + 3)} = \frac{2\lambda_m}{2m + 3},$$

und diese Differenz wird mit wachsendem m (und δ) immer geringer.

Benutzen wir Sonnenlicht, so zeigen sich ausser den Interferenzstreifen noch die Fraunhofer'schen Linien, und da die Wellenlängen der Letzteren nach den Messungen von Angström genau bekannt sind, so vermögen wir auch die Wellenlänge für jeden Streifen anzugeben.

Hievon kann nun in verschiedener Weise Anwendung gemacht werden.

Zwischen zwei Fraunhofer'schen Linien, deren Wellenlängen λ und λ', seien p Streifen gezählt, so ist ($\lambda > \lambda'$ angenommen)

$$\delta = (2m + 1)\,\frac{\lambda}{2} = (2m + 2p + 1)\,\frac{\lambda'}{2},$$

woraus

$$(2) \qquad 2m + 1 = \frac{2p\lambda'}{\lambda - \lambda'}; \qquad \delta = \frac{p\lambda\lambda'}{\lambda - \lambda'}.$$

Fizeau und Foucault[1]) benutzten dies Mittel, um die Interferenz für grosse Gangunterschiede nachzuweisen.

Bei einem Versuche mit dem Fresnel'schen Spiegelapparat zählten sie zwischen den Linien E und F 141 Interferenzstreifen. Da nun die entsprechenden Wellenlängen 0,00052691 und 0,00048607 sind, so folgt $2m + 1 = 3357$, sodass eine Interferenz bis auf 1678 Wellenlängen für die Linie E, und bis auf 1819 für F statt fand.[2])

Fizeau und Foucault erhielten noch Streifen durch die Interferenz des an der Vorder- und Hinterfläche einer Glasplatte von 0,537 mm Dicke reflectirten Lichtes. Die Streifen waren zu fein, um noch gezählt werden zu können, doch liess sich die Wegdifferenz aus der Dicke und dem Brechungscoefficienten berechnen und betrug für F 3406 Wellenlängen; in einem andern Versuch war dieselbe 7394 Wellenlängen für G.

Stefan[3]) sah bei einer andern Versuchsanordnung die Interferenzstreifen im Spectrum noch für 15560 Wellenlängen bei H.

Die Analyse durch das Prisma kann ebenso auf dasjenige Licht angewandt werden, welches durch einen Polarisator, eine doppelbrechende Krystallplatte und einen Analysator gegangen ist. Auch hier treten Interferenzstreifen auf für Dicken, bei denen man keine Färbung mehr wahrzunehmen vermag.[4])

Broch[5]) benutzte dies Princip, um die Drehung der Polarisationsebene für Strahlen verschiedener Wellenlänge zu bestimmen, wenn dieselben einen Bergkrystall parallel der Axe durchlaufen.

Je nach der Dicke der Platte erscheinen im Spectrum ein oder mehrere dunkle Streifen, denjenigen Wellenlängen entsprechend, für welche die gedrehte Polarisationsebene auf der analysirenden senkrecht steht. Der Krystall sei ein rechter, seine Dicke D, die analysirende Polarisationsebene T schliesse mit der ursprünglichen U einen Winkel α ein, und ε_λ sei der Betrag der Drehung durch

---

1) Ann. de chim. et de phys. (3) 26, pag. 138. 1849.

2) Fizeau giebt 1737, die Differenz beruht wohl auf einer Ungenauigkeit der Werthe der Wellenlängen.

3) Sitzungsberichte der Wiener Akademie, Bd. 50, pag. 392. 1865.

4) Vgl. Fizeau und Foucault l. c.

5) Doves Repertorium, Bd. 7, pag. 115.

eine Platte von 1 mm für die Wellenlänge λ, so ist für einen der dunkeln Streifen

$$(3) \qquad D\varepsilon_\lambda - \alpha = (2n + 1)\,\frac{\pi}{2},$$

wo n eine ganze Zahl (unter Umständen auch 0 und -1) ist.

Um jeden Zweifel über den Werth von n zu heben, genügt eine rohe directe Bestimmung der Drehung für einen Quarz von geringer Dicke.

Drehen wir nun den Analysator im Sinne des Uhrzeigers, so wird sich jeder der Streifen nach dem violetten Ende des Spectrums bewegen (bei einem linken Krystall nach dem rothen Ende). Denn einer Zunahme von α entspricht nach (3) eine solche von $D\varepsilon_\lambda$, und da ε_λ mit abnehmendem λ wächst, so tritt die Verdunkelung für kleinere Wellenlängen auf.

Durch eine geeignete Drehung können wir den Interferenzstreifen mit einer beliebigen Fraunhofer'schen Linie, welche der Wellenlänge λ entspricht, zur Coincidenz bringen; lesen wir das entsprechende α ab, so haben wir sofort die zugehörige Drehung durch einen Quarz von 1 mm

$$\varepsilon_\lambda = \frac{\alpha + (2n + 1)\,\dfrac{\pi}{2}}{D}.$$

In dieser Weise sind die pag. 245 angegebenen Zahlen von Broch ermittelt.

5. Interferentialrefractoren. Jamin's Compensator.

Die erste Beobachtung der Interferenzerscheinungen dicker Platten rührt von Brewster her. In einer Röhre, welche einerseits mit einer engen Oeffnung versehen war, befestigte er zwei genau gleich dicke planparallele Glasplatten, die untereinander einen kleinen Winkel bildeten und nahe senkrecht gegen die Axe standen.

Beim Hindurchsehen nach der Oeffnung erblickte er ausser dem directen Bilde

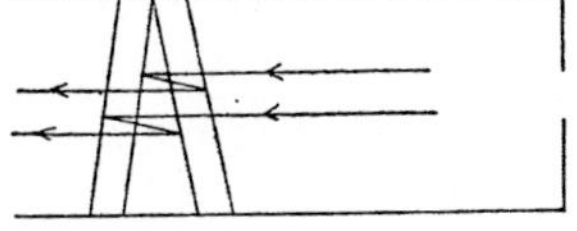

Fig. 143.

der Oeffnung seitlich ein schwächeres, und dieses war parallel der Durchschnittslinie der beiden Platten von Interferenzstreifen durch-
zogen. Wie in beistehender Figur angedeutet, entstehen dieselben durch Interferenz zweier Strahlen, von denen der eine an der zweiten Platte eine äussere und an der ersten eine innere Reflexion erlitten hat, während der andere umgekehrt an der zweiten Platte im Glase und an der ersten in Luft reflectirt ist.

Wir gehen auf die Berechnung dieser Erscheinung nicht näher ein.

Ebenfalls auf der Benutzung dicker Platten beruht der Interferentialrefractor von Jamin.[1]) Wir beschreiben denselben in der Form, welche er durch Quincke[2]) erhalten hat.

Der Haupttheil des Apparates besteht aus zwei gleich dicken Glasplatten G_1 und G_2, welche unter einem sehr kleinen Winkel gegeneinander geneigt sind.

Aus einem einfallenden Strahl SA_1 entsteht ein eindringender A_1A_2 und ein reflectirter A_1B_1, von welchem ein Theil B_1B_2 eindringt. Wir verzichten hier auf eine Berücksichtigung der wiederholten Reflexionen und beschränken uns auf die Untersuchung der beiden Strahlen, welche an einer Platte eine äussere, an der andern eine innere Reflexion erlitten haben, also

$$SA_1B_1B_2B_3C_1 \quad \text{und} \quad SA_1A_2A_3B_3'C_2.$$

Befindet sich das Auge des Beobachters in C_1, so gelangt $B_3'C_2$ zwar nicht in dasselbe; fällt jedoch eine ebene Lichtwelle ein, so giebt es immer einen einfallenden Strahl, welcher einen correspondirenden liefert, der mit B_3C_1 zusammenfällt.

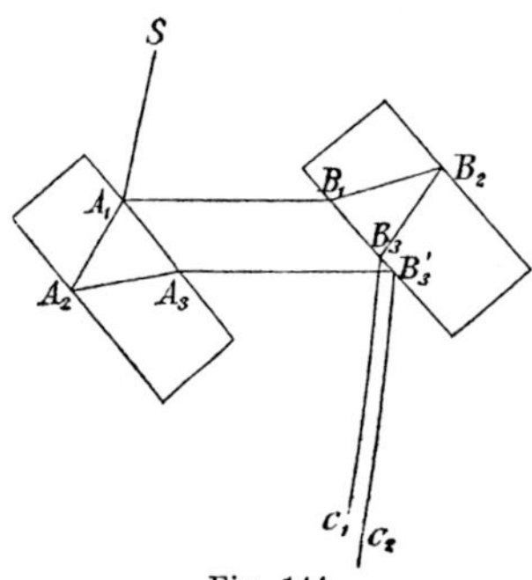

Fig. 144.

Der Gangunterschied der beiden Strahlen hängt ausser von der Dicke und dem Brechungscoefficienten der Platten und von ihrer Neigung gegeneinander auch noch von dem Einfallswinkel ab.

Fällt weisses Licht ein, so wird die zweite Platte farbig erscheinen und zwar der ganzen Ausdehnung nach in derselben Farbe, wenn die einfallende Lichtwelle eben war, während für divergentes Licht Streifen verschiedener Farbe auftreten werden.

Das von der zweiten Platte reflectirte Licht kann prismatisch untersucht werden.

Der Hauptvorzug des Apparates ist der, dass die beiden interferirenden Strahlen zwischen den beiden Platten in einer relativ grossen Entfernung parallel neben einander hergehen, sodass zu untersuchende Körper leicht in ihren Weg eingeschaltet werden können.

Sei D die Dicke der beiden Platten, φ und φ_1 der Einfalls- und

1) Annales de chimie et de physique (3) 52, pag. 163. 1858.
2) Quincke, Pogg. Ann. 132, pag. 29. 1867.

Brechungswinkel, so ist $A_1 A_3 = 2D \tan \varphi_1$, die Entfernung E der beiden Strahlen $A_3 F = A_1 A_3 \cos \varphi$, also

$$E = 2D \cos \varphi \tan \varphi_1.$$

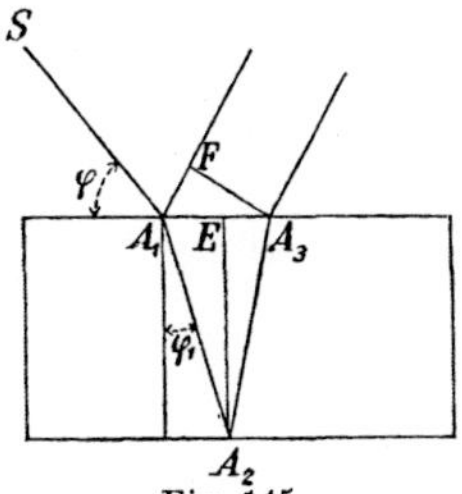

Die Entfernung E hat ein Maximum, welches aus

$$\sin^4 \varphi - 2n^2 \sin^2 \varphi + n^2 = 0$$

oder

$$\tan^4 \varphi = \frac{n^2}{n^2 - 1}$$

folgt. Ist $n = 1{,}5$, so ist derjenige Werth des Einfallswinkels, für welches dies Maximum eintritt, $\varphi = 49^0 12'$, und das Maximum von E selbst $D \cdot 0{,}764$.

Um nun die Phasendifferenz der beiden interferirenden Strahlenbündel zu bestimmen, berechnen wir zunächst unter Annahme einer ebenen einfallenden Welle die Verzögerung der auf der Rückseite der Platte reflectirten Welle gegen die auf der Vorderseite reflectirte. Diese Verzögerung wird gleich sein derjenigen der Strahlen $S A_1 F$ und $S A_1 A_2 A_3$ (bis zur Lage $A_3 F$ der reflectirten Wellenebene), also die Phasendifferenz:

$$2\pi \left[\frac{A_1 A_2 + A_2 A_3}{\lambda_1} - \frac{A_1 F}{\lambda} \right] = 2\pi \left[\frac{2D}{\lambda_1 \cos \varphi_1} - \frac{2D \tan \varphi_1 \sin \varphi}{\lambda} \right],$$

oder mit Berücksichtigung von $\lambda = n\lambda_1$ und $\sin \varphi = n \sin \varphi_1$

$$2\pi \cdot \frac{2Dn \cos \varphi_1}{\lambda}.$$

Die Phasendifferenz ist also ebensogross, als wenn der Wegunterschied in Luft $2Dn \cos \varphi_1$ betrüge.

Der Brechungswinkel in der zweiten Platte sei ψ_1, so wird hier umgekehrt der vorher vorauseilende Strahl verzögert um

$$2Dn \cos \psi_1,$$

sodass also schliesslich $B_3' C_2$ gegen $B_3 C_1$ um

$$2Dn \left[\cos \varphi_1 - \cos \psi_1 \right]$$

zurückbleibt.

Diese Formel schreiben wir zunächst

$$2D \left[\sqrt{n^2 - \sin^2 \varphi} - \sqrt{n^2 - \sin^2 \psi} \right],$$

wo ψ den Einfallswinkel an der zweiten Platte bedeutet.

Die beiden Platten mögen nun einen kleinen Winkel α einschliessen, so ist $\psi = \varphi + \alpha$ und mit Vernachlässigung zweiter Potenzen von α:

$$\sin \psi = \sin (\varphi + \alpha) = \sin \varphi + \alpha \cos \varphi,$$
$$\sin^2 \psi = \sin^2 \varphi + \alpha \sin 2\varphi,$$
$$\sqrt{n^2 - \sin^2 \psi} = \sqrt{n^2 - \sin^2 \varphi} - \frac{\alpha \sin 2\varphi}{2 \sqrt{n^2 - \sin^2 \varphi}}.$$

Die Verzögerung ist also (auf Luft bezogen):
$$\frac{D\alpha \sin 2\varphi}{\sqrt{n^2 - \sin^2 \varphi}}.$$

Durch Aenderung des Winkels α können wir dieselbe in weiten Grenzen variiren.

Quincke betrachtet das von der zweiten Platte reflectirte Licht mit einem Spectroscop; es erscheinen Interferenzstreifen an den Stellen des Spectrums, wo
$$\frac{D\alpha \sin 2\varphi}{\sqrt{n^2 - \sin^2 \varphi}} = (2m + 1) \frac{\lambda}{2};$$

je grösser α wird, umso zahlreicher werden die dunkeln Streifen.

In den Weg der beiden interferirenden Strahlen zwischen den Platten des Interferentialrefractors schaltete Jamin (und nach seinem Vorgange Quincke) einen Compensator ein, dessen Zweck es ist, den beiden Strahlen einen beliebigen Gangunterschied zu ertheilen, resp. einen durch andere Vorgänge erzeugten Gangunterschied wieder aufzuheben. Der Jamin'sche Compensator besteht aus zwei genau gleich dicken Glasplatten, welche unter einem kleinen Winkel gegeneinander geneigt fest miteinander verbunden sind. Dieselben werden auf ein Goniometer so aufgesetzt, dass ihr Durchschnitt der Axe desselben parallel ist, und der so vorgerichtete Apparat derart aufgestellt, dass der eine der interferirenden Strahlen des Interferentialrefractors durch die eine, der zweite durch die andere Glasplatte hindurchgeht. Durch Drehung am Goniometer wird die Neigung beider Platten gegen die Richtung der Strahlen um dieselbe Grösse geändert; da die Platten aber nicht parallel sind, sondern einen kleinen Winkel untereinander einschliessen, so ist der hiedurch hinzugefügte Gangunterschied etwas verschieden.

Wir suchen zunächst die Verzögerung, welche ein Lichtstrahl

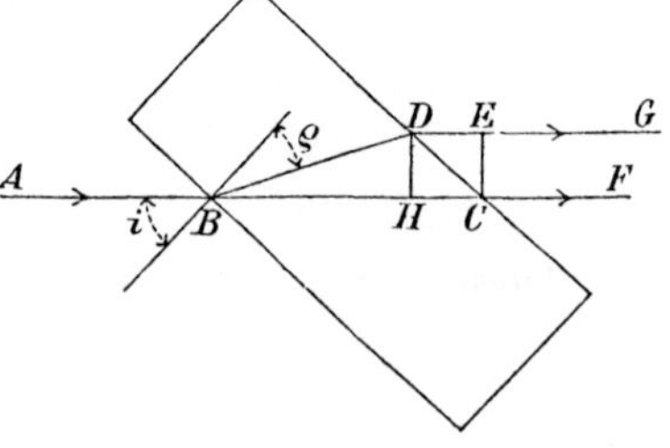

Fig. 146.

durch eine in seinen Weg unter einer beliebigen Neigung eingeschaltete Platte erfährt.

Sei AF der Weg des Strahles ohne Platte, $ABDG$ mit derselben, so fällen wir die Senkrechte CE auf DG und haben als Werth der Verzögerungsphase:

$$\delta = 2\pi \left[\frac{BD}{\lambda_1} + \frac{DE}{\lambda} - \frac{BC}{\lambda} \right] = 2\pi \left[\frac{BD}{\lambda_1} - \frac{BH}{\lambda} \right].$$

Ist $\varDelta$ die Dicke der Platte, i und ϱ Einfalls- und Brechungswinkel, so ist

$$BH = BD \cos (i - \varrho),$$
$$BD = \frac{\varDelta}{\cos \varrho}, \quad \lambda_1 = \frac{\lambda}{n},$$

und

$$\delta = 2\pi \frac{\varDelta}{\lambda \cos \varrho} \left[n - \cos (i - \varrho) \right] = \frac{2\pi\varDelta}{\lambda} \left[n \cos \varrho - \cos i \right],$$

was einem Wege in Luft vom Betrage

$$\varDelta \left[n \cos \varrho - \cos i \right]$$

entspricht.

Wir unterscheiden jetzt die auf die beiden Platten des Compensators bezüglichen Grössen durch die Indices 1 und 2, so ist der durch denselben eingeführte Wegunterschied

$$(1) \quad \begin{aligned} \delta_1 - \delta_2 &= \varDelta \left[n (\cos \varrho_1 - \cos \varrho_2) - (\cos i_1 - \cos i_2) \right] \\ &= \varDelta \left[n \left(\sqrt{1 - \frac{\sin^2 i_1}{n^2}} - \sqrt{1 - \frac{\sin^2 i_2}{n^2}} \right) - \left(\sqrt{1 - \sin^2 i_1} - \sqrt{1 - \sin^2 i_2} \right) \right]. \end{aligned}$$

Die Platten mögen nun untereinander einen kleinen Winkel $2c$ einschliessen, und die Halbirungslinie des von ihnen gebildeten stumpfen Winkels sei gegen die einfallenden Strahlen unter ω geneigt, so wird sein:

$$i_1 = \omega + \varepsilon, \quad i_2 = \omega - \varepsilon.$$

Wir wollen nun die Formel (1) entwickeln, indem wir vierte Potenzen von ω und ε noch beibehalten. Hierdurch wird:

$$\delta_1 - \delta_2 = \varDelta \left[\begin{array}{l} \frac{1}{2} \sin^2 i_1 - \frac{1}{2} \sin^2 i_2 \\[4pt] + \frac{1}{8} \sin^4 i_1 - \frac{1}{8} \sin^4 i_2 \end{array} - n \left\{ \begin{array}{l} \frac{1}{2} \frac{\sin^2 i_1}{n^2} - \frac{1}{2} \frac{\sin^2 i_2}{n^2} \\[4pt] + \frac{1}{8} \frac{\sin^4 i_1}{n^4} - \frac{1}{8} \frac{\sin^4 i_2}{n^4} \end{array} \right\} \right]$$

$$= \frac{\varDelta}{2} \left[(\sin^2 i_1 - \sin^2 i_2) \left(1 - \frac{1}{n} \right) + \frac{1}{4} (\sin^4 i_1 - \sin^4 i_2) \left(1 - \frac{1}{n^3} \right) \right]$$

$$= \frac{\varDelta}{2} (\sin^2 i_1 - \sin^2 i_2) \left(\frac{n-1}{n} \right) \left[1 + \frac{1}{4} \cdot \frac{n^3 - 1}{n^2(n-1)} (\sin^2 i_1 + \sin^2 i_2) \right]$$

$$= \frac{\varDelta(n-1)}{2n} \sin 2\omega \sin 2\varepsilon \left[1 + \beta (\sin^2 (\omega + \varepsilon) + \sin^2 (\omega - \varepsilon)) \right],$$

wo

$$\beta = \frac{n^3 - 1}{4\,n^2\,(n-1)},$$

oder, indem wir noch den letzten Term der Parenthese entwickeln:

$$= \frac{\varDelta\,(n-1)}{2\,n}\,\sin 2\,\omega\,\sin 2\,\varepsilon\left[1 + 2\,\beta\,(\omega^2 + \varepsilon^2)\right].$$

Aendern wir durch Drehung am Goniometer den Winkel ω um eine kleine Grösse $\delta\,\omega$, so wächst hierdurch die Wegdifferenz um

$$\delta\,\omega\,\frac{\varDelta\,(n-1)}{2\,n}\,\sin 2\,\varepsilon\left[2\cos 2\,\omega\left(1 - 2\,\beta\,(\omega^2 + \varepsilon^2)\right) + \sin 2\,\omega \cdot 4\,\beta\,\omega\right]$$

oder, wenn wir entwickeln:

$$\delta\,\omega\,\frac{\varDelta\,(n-1)}{n}\,\sin 2\,\varepsilon\,M,$$

wo

$$M = 1 - 2\,\varphi^2\,(1 - 3\,\beta) - 2\,\beta\,\varepsilon^2.$$

M ist wenig von 1 verschieden. Wollen wir einen Wegunterschied einführen, der gerade λ beträgt, so müssen wir also drehen um

$$\delta\,\omega = \frac{\lambda\,n}{\varDelta\,(n-1)\,\sin 2\,\varepsilon \cdot M}.$$

Die ganze Zusammenstellung der Apparate bei Quincke zeigt Fig. 147. Das von einem Heliostaten horizontal reflectirte Licht fällt durch einen Collimator C mit Spalt und achromatischer Linse auf die Platten G_1 und G_2 des Interferentialrefractors. Die beiden interferirenden Strahlenbündel treten nach der Reflexion an G_2 in ein Prismensystem mit gerader Durchsicht und weiter in ein kleines auf unendliche Entfernung eingestelltes Fernrohr. Hiedurch wird ein reines Spectrum

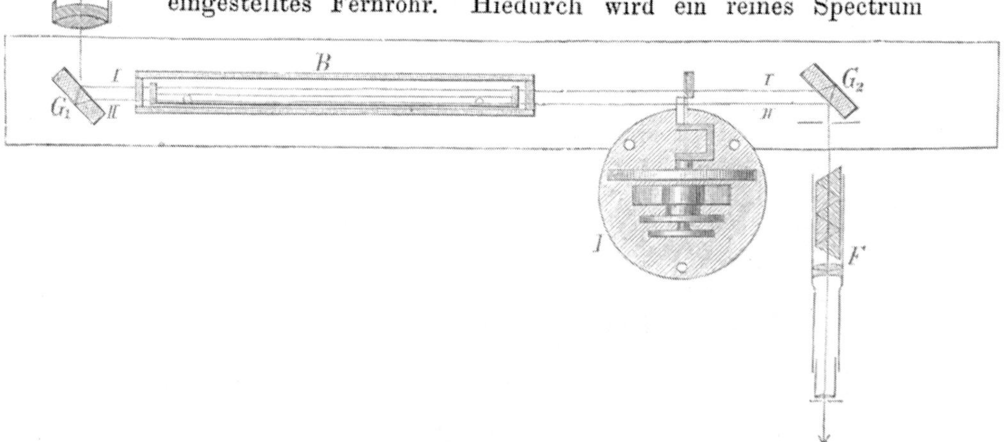

Fig. 147.

erzeugt, das von den Fraunhofer'schen Linien und Interferenzstreifen durchzogen ist.

G_1 ist fest, G_2 steht auf einem Messingtischchen (in der Zeichnung fortgelassen), welches um eine vertikale Axe gedreht werden kann mit Hülfe eines Hebels, auf welchen eine Schraube wirkt.

Quincke untersuchte die Aenderung des Brechungscoefficienten von Flüssigkeiten durch Druck. Es ging daher das eine der interferirenden Strahlenbündel durch eine Flüssigkeitssäule, welche einem variablen Drucke unterworfen werden konnte, das andere durch eine ebensolange unter Atmosphärendruck; in den Gang der interferirenden Strahlenbündel war noch der Jamin'sche Compensator J eingeschaltet.

Es wurde ein Interferenzstreifen auf eine Fraunhofer'sche Linie durch Drehen des Compensators eingestellt und dann der Druck auf die Flüssigkeit in dem einen Rohre langsam variirt, wodurch zugleich der Brechungscoefficient sich änderte und die Interferenzstreifen sich verschoben. Es wurde die Anzahl a der Streifen gezählt, welche das (mit der Fraunhofer'schen Linie zusammenfallende) Fadenkreuz passirten, und der letzte hindurchgegangene Streifen durch Drehung des Compensators auf das Fadenkreuz zurückgeführt.

Betrug der Drehungswinkel ψ und war ψ_1 der (durch eine vorgängige Untersuchung ermittelte) Werth desselben, welcher bei der betreffenden Fraunhofer'schen Linie einer Verschiebung um einen Interferenzstreifen entsprach, so waren also

$$y = a + \frac{\psi}{\psi_1}$$

Streifen vorübergegangen. Dies ist äquivalent mit einer Verzögerung von y Wellenlängen in Luft.

Ist nun L die Länge der beiden Flüssigkeitssäulen, λ_1, n_1 Wellenlänge und Brechungscoefficient der unter Atmosphärendruck stehenden, λ_2, n_2 die entsprechenden Grössen für die andere, so ist die Phasendifferenz

$$2\pi\left[\frac{L}{\lambda_1} - \frac{L}{\lambda_2}\right] = \frac{2\pi L(n_1 - n_2)}{\lambda}$$

entsprechend $L(n_1 - n_2)$ Wellenlängen in Luft. Wir haben also:

$$L(n_1 - n_2) = y\lambda; \quad n_1 - n_2 = \frac{y\lambda}{L},$$

worin für λ die Wellenlänge der benutzten Fraunhofer'schen Linie in Luft zu setzen ist.

6. Farben dicker Platten (Interferenz des gebeugten Lichtes).

Die ersten hierher gehörigen Erscheinungen sind bereits beobachtet von Newton.[1]) In ein dunkles Zimmer trat ein schmales Bündel von Sonnenstrahlen und fiel durch eine kleine in einem Kartenblatte angebrachte Oeffnung auf einen gläsernen hinten belegten Hohlspiegel, welcher so aufgestellt war, dass sein Krümmungsmittelpunkt gerade in der Oeffnung des Kartenblattes lag. Es coincidirte sodann das Bild der Oeffnung mit der Oeffnung selbst, und die durch dieselbe eintretenden Strahlen werden wieder durch dieselbe zurückreflectirt. Die Oeffnung war umgeben von 4—5 gefärbten Ringen ähnlich denen der nach Newton benannten Farbenringe im durchgehenden Licht.

Die Reihenfolge der Farben war: Centrum Weiss, Violett, Indigo, Blau, Grünlich, Gelb, Roth u. s. w.; die Quadrate der Durchmesser verhielten sich für die hellsten Stellen wie die geraden Zahlen, für die dunkelsten wie die ungeraden Zahlen. Bei Anwendung homogenen Lichtes waren die Ringe abwechselnd hell und dunkel und zwar für rothes Licht ausgedehnter als für violettes. Die Ringdurchmesser waren der Quadratwurzel aus der Glasdicke umgekehrt proportional. In der oben angegebenen Stellung war die Deutlichkeit der Ringe am grössten; sie nahm ab, wenn das Kartenblatt in einer anderen Entfernung gehalten wurde.

Wurde die Axe des Spiegels gegen das einfallende Lichtbündel allmählich geneigt, so kehrte dasselbe· nicht mehr durch die Oeffnung zurück, sondern das Bild derselben lag seitlich. Das weisse Centrum erweiterte sich zu einem weissen Kreise, der durch die Oeffnung und ihr Bild ging und die Verbindungslinie derselben zum Durchmesser hatte. Innerhalb und ausserhalb des weissen Ringes lagen farbige, und bei wachsender Neigung tauchten im Centrum immer neue Farben auf, welche sich zu Ringen erweiterten.

War das einfallende Licht homogen, so hatte der vorher weisse Ring für alle Farben gleichen Durchmesser; die Abstände der dunkeln Ringe waren für Roth grösser als für Violett.

Als Newton sein Auge an die Stelle brachte, wo die Ringe am deutlichsten erschienen, sah er den Spiegel mit farbigen Streifen bedeckt. Bewegte er das Auge, so änderten sie ihre Lage.

Ein einfacher Metallspiegel zeigte keine der beschriebenen Erscheinungen.

____

1) Optice Lib. II, P. IV.

Newton suchte daher ihre Ursache in einer Zerstreuung des Lichtes an der Vorderseite des Glases, verfiel trotzdem aber nicht darauf, dieselbe durch künstliche Trübung zu vermehren. Dies that erst der Duc de Chaulnes[1]), nachdem er gesehen, dass die Intensität des Phänomens nach zufälligem Behauchen zunahm. Er benutzte verdünnte Milch; noch besser ist die Anwendung anorganischer Pulver, z. B. Bleiweiss. Der Duc de Chaulnes variirte die Versuche vielfach; so erhielt er die Ringe auch, als er vor einen einfachen Metallspiegel eine getrübte Glimmerplatte brachte. Eine Reihe paralleler Drähte gab einen hellen Streif von lebhaft gefärbten Streifen durchschnitten, ja sogar eine einfache Messerklinge erzeugte eine ähnliche Erscheinung, zwar schwach aber hinreichend deutlich, um die Identität mit den früheren festzustellen.

Nach der Undulationstheorie versuchte zuerst Th. Young[2]) die Farben dicker Platten zu erklären; er leitete sie ab von der Interferenz zweier Lichtbündel, von denen das eine beim Eintritt in das Glas zerstreut, und dann regelmässig zurückgeworfen und gebrochen, das andere aber erst regelmässig gebrochen und zurückgeworfen und dann bei seiner Rückkehr durch die erste Fläche zerstreut wird. Eine weitere Ausführung gab Herschel[3]), der Newtons Messungen in Uebereinstimmung fand mit den Resultaten seiner Rechnung.

Volle Klarheit ist in die Theorie erst von Stokes gebracht.[4]) Es interferiren nach ihm zwei Strahlen, von denen der eine beim Eintritt, der andere beim Austritt an demselben Theilchen eine Beugung erfahren haben.

Dass wir es bei diesen Erscheinungen mit einer Beugung und nicht mit einer Zerstreuung durch gewöhnliche Diffusion zu thun haben, geht schon aus dem Versuche des Duc de Chaulnes mit der Messerklinge vor dem Metallspiegel und aus analogen Versuchen von Biot und Pouillet hervor, welche vor einen Metallspiegel einen Schirm mit beliebigen beugenden Oeffnungen setzten. Die Ringe treten nur da auf, wo durch die Beugung Licht aufgetragen wird.

Stokes benutzte zum Nachweise das verschiedene Verhalten des polarisirten Lichtes gegen Beugung und Diffusion: während polarisirtes Licht nach der Beugung auch noch vollkommen polarisirt bleibt, tritt bei der Diffusion eine Depolarisation ein. Als nun Stokes die Ringe

---

1) Mémoires de l'académie des sciences 1755, pag. 136.
2) Phil. Transact. 1802, pag. 41.
3) Treatise on light Art. 676—687.
4) Cambridge Phil. Transact. Vol. 9, P. 2. Pogg. Ann. Erg. III.

mit polarisirtem Lichte erzeugte und durch einen Analysator betrachtete, verschwanden sie gänzlich für eine bestimmte Stellung des
Letzteren. Lommel[1]) wiederholte die Beobachtung mit demselben
Erfolg, und verstärkt die Beweiskraft des Versuches noch durch die
Bemerkung, dass nachdem das Ringsystem durch Drehung des Analysators ausgelöscht war, die getrübte Oberfläche des Spiegels
doch vermöge des von ihr ausgestrahlten diffusen Lichtes
sichtbar blieb. Dieses konnte also nicht bei der Bildung der Ringe
betheiligt sein.

Endlich hat Lommel[2]) die Trübung durch intensitiv gefärbte
Pulver (Zinnober, Ultramarin) bewirkt. Würden die Ringe durch
das diffuse reflectirte Licht erzeugt, so müssten sie in der Eigenfarbe
des Pulvers erscheinen; thatsächlich war aber ein Unterschied gegen
die Färbung für weisse Pulver nicht zu bemerken.

Wir wollen noch einige andere hierher gehörige Erscheinungen
beschreiben.

Stokes brachte in den Krümmungsmittelpunkt eines Hohlspiegels
von Glas mit getrübter Vorderfläche eine kleine Flamme. Dieselbe
zeigte sich von einem lebhaft gefärbten Ringsystem umgeben, welches
im Raume festzustehen schien, wie er auch das Auge bewegte,
gerade als ob die Ringe körperlich wären.

Whewell erblickte eine Reihe von Farbenstreifen, als er das an
einem hinten belegten (und vorn getrübten) Glasspiegel reflectirte
Bild einer nahe beim Auge gehaltenen Kerze betrachtete.

Einer vollständigen Untersuchung ist hier der Kopfschatten
hinderlich, eine Schwierigkeit, die wir jedoch durch Anwendung
eines unter 45^0 geneigten unbelegten Glases zu umgehen vermögen.

Wir können entweder nach Stokes das einfallende Licht durch
das Glas hindurchgehen lassen und das vom Spiegel zurückkehrende
Licht seitwärts nach dem Auge reflectiren, oder wir können (nach
Lommel) das einfallende Licht von der Glasplatte reflectiren lassen
und durch dieselbe hindurchsehen. Es verhält sich dann so, als be-
fände sich im ersten Falle das Auge, im zweiten die Lichtquelle am
Orte ihres Spiegelbildes in der Glasplatte. Wir können auf diese
Weise z. B. die Erscheinung thatsächlich beobachten, welche ein am
Orte der Lichtquelle befindliches Auge sehen würde, eine Bedingung,
die direct natürlich nicht erfüllbar ist.

---

1) Pogg. Ann. Erg. VIII, pag. 103, 1878.
2) l. c. pag. 104.

Benutzen wir zur Erzeugung der Trübung eine Substanz, welche aus sehr nahe gleich grossen Körperchen besteht, z. B. Lycopodium, so erzeugen diese zunächst, wie bei Behandlung der Höfe um Sonne und Mond auseinandergesetzt wurde, die Diffractionserscheinung, welche einem einzelnen der Körperchen entspricht, also die sogen. Fraunhofer'schen Ringe. Ausserdem treten noch die Erscheinungen dicker Platten auf, welche das Ringsystem durchschneiden. Die beiden Theile des Phänomens sind leicht zu unterscheiden, da die Fraunhofer'schen Ringe für alle Stellungen des Auges und der Lichtquelle das Bild dieser Letzteren zum Centrum haben, während die Newton'-schen (resp. Whewell'schen) Streifen bei Bewegung des Auges und der Lichtquelle wandern.

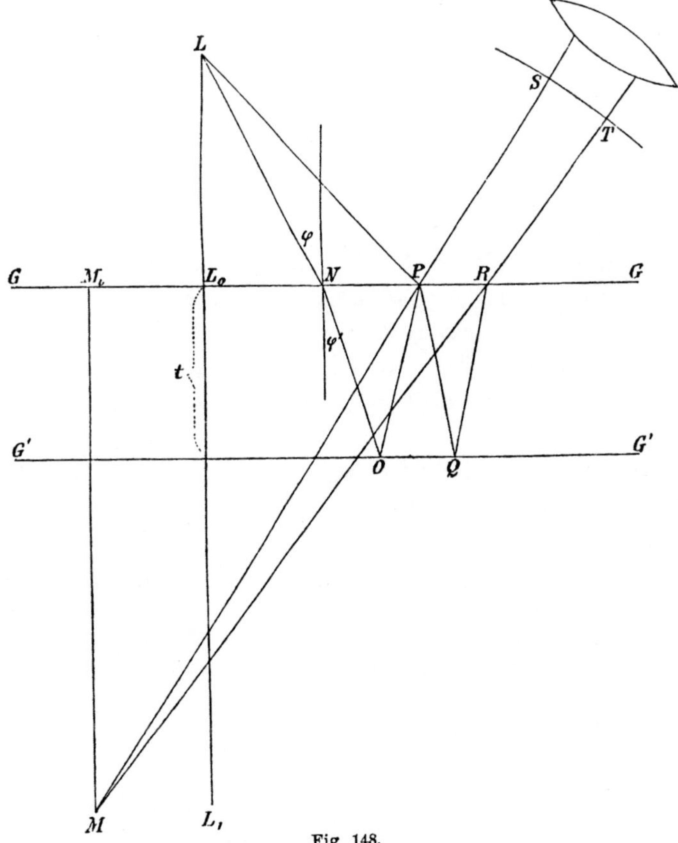

Fig. 148.

Sind die zur Trübung dienenden Theilchen von sehr ver-schiedener Grösse, wie bei Milch, Bleiweiss etc., so kommen die

Fraunhofer'schen Ringe nicht zu Stande, da die durch die einzelnen Theilchen erzeugten Beugungsbilder ihre Maxima und Minima an verschiedenen Stellen haben, und wir sehen nur die Erscheinungen dicker Platten.

Wir wollen hier nur die Theorie der Whewell'schen Streifen im Anschlusse an Stokes entwickeln.

In Fig. 148 sei GG die getrübte Vorderfläche, $G'G'$ die belegte Hinterfläche des Spiegels, L der leuchtende Punkt, L_1 sein Spiegelbild. Die Beobachtung lehrt, dass wir, um die Streifen zu sehen, unser Auge nahezu auf L_1 accomodiren müssen; wir suchen also die Interferenzerscheinung, welche in dem nahe L_1 gelegenen Punkt M zu Stande kommt.

In P befinde sich ein beugendes Theilchen, und sei $LNOPS$ ein Strahl, der in N regelmässig gebrochen, in O reflectirt und in P so gebeugt ist, dass er von M herzukommen scheint; der Strahl $LPQRT$ sei zunächst an demselben Theilchen P gebeugt und habe dann in Q und R eine reguläre Zurückwerfung und Brechung erfahren, derart, dass RT rückwärts verlängert auch durch M geht.

Wir brauchen die Strahlen bei Berechnung der Verzögerung nur bis zu einer um M beschriebenen Kugelfläche zu verfolgen, auf welcher S und T gelegen sein mögen, denn von hier aus sind ihre Wege bis zur Netzhaut äquivalent.

Bemerkt sei noch, dass $LNOP$ in einer Ebene liegen und ebenso $PQRS$, dass aber PS und LP im Allgemeinen aus diesen Ebenen heraustreten.

Die reducirten Wege der beiden Strahlen sind nun, wenn n der Brechungscoefficient des Glases:

$$R_1 = LN + n(NO + OP) + PS = LN + 2nNO + MS - MP,$$
$$R_2 = LP + n(PQ + QR) + RT = LP + 2nPQ + MT - MR.$$

Wir führen ein rechtwinkliges Coordinatensystem mit vorläufig unbestimmtem Anfangspunkt ein, dessen x- und y-Axe in der getrübten Fläche liegen und dessen z-Axe nach der Seite des leuchtenden Punktes gerichtet ist. Es seien die Coordinaten von L: a, b, c, von M: a', b', c' (also c' eine negative Grösse), von P: x, y, 0. Nennen wir weiter noch t die Dicke des Glases, φ den Einfallswinkel, φ' den Brechungswinkel des Strahles LNO, so wird

$$(1) \qquad R_1 = \frac{c}{\cos\varphi} + \frac{2nt}{\cos\varphi'} + MS - \sqrt{(a'-x)^2 + (b'-y)^2 + c'^2}.$$

Die Entfernung s des Theilchens P vom Fusspunkte L_0 des Lothes LL_0 wird sein

$$(2) \qquad s = c \tan \varphi + 2t \tan \varphi',$$

ferner ist

$$(3) \qquad \sin \varphi = n \sin \varphi'.$$

Wir entwickeln nun und haben mit Fortlassung dritter Potenzen von φ und φ' und vierter Potenzen von $\frac{s'}{c'}$ ($s' = M_0 P$):

$$(4) \quad R_1 = c\left(1 + \tfrac{1}{2}\varphi^2\right) + 2nt\left(1 + \tfrac{1}{2}\varphi'^2\right) + MS + c' + \tfrac{1}{2}\frac{s'^2}{c'},$$

$$(5) \qquad s = c\varphi + 2t\varphi',$$

$$(6) \qquad \varphi = n\varphi'.$$

Die beiden letzten Terme in (4) mussten mit einem positiven Vorzeichen versehen werden, da $c' < 0$.

Aus (5) und (6) ziehen wir zunächst:

$$(7) \qquad \varphi = \frac{ns}{nc + 2t},$$

und haben mit Benutzung hievon

$$(8) \quad \begin{aligned} R_1 &= (c + 2nt + c' + MS) + \tfrac{1}{2}\left(\varphi^2 + 2nt\varphi'^2 + \frac{s'^2}{c'}\right) \\ &= (c + 2nt + c' + MS) + \tfrac{1}{2}\left(\frac{ns^2}{nc + 2t} + \frac{s'^2}{c'}\right). \end{aligned}$$

Eine ganz ähnliche Betrachtung führt auf:

$$(9) \quad R_2 = (c' + 2nt + c + MT) + \tfrac{1}{2}\left(\frac{ns'^2}{nc' + 2t} + \frac{s^2}{c}\right),$$

sodass mit Rücksicht auf $MS = MT$ der Wegunterschied wird:

$$(10) \qquad R = R_1 - R_2 = t\left[\frac{s'^2}{c'(nc' + 2t)} - \frac{s^2}{c(nc + 2t)}\right].$$

Wir wollen nun annehmen, dass die Erscheinung mit dem blossen Auge betrachtet werde. Der Ort der Pupille, deren Ausdehnung wir vernachlässigen, sei E, das von E auf die getrübte Fläche gefällte Perpendikel EE_0 habe die Länge h und E_0P sei $= u$. Dann ist:

$$\frac{s'}{-c'} = \frac{u}{h},$$

und mit Einführung in (10):

$$(11) \qquad R = t\left[\frac{u^2}{h\left(nh + \frac{2th}{c'}\right)} - \frac{s^2}{c(nc + 2t)}\right].$$

Ueber t haben wir bisher keine Voraussetzung gemacht, thatsächlich ist dasselbe gegen c, c' und h klein, sodass wir hinreichend genähert haben:

$$R = \frac{t}{n}\left[\frac{u^2}{h^2} - \frac{s^2}{c^2}\right].$$

Hierin führen wir noch, indem wir den Coordinatenanfang in E_0 legen, ein

$$u^2 = x^2 + y^2$$
$$s^2 = (x - a)^2 + (y - b)^2,$$

wodurch:

$$R = \frac{t}{n}\left[\frac{1}{h^2}(x^2 + y^2) - \frac{1}{c^2}\big((x - a)^2 + (y - b)^2\big)\right],$$

oder indem wir die x-Axe durch L_0 gehen lassen, also $b = 0$ setzen:

$$(12) \qquad R = \frac{t}{n}\left[\left(\frac{1}{h^2} - \frac{1}{c^2}\right)(x^2 + y^2) + \frac{2\,a\,x}{c^2} - \frac{a^2}{c^2}\right].$$

Einem constanten R entspricht nun eine bestimmte Frange; fällt homogenes Licht ein, so treten die Maxima der Intensität auf für $R = 2m\,\frac{\lambda}{2}$, die Minima für $(2m + 1)\,\frac{\lambda}{2}$.

Wie aus (12) hervorgeht, werden die Frangen Kreise mit einem gemeinsamen auf der x-Axe gelegenen Mittelpunkt, dessen x-Coordinate

$$-\frac{a^2}{c^2}\Big/\left(\frac{1}{h^2} - \frac{1}{c^2}\right) = \frac{1}{2}\left[\frac{ah}{h + c} + \frac{ah}{h - c}\right].$$

Hiefür giebt es eine einfache Construction. Wir verbinden den Ort des Auges E mit dem leuchtenden Punkt L und seinem Spiegelbilde L' in Bezug auf die getrübte Fläche, EL und EL' mögen dieselbe in A und B schneiden. Es ist dann

$$E_0A = \frac{ah}{h + c}, \quad E_0B = \frac{ah}{h - c},$$

und das Centrum C der Kreise wird durch Halbirung von AB erhalten.

Befindet sich daher der leuchtende Punkt näher am Spiegel als das Auge, so liegt das Centrum auf derselben Seite wie der leuchtende Punkt. Meistens sieht man nicht die ganzen Kreise, sondern nur den L' benachbarten Theil als gekrümmte Streifen, und diese kehren ihre Concavität nach rechts oder links, je nachdem L rechts oder links liegt.

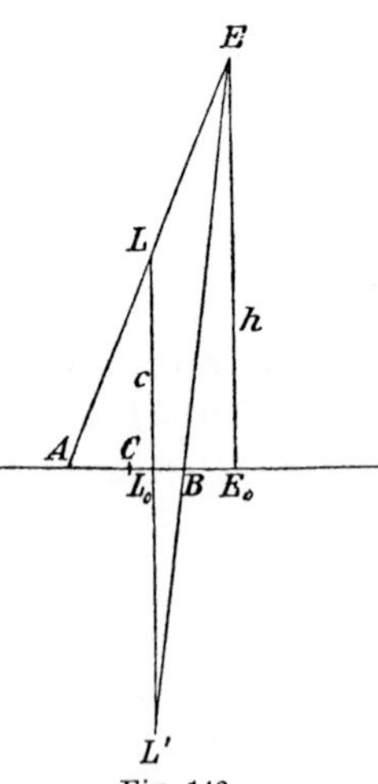

Fig. 149.

Ist aber L weiter vom Spiegel entfernt als E, so liegt das Centrum der Kreise auf der L abgewandten Seite, und der Sinn der Concavität ist dementsprechend entgegengesetzt wie im vorigen Falle.

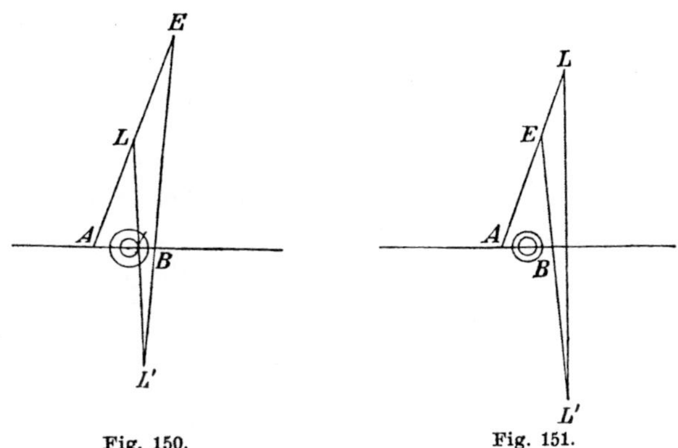

Fig. 150.   Fig. 151.

Setzen wir $R = 0$, so erhalten wir diejenigen Punkte, für welche die beiden Strahlen keine relative Verzögerung besitzen. Hier wird also unabhängig von der Wellenlänge immer das Maximum der Helligkeit herrschen, und für weisses einfallendes Licht wird wieder Weiss erscheinen. Die Gleichung dieser „achromatischen Linie" ist

$$0 = \left(\frac{1}{h^2} - \frac{1}{c^2}\right)(x^2 + y^2) + \frac{2ax}{c^2} - \frac{a^2}{c^2},$$

also ebenfalls ein Kreis, und zwar schneidet derselbe die x-Axe gerade in den Punkten A und B.

Es mögen nun noch einige besonders einfache Specialfälle betrachtet werden.

Ist $h = c$, d. h. das Auge ebensoweit vom Spiegel entfernt als die Lichtquelle, so wird

$$(13) \qquad R = \frac{t}{n}\left[\frac{2ax}{c^2} - \frac{a^2}{c^2}\right],$$

und wir erhalten ein System geradliniger Streifen senkrecht zu x. Die achromatische Linie ist

$$x = \frac{a}{2},$$

d. h. sie liegt gerade in der Mitte zwischen den Projectionen des Auges und der Lichtquelle.

Die Breite eines Streifens, gerechnet von einem Minimum zum folgenden ergiebt sich aus

$$\lambda = \frac{t}{n}\frac{2a(x_1 - x_2)}{c^2},$$

woher

$$x_1 - x_2 = \frac{\lambda n c^2}{2 a t}.$$

Liegt der Lichtpunkt auf der vom Auge nach dem Spiegel gezogenen Senkrechten, ist also $a = 0$, so haben wir:

$$(14) \qquad R = \frac{t}{n} \left(\frac{1}{h^2} - \frac{1}{c^2} \right) (x^2 + y^2).$$

Die achromatische Linie reducirt sich auf einen Punkt $x = 0$, $y = 0$, und das Ringsystem wird in jeder Beziehung den durchgelassenen Newton'schen Farbenringen ähnlich. Für den ersten hellen Ring wird $R = \pm \lambda$, somit der Radius desselben

$$\frac{c h \sqrt{n \lambda}}{\sqrt{(c^2 - h^2)\, t}}.$$

Diese Grösse wird ∞, wenn $h = c$. Wenn also — was mit Hülfe einer planparallelen Glasplatte erreichbar ist — der Lichtpunkt vor dem Auge liegt und sich rückwärts durch dasselbe hindurchbewegt, so dehnen sich die Ringe bis ins Unendliche aus und erscheinen wieder, wenn der Lichtpunkt durch das Auge hindurchgegangen ist.

Die hier aus der Theorie gezogenen Folgerungen sind von Stokes durch die Beobachtung wenigstens qualitativ bestätigt.

Messungen hat Lommel[1]) für parallel einfallendes Licht angestellt, indem er die Erscheinung entweder mit Hülfe einer Linse auf einen Schirm projicirte oder durch ein Fernrohr subjectiv beobachtete.

Wegen der Theorie für einen gläsernen Hohlspiegel mit getrübter Vorderfläche sei auf die Originalabhandlung von Stokes verwiesen.[2]) Dort wird auch die Frage erledigt, an welchem Ort die Interferenzerscheinung am deutlichsten wird. Wir wollen hier nur kurz erwähnen, dass die für einen Hohlspiegel zutreffenden Stokes'schen Betrachtungen sich nicht zur Ermittelung des Interferenzortes der Whewell'schen Streifen verwerthen lassen. Wie man sich mit Benutzung eines Fernrohres leicht überzeugen kann, sieht man diese am schärfsten, wenn das Fernrohr das Spiegelbild der Lichtquelle deutlich zeigt, und man unterscheidet gar nichts mehr für erheblich abweichende Einstellungen.

---

1) Pogg. Ann. Erg. 8, pag. 82, 1878. S. auch Lommel, Wied. Ann. 8, pag. 193, 1879. K. Exner, Wied. Ann. 4, pag. 525, 1878; 9, pag. 239, 1880; 11, pag. 218, 1880.

2) Pogg. Ann. Erg. III, pag. 546.

Man wird aber die grösste Deutlichkeit der Whewell'schen Streifen da erwarten dürfen, wo die beiden interferirenden Strahlen durch die Beugung an demselben Theilchen P um gleiche Winkel (in Luft gemessen) abgelenkt sind, und eine Verfolgung dieser Bedingung führt in der That zu einem mit der Beobachtung übereinstimmenden Resultate.

7. Babinet's Compensator.

Dies Instrument ist für die Untersuchung des elliptisch polarisirten Lichtes sehr wichtig, da dasselbe sowohl die relative Verzögerung der beiden Componenten wie auch ihr Amplitudenverhältniss zu ermitteln erlaubt. Es soll daher das Princip seiner Construction angegeben werden.

Den Hauptbestandtheil bilden zwei schwach prismatische Bergkrystallplatten P_1 und P_2, die mit parallelen brechenden Kanten so über einander liegen, dass das dickere Ende von P_1 auf das dünnere von P_2 trifft. P_1 ist fest, P_2 durch eine Mikrometerschraube senkrecht zur brechenden Kante beweglich.

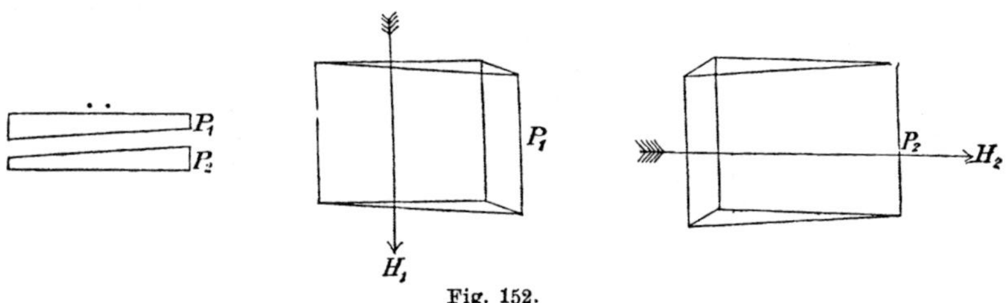

Fig. 152.

Beide Prismen sind mit einer ihrer Flächen parallel zur optischen Axe des Krystalls geschnitten, indessen so, dass bei P_1 dieselbe der brechenden Kante parallel, in P_2 senkrecht gegen dieselbe ist.

Durch zwei der brechenden Kante parallele Fäden kann eine bestimmte Stelle auf der oberen Platte P_2 markirt werden. Die Theilung der Mikrometerschraube sei derart, dass sie 0 angiebt, wenn an der markirten Stelle die Platten gleich dick sind.

Es falle nun elliptisch polarisirtes Licht ein, dessen Componenten die Amplituden S und P besitzen mögen und deren relative Verzögerung $\varDelta$ sei.

S soll mit H_1 parallel schwingen, P mit H_2. Vor dem Durchgang durch den Compensator werden die Gleichungen der Componenten sein:

$$\text{I.:} \quad S\cos\!\cdot\!\left(\frac{t}{T} - \frac{x}{\lambda}\right) 2\pi,$$

$$\text{II:} \quad P\cos\left(\frac{t}{T} - \frac{x+\varDelta}{\lambda}\right) 2\pi.$$

Die Componente I durchläuft nun P_1 (mit der Dicke D_1) als ordentlicher, P_2 (Dicke D_2) als ausserordentlicher Strahl, für II verhält es sich gerade umgekehrt. Sind also die Wellenlängen für den ordentlichen und ausserordentlichen Strahl λ_o und λ_e, so haben wir nach dem Durchgang:

$$\text{I.:} \quad S\cos\left(\frac{t}{T} - \frac{x}{\lambda} - \frac{D_1}{\lambda_o} - \frac{D_2}{\lambda_e}\right) 2\pi,$$

$$\text{II.:} \quad P\cos\left(\frac{t}{T} - \frac{x+\varDelta}{\lambda} - \frac{D_1}{\lambda_e} - \frac{D_2}{\lambda_o}\right) 2\pi.$$

Durch geeignete Aenderung von D_1 mit Hülfe der Mikrometerschraube lässt sich erreichen, dass das austretende Licht geradlinig polarisirt ist, was durch einen analysirenden Nicol erkannt wird. Dann entspricht der Phasenunterschied einem ganzen Vielfachen von $\frac{\lambda}{2}$, und wir haben somit:

$$\frac{\varDelta}{\lambda} + \frac{D_1}{\lambda_e} + \frac{D_2}{\lambda_o} = \frac{D_1}{\lambda_o} + \frac{D_2}{\lambda_e} + \frac{n}{2}$$

oder

$$\frac{\varDelta}{\lambda} = (D_1 - D_2)\left(\frac{1}{\lambda_o} - \frac{1}{\lambda_e}\right) + \frac{n}{2},$$

wo n eine ganze Zahl bedeutet.

Ist das elliptisch polarisirte Licht aus geradlinig polarisirtem entstanden, so lässt sich noch entscheiden, ob n gerade oder ungerade ist. Im ersteren Falle liegt nämlich die wiederhergestellte Polarisationsebene in demselben Quadranten wie die ursprüngliche, im letzteren Falle nicht. Um ganze Zahlen bleibt n freilich unsicher.

Bildet ferner die Ebene der wiederhergestellten Polarisation mit H_1 einen Winkel β, der an einem mit dem Analysator verbundenen Theilkreise abgelesen wird, so ist

$$\frac{P}{S} = \tan\beta.$$

Es ist nur noch anzugeben, wie das Instrument graduirt wird. Wir lassen ein unter 45^0 gegen H_1 geradlinig polarisirtes Bündel paralleler Lichtstrahlen einfallen und betrachten das durch den Compensator gegangene Licht durch einen analysirenden Nicol, dessen Polarisationsebene gegen die des einfallenden Lichtes senkrecht ist.

Das einfallende Licht zerlegen wir nach H_1 und senkrecht dagegen, so haben diese Componenten nach dem Durchlaufen des Compensators eine Phasendifferenz entsprechend

$$(D_1 - D_2)\left(\frac{1}{\lambda_o} - \frac{1}{\lambda_e}\right)$$

Wellenlängen.

Die Componenten werden durch den Analysator auf eine zur ursprünglichen senkrechte Polarisationsebene zurückgeführt und interferiren demgemäss so, als wenn sie ausser der thatsächlichen Wegdifferenz noch eine solche von $\frac{\lambda}{2}$ besässen.

Es wird daher ein dunkler Streifen erscheinen, wo die Wegdifferenz $0, \lambda, 2\lambda \ldots$ ist. Diese dunkeln Streifen sind in dem verbreiterten Gesichtsfelde des Compensators sichtbar. Ihre Lage hängt aber, ausser dem mittleren, von der Farbe ab, und nur dieser wird schwarz, die übrigen farbig erscheinen, wenn weisses Licht einfiel.

Bringt man also den **schwarzen** Streifen zwischen die Fäden, so hat man die einer gleichen Dicke beider Platten entsprechende Nullstellung der Mikrometerschraube.

Man habe nun um $a_2, a_4 \ldots a_{-2}, a_{-4} \ldots$ Theile der Mikrometerschraube gedreht, um die folgenden dunkeln Streifen zwischen die Fäden zu bringen, so hat man hiemit direct den Betrag der Drehung, der erforderlich ist zur Einführung einer Phasendifferenz von $\lambda, 2\lambda \ldots$

8. Metallreflexion.

Neumann[1]) erklärte sämmtliche von Brewster beobachteten Erscheinungen des von Metallflächen reflectirten Lichtes aus folgenden zwei Grundsätzen:

1) **Die Intensität eines von der Metallfläche reflectirten polarisirten Lichtstrahles ist bei demselben Einfallswinkel verschieden, je nachdem seine Polarisationsebene in der Reflexionsebene lag oder senkrecht gegen diese stand.**

In dieser Beziehung verhalten sich also die Metallflächen ähnlich wie die Oberflächen durchsichtiger Körper bei der partiellen Reflexion. Bei dieser wird das Verhältniss der reflectirten Intensitäten eines senkrecht zur Einfallsebene und eines parallel derselben polarisirten Strahles für einen bestimmten Einfallswinkel (den Polarisationswinkel) gleich 0[2]) und nimmt von hier nach beiden Seiten

---

1) Pogg. Ann. 26, pag. 89.
2) Wenigstens sehr nahezu.

hin zu, bis es für senkrechte und streifende Incidenz = 1 wird. Bei den Metallen ist dies Verhältniss ebenfalls eine Function des Einfallswinkels, doch wird dieselbe niemals 0, sondern erreicht nur für den „Haupteinfallswinkel" ein Minimum.

2) **Zwei von einer Metallfläche reflectirte Strahlen, von denen der eine parallel, der andere senkrecht gegen die Reflexionsebene polarisirt ist, verhalten sich so, dass der letztere um einen Bruchtheil einer Undulationslänge gegen den ersteren verzögert ist.** In Beziehung auf diese Verzögerung findet also eine Analogie mit der totalen Reflexion statt, doch mit dem Unterschiede, dass für die Metallreflexion bei senkrechter Incidenz die Verzögerung = 0 ist und continuirlich mit dem Einfallswinkel wächst, bis sie bei streifender Incidenz gleich einer halben Wellenlänge wird. Für den Haupteinfallswinkel beträgt die Verzögerung eine Viertel-Wellenlänge.

Um die Beobachtungen numerisch aus diesen Grundsätzen abzuleiten, muss man die beiden Functionen der Incidenz kennen, welche die **Verzögerung** und das **Schwächungsverhältniss** der senkrecht zur Polarisationsebene und parallel derselben polarisirten Strahlen darstellen.

Wir ziehen zunächst einige allgemeine Folgerungen aus den an die Spitze gestellten Grundsätzen.[1]

Der einfallende Strahl sei unter einem Azimuthe von $+ 45^0$ polarisirt und besitze die Intensität 2, so werden die Componenten desselben parallel und senkrecht zur Einfallsebene die Intensität 1 haben. Dem entsprechend werden die Amplituden der Componenten ebenfalls = 1 gesetzt werden können; nach der Reflexion sei s die Amplitude der nach der Reflexionsebene polarisirten Componente, p die der anderen. Letztere Componente haben gegen die erstere eine Verzögerung δ erlitten.

Nennen wir noch ξ und η die Verrückungen der Theilchen im reflectirten Strahle in der Polarisationsebene und $\perp$ dagegen, so wird sein:

$$(1) \qquad \xi = s \cos\left(\frac{t}{T} - \frac{x}{\lambda}\right) 2\pi,$$
$$\eta = p \cos\left(\frac{t}{T} - \frac{x + \delta}{\lambda}\right) 2\pi.$$

---

[1] A. a. O. legt Neumann noch die Fresnel'sche Definition der Polarisationsebene zu Grunde; hier ist die Neumann'sche benutzt.

Wir bereits gezeigt[1]), durchläuft jedes Theilchen eine Ellipse,
deren Gleichung:

$$(2) \qquad \frac{\xi^2}{s^2} + \frac{\eta^2}{p^2} - \frac{2\xi\eta}{sp} \cos \frac{\delta}{\lambda} 2\pi = \sin^2 \frac{\delta}{\lambda} 2\pi.$$

Die Hauptaxen derselben schliessen mit der Reflexionsebene diejenigen Winkel α ein, welche sich ergeben aus

$$(3) \qquad \tan 2\alpha = \frac{2\frac{p}{s}}{1 - \left(\frac{p}{s}\right)^2} \cos \frac{\delta}{\lambda} 2\pi,$$

welche Gleichung nach Einführung von

$$(4) \qquad \frac{p}{s} = \tan \beta$$

übergeht in:

$$\tan 2\alpha = \tan 2\beta \cos \frac{\delta}{\lambda} 2\pi.$$

Die Hauptaxen selbst sind bestimmt durch

$$(5) \qquad \varrho^2 = \frac{2p^2 s^2 \sin^2 \frac{\delta}{\lambda} 2\pi}{s^2 + p^2 \mp (s^2 - p^2) \sqrt{1 + \tan^2 2\beta \cos \frac{\delta}{\lambda} 2\pi}}.$$

Die Ellipse verwandelt sich in eine gerade Linie, wenn:

$$(6) \qquad \sin \frac{\delta}{\lambda} 2\pi = 0, \qquad \text{also} \quad \delta = n \frac{\lambda}{2},$$

und zwar wird dieselbe

$$(7) \qquad \frac{\xi}{s} \mp \frac{\eta}{p} = 0,$$

je nachdem n eine gerade oder ungerade Zahl bedeutet.

Der Winkel α, welchen die gerade Linie mit der Reflexionsebene
einschliesst, folgt aus

$$(8) \qquad \tan \alpha = \pm \frac{p}{s} = \pm \tan \beta,$$

und zwar gilt das obere Zeichen für gerade, das untere für ungerade n.

Wird derselbe Strahl von einer zweiten Fläche desselben Metalles
unter demselben Einfallswinkel noch einmal reflectirt, so werden nun
die Amplituden s^2, p^2 und die Verzögerung 2δ geworden sein; und
dieselben Grössen werden nach m identischen Reflexionen die Werthe
s^m, p^m, $m\delta$ erlangt haben.

---

1) Vorl. II, pag. 19.

Demnach wird jetzt die Bahnellipse:

$$(9) \qquad \left(\frac{\xi}{s^m}\right)^2 + \left(\frac{\eta}{p^m}\right)^2 - \frac{2\,\xi\,\eta}{s^m p^m} \cos \frac{m\,\delta}{\lambda}\,2\pi = \sin^2 \frac{m\,\delta}{\lambda}\,2\pi,$$

welche wieder in eine Gerade übergeht, wenn

$$(10) \qquad \sin \frac{m\,\delta}{\lambda}\,2\pi = 0, \qquad \cos \frac{m\,\delta}{\lambda}\,2\pi = \pm\,1,$$

und zwar ist die Neigung dieser Geraden gegen die Reflexionsebene

$$(11) \qquad \tan \alpha = \pm \left(\frac{p}{s}\right)^m,$$

wo das obere oder untere Zeichen zu nehmen ist, je nachdem der cos $+$ oder $-$, ist.

Nach Brewsters Entdeckung genügen nun zwei Reflexionen unter dem Haupteinfallswinkel H (für welchen natürliches einfallendes Licht am stärksten polarisirt wird), um die geradlinige Polarisation, welche nach der ersten Reflexion verschwunden war, wieder herzustellen, und zwar ist das Azimuth der wiederhergestellten Polarisationsebene negativ, wenn das der ursprünglichen positiv gerechnet wird. Hieraus folgt, dass bei dieser Incidenz

$$\sin \frac{2\,\delta}{\lambda}\,2\pi = 0, \qquad \cos \frac{2\,\delta}{\lambda}\,2\pi = -\,1,$$

also:

$$\delta = (2\mu + 1)\,\frac{\lambda}{4}\,.$$

Aus der Gesammtheit der Brewster'schen Beobachtungen geht nun hervor, dass δ gerade $\frac{\lambda}{4}$, und nicht etwa $\frac{3\lambda}{4}$, $\frac{5\lambda}{4}$ betragen muss. Für senkrecht einfallendes Licht ist die Verzögerung $= 0$, denn da existirt kein Unterschied zwischen den beiden senkrecht zu einander polarisirten Strahlen. Sollte nun für den Haupteinfallswinkel δ z. B. $= \frac{3\lambda}{4}$ sein, so müsste dasselbe für gewisse zwischen diesem und 0 gelegenen Einfallswinkel die Werthe $\frac{\lambda}{4}$ und $\frac{\lambda}{2}$ erlangen, weil eine discontinuirliche Aenderung der Verzögerung nicht anzunehmen ist. Insbesondere der Werth $\frac{\lambda}{2}$ der Verzögerung widerspricht den Beobachtungen, da dann das einmal reflectirte Licht schon linear polarisirt sein müsste, was ja nur für senkrechte und streifende Incidenz zutrifft.

Das Azimuth der durch zwei Reflexionen wiederhergestellten Polarisationsebene ist bestimmt durch

$$\tan \alpha = - \left(\frac{p}{s}\right)^2;$$

ist dasselbe beobachtet, so erhält man das Schwächungsverhältniss für den Haupteinfallswinkel H als $\sqrt{-\tan\alpha}$. Es ist nur festzuhalten, dass das einfallende Licht unter $+45^0$ polarisirt war.

Nach Brewsters Messungen berechnet Neumann das „Hauptschwächungsverhältniss" $\frac{p}{s} = \tan\beta$ für eine Reihe von Substanzen. Dasselbe variirt von 0,91 bei Silber bis 0,18 bei Bleiglanz.

Für alle anderen Incidenzen sind mehr als zwei Reflexionen zur Wiederherstellung der Polarisation erforderlich.

Aus dem Bisherigen geht hervor, dass während der Einfallswinkel von 0 bis zum Haupteinfallswinkel wächst, die Verzögerung von 0 bis $\frac{\lambda}{4}$ zunimmt. Nun hat Brewster weiter gefunden, das wenn ein geradlinig polarisirter Strahl durch Reflexion unter einer Incidenz J zwischen 0 und dem Haupteinfallswinkel elliptisch polarisirt ist, es stets möglich ist, durch eine Reflexion unter einem Winkel J' die Polarisation wiederherzustellen, und zwar liegt J' auf der andern Seite des Haupteinfalls-

Fig. 163.

winkels. Das Azimuth der wiederhergestellten Polarisation ist hiebei stets negativ.

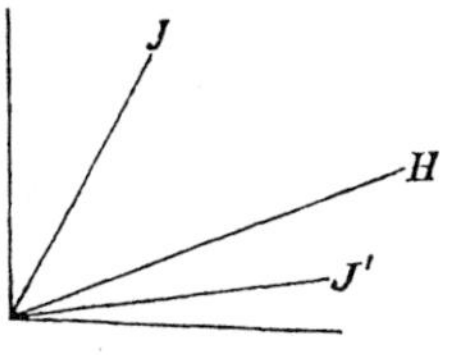

Seien δ und δ' die entsprechenden Verzögerungen, so ist die ganze Verzögerung durch beide Reflexionen $\delta + \delta'$ und diese muss wegen des negativen Azimuths $(2\mu+1)\frac{\lambda}{2}$ sein. Werden J und J' beide dem Haupteinfallswinkel gleich, so ist die Verzögerung $2 \cdot \frac{\lambda}{4} = \frac{\lambda}{2}$, da nun δ von $\frac{\lambda}{4}$ bis 0 abnimmt, wenn J von H bis 0 geht, so wird δ' die Werthe von $\frac{\lambda}{4}$ bis $\frac{\lambda}{2}$ durchlaufen, wenn J' die correspondirenden Werthe von H bis 90^0 beigelegt werden.

Die Beobachtungen von Brewster über die Wiederherstellung der Polarisation durch mehrfache Reflexion unter gleichem Einfallswinkel haben eine wesentliche Erweiterung durch Jamin[1]) erfahren. Während nämlich Brewster für mehr als zwei Reflexionen immer nur zwei Incidenzen, eine $> H$, die andere $< H$ findet, zeigt Jamin, dass es $m-1$ Incidenzen geben muss, bei denen durch m-fache Reflexion die Polarisation wiederhergestellt wird; die senkrechte und streifende Incidenz sind hierin nicht mit einbegriffen.

Da nämlich die Verzögerung δ von 0 bis $\frac{\lambda}{2}$ variirt, so giebt es

---

1) Comptes rendus XXII, pag. 477.

nothwendig Einfallswinkel J_1, J_2 ... J_{m-1}, für welche die Verzögerung durch eine Reflexion die Werthe besitzt:

$$\frac{1}{m}\,\frac{\lambda}{2},\quad \frac{2}{m}\,\frac{\lambda}{2} \cdots \frac{m-1}{m}\,\frac{\lambda}{2},$$

und m Reflexionen unter J_1, J_2 ... J_{m-1} geben die gesammte Verzögerung

$$1 \cdot \frac{\lambda}{2},\quad 2 \cdot \frac{\lambda}{2} \cdots m-1 \cdot \frac{\lambda}{2}.$$

Das Azimuth der wiederhergestellten Polarisationsebene ist abwechselnd negativ und positiv, und zwar für den 0 zunächst liegenden Einfallswinkel stets negativ, für den letzten (J_{m-1}) negativ oder positiv, je nachdem m gerade oder ungerade ist.[1]).

Aus dem so eben Auseinandergesetzten erhellt die grosse Bedeutung der Beobachtungen über die Wiederherstellung der geradlinigen Polarisation durch mehrfache Reflexion; denn wir erhalten zunächst eine Anzahl von Einfallswinkeln, für welche die relative Verzögerung einen bekannten Werth besitzt.

Es gelang bereits Brewster, den Werth der Verzögerungsphase durch eine Interpolationsformel darzustellen. Neumann leitet durch einen Analogieschluss, welcher von der Fresnel'schen Formel für die Verzögerung bei der totalen Reflexion ausgeht, folgende mit der Brewster'schen gleichbedeutende Formel ab

$$(12) \qquad \operatorname{cotan} \frac{1}{2}\,\frac{\delta}{\lambda}\,2\pi = \tan i \tan r,$$

wo i der Einfallswinkel, r der durch

$$(13) \qquad \sin i = n \sin r$$

definirte „Brechungswinkel" ist. Der in (13) vorkommende „Brechungscoefficient" n lässt sich u. A. aus dem Haupteinfallswinkel H berechnen. Da für diesen $\delta = \frac{\lambda}{4}$, so wird nach (13):

$$1 = \tan H \tan r,$$

also

$$H + r = \frac{\pi}{2} \text{ und}$$

$$(14) \qquad n = \tan H,$$

eine Formel, welche der Brewster'schen Formel für den Brechungscoefficienten durchsichtiger Media entspricht.

Nach Beobachtungen von Brewster ist der Haupteinfallswinkel H für blaue Strahlen kleiner als für rothe, und zwar ist die Dis-

---

1) Aus der von Brewster gegebenen Regel über die Lage der wiederhergestellten Polarisationsebene (vgl. Neumann, Pogg. Ann. 26, pag. 96) geht hervor, dass er nur die beiden oben mit J_1 und J_{m-1} bezeichneten Winkel beobachtet hat.

persion sehr bedeutend. Neumann wies darauf hin, dass hieraus der Brechungscoefficient für blaues Licht kleiner folgt als für rothes, gerade umgekehrt wie für die durchsichtigen Media. Ausgedehnte Messungen, welche das Resultat von Brewster bestätigen, giebt Jamin[1]); er findet z. B. H bei Silber für das äusserste Roth 75^0 $45'$, für das äusserste Violett 65^0 $0'$.

Die bisher mitgetheilten Beobachtungen ergeben zwar den absoluten Werth der Verzögerung, lassen aber unentschieden, ob der ∥ oder ⊥ zur Einfallsebene polarisirte Strahl zurückbleibt.

Brewster liess nun das unter dem Haupteinfallswinkel von Stahl reflectirte (ursprünglich unter $+45^0$ polarisirte) Licht durch eine Krystallplatte gehen, welche im polarisirten Lichte das Blassblau der ersten Ordnung zeigte, also für mittleres Licht den ordentlichen und ausserordentlichen Strahl um $\frac{\lambda}{4}$ gegeneinander verzögerte. Der benutzte Krystall war ein positiver, d. h. der nach dem Hauptschnitt polarisirte ordentliche Strahl bewegte sich schneller als der ausserordentliche.

Um nun die geradlinige Polarisation des vom Stahl reflectirten Lichtes im positiven Quadranten wiederherzustellen, musste der Hauptschnitt des Krystalles senkrecht zur Reflexionsebene gestellt werden.

Um also die relative Verzögerung der ⊥ zur Einfallsebene polarisirten Componente aufzuheben, musste dieselbe als schnellerer Strahl die Krystallplatte durchlaufen; sie war daher in der That, wie oben angegeben, gegen die parallel der Einfallsebene polarisirte zurückgeblieben.

Beobachtungen von Quincke mit Hülfe des Jamin'schen Compensators bestätigten dies Resultat.

Wird nach Wiederherstellung der geradlinigen Polarisation durch m Reflexionen unter gleichem Einfallswinkel auch noch das Azimuth der wiederhergestellten Polarisationsebene (das einfallende Licht immer unter $+45^0$ polarisirt angenommen) gemessen, so lässt sich hieraus auch das „Schwächungsverhältniss" der beiden Componenten ∥ und ⊥ zur Einfallsebene bestimmen. Denn nach (11) ist

$$\tan \alpha = \pm \left(\frac{p}{s}\right)^m,$$

also

(15)
$$\frac{p}{s} = \sqrt[m]{\pm \tan \alpha}.$$

Brewster machte die Entdeckung, dass für correspondirende

1) Ann. de chimie et de physique (3) **22**, p. 311.

Incidenzen — d. h. solche, deren Verzögerungen sich zu $\frac{\lambda}{2}$ ergänzen — das Azimuth der wiederhergestellten Polarisationsebene (dem absoluten Werthe nach) **gleich** ist. Dasselbe gilt dann auch für p/s, und Neumann schloss hieraus, dass p/s nur eine Function von $\sin\frac{\delta}{\lambda}2\pi$ sein könne. Wurde, wie schon oben

$$\frac{p}{s} = \tan\beta$$

gesetzt, so liessen sich die Beobachtungen Brewsters darstellen durch:

$$(16) \qquad \tan 2\beta = \frac{A}{\sin\frac{\delta}{\lambda}2\pi},$$

worin A eine Constante ist.

A bestimmt sich durch das Schwächungsverhältniss für den Haupteinfallswinkel $\frac{p}{s} = \tan\beta'$; da nämlich für diesen $\delta = \frac{\lambda}{4}$, so wird $\qquad\qquad A = \tan 2\beta'$.

Um eine Beobachtung nach der Formel (16) zu berechnen, haben wir zu dem gegebenen Einfallswinkel zunächst nach (12) und (13) die zugehörige Verzögerung δ zu suchen und dann aus (16) β zu bestimmen.

Das Schwächungsverhältniss ist stark von der Farbe abhängig. Jamin[1]) fand, dass das Azimuth der wiederhergestellten Polarisationsebene vom rothen zum violetten Ende des Spectrums abnahm bei Silber, Glockengut, Kupfer, Messing, zunahm bei Stahl und Zink, endlich bei Spiegelmetall zuerst ab- dann zunahm.

Hiemit in Zusammenhang stehen die Oberflächenfarben der Metalle. Fällt z. B. natürliches weisses Licht auf eine Kupferplatte, so werden wir jede Schwingung desselben ∥ und ⊥ zur Reflexionsebene zerlegen können. Von der letzteren Componente wird ein geringerer Betrag reflectirt und zwar um so weniger, je weiter wir vom Roth zum Violett fortschreiten, und die Folge hievon wird eine rothe Oberflächenfarbe sein, welche durch mehrfache Reflexionen noch ausgeprägter und gesättigter wird.

Um die Farbe des reflectirten Lichtes vollständig zu bestimmen, muss ausser dem „Schwächungsverhältniss" die reflectirte Intensität selbst in ihrer Abhängigkeit von der Wellenlänge für eine der Componenten bekannt sein.

Jamin[2]) hat eine derartige Rechnung unter Zugrundelegung von

---

1) Ann. de chimie et de phys. (3) 22 p. 311.

2) Jamin Ann. de chim. et de phys. (3) T. 22, p. 311. Vgl auch Eilhard Wiedemann, Pogg. Ann. 151, p. 1. 1874.

Cauchy's Reflexionsformeln nach Newtons Regel ausgeführt und hinreichende Uebereinstimmung mit den Beobachtungen gefunden.

Wir haben bisher das einfallende Licht unter $+ 45^0$ polarisirt angenommen. Sei nun seine Intensität 1 und das Azimuth der ursprünglichen Polarisation a, so werden die Componenten $\parallel$ und $\perp$ zur Einfallsebene der Amplituden $\cos a$ und $\sin a$ besitzen.

Nach einer Reflexion werden die Amplituden $s \cos a$ und $p \sin a$ geworden sein; die relative Verzögerung ist wie früher δ.

Nach m Reflexionen unter gleicher Incidenz haben wir die Amplituden $s^m \cos a$ resp. $p^m \sin a$ und die Verzögerung $m\delta$, sodass nun die Bewegung in den beiden Componenten ist

$$(17) \qquad \begin{aligned} \xi &= s^m \cos a \cos\left(\frac{t}{T} - \frac{x}{\lambda}\right) 2\pi, \\ \eta &= p^m \sin a \cos\left(\frac{t}{T} - \frac{x + m\delta}{\lambda}\right) 2\pi, \end{aligned}$$

und die Bahnellipse:

$$(18) \qquad \frac{\xi^2}{(s^m \cos a)^2} + \frac{\eta^2}{(p^m \sin a)^2} - \frac{2\xi\eta \cos \frac{m\delta}{\lambda} 2\pi}{s^m p^m \cos a \sin a} = \sin^2 \frac{m\delta}{\lambda} 2\pi.$$

Dieselbe geht in eine Gerade über, wenn:

$$\sin \frac{m\delta}{\lambda} 2\pi = 0, \quad \cos \frac{m\delta}{\lambda} 2\pi = \pm 1,$$

und die Gleichung derselben lautet

$$\frac{\xi}{s^m \cos a} \mp \frac{\eta}{p^m \sin a} = 0.$$

Ihr Neigungswinkel γ gegen die Reflexionsebene ist bestimmt durch

$$(18) \qquad \tan \gamma = \pm \frac{p^m}{s^m} \tan a.$$

Wenn das einfallende Licht unter $+ 45^0$ polarisirt war, hatten wir für das Azimuth der durch m Reflexionen wiederhergestellten Polarisation (11):

$$\tan \alpha = \pm \frac{p^m}{s^m},$$

demnach ist, wie schon Brewster empirisch folgerte,

$$(19) \qquad \tan \gamma = \tan \alpha \tan a.$$

Quincke[1]) bediente sich bei seinen Untersuchungen über Metallreflexion des Babinet'schen Compensators. Der Hauptvortheil der An-

---

1) Pogg. Ann. 128, pag. 541. 1866. Pogg. Ann. 129, pag. 175. 1866. Andere Untersuchungsmethoden s. bei Eilhard Wiedemann l. c.

wendung dieses Instrumentes besteht darin, die Messung der Verzögerung und des Amplitudenverhältnisses für jeden Einfallswinkel nach nur einmaliger Reflexion an einer Metallfläche zu erlauben, was für genaue Beobachtungen umso werthvoller ist, als es auch mit der grössten Sorgfalt nicht gelingt, zwei Spiegelflächen mit ganz identischen Eigenschaften herzustellen.

Es begnügte sich Quincke nicht mit der Beobachtung der Reflexion von Metallen in Luft, sondern liess dieselbe auch in Glas sowie in Wasser und Terpentin vor sich gehen. Die Haupteinfallswinkel und „Hauptazimuthe" wurden um so kleiner, je grösser der Brechungscoefficient derjenigen Substanz war, in welcher die Brechung geschah. Unter Hauptazimuth ist der oben mit β bezeichnete Winkel verstanden, welcher durch $\tan\beta = \dfrac{p}{s}$ definirt ist.

Es war bereits lange bekannt, dass Metalle in sehr dünnen Schichten durchsichtig sind, woraus hervorgeht, dass das Licht bis zu einer gewissen Tiefe in das Metall eindringt. Quincke bestimmte die Tiefe des Eindringens zu etwa $^3/_4$ Wellenlängen. Sowohl das durch dünne Metallschichten reflectirte, wie das hindurchgegangene Licht war elliptisch polarisirt und zwar blieb auch bei letzterem die senkrecht zur Einfallsebene polarisirte Componente zurück gegen die in der Einfallsebene. Mit wachsender Dicke wuchsen für das reflectirte Licht Haupteinfallswinkel und Hauptazimuth bis zu einer dem undurchsichtigen Metalle entsprechenden Grenze.

Die sämmtlichen Beobachtungen konnte Quincke mit genügender Uebereinstimmung darstellen durch die Gleichungen:

$$\tan\frac{\delta}{\lambda}\,2\pi = \sin 2B \cdot \tan\left(2\ \mathrm{arc}\ \tan\frac{\sin J\,\tan J}{\sin H\,\tan H}\right),$$

$$\cos 2\beta = \cos 2B \sin\left(2\ \mathrm{arc}\ \tan\frac{\sin J\,\tan J}{\sin H\,\tan H}\right).$$

Hierin bedeutet J den jedesmaligen Einfallswinkel, H den Haupteinfallswinkel, B das Hauptazimuth, und $\tan\beta$ ist $\dfrac{p}{s}$, das Schwächungsverhältniss. Die Formeln sind Annäherungen an Cauchy's Gleichungen in der von Eisenlohr gegebenen Form.

Wie aber Jochmann[1]) zeigt, schliessen sich die Neumann'schen Gleichungen ebensogut an Quincke's Messungen an.

____

1) Pogg. Ann. Bd. 136.

Dr. F. Neumann's,

Professor der Physik und Mineralogie an der Universität zu Königsberg

Vorlesungen

über

Mathematische Physik.

Herausgegeben von seinen Schülern.

Erschienen sind bis jetzt:

1. Heft:

Vorlesungen über die Theorie des Magnetismus, namentlich über die Theorie der magnetischen Induktion. [VIII u. 116 S.] gr. 8. 1881. geh.   n. $\mathcal{M}$. 3.60.

Diese Vorlesungen beginnen mit einfachen Expositionen über die magnetischen Momente, die magnetische Axe, das magnetische Potential, etc., besprechen dabei gelegentlich die bekannte Poisson-Gaufssche Methode zur Bestimmung des Erdmagnetismus, und gehen sodann über zur Theorie der magnetischen Induktion, wobei der Reihe nach zuerst der Fall behandelt wird, dafs die induzierenden Kräfte von der Zeit unabhängig sind, sodann der allgemeinere Fall, dafs dieselben gegebene Funktionen der Zeit sind.

Hierauf werden diese theoretischen Expositionen auf mehrere spezielle Fälle in Anwendung gebracht, namentlich auf den Fall, dafs der induzierte (etwa aus weichem Eisen bestehende) Körper eine Kugel, oder eine Hohlkugel, oder ein Ellipsoid (insbesondere ein Rotations-Ellipsoid) ist; während gleichzeitig als induzierende Ursachen bald der Erdmagnetismus, bald ein gegebener Stahlmagnet, bald endlich ein System elektrischer Ströme in Betracht kommt. Auch schliefsen sich an diese Untersuchungen wichtige Bemerkungen an über experimentelle Methoden, z. B. über die Bestimmung der magnetischen Induktionskonstante, ferner über die Messung der Inklination (des Erdmagnetismus) mittelst horizontaler Ablenkungen einer Kompafsnadel etc. Daneben wird beiläufig gezeigt, in welcher Weise man einen Multiplikator, durch geeignete Anordnung seiner elektrischen Stromwindungen, in eine wirkliche Tangentenbussole, nämlich in ein Instrument verwandeln kann, bei welchem die trigonometrische Tangente des beobachteten Ablenkungswinkels von der vorhandenen Stromstärke wirklich nur durch einen konstanten Faktor sich unterscheidet. Denkt man sich nämlich ein System elektrischer Kreisströme, die alle auf ein und derselben Kugelfläche liegen, und mit irgend welchen Parallelkreisen dieser Fläche zusammenfallen, so wird man, wie in dem vorliegenden Werk exponiert ist, jene Parallelkreise stets in solcher Weise auszuwählen im stande sein, dafs die von dem elektrischen Stromsystem auf einen magnetischen Massenpunkt ausgeübte Kraft innerhalb jener Kugelfläche ihrer Stärke und Richtung nach konstant bleibt.

Schliefslich wird das allgemeine Problem der magnetischen Induktion auf die Ermittelung einer gewissen „charakteristischen Funktion" reduziert, welche nur noch von der Oberfläche des induzierten Körpers abhängt, und welche daher für das Problem der magnetischen Induktion von derselben fundamentalen Bedeutung sein dürfte, wie die bekannte Greensche Funktion für die Probleme der elektrischen Induktion.

2. Heft:

Einleitung in die theoretische Physik. Vorlesungen gehalten an der Universität zu Königsberg. Herausgegeben von Dr. C. Pape, Professor der Physik an der Universität zu Königsberg. Mit in den Text gedruckten Figuren. [X u. 291 S.] gr. 8. 1883. geh.   n. $\mathcal{M}$. 8.—

Diese Vorlesungen beschäftigen sich mit den Gesetzen, welchen die Körper unter der Wirkung äufserer Kräfte, im speziellen der Schwerkraft unterworfen sind. Sie setzen die Kenntnis der analytischen Mechanik nicht voraus, erklären und entwickeln die Grundsätze derselben vielmehr erst im Verlaufe der Betrachtungen, sobald das Bedürfnis ihrer Anwendung hervortritt. In dem eigentlich mechanischen Teile finden, nach der Feststellung von Grundbegriffen und der näheren Untersuchung der verschiedenen Arten von Kräften und Bewegungen, die Theorie des einfachen und des zusammengesetzten Pendels eine eingehende Behandlung, ebenso die allgemeinen Methoden der Pendelbeobachtungen, wie im besonderen die Besselschen

Arbeiten zur Bestimmung der Schwerkraft. Hieran schliefsen sich die Untersuchungen über die Rotation der Erde, Betrachtungen über die allgemeine Gravitation und die Massenanziehung im allgemeinen mit Anwendung auf die Erde.

Weitere Abschnitte beschäftigen sich mit der Hydrostatik und Aërostatik, ersterer mit Anwendungen unter anderen auf die Bestimmung der freien Oberfläche einer rotierenden Flüssigkeit, die Figur der Erde, die Theorie von Ebbe und Flut und praktische Fragen, der letztere mit solchen auf Gasgemische, auf das Barometer und die Gestalt der Atmosphäre.

Nach einer eingehenden Behandlung des Satzes von der lebendigen Kraft werden unter Benutzung desselben in dem Abschnitte über Hydrodynamik die Erscheinungen beim Ausflusse von Flüssigkeiten unter vielfacher Beziehung auf die Versuche Daniel Bernouillis und anderer, ausführlich behandelt, schliefslich auch die Reaktion eines Flüssigkeitsstrahles und die Bewegung von Flüssigkeiten in engen Röhren untersucht. In dem letzten Abschnitte werden von denselben Gesichtspunkten aus die Erscheinungen und Gesetze beim Ausströmen von Gasen behandelt.

In allen Teilen haben, neben der Entwickelung der Theorie, die experimentellen Methoden durch Eingehen auf spezielle Anwendungen besondere Berücksichtigung gefunden.

3. Heft:

Vorlesungen über elektrische Ströme. Herausgegeben von Dr. K. VonderMühll, aufserordentl. Professor an der Universität Leipzig. Mit in den Text gedruckten Figuren. [X u. 310 S.] gr. 8. 1884. geh.   n. *M.* 9.60.

Diese Vorlesungen beginnen mit einer Betrachtung der Ohmschen Gesetze. Nachdem die Begriffe der Spannung und der Spannungszahlen klargelegt sind, folgt eine kurze Übersicht über die wichtigsten Methoden zur Messung der Stromstärke; dabei müssen die Haupteigenschaften der Magnete entwickelt werden. Hieran reiht sich die Untersuchung des Widerstandes; endlich werden auch die Gesetze der Stromteilung aufgestellt. Den Abschlufs dieser einleitenden Betrachtungen bildet die Angabe der wichtigsten Methoden, welche zur Bestimmung der Konstanten dienen, namentlich der elektromotorischen Kraft und des Widerstandes.

Die Theorie der elektrodynamischen Fernewirkungen stützt sich auf das Ampèresche Gesetz für die Kraft, welche zwei Stromelemente auf einander ausüben. Dieses Gesetz wird aus der Erfahrung abgeleitet, so wie dies Ampère gethan hat, und dann mannigfach zur Anwendung gebracht, zunächst in dem Fall, wo die Wirkung von einem geschlossenen Strome ausgeübt wird. Endlich führt die Betrachtung der Selenoide zu der Ampèreschen Theorie des Magnetismus.

Mit Hilfe dieser Theorie werden zwei sehr wichtige Aufgaben behandelt: Ein Magnet wird in betreff seiner Wirkung nach aufsen durch ein System von geschlossenen Strömen ersetzt, und es wird zweitens ein System von Kreisströmen so aufgestellt, dafs die elektrodynamische Wirkung im Innern einer Kugel konstant ist.

Die beiden folgenden Abschnitte geben die Prinzipien für die stationäre Strömung der Elektrizität im Raum und in der Ebene.

Im letzten Abschnitt werden die induzierten Ströme behandelt. Nach einer kurzen Übersicht über die Mittel, in einem geschlossenen Leiter einen Strom zu induzieren, wird das allgemeine Prinzip der Induktion abgeleitet: Die Änderung, welche das Potential des induzierenden Stromes auf den Leiter erfährt, bestimmt die Wirkung des induzierten Stromes auf eine Magnetnadel. Den Schlufs bildet die Betrachtung des von Wilhelm Weber aufgestellten allgemeinen elektrischen Grundgesetzes: es wird gezeigt, wie aus demselben das Ampèresche Gesetz für die Wirkung zwischen zwei Stromelementen und das allgemeine Prinzip der Induktion folgen.

4. Heft:

Vorlesungen über theoretische Optik. Herausgegeben von Dr. E. Dorn, Professor der Physik an der technischen Hochschule zu Darmstadt. Mit in den Text gedruckten Figuren. [VIII u. 310 S.] gr. 8. geh.